# Kurzer Leitfaden der Elektrotechnik

## für Unterricht und Praxis in allgemeinverständlicher Darstellung

Von

### Rudolf Krause

Ingenieur

Vierte, verbesserte Auflage

Herausgegeben von

### Professor H. Vieweger

Mit 375 Textfiguren

Springer-Verlag Berlin Heidelberg GmbH

ISBN 978-3-662-01784-5        ISBN 978-3-662-02079-1 (eBook)
DOI 10.1007/978-3-662-02079-1

Softcover reprint of the hardcover 4th edition  1920

## Vorwort zur zweiten Auflage.

Das vorliegende Buch verfolgt den Zweck, allen, welche die Elektrotechnik als Beruf ergreifen wollen, wie Studierenden, Technikern und Monteuren, eine möglichst klare Vorstellung der Vorgänge in elektrischen Apparaten und Maschinen zu geben. Es ist deshalb auch besonderes Gewicht auf Anschaulichkeit gelegt worden; rechnerische Beispiele sind dagegen nur wenig eingefügt, weil an Büchern, welche die rechnerische Seite der Elektrotechnik behandeln, kein Mangel ist, diese Bücher aber gewöhnlich zu wenig Gewicht auf Vorstellung der Vorgänge legen und auch nicht legen können, wenn sie nicht zu umfangreich werden sollen. Außerdem war der Verfasser bemüht, möglichst wenig mathematische Formeln für die Rechnungen aufzustellen, damit der Leser nicht verführt wird, gedankenlos die geeignete Formel anzuwenden, sondern es wurde immer vor der Rechnung versucht die Vorgänge durch die Vorstellung zu erklären und dann erst zu rechnen.

Die beigefügten Abbildungen zeigen meist das Prinzip der Gegenstände und sind für diesen Zweck vom Verfasser besonders gezeichnet, weil Photographien, namentlich bei Bogenlampen, Zählern, Meßinstrumenten und anderen verwickelten Apparaten zu viel, zwar für den fertigen Apparat Notwendiges, aber für das Verständnis seiner Wirkungsweise Überflüssiges und sogar Verwirrendes zeigen. Sicher kann man mit einer durchdachten, für den Zweck gewissermaßen stilisierten Skizze viel mehr erklären, als mit noch so vielen Beschreibungen überhaupt möglich ist, und deshalb sind vielleicht auch derartige Skizzen für die heute an den meisten Lehranstalten eingeführten Vorträge mit Lichtbildern geeignet.

Gegenüber der ersten Auflage dieses Buches ist die zweite Auflage wesentlich erweitert worden. Diese Erweiterung erwies sich als notwendig, weil die Elektrotechnik namentlich auf dem Gebiete der Hochspannungsanlagen in den letzten Jahren sehr große Fortschritte gemacht hat und hierüber ebenso ausführlich berichtet werden muß, wie über die übrige Starkstromtechnik.

Mittweida und Hemsbach a. d. B., Januar 1913.

**Rudolf Krause.**

# Vorwort zur dritten und vierten Auflage.

Nach den anerkennenden Besprechungen und dem raschen Absatz der beiden ersten Auflagen lag nach dem Tode des Verfassers für den Herausgeber der dritten Auflage kein Grund zu wesentlichen Änderungen vor, zumal eine Erweiterung gegenwärtig nicht wünschenswert erschien. Gerügte Mängel, namentlich in bezug auf die Einheiten, wurden beseitigt. Neu eingefügt: Der Anleger von Dietze, der Isaria-Zähler, die Großgleichrichter, die Halbwatt-Lampen und die Nernstsche Quecksilberlampe. Bei den Gleichstrommaschinen wurde der Vorgang der Stromwendung beschrieben.

Der schnelle Absatz der dritten Auflage verhinderte den Herausgeber auf die Ratschläge einer wohlmeinenden Kritik einzugehen, zumal der Druck bereits fertiggestellt war, wie ihm dieselbe zu Gesicht kam. Nach des Herausgebers Ansicht darf aber in diesem Werk die Besprechung der Röntgen- und verwandter Strahlen nicht fehlen, zumal Schlagworte wie Elektronen, Röntgenstrahlen, Kathodenstrahlen heute in aller Mund sind.

Auch die Grundzüge der Hochfrequenzströme mußten aufgenommen werden, schon um das weitere Studium der Hochspannungstechnik zu fördern.

Mittweida, im April 1920.

H. Vieweger.

# Inhaltsverzeichnis.

## III. Die Erzeugungsarten des elektrischen Stromes.



## IV. Elektrische Meßinstrumente.

Inhaltsverzeichnis.                                    VII



## V. Stromerzeuger (Generatoren) für Gleichstrom.

## IX. Umformer und Spannungswandler (Transformatoren).



## X. Schalter, Sicherungen und Schutzvorrichtungen gegen Überstrom und Überspannungen nebst Isolatoren.

# I. Grunderscheinungen des elektrischen Stromes.

Die Elektrizität hat ihren Namen von dem Bernstein, der im Griechischen „Elektron" hieß und den man im Altertum schon durch Reiben elektrisch machen konnte. In diesem Zustand zieht er, genau wie geriebenes Siegellack oder Hartgummi, kleine leichte Papierstückchen und ähnliche Körper an, um sie nach erfolgter Berührung sogleich wieder abzustoßen. Sind sie dann niedergefallen, so werden sie wieder angezogen, dann abermals abgestoßen, bis schließlich dieses abwechselnde Anziehen und Abstoßen schwächer und schwächer wird, weil sich die elektrische Ladung des geriebenen Körpers nach und nach verliert. Hält man einen durch Reiben elektrisierten Körper vorsichtig ans Ohr, so hört man ein leises Knistern, welches von überspringenden kleinen Funken herrührt.

Diese schon sehr früh beobachteten Erscheinungen blieben aber während des ganzen Mittelalters unbeachtet, bis schließlich erst der berühmte Bürgermeister von Magdeburg, Otto von Guericke (1602 bis 1686) die erste Reibungselektrisiermaschine erfand, bestehend aus einer mit der Hand gedrehten Schwefelkugel, die sich an Lederlappen rieb.

Das Studium dieser Erscheinungen ließ bald erkennen, daß es zwei verschiedene Arten von Elektrizität gibt, nämlich die durch das Reiben eines Glasstabes erzeugte „positive Elektrizität" und die durch Reiben eines Hartgummistabes erzeugte „negative Elektrizität".

Werden zwei an Seidenfäden aufgehängte leichte Körper, z. B. zwei Hollundermarkkügelchen, mit einer geriebenen Glasstange berührt, wodurch sie elektrisch werden, so stoßen sie sich gegenseitig ab. Berührt man dagegen das eine Kügelchen mit der Glasstange, das andere mit der Hartgummistange, so ziehen sie sich an. Man erhält hieraus das Gesetz:

Gleichnamige Elektrizitäten stoßen sich ab, ungleichnamige ziehen sich an.

Die durch Reibung erzeugte Elektrizität ist jedoch für technische Zwecke nicht anwendbar; wohl aber treten in den jetzt häufig ausgeführten Hochspannungsanlagen Erscheinungen auf, die denjenigen bei der Reibungselektrizität vollkommen gleichen, z. B. das Leuchten der Drähte, das Überschlagen der Spannung an Isolatoren und anderes.

Auch sind vielfach Störungen oder andere Erscheinungen in Hochspannungsanlagen auf den Übertritt von statischer oder Reibungselektrizität aus der Atmosphäre in die Leitungen zurückzuführen. Für die technische Verwertung ist aber die statische Elektrizität unbrauchbar und die weiteren auf diese Elektrizität bezüglichen Erfindungen brauchen deshalb hier nicht mehr berücksichtigt zu werden.

Wichtiger für die Entwicklung der Elektrotechnik war die Entdeckung des italienischen Arztes Luigi Galvani im Jahre 1789. Er (nach anderer Mitteilung war es seine Frau) beobachtete, daß frisch enthäutete Froschschenkel Zuckungen ausführten, wenn man einer in der Nähe stehenden Reibungselektrisiermaschine Funken entlockte. Später entdeckte er dieselbe Erscheinung, als die Froschschenkel mit kupfernen Haken an ein eisernes Fenstergitter gehängt waren, wenn sie der Wind gegen das Eisen bewegte. Galvani suchte die Ursache in den toten Tieren. Er glaubte, das Zucken wäre die noch nicht ganz entschwundene Lebenskraft und es entstand durch seine Entdeckung ein Streit verschiedener Gelehrter. Der stärkste Gegner Galvanis war ebenfalls ein Italiener, der Professor in Pavia, Alessandro Volta. Dieser erkannte, daß ein elektrischer Strom die Ursache der Zuckungen war, er bezeichnete allerdings, mit höflicher Rücksicht auf den ersten Entdecker, die Erscheinung mit Galvanismus und bewies zuerst durch seine Voltasche Säule, daß zwei verschiedene Metalle und eine Salzlösung erforderlich sind, um den Galvanismus hervorzurufen. Die Voltasche Säule bestand aus Zink- und Kupferplatten, mit dazwischengelegten, in Kochsalzlösung angefeuchteten Filzlappen, nach folgendem Schema: Zink, Lappen, Kupfer, Zink, Lappen, Kupfer usw. Wurde dann das erste Zink und das letzte Kupfer durch einen Draht verbunden, so traten auch hier die Erscheinungen des Galvanismus auf. Später ersetzte Volta die unbequemen Filzlappen durch Glasgefäße mit verdünnter Schwefelsäure und erfand dadurch das erste galvanische Element. Die galvanischen Elemente sind dann weiter verbessert worden und werden noch heute in der sog. Schwachstromtechnik, Telegraphie, Fernsprechen und Signalanlagen als Stromerzeuger vielfach verwendet, obgleich in manchen Fällen die Akkumulatoren an ihre Stelle getreten sind. Da aber die Schwachstromtechnik in diesem Buche nicht behandelt werden soll, können auch die meisten galvanischen Elemente außer Betracht bleiben und ebenfalls die vielen sonst sehr wichtigen und lehrreichen Entdeckungen zum Fernschreiben und Fernhören, die heute bis zur Telegraphie und Telephonie ohne Draht geführt haben.

Nach den Entdeckungen von Galvani und Volta folgen rasch nacheinander weitere grundlegende Beobachtungen, die noch erwähnt werden müssen. Im Jahre 1813 entdeckte Davy den elektrischen Lichtbogen, dessen Anwendung in den elektrischen Bogenlampen zum Zwecke der Lichterzeugung, zum Schweißen und Löten, sowie auch heute im Eisenhüttenwesen, geschieht. 1819 machte Oersted die wichtige Entdeckung, daß weiches Eisen magnetisch wird, wenn man es mit einem Draht umgibt, durch den man einen elektrischen Strom leitet. Er erfand also den Elektromagneten, ohne welchen unsere elektrischen Maschinen und die meisten elektrischen Apparate undenkbar wären. Ebenfalls von der größten Bedeutung für die elektrischen Maschinen war die Entdeckung Faradays 1831 über Erzeugung elektrischer

Ströme durch die Einwirkung von Magneten auf Drähte; man nennt diese Entdeckung die magneto-elektrische Induktion. Die Entwicklung der heutigen elektrischen Maschinen wurde erst möglich infolge der Entdeckung des dynamo-elektrischen Prinzipes durch Werner von Siemens im Jahre 1867, dem einen Mitbegründer der späteren Weltfirma Siemens & Halske, die 1847 zuerst als Telegraphenfabrik eingerichtet wurde.

Trotzdem schon 1813 der Lichtbogen von Davy entdeckt war, wurde erst 1876 die erste elektrische Bogenlampe durch den russischen Offizier Jablochkoff eingeführt. Es war dies die Jablochkoffkerze, welche nur für Lichteffekte auf der Bühne benützt wurde und aus zwei nebeneinander stehenden, durch eine Gipsschicht getrennten Kohlenstäben bestand. Diese Lampe war auch die Veranlassung, daß die spätere Erfindung des Professors Nernst, die zur Konstruktion der Nernstlampe führte, nachdem das Prinzip, die Verwendung eines Leiters zweiter Klasse (Magnesia) zur elektrischen Lichterzeugung patentiert und von der Allgemeinen Elektrizitätsgesellschaft angekauft war, für nichtig erklärt wurde.

Die erste elektrische Bahn fuhr im Jahre 1879 auf einer Ausstellung in Berlin; sie war gebaut von der Firma Siemens & Halske, und heute muß man fast lächeln über ihre Lokomotive, auf welcher der Führer im Reitsitz Platz nahm. Die erste große Arbeitsübertragung auf elektrischem Wege erfolgte im Jahre 1890 bei Gelegenheit der elektrotechnischen Ausstellung in Frankfurt a. M. Sie wurde von Lauffen am Neckar nach Frankfurt ausgeführt und arbeitete mit etwa 10 000 Volt. Von da ab folgen nun eine solche Anzahl wichtiger Erfindungen, daß ihre Einzelaufzählung zu weit führen würde, und seit der ersten denkwürdigen Arbeitsübertragung von 1890 hat sich die Elektrotechnik in einer Weise entwickelt, wie es sonst kaum ein anderer Zweig der Technik getan hat. Von der weiteren Entwicklung und dem heutigen Stand der Starkstrom-Elektrotechnik soll dann in den späteren Zeilen eingehender die Rede sein. Vorerst sollen aber noch einige wichtige Grunderscheinungen erklärt werden, welche für das spätere Verständnis notwendig sind.

Wir sind mit unseren gewöhnlichen Sinnesorganen im allgemeinen nicht imstande, einen elektrischen Strom wahrzunehmen, obwohl die Elektrizität sicher einen Einfluß auf uns ausübt, der uns allerdings nicht zum Bewußtsein kommt. Geht ein Draht dicht neben oder über uns her, so können wir diesem Draht nicht anmerken, ob ein Strom in ihm fließt, oder nicht. Wir müssen erst Hilfsapparate benutzen, die uns in den Stand setzen, den elektrischen Strom zu erkennen. Ein solcher Hilfsapparat ist die Magnetnadel, wie sie in jedem Kompaß benutzt wird, also ein magnetisiertes längliches Stück Stahlblech, welches drehbar aufgehängt ist und sich dann in die Richtung von Norden nach Süden einstellt. Fließt aber ein elektrischer Strom in der Nähe über oder unter dieser Magnetnadel vorbei, dann wird sie, je nach der Stärke des Stromes, verschieden weit aus ihrer normalen Richtung herausgedreht. Weiter beobachtet man, daß ein dünner Draht glühend wird, ja sogar schmelzen kann, wenn man einen elektrischen Strom hindurchleitet. Wir haben also hier zwei Mittel in der Hand, um einen elektrischen Strom zu erkennen, die Ablenkung der Magnetnadel und die Erwärmung von dünnen Drähten. Denken wir uns jetzt ein einfaches galvanisches Element, ein Voltasches Becher-Element, bestehend aus einem Glasgefäß mit verdünnter Schwefelsäure und zwei Metallplatten, einer Kupferplatte und einer Zinkplatte, die so hineingehängt sind, daß sie sich nicht berühren, wie Fig. 1 zeigt, und verbinden wir die oben angeschraubten Klemmen + und — durch einen Draht,

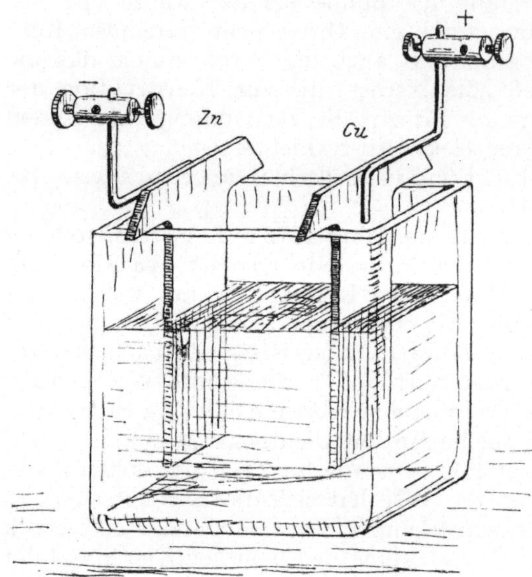



Fig. 1. Galvanisches Element.

so fließt in diesem Draht ein Strom, wie man mit der Magnetnadel erkennen kann. Es erfolgt aber die Ablenkung der Nadel in verschiedener Weise, je nachdem man den Draht anschließt. Hat man die Ablenkung der Nadel festgestellt, und vertauscht man dann die angeschlossenen Enden des Drahtes so, daß man das Ende, welches vorher am Kupfer Cu mit der +-Klemme lag, an das Zink Zn mit der —-Klemme anschließt und das dort befindliche Drahtende an die +-Klemme legt, ohne aber das Drahtstück über der Magnetnadel zu verändern, so erfolgt die Ablenkung der Nadel entgegengesetzt wie vorher. Man spricht deshalb von einer Richtung des Stromes und nennt diejenige Richtung positiv, in welcher er vom Kupfer im Draht zum Zink fließt. Die Erwärmung eines dünnen Drahtes ist dagegen unabhängig von der Richtung des Stromes. Einen Strom, der fortwährend in derselben Richtung fließt, nennt man Gleichstrom. Ein solcher Gleichstrom wird durch galvanische Elemente und Akkumulatoren sowie durch die Gleichstromdynamos erzeugt. Ebenso häufig aber benutzt man in der Technik auch den Wechselstrom, und zwar als ein- und mehrphasigen Wechselstrom, wobei dreiphasiger Wechselstrom auch als Drehstrom bezeichnet wird.

Ein Wechselstrom besteht in der Regel aus 80 bis 100 in einer Sekunde aufeinander folgenden Stromstößen von entgegengesetzter Richtung. Aus dem fortwährenden schnellen Richtungswechsel des Wechselstromes ergibt sich, daß man diese Stromart nicht mit einer Magnetnadel nachweisen kann, denn da die Ablenkungsrichtung der Nadel von der Richtung des Stromes abhängig ist, so müßte sie auch 80- bis 100 mal in einer Sekunde hin und her schwingen. Da sie aber so schnell nicht schwingen kann, bleibt sie einfach in ihrer gewöhnlichen Nord-Süd-Richtung stillstehen. Es bleibt also von den beiden Erkennungsmitteln, Ablenkung der Magnetnadel und Erwärmung eines dünnen Drahtes nur das letztere für Wechselströme übrig. Trotzdem sind aber, wie später bei den Meßinstrumenten gezeigt werden soll, für den Wechselstrom noch mehrere Erkennungsmethoden anwendbar.

Um nun gleich noch einen weiteren Unterschied zwischen Gleich- und Wechselstrom festzustellen, sei die chemische Wirkung erwähnt. Leitet man einen Gleichstrom durch eine Salzlösung, so wird an derjenigen Stelle, an welcher der Strom die Flüssigkeit verläßt, das Metall aus dem Salz ausgeschieden. Hierauf beruht das galvanische Ver-kupfern, Versilbern, Vernickeln usw. Soll ein Gegenstand vernickelt werden, so füllt man ein Gefäß mit einer Lösung von schwefelsaurem Nickel oder Nickelvitriol und hängt eine Nickelplatte in die Lösung, welche man mit dem positiven Pol der Stromquelle verbindet, so daß der Strom durch diese Platte in die Flüssigkeit eintritt. Den zu ver-nickelnden Gegenstand hängt man, so weit er mit Nickel überzogen werden soll, in die Flüssigkeit mit einem Metalldraht hinein, und an diesen legt man den Verbindungsdraht mit dem negativen Pol der Stromquelle an, so daß also der Strom die Flüssigkeit an dem zu über-ziehenden Gegenstand wieder verläßt. Der Gleichstrom zersetzt che-misch das Nickelsalz und scheidet metallisches Nickel auf dem zu ver-nickelnden Gegenstand ab. Das ausgeschiedene Nickel ergänzt sich dann von der Nickelplatte, die allmählich immer dünner wird. Daß das Nickel, welches den Gegenstand am negativen Pol (Kathode be-nannt) überzieht, aus der Lösung herrührt und nicht von der Nickel-platte (Anode benannt), die an den positiven Pol angeschlossen ist, be-weist der Umstand, daß immer Nickel ausgeschieden wird, falls nur die Lösung ein Nickelsalz enthält, auch wenn die Anode ein ganz anderes Metall ist. In diesem Fall ändert sich aber schließlich die Flüssigkeit.

Die eben beschriebene chemische Wirkung erfolgt nur bei Gleich-strom, nicht aber bei Wechselstrom.

Durch Untersuchungen an Röntgenröhren hat man mit großer Wahr-scheinlichkeit nachgewiesen, daß der elektrische Strom, oder besser gesagt diejenigen Erscheinungen, welche wir als elektrischen Strom bezeichnen, hervorgerufen werden durch ganz außerordentlich kleine Körperchen, welche man Elektronen nennt. Diese Elektronen sind so klein, daß sie sich unserer direkten Beobachtung entziehen, man kann ihr Vorhandensein nur vermuten und hat sogar auf Grund von beson-deren Beobachtungen ihre wahrscheinliche Größe berechnet. Infolge ihrer Kleinheit durchdringen diese Elektronen alle festen Körper und bewegen sich mit einer für unsere Begriffe unvorstellbaren Geschwindig-keit. Ähnliche kleine Körperchen, vielleicht sogar dieselben, sind auch die Träger des Lichtes und der elektrischen Wellen oder Schwingungen, welche bei der Wellentelegraphie benutzt werden. Das Licht und die elektrischen Wellen sind besondere Schwingungszustände dieser kleinen Körper, welche man auch als Ätherteilchen bezeichnet. Mit unseren Sinnen, und zwar mit dem Auge, können wir diejenigen Schwingungszustände, die wir als Licht bezeichnen, wahrnehmen. Für die anderen Schwingungszustände, die ebenfalls vorhanden sind, weil diese Ätherteilchen fortwährend in Bewegung sind, fehlt unserem Körper das Organ zur Wahrnehmung. Man kann sich diesen Vorgang an folgendem Bild klarmachen: Man denke sich in einen dunkeln Raum eingeschlossen. In diesem Raum ist ein Stab eingespannt, der in Schwingungen versetzt werden kann. Wenn der Stab langsam schwingt, bemerkt man zunächst nichts. Nun läßt man ihn immer schneller schwingen. Schließlich hört man einen tiefen Ton. Je schneller nun der Stab schwingt, desto höher wird der Ton, bis endlich, bei immer weiterer Steigerung der Schwingungen, der Ton für das menschliche Ohr verschwindet. Obgleich nun der Stab jetzt immer weiter schwingt, bemerkt man nichts von ihm, weil für diese hohen Schwingungen kein Organ am Körper des Menschen vorhanden ist. Steigert man nun aber die Schwingungen noch immer weiter, so beginnt der Stab Wärme und weiter Licht auszusenden. Zunächst unbestimmt und grau, dann immer heller und heller, je schneller er schwingt. Die Schwingungszustände, in denen er sich jetzt befindet, sind also wieder wahrnehmbar, aber nicht mehr durch das Ohr, sondern die Wärme durch das Gefühl, das Licht durch das Auge.

Wenn man nun den Ausdruck gebraucht, ein elektrischer Strom fließt durch den Draht, so ist dieser Ausdruck insofern nicht unzutreffend, als aus Versuchen über Kathodenstrahlen und Kanalstrahlen hervorgeht, daß die Elektronen durch den Draht hindurch verschoben werden. Sie sind eben so klein, daß sie zwischen den kleinsten Teilen des Drahtes, den Molekülen, hindurchkommen können, wodurch dann der Draht mehr oder weniger warm wird. Das Verschieben der Elektronen im Draht geht allerdings mit einer für unsere Begriffe ungeheuer großen Geschwindigkeit vor sich. Schließt man nämlich einen elektrischen Strom auf einem Punkt des Äquators der Erde, so würde derselbe, wenn der Leitungsdraht rund um die Erde gespannt wäre, nach weniger als $\frac{1}{2}$ Sekunden wieder an seinen Anfangspunkt gelangt sein. Der Umfang der Erde beträgt am Äquator 40 070 km und unsere schnellsten Fahrzeuge, die elektrischen Schnellbahnlokomotiven, die bei den Versuchsfahrten Berlin-Zossen mit über 200 km in der Stunde gefahren sind, würden etwa 200 Stunden gebrauchen, um rund um die Erde zu fahren. Es ist also der elektrische Strom etwa 8000 mal schneller.

Für kritisch veranlagte Leser möge noch bezüglich der Elektronen bemerkt werden, daß diese sowohl, als auch der Äther immer noch Annahmen sind, die man mit Vorsicht behandeln muß. Es ist aber der Zweck des vorliegenden Buches, eine Vorstellung über die mit der Anwendung und Erzeugung des elektrischen Stromes in der Technik, also zum praktischen Nutzen des Menschen, verbundenen Erscheinungen zu erleichtern, und dazu kann die gegebene Anschauung über die Elektronen ganz gut benutzt werden.

Was eigentlich Elektrizität ist, wissen wir noch nicht. Wissen wir aber überhaupt etwas? Was ist denn die Ursache, daß ein Stein fällt, wenn man ihn hebt und dann losläßt? Man sagt die Schwerkraft oder die Anziehungskraft der Erde. Warum hat aber die Erde diese Eigenschaft?

Im allgemeinen beunruhigen sich die Leute darüber nicht, weil sie von Jugend auf gewöhnt sind, daß der Stein fällt. Beim elektrischen Strom treten aber ganz neue, ungewohnte Erscheinungen auf, und da werden dann die Elektrotechniker gefragt, warum kommen diese Erscheinungen zustande.

Wer Elektrotechniker werden will, muß sich eben an die Erscheinungen gewöhnen, und er tut es auch, indem er sich so gut es geht mit Gleichnissen aus der ihm vertrauteren Erscheinungswelt hilft. Für den Techniker spielt in erster Linie die Frage eine Rolle: „Wie kann ich die Naturkräfte dem Menschen dienstbar machen?“ Die andere Frage: „Was sind die Naturkräfte?“ bewegen ja auch jeden denkenden Menschen, sind uns aber noch verschlossen und können wohl nur durch Suchen und Forschen gelöst werden.

## II. Stromstärke, Spannung, Widerstand, Watt, Magnetismus, Leistung und Arbeit bei Gleich- und Wechselstrom.

Wir haben schon im ersten Abschnitt gesehen, daß man sich eine Vorstellung des elektrischen Stromes mit Hilfe der Elektronen machen kann. Diese werden durch den Draht hindurch verschoben, finden aber offenbar einen Widerstand im Draht, der sich als Reibung äußert, so daß eine treibende Kraft wirken muß, welche die Elektronen in Bewegung versetzt. Diese treibende Kraft nennt man elektromotorische Kraft, abgekürzt EMK, und einen Teil derselben Spannung; sie läßt sich vergleichen mit dem Druck, der bei einer Wasserleitung angewendet werden muß, um das Wasser durch die Röhren zu pressen. Je stärker der Druck ist, um so mehr Wasser fließt durch die Röhren, und je stärker die elektromotorische Kraft ist, um so stärker wird der Strom, oder um so mehr Elektronen werden also in einer Sekunde in dem Draht verschoben.

Für die Einheiten der drei Größen: Strom, elektromotorische Kraft und Widerstand hat man die folgenden Bezeichnungen:

Einheit der elektromotorischen Kraft oder Spannung ist das Volt     (V),
   ,,    ,, Stromstärke                         ,,  ,, Ampere (A),
   ,,     des Widerstandes                 ,,  ,, Ohm $(\Omega)$.

Genau so haben wir ja für die Längeneinheit das Meter, für die Gewichtseinheit das Kilogramm und für die Zeit die Sekunde. Die

Bezeichnungen Ampere, Volt und Ohm sind zu Ehren von Forschern gewählt, die sich um die Entwicklung der Elektrotechnik verdient gemacht haben; so rührt die Bezeichnung Volt von Volta her, Ampere von dem Franzosen Ampère und Ohm von dem gleichnamigen Gelehrten, der 1854 als Professor in München starb und als erster das nach ihm benannte Ohmsche Gesetz erkannte:

$$\text{Stromstärke} = \frac{\text{elektromotorische Kraft}}{\text{Widerstand des Stromkreises}}$$

in Zeichen:

$$J = \frac{E}{W} \quad \cdots\cdots\cdots\cdots\cdots \quad 1)$$

$J$ Stromstärke, $E$ elektromotorische Kraft und $W$ Widerstand des Stromkreises.

Das Gesetz bedeutet: Wenn die elektromotorische Kraft größer wird, dann wird auch der Strom stärker, wenn dagegen der Widerstand vergrößert wird, dann wird der Strom schwächer.

Der Widerstand, welchen verschiedene Körper einem Durchgang des elektrischen Stromes entgegensetzen, ist ganz verschieden groß, wie sehr einfach an folgendem Versuch erkannt werden kann: Man schaltet Drähte von gleicher Länge und gleicher Dicke, also von gleich großem Querschnitt, alle hintereinander, und zwar sind die Metalle der Reihe nach: Silber, Kupfer, Gold, Aluminium, Platin, Blei. Leitet man nun einen stärkeren Strom hindurch, so beobachtet man, daß der Bleidraht am heißesten wird; weniger heiß wird der Platindraht, noch weniger der Aluminiumdraht usf., am kältesten bleibt der Silberdraht. Die Wärme des Drahtes ist aber ein Maß für den Widerstand, den sie dem Strom, d. i. dem Durchgang der Elektronen, entgegensetzen, und so hat also bei dem vorliegenden Versuch das Blei den größten Widerstand und das Silber den kleinsten. Es folgt hieraus, daß man Drähte aus Silber am besten zur Fortleitung eines elektrischen Stromes benutzen kann; wegen der hohen Kosten dieses Metalls geschieht das aber nicht. Man verwendet vielmehr zur Fortleitung des Stromes Leitungen aus Kupfer, zumal der Widerstand des Kupfers nur ganz wenig größer ist, als derjenige des Silbers. Auch Aluminium, Zink und Eisen werden genommen.

Der Widerstand eines Körpers wird in Ohm gemessen. Wie das Meter der zehnmillionste Teil des Viertels des Erdumfanges ist (in Wirklichkeit stimmt dies nicht ganz) und das Kilogramm das Gewicht von einem Liter Wasser bei 4°, so ist 1 Ohm (gewöhnlich bezeichnet 1 $\Omega$) der Widerstand eines Quecksilberfadens von 1,063 m Länge und 1 mm² Querschnitt, und nach dem Ohmschen Gesetz ist dann 1 Volt diejenige erforderliche elektromotorische Kraft, welche einen Strom von 1 Ampere in einem Stromkreis von 1 $\Omega$ Widerstand hervorruft.

Um zu bestimmen, welchen Widerstand andere Metalle haben, kann man sich den folgenden Versuch denken: Ein Quecksilberfaden von

1,063 m Länge und 1 mm² Querschnitt ist an eine Stromquelle angeschlossen, so daß ein Strom durch ihn hindurchfließt. (Weil Quecksilber flüssig ist, denke man es sich in einem Glasrohr.) Der Strom wird mit einem Instrument, einem Amperemeter, wie es später beschrieben wird, gemessen. Darauf ersetzt man den Quecksilberfaden durch einen ebenso langen und dicken Kupferdraht und, weil Kupfer viel besser leitet als Quecksilber, entsteht jetzt ein viel stärkerer Strom. Man stellt fest, daß der Strom 54,2 mal stärker geworden ist als vorher, folglich hat dieser Kupferdraht von 1,063 m Länge und 1 mm² Querschnitt einen Widerstand, der 54,2 mal kleiner ist, als der des Quecksilberfadens.

Da nun dieser 1 $\Omega$ hat, so hat der Kupferdraht $\dfrac{1}{54,2} = 0{,}0185\ \Omega$.

Weil die Länge 1,063 m etwas unbequem ist, rechnet man sich besser den Widerstand für 1 m Länge und 1 mm² Querschnitt aus. Diese Zahl heißt dann der spezifische Widerstand. Für Kupfer folgt er aus dem angegebenen Versuch durch die Überlegung: Wenn 1,063 m Länge und 1 mm² Querschnitt 0,0185 $\Omega$ haben, dann muß 1 m bei 1 mm² einen Widerstand von $\dfrac{0{,}0185}{1{,}063} = 0{,}0174\ \Omega$ haben.

In der folgenden Tabelle sind für einige Körper diese spezifischen Widerstände, die ein Draht von 1 m Länge und 1 mm² Querschnitt aus diesem Metall hat, zusammengestellt.

| Körper | spezifischer Widerstand für 1 m und 1 mm² |
|---|---|
| Silber | 0,0172 $\Omega$ |
| Kupfer | 0,0174 ,, |
| Aluminium | 0,0287 ,, |
| Eisen | 0,1042 ,, |
| Blei | 0,2076 ,, |
| Neusilber | 0,3010 ,, |
| Messing | 0,0707 ,, |
| Rhesistan | 0,4700 ,, |
| Nickelin | 0,4000 ,, |
| Zink | 0,059 ,, |

Von den Körpern dieser Tabelle benutzt man in erster Linie das Kupfer für elektrische Maschinen und Leitungen, als Ersatz aber auch Aluminium, Zink oder Eisen.

Die Materialien mit großem spezifischen Widerstand, wie Neusilber, Rhesistan und Nickelin, in besonderen Fällen auch Eisen, werden für Apparate benutzt, die zum Verändern und Regulieren der Stromstärke dienen, also für Regulierwiderstände, Regler, Anlasser. Rhesistan und Nickelin sind besonders für diese Zwecke hergestellte Legierungen mit hohem spezifischen Widerstand, denn je höher dieser ist, um so weniger Material gebraucht man für einen Widerstand zum Regulieren des Stromes.

Mit Hilfe des spezifischen Widerstandes lassen sich nun die Widerstände von beliebigen Drähten berechnen. Je länger ein Draht ist, um so größer ist sein Widerstand, und je dicker er ist, um so kleiner ist sein Widerstand. Da der spezifische Widerstand des Kupfers 0,0174 $\Omega$ beträgt, also ein Kupferdraht von 1 m Länge bei 1 mm² Querschnitt 0,0174 $\Omega$ besitzt, so wird ein Kupferdraht von 20 m Länge und 1 mm² Querschnitt einen Widerstand von 0,0174 · 20 = 0,348 $\Omega$ haben, und ein Draht von 20 m Länge und 4 mm² Querschnitt müßte $\dfrac{0,0174 \cdot 20}{4} = 0,0870 \ \Omega$ haben. Durch eine Formel ausgedrückt, ist

$$w = \frac{c\,l}{q} \quad \dots \dots \dots \dots \dots \quad 2)$$

*w* Widerstand in Ohm, *c* spez. Widerstand, *l* Länge der Leitung in Meter, *q* Querschnitt in Quadratmillimeter.

Soll ein Widerstand von bestimmter Größe mit möglichst wenig Material hergestellt werden, so nimmt man ein Material mit hohem spezifischen Widerstand, wie folgendes Beispiel zeigt: Es soll ein Widerstand von 20 $\Omega$ angefertigt werden aus Rhesistandraht von 6 mm² Querschnitt. Welche Länge muß der Draht erhalten?

Aus der Gl. 2)   $w = \dfrac{c\,l}{q}$   folgt   $l = \dfrac{q\,w}{c} = \dfrac{6 \cdot 20}{0,47} = 256$ m.

*c* entnommen der Tabelle auf Seite 9.

Wie wir schon gesehen haben, leiten die verschiedenen Stoffe den Strom nicht in gleich guter Art. Eigenartig ist dabei, daß dieselben Körper, welche den elektrischen Strom gut leiten, auch die Wärme gut leiten. Um die verschiedene Wärmeleitfähigkeit nachzuweisen, ist es nur nötig, gleich lange und gleich dicke Drähte aus den verschiedenen Metallen nach Fig. 2 an ihren Enden mit Wachstropfen zu versehen und sie mit dem anderen Ende, durch einen Kork abgedichtet, in heißes Wasser hineinragen zu lassen,

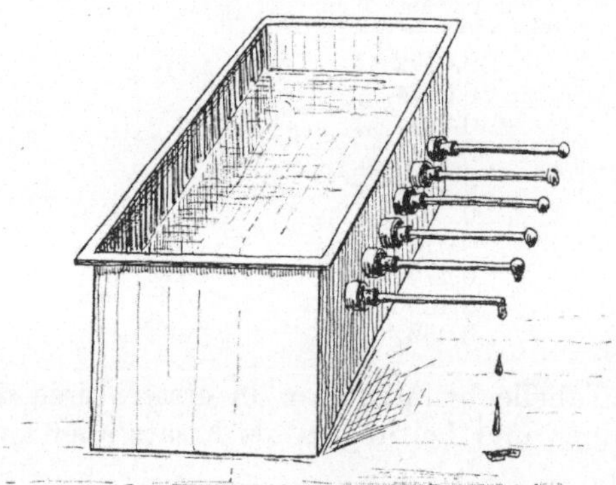

Fig. 2.  Verschiedene Wärmeleitfähigkeit.

welches sich in einem Blechkasten befindet. Die Wärme des Wassers teilt sich durch die Drähte auch den an ihren Enden angebrachten Wachstropfen mit, zuerst schmilzt aber das Wachs an dem Silberdraht, darauf das am Kupfer usf. genau in derselben Reihenfolge, wie die Metalle auf Seite 8 angegeben sind.

Sämtliche Stoffe, welche die Wärme nicht leiten, leiten auch die Elektrizität nicht, z. B. Seide, Wolle, Papier, Holz, Gummi, Stroh, Porzellan, Glas, Marmor, Schiefer usw. Alle diese Stoffe, welche den

elektrischen Strom nicht leiten, nennt man Nichtleiter oder Isolatoren, und aus ihnen verfertigt man Umhüllungen und Umspin-
nungen von Leitungsdrähten, Träger und Stützvorrichtungen für strom-
führende Teile, wie Porzellanglocken und Rollen, sowie Gehäuse für
elektrische Apparate, Schalter, Sicherungen u. dgl. Verschiedene Formen
dieser Gegenstände werden später noch erläutert. Außer den angeführten
Isolatoren, die nur feste Stoffe sind, gibt es auch wichtige flüssige,
dahin gehört der Lack, der für elektrische Maschinen ein Hauptisolier-
stoff ist, und das Öl, welches in den meisten Hochspannungsapparaten
benutzt wird.

Jeder Stromkreis ist stets aus mehreren Teilen, die Widerstand
besitzen, zusammengesetzt, und zwar kann man meist unterscheiden:
den Widerstand der Stromquelle, der Leitung und den Nutzwiderstand.
In Fig. 3 ist ein solcher einfacher Stromkreis gezeichnet. Dabei ist $M$
die Stromquelle, also z. B. eine Maschine, von welcher eine Leitung zu
dem Nutzwiderstand, „der Glühlampe", führt, während eine zweite
Leitung von dieser wieder zurückführt zur Stromquelle. In der Stromquelle entwickelt sich fortwährend eine elektromotorische Kraft, welche
dauernd einen Strom durch den Kreis treibt. Damit die Lampe richtig
leuchtet, muß ein Strom von ganz bestimmter Stärke durch sie hindurch-
fließen, und da dieser Strom im ganzen Stromkreis denselben Wert hat,
da er alles hintereinander durchfließt, so ist er nach dem Ohmschen
Gesetz bestimmt durch die Beziehung (Gl. 1)

$$ J = \frac{E}{W} , $$

wo $W =$ Widerstand der Stromquelle $+$ Widerstand der Hinleitung
$+$ Widerstand der Lampe $+$ Widerstand der Rückleitung bedeutet.

Damit nun der Strom in der erforderlichen Stärke entsteht, wie ihn
die Lampe gebraucht, muß die elektromotorische Kraft in der Stromquelle den vollen Strom zunächst durch den Widerstand der Stromquelle
hindurchtreiben, darauf durch die Hinleitung zur Lampe, dann durch
die Lampe und schließlich durch die Rückleitung zurück zur Stromquelle. Man kann also sagen, daß ein Teil der elektromotorischen Kraft
verbraucht wird zur Überwindung des Widerstandes der Stromquelle,
ein weiterer Teil zur Überwindung des Widerstandes der Hinleitung usw.
Da aber der Strom hauptsächlich in der Lampe wirken soll, so wird
man nach Möglichkeit alle Widerstände des Stromkreises gegenüber
dem Nutzwiderstand der Lampe klein halten, damit die elektromotorische
Kraft in der Stromquelle nicht unnötig groß zu sein braucht. Die Teile
der elektromotorischen Kraft, welche für die einzelnen Widerstände des
Stromkreises verbraucht werden, heißen Spannungen.

Die Spannungen, welche verbraucht werden für den inneren Widerstand der Stromquelle und für die Leitungen, bezeichnet man besonders als Spannungsverluste, um anzudeuten, daß sie überflüssig, also möglichst klein zu halten sind. Der Rest der elektromotorischen Kraft, welcher für die Lampe übrigbleibt, nachdem

man die Spannungsverluste abgezogen hat, wird als Nutzspannung bezeichnet.

Alle Spannungen und Spannungsverluste lassen sich leicht berechnen. Während nämlich für den ganzen Stromkreis das Gesetz von Ohm die schon angegebene Form hat:

$$J = \frac{E}{W} \,.$$

gilt für einen Teil des Stromkreises

$$\text{Stromstärke} = \frac{\text{Spannung}}{\text{Widerstand des Teiles}} \,,$$

in Zeichen

$$J = \frac{e}{w}$$

oder

$$e = J w \quad . \; . \; . \; . \; . \; . \; . \; . \; . \; . \; . \; . \quad 3)$$

d. h. Spannung (Spannungsverlust) = Strom $\times$ Widerstand des Teiles.

Fließt z. B. in einer 80 m langen Kupferleitung von 6 mm² Querschnitt ein Strom von 12 Ampere, so ist der Widerstand dieser Leitung nach Gl. 2)

$$w = \frac{0{,}0174 \cdot 80}{6} = 0{,}232 \; \Omega$$

und der Spannungsverlust in derselben nach Gl. 3)

$$e = J w = 12 \cdot 0{,}232 = 2{,}784 \; \text{V.}$$

Spannungen werden mit dem Spannungsmesser oder Voltmeter gemessen. Schaltet man das Voltmeter $V$ an die Lampe, wie in Fig. 3 gezeichnet ist, dann zeigt es die Nutzspannung an, legt man es an die Maschine, dann zeigt es deren Klemmenspannung an, denn es wirkt dort eine Spannung = elektromotorische Kraft — Spannungsverlust in der Maschine.

Die Voltmeter sind meist in derselben Art gebaut wie die Amperemeter.

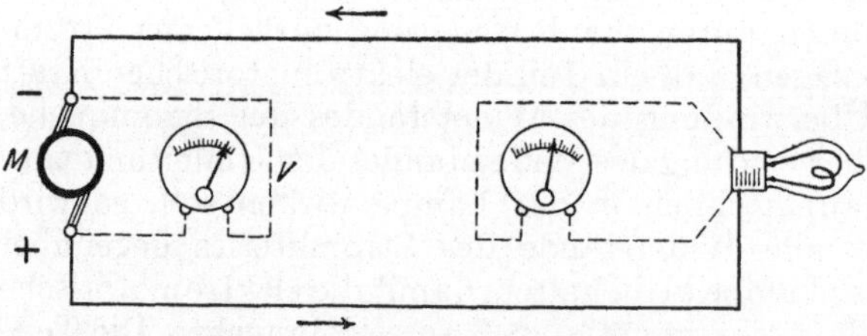

Fig. 3.  Einfacher Stromkreis.

Beide sollen später noch genauer besprochen werden. Die Voltmeter sind auch nur durch den Strom wirksam, der durch sie hindurchfließt und der den Wert hat:

$$\text{Strom} = \frac{\text{gemessene Spannung}}{\text{Widerstand des Voltmeters}} \,.$$

Da der Widerstand des Voltmeters unveränderlich ist, so ist der hindurchfließende Strom ein genaues Maß für die Spannung, und man braucht nur die Teilung des Voltmeters nicht nach dem hindurchfließenden Strom, sondern nach dem Produkt aus diesem Strom × Widerstand des Voltmeters auszuführen, so kann man die Spannung messen, obgleich das Instrument im Prinzip ein Amperemeter ist. Bei allen Voltmetern, mit Ausnahme der statischen, in denen die Spannung wirkt und kein Strom fließt, führt man den Widerstand des Instrumentes immer sehr hoch aus. Man gibt dem Instrument im Innern eine Draht-

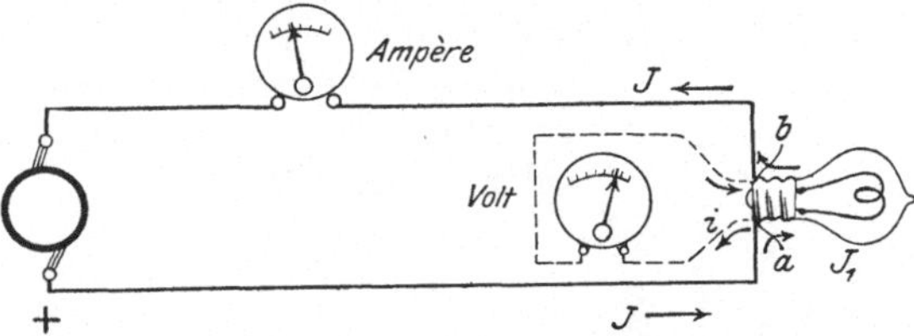



Fig. 4. Schaltung von Volt- und Amperemeter.

wicklung aus vielen Windungen und dünnem Draht und legt außerdem gewöhnlich noch besondere Vorschaltwiderstände mit in das Instrument. Der Unterschied zwischen der Schaltung von Volt- und Amperemeter geht aus Fig. 4 hervor. Da das Amperemeter direkt in die Leitung geschaltet wird, muß sein Widerstand möglichst klein sein, damit nicht durch dasselbe ein größerer Spannungsverlust entsteht. Das Voltmeter muß aber von einem möglichst schwachen Strom $i$ durchflossen werden, sonst müßte die Maschine einen stärkeren Strom $J$ liefern, wenn man ein Voltmeter einschaltet; denn es tritt, wie aus Fig. 4 zu sehen ist, an der Lampe bei $a$ eine Verzweigung des Stromes $J$ in die Zweigströme $J_1$ und $i$ ein; damit die Maschine beim Einschalten des Voltmeters nicht einen wesentlichen stärkeren Strom liefert, so sorgt man durch einen hohen Widerstand des Voltmeters dafür, daß $i$ möglichst klein bleibt.

In dem einfachen Stromkreis von Fig. 4 sind die einzelnen Teile alle hintereinander geschaltet, und es ist dann der ganze Widerstand aller Teile gleich der Summe der einzelnen Widerstände. Es können in einem Stromkreis aber auch mehrere Nutzwiderstände, Lampen usw. hintereinander geschaltet werden. In Fig. 5 sind z. B. fünf Widerstände, $w_1$, $w_2$, $w_3$, $w_4$ und $w_5$ hintereinander, so daß der Widerstand aller dieser fünf zusammen den Wert erhält $w_1 + w_2 + w_3 + w_4 + w_5$. Je mehr Widerstände hintereinander geschaltet werden,

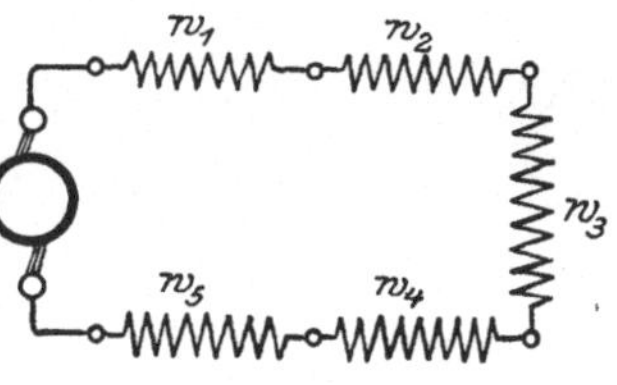



Fig. 5.
Hintereinanderschaltung.

um so größer wird der Gesamtwiderstand. Die Hintereinanderschaltung ist nicht häufig in Anwendung. Nur bei Bogenlampen (vgl. auch die Fig. 295) kommt sie in der Regel vor. Auch bei Stromquellen wendet man diese Schaltung an, z. B. regelmäßig bei Akkumulatoren. Ein Beispiel von hintereinander geschalteten Maschinen zeigt Fig. 354. Bei dieser Hintereinanderschaltung von Stromquellen addieren sich die elektromotorischen Kräfte.

Eine bei dem elektrischen Licht und auch sonst sehr häufig benutzte Schaltung ist die **Parallelschaltung**. Wie aus Fig. 6 hervorgeht, liegen bei Parallelschaltung die betreffenden Widerstände alle zwischen denselben beiden Punkten $A$ und $B$, und der Strom $J$, welcher aus der Stromquelle herausfließt, verzweigt sich in so viele einzelne Zweigströme $i_1$, $i_2$ und $i_3$, wie Widerstände parallel sind. Die Ströme $i_1$, $i_2$, $i_3$ lassen sich leicht berechnen, wenn die Spannung $e$, die zwischen den Punkten $A$ und $B$ verbraucht wird, bekannt ist. Nämlich

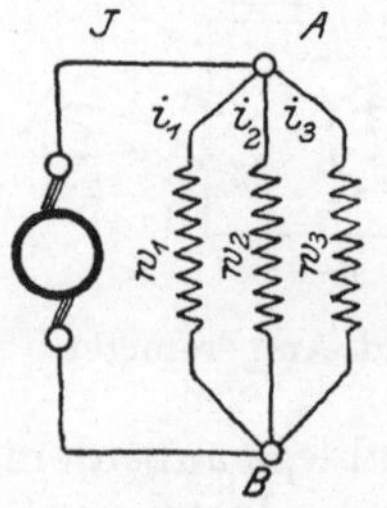

$$i_1 = \frac{e}{w_1}, \qquad i_2 = \frac{e}{w_2}, \qquad i_3 = \frac{e}{w_3} \text{ usf.}$$

Will man den Widerstand $W$ berechnen, den man zwischen $A$ und $B$ einschalten muß, damit derselbe Strom $J$ von $A$ nach $B$ fließt, so hat man auch

Fig. 6.
Parallelschaltung.

$$J = \frac{e}{W}.$$

Nun ist aber $J = i_1 + i_2 + i_3$, also auch

$$\frac{e}{W} = e\left(\frac{1}{w_1} + \frac{1}{w_2} + \frac{1}{w_3} + \cdots\right)$$

oder

$$\frac{1}{W} = \frac{1}{w_1} + \frac{1}{w_2} + \frac{1}{w_3} + \quad \ldots \ldots \ldots \quad 4)$$

$W$ heißt **Kombinationswiderstand**.

Sind die parallel geschalteten Widerstände einander gleich, also $w_1 = w_2 = w_3 = w$ und ist ihre Anzahl $n$, so wird

$$\frac{1}{W} = \frac{1}{w} + \frac{1}{w} + \frac{1}{w} \quad \ldots \ldots \quad n\text{-Addenden}$$

oder

$$\frac{1}{W} = n \cdot \frac{1}{w}$$

$$W = \frac{w}{n} \quad \ldots \ldots \ldots \ldots \ldots \ldots \quad 4\text{a})$$

Sind z. B. vier Widerstände von je 100 $\Omega$ parallel geschaltet, so ist der Kombinationswiderstand

$$W = \frac{100}{4} = 25 \ \Omega.$$

In Fig. 6 sind die parallelen Widerstände zwischen die beiden Punkte $A$ und $B$ gelegt. Denkt man sich die Punkte zu Linien ausgezogen, so erhält man die Schaltung in Fig. 7. Diese entspricht der am meisten vorkommenden Schaltung beim elektrischen Licht. Man wendet hierbei fast immer Parallelschaltung an, weil dann die einzelnen Widerstände, also die Lampen, unabhängig voneinander sind. Bei Hintereinanderschaltung müssen immer alle eingeschaltet sein, bei Parallelschaltung können sie einzeln brennen.

In elektrischen Anlagen kommen im allgemeinen Parallelschaltungen vor. In Fig. 8 ist jedoch eine Anlage gezeichnet, in welcher Hintereinander- und Parallelschaltung gleichzeitig vorkommen. In dem Stromkreis $1$ sind die Bogenlampen $L_1$ und $L_2$ mit ihrem Vorschaltwiderstand $W$ hintereinander. Die Glühlampen im Stromkreis $2$ sind parallel. Alle drei Stromkreise aber, Bogenlampenkreis $1$, Glühlampenkreis $2$ und Motorenkreis $3$, sind untereinander wieder parallel, weil sie alle drei an dieselben Schienen $AB$ angeschlossen sind.

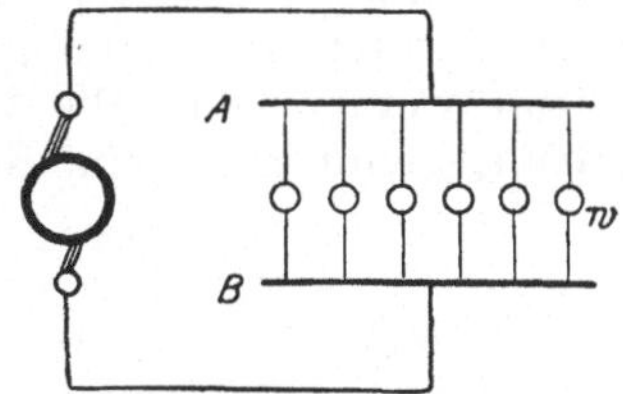

Fig. 7. Parallelschaltung.

Wir wollen nun noch die Begriffe von Arbeit und Leistung betrachten. Es ist Arbeit = Kraft × Weg.

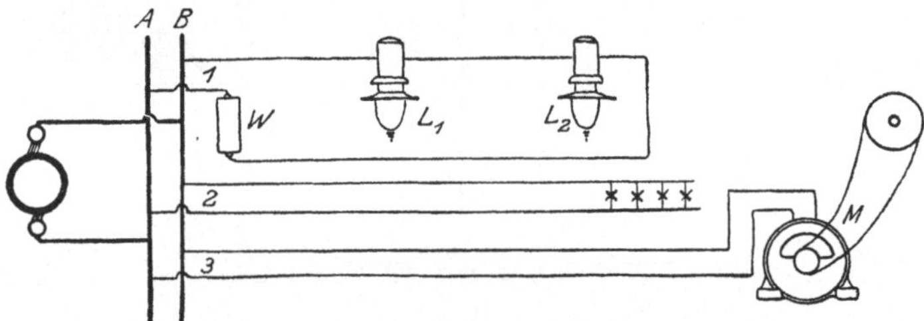

Fig. 8. Gemischte Schaltung.

Die Arbeit in einer Sekunde heißt Leistung. Im Maschinenbau werden die Leistungen der Kraftmaschinen noch immer in Pferdestärken ausgedrückt (abgekürzt PS; das vielfach auch von deutschen Firmen gebrauchte HP oder HP ist falsch, es bedeutet die englische Pferdestärke [Horse power], welche aber einen anderen Wert hat als das PS). Man versteht unter einer Pferdestärke die Arbeit von 75 Kilogrammmetern in 1 Sekunde, und zwar ist dann eine Pferdestärke geleistet, wenn eine Last in 1 Sekunde um so viel Meter gehoben wird, daß Last × Meter = 75 ergibt, z. B. können demnach in einer Sekunde 1 kg um 75 m gehoben werden oder auch 75 kg nur um 1 m, beides ist dieselbe Leistung.

Nun läßt sich die Arbeit durch Reibung in Wärme umsetzen, und zwar hat man durch einen Versuch nach Fig. 9 beobachtet, wieviel Wärme man für eine bestimmte mechanische Arbeit erhält. Es ist in Fig. 9 ein Kolben drehbar in einem Rohr $R$ angeordnet. Das Rohr steht in einem Gefäß mit Wasser, in welches ein Thermometer hineingehängt ist. Läßt man nun die Schale mit den aufgesetzten Gewichten $G$ abwärts sinken und beobachtet man, um wieviel Meter sie sich nach unten bewegt hat, so ist $G \cdot s$ die geleistete Arbeit, wenn $s$ die Meter sind und $G$ die Gewichte in Kilogramm.

Durch wiederholte und sorgfältige Versuche fand man auf diese Weise, daß ein Gewicht $= 427{,}2$ kg um 1 m sinken muß, wenn 1 Liter Wasser durch die Reibung des Kolbens $K$ in dem Rohr $R$ um 1° erwärmt werden soll. Die Wärmemenge, welche 1 $l$ Wasser um 1° erwärmt, nennt man eine **Kilogrammkalorie**.

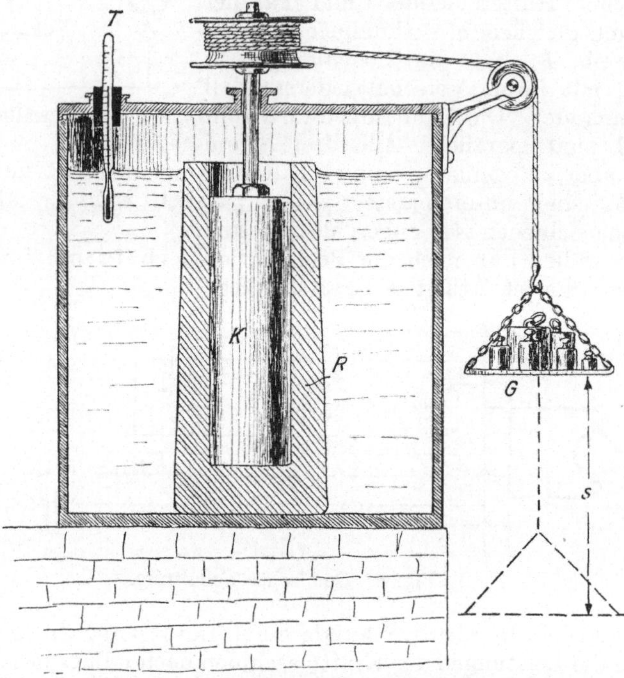


Fig. 9.  Umwandeln von Arbeit in Wärme.

Wie wir schon wissen, kann man auch den **elektrischen Strom in Wärme** umsetzen. Man verfährt hier nur so, daß man eine Drahtspirale $w$, Fig. 10, in ein Gefäß mit Wasser hängt, den Strom $J$ mit einem Amperemeter mißt und die Spannung $e$, welche in der Spirale verbraucht wird, mit dem Voltmeter bestimmt. Es wurde auch hier durch eine Reihe von Versuchen gefunden, daß zur Erwärmung von 1 $l$ Wasser um 1°, also zur Erzeugung von 1 Kilogrammkalorie, so viel Volt und Ampere nötig·sind, daß deren Produkt mit der Zeit also Volt $\times$ Ampere $\times$ Sekunden die Zahl 4189 ergibt. Das Produkt aus Stromstärke und Spannung heißt Voltampere oder **Watt** und gibt die Leistung des Stromes an. Sie ist bestimmt durch die Formel

$$\mathfrak{E} = e\,J \text{ Watt.}$$

Die Größen $e$, $J$, $w$ sind aber durch die Formel 3)

$$e = J\,w$$

verbunden, daher kann man $\mathfrak{E}$ auch schreiben

$$\mathfrak{E} = J^2\,w\ \text{Watt}$$

oder, indem man $J = \dfrac{e}{w}$ setzt

$$\mathfrak{E} = \frac{e^2}{w}\ \text{Watt}.$$

Das sog. Joulesche Gesetz für die elektrische Leistung hat also die Formen:

$$\mathfrak{E} = e\,J = J^2\,w = \frac{e^2}{w}\ \text{Watt} \quad \dots \dots \dots \quad 5)$$

Multipliziert man $\mathfrak{E}$ mit der Zeit $t$ ($t$ ausgedrückt in Sekunden), so gibt das Produkt $\mathfrak{E}\,t$ die Arbeit des Stromes, ausgedrückt in Joule oder Wattsekunden, an.

Die in einer bestimmten Zeit entwickelte Wärme ist nur von den Watt abhängig, das heißt, man kann dasselbe erreichen mit hoher Spannung und wenig Strom oder umgekehrt mit wenig Spannung und starkem Strom. Es ist also für die verbrauchte Arbeit immer das Produkt aus Strom × Spannung×Zeit maßgebend; der Verbrauch von elektrischen Apparaten, Lampen u. dgl. wird jedoch stets in Watt angegeben. Hundert

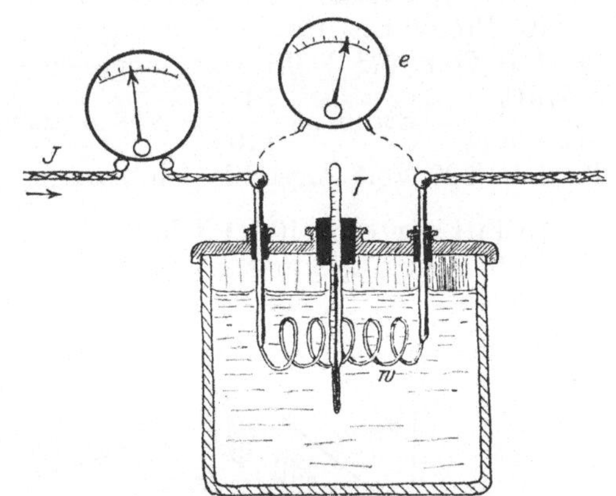

Fig. 10. Messung der Wärmemenge des elektrischen Stromes.

Watt nennt man Hektowatt (hW) und tausend Watt heißen Kilowatt (kW). Die Elektrizitätswerke verkaufen ihre Arbeit nicht nach Joule oder Wattsekunden, sondern nach Kilowattstunden, also dem Produkte aus Kilowatt und Stunden. Kostet z. B. die Kilowattstunde für elektrisches Licht 120 Pfennig, so würde man, wenn der Elektrizitätszähler nach einem Monat einen Verbrauch von 15 Kilowattstunden oder 15000 Wattstunden anzeigt, $15 \times 1{,}2 = 18{,}00$ M. zu zahlen haben. Die elektrischen Glühlampen verbrauchen für 1 Kerzenstärke Helligkeit etwa 1 Watt. Hiernach kann man ausrechnen, wie teuer eine Lampe brennt. Die gewöhnlich verwendeten Lampen haben 25 Kerzen Lichtstärke. Eine solche Lampe gebraucht also 25 Watt, das ist pro Stunde 25 Wattstunden, und bei einem Strompreis von 80 Pf. für 1 Kilowattstunde oder 1000 Wattstunden würde die Lampe kosten:

$$\frac{80 \cdot 25}{1000} = 2\ \text{Pf.}$$

Nach der vorhin gegebenen Erklärung erzeugen nun 427,2 Kilogrammeter eine Wärmemenge von 1 Kilogrammkalorie und 4189 Joule ebenfalls. Es sind deshalb 427,2 Kilogrammeter mechanischer Arbeit gleichwertig mit 4189 Joule elektrischer Arbeit. Da man aber die Leistung von Maschinen in Pferdestärken angibt, also 75 mkg in 1 Sekunde, so ist

$$1 \text{ PS gleichwertig mit } \frac{4189 \cdot 75}{427,2} = 736 \text{ Watt.}$$

$$1 \text{ PS} = 736 \text{ Watt.}$$

Leitet man hiernach in einen Elektromotor so viel Ampere bei so viel Volt ein, daß ihr Produkt 736 ergibt, so müßte der Motor 1 PS leisten. In Wirklichkeit wird er allerdings etwas weniger leisten, weil in jeder Maschine Verluste auftreten, wie wir noch sehen werden. Es ist aber gleichgültig, wie hoch der Strom allein und die Spannung allein ist, nur ihr Produkt ist für die Leistung maßgebend. Es muß also ein Motor für 110 Volt und 1 PS etwa (abgesehen von den Verlusten), erhalten

$$\frac{\text{Watt}}{\text{Spannung}} = \text{Strom} = \frac{736}{110} = 6{,}68 \text{ Ampere, ist dagegen ein Motor für}$$

1 PS an 500 Volt angeschlossen, so erhält er $\dfrac{736}{500} = 1{,}47$ Ampere.

Anstatt der Einheit 1 PS hat man neuerdings das Kilowatt (kW) als Einheit der Leistung eingeführt, d. h. das Produkt aus Volt und Ampere muß 1000 Watt anstatt 736 sein.

Je höher also die Spannung ist, um so niedriger wird der Strom. Es sind demnach die Voltampere oder Watt gleichbedeutend mit der elektrischen Arbeit in der Sekunde, und es bedeutet das Produkt aus Volt $\times$ Ampere die Leistung des Stromes.

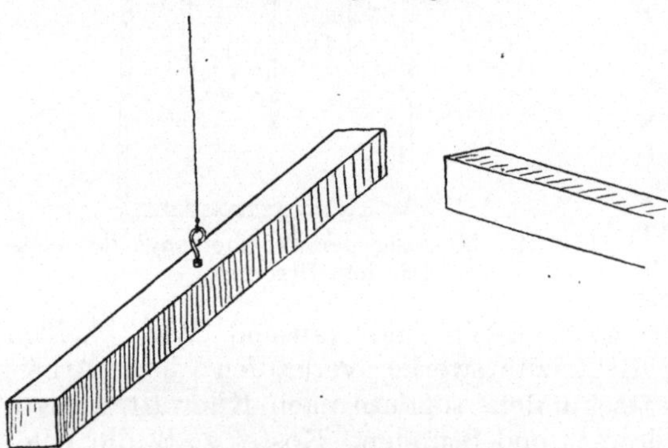

Fig. 11.   Stahlmagnete.

Aber dies gilt nur für Gleichstrom. Um einsehen zu können, warum es für Wechselstrom nicht gilt, muß zunächst das Gebiet des Magnetismus kurz berührt werden.

Der Name Magnetismus rührt von der alten Stadt Magnesia in Kleinasien her, in deren Nähe Eisenerze gefunden wurden, welche magnetisch waren. Bestreicht man mit einem solchen natürlichen Magnet ein gehärtetes Stück Stahl, so wird dasselbe ebenfalls zu einem Magnet. Hängt man einen solchen Magnet nach Fig. 11 an einem Faden auf, so stellt er sich, wie bekannt ist, in die Richtung von Norden nach Süden ein, weil unsere Erde ebenfalls ein großer Magnet ist. Man benutzt diese Eigenschaft des Magnets ja beim Kompaß. Nähert man dem nach Norden zeigenden Ende eines frei, nach Fig. 11, aufgehängten Magnets einen zweiten Magnet mit demjenigen Ende, mit welchem dieser ebenfalls bei freier Aufhängung nach Norden zeigen würde, so beobachtet man, daß der drehbare Magnet sich von dem anderen abwendet. Die Enden eines Magnets heißen Pole, und es stoßen sich gleiche Pole stets gegenseitig ab, während entgegengesetzte Pole sich anziehen.

Bricht man einen Magnet durch, so erhält man stets ohne weiteres zwei vollständige neue Magnete, jeder derselben mit einem Nordpol und einem Südpol. Man kann diese Teilung beliebig weit fortsetzen, stets erhält man vollständige Magnete, sogar ein abgefeilter Span würde immer noch zwei Pole erkennen lassen. Aus dieser beliebig weit fortsetzbaren Teilung kann man schließen, daß das Eisen von Natur aus, aus sehr kleinen Magneten zusammengesetzt ist. Jeder Körper besteht aus solch kleinen Teilen, die man Moleküle nennt, und beim Eisen sind diese Moleküle immer magnetisch. Im gewöhnlichen unmagnetischen Eisen bemerkt man nur deshalb nichts von dem Magnetismus der Moleküle, weil diese sich gegenseitig so beeinflussen, daß sich ihre entgegengesetzten Pole anziehen und sie sich

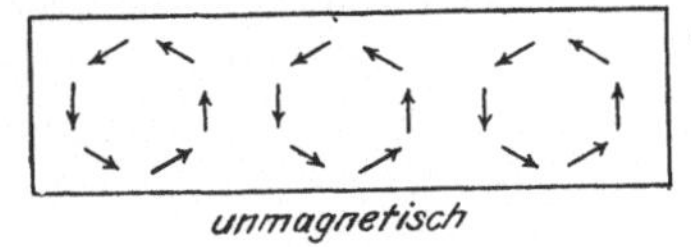


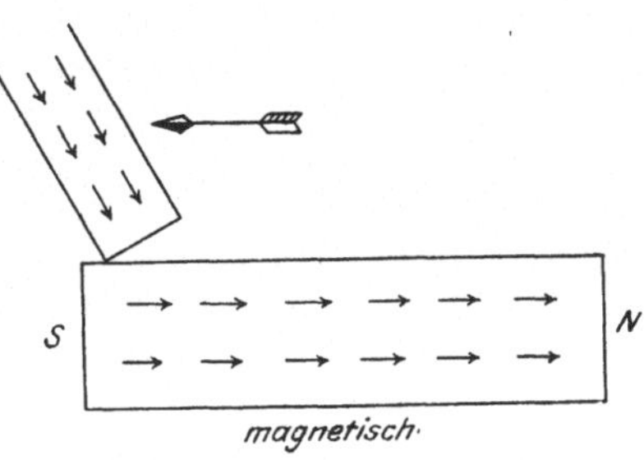


Fig. 12. Lagerung der Moleküle.

deshalb genau so, wie freie einzelne Magnetnadeln es tun würden, zu geschlossenen Gruppen geordnet haben, wie etwa in Fig. 12 angedeutet ist. Fährt man mit einem Magnet über das Eisen hinweg, so werden die Moleküle dadurch alle in die gleiche Richtung gedreht und das Eisen ist magnetisiert.

In hartem Stahl sind die Moleküle schwer beweglich; man muß daher viele Male die Bestreichung mit dem Magnet vornehmen, ehe alle Moleküle gerichtet sind, nachher bleiben sie aber auch in dieser Zwangsstellung stehen; es bleibt also harter Stahl, der einmal magnetisiert wurde, dauernd magnetisch. In weichem Eisen sind die Moleküle sehr leicht beweglich, besonders in ausgeglühtem Schmiedeeisen, deshalb wird solches Eisen sehr leicht magnetisch; wenn aber die magnetisierende Einwirkung aufhört, dann stellen sich die Moleküle zum allergrößten Teil wieder in die unmagnetische Lage ein; ein kleiner Teil allerdings bleibt, infolge der Reibung, die die Moleküle bei ihrer Drehung aneinander erleiden, in der magnetischen Stellung zurück. Dieser Umstand ist außerordentlich wichtig für die Selbsterregung der elektrischen Maschinen, und ist die Grundlage für das schon im Anfang erwähnte, durch Werner von Siemens entdeckte, dynamoelektrische

**Prinzip.** Will man den geringen noch nach der Magnetisierung zurückbleibenden Magnetismus aus dem Eisen wieder herausbringen, so genügt es, mit einem Hammer einige Schläge auf das Eisen auszuüben, dadurch ordnen sich auch die stehen gebliebenen Moleküle wieder in die unmagnetische Gruppierung ein. Dieses leichte Zurückdrehen der Moleküle ist auch Veranlassung zu der folgenden Erscheinung, die zuweilen an elektrischen Maschinen beobachtet wird: Die Magnetgestelle der elektrischen Maschinen sind ebenfalls aus sehr weichem Eisen hergestellt, und zwar meist aus Stahlguß, seltener aus weichem Gußeisen. Jede in einer Fabrik fertiggestellte Maschine wird nun, wenn sie nicht gar zu groß ist, auf dem Prüffeld einer Probe unterzogen und vor ihrer ersten Inbetriebsetzung muß das Magnetgestell von Gleichstromgeneratoren zunächst einmal magnetisiert werden, weil sonst die Maschine, wie später gezeigt wird, sich nicht erregen kann. Läuft die Maschine ein zweites Mal, so ist das vorherige Magnetisieren nicht wieder nötig, weil vom erstenmal her noch ein schwacher Magnetismus im Eisen vorhanden ist. Wenn nun die Maschine durch die Eisenbahn an ihren Bestimmungsort gebracht ist und dort zum erstenmal laufen soll, tritt sehr häufig der Fall ein, daß sie sich nicht erregt; sie hat dann den von der Fabrikprobe her zurückgebliebenen schwachen Magnetismus, infolge der Erschütterungen auf der Bahn, verloren und muß dann noch einmal künstlich magnetisiert werden.

Wir haben schon kennen gelernt, daß ein elektrischer Strom die Magnetnadel aus ihrer normalen Lage ablenkt. Da nun das Eisen aus lauter kleinen magnetischen Molekülen zusammengesetzt ist, so kann man daraus den Schluß ziehen, daß ein elektrischer Strom die Moleküle des Eisens ebenfalls richtet, d. h. daß er das Eisen magnetisch macht. In der Tat läßt sich dies durch den Versuch nach Fig. 13 erkennen. $M$ ist ein hufeisenförmig gebogenes Schmiedeisenstück, welches von einem Draht in vielen Windungen umgeben ist. $A$ ist eine Stromquelle, $R$ ein Regulierwiderstand zum Verändern der Stromstärke $J$. $E$ ist der Anker des Magnets, ein weiches Eisenstück, an dem

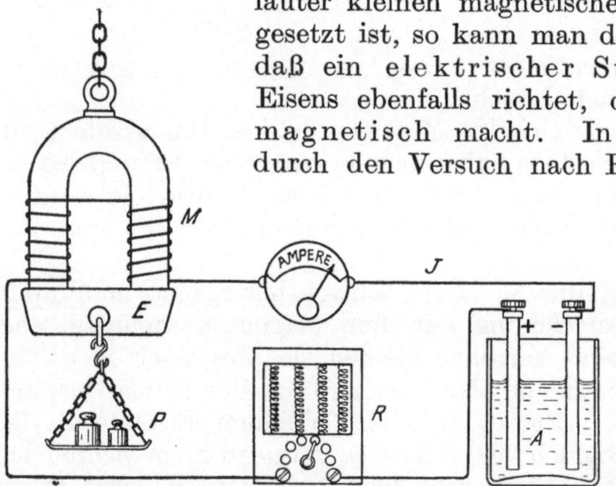


Fig. 13.  Elektromagnetismus.

die Belastung $P$ hängt. Schaltet man den Strom ein, so hält der Magnet $M$ den Anker $E$ fest und trägt die Belastung $P$. Schaltet man den Strom aus, so fällt der Anker $E$ ab, weil dann die richtende Kraft des Stromes auf die Moleküle nicht mehr vorhanden ist, und diese sich unter ihrem gegenseitigen Einfluß sogleich wieder in die unmagnetische

Lage zurückdrehen. Hartes Eisen kann auf diese Art natürlich schwerer magnetisiert werden als weiches, und am besten eignet sich zu diesem Elektromagneten Schmiedeisen und Stahlguß, denn in diesen Eisensorten sind die Moleküle leicht beweglich und stellen sich daher sofort in die magnetische Lage ein, sobald man den magnetisierenden Strom einschaltet. Harter Stahl wird bei dem Versuch nach Fig. 13 fast gar nicht magnetisch, er eignet sich nicht für Elektromagnete. Ein Elektromagnet wirkt bedeutend stärker als ein Stahlmagnet. Man wendet solche Elektromagnete häufig in Hüttenwerken und Eisengießereien zum Heben von Eisenteilen an, wobei das zeitraubende Einhängen der Last mit Seilen oder Ketten in den Kranhaken erspart wird, weil der Magnet nur auf das Eisen herabgelassen wird, dann schaltet man ihn ein und er hält die Last fest. Ist sie durch den Kran an die gewünschte Stelle befördert und dort mit dem Magnet niedergelassen, so wird dem letzteren nur der Strom ausgeschaltet und er läßt die Last wieder los.

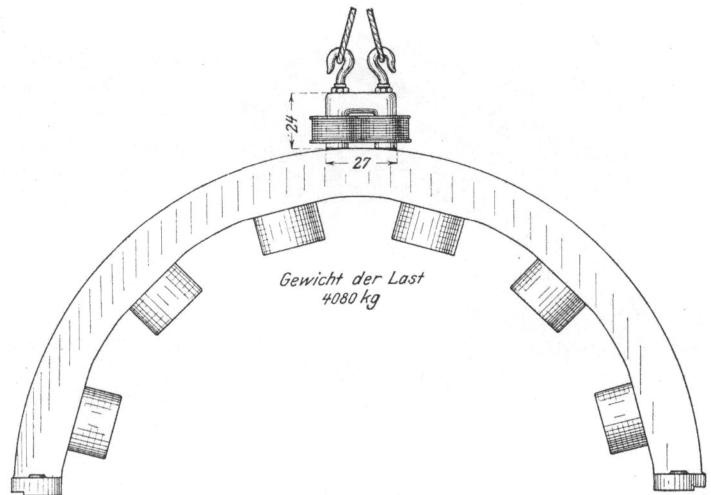


Fig. 14. Hubmagnet.

Damit der Leser eine bessere Vorstellung von der gewaltigen Tragkraft eines solchen Hubmagnets bekommt, ist in Fig. 14 eine Skizze mit eingeschriebenen Maßen in Zentimetern für einen solchen Magnet gegeben, welcher die obere Hälfte eines Maschinenmagnetgestelles trägt. Das Gewicht der Last beträgt 4080 kg, der Magnet kann aber 5000 kg tragen.

Weiter ist in Fig. 15 ein solcher Hubmagnet dargestellt, wie er in Eisenhüttenwerken zum Verladen der Eisenbarren oder Masseln benutzt wird, mit beweglichen Polen ausgerüstet, damit seine Tragkraft bei der unregelmäßigen Form der Last besser ausgenutzt werden kann. Durch derartige Magnete kann gerade in Hüttenwerken viel Zeit und Arbeitslohn erspart werden und deshalb sind sie wieder in anderen Formen zum Heben von Blechpaketen, Trägern und Schienen ebenfalls in Anwendung.

Es war schon erwähnt, daß zwei Magnete sich mit ungleichen Polen anziehen. Würde man nun einen sehr langen Stahlmagnet nach Fig. 16

Fig. 15.    Hubmagnet mit beweglichen Polen für Hüttenwerke.

herstellen und in die Nähe seiner Pole Eisenfeilspäne streuen, so würden sich diese strahlenförmig in geraden Linien anordnen wie die Figur zeigt. Die Richtung dieser Linien gibt die Richtung der von dem Pole ausgehenden Kräfte an; man nennt sie daher Kraftlinien und kann sie, wie schon bemerkt, mit Eisenfeilspänen sichtbar machen.

Eine kleine Magnetnadel würde sich ebenfalls so einstellen, daß sie mit der durch sie hindurchgehenden Kraftlinie in einer Richtung steht. In Fig. 16 ist bei dem Nordpol $N$ des Stabmagnets die Stellung einer kleinen Magnetnadel $n\ s$ in verschiedenen Lagen angegeben. In Wirklichkeit sind nun die

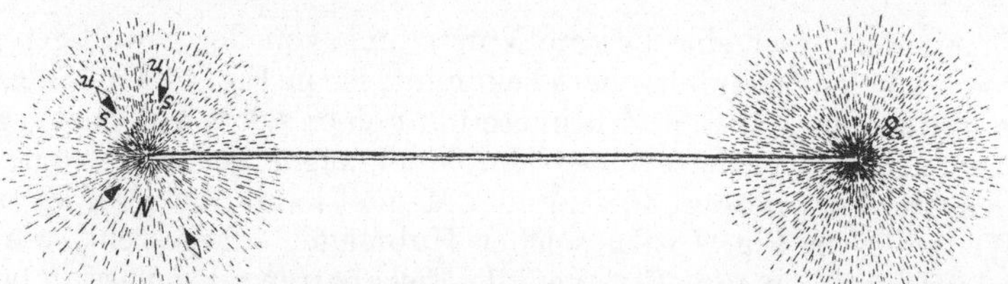

Fig. 16.    Kraftlinien eines langen Stabmagneten.

Magnete niemals so lang, daß ihre Pole sehr weit auseinanderliegen, daher sind auch die Kraftlinien nicht gerade Linien, sondern mehr oder weniger gekrümmt und von der Form des Magnets abhängig. In Fig. 17 ist das Kraftlinienbild oder Kraftlinienfeld eines gewöhnlichen geraden Stabmagnets dargestellt, welches man am besten

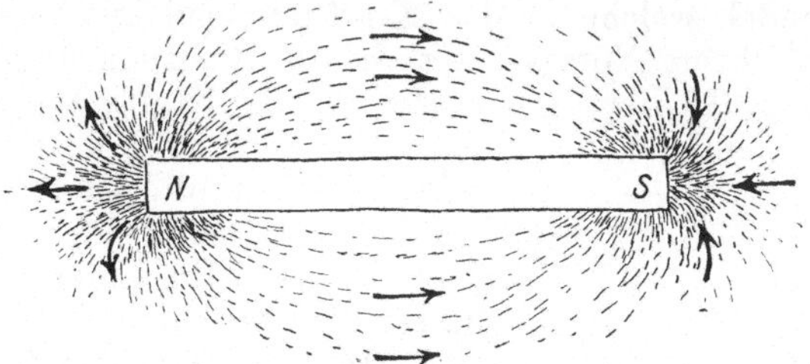


Fig. 17. Kraftlinien eines gewöhnlichen Stabmagneten.

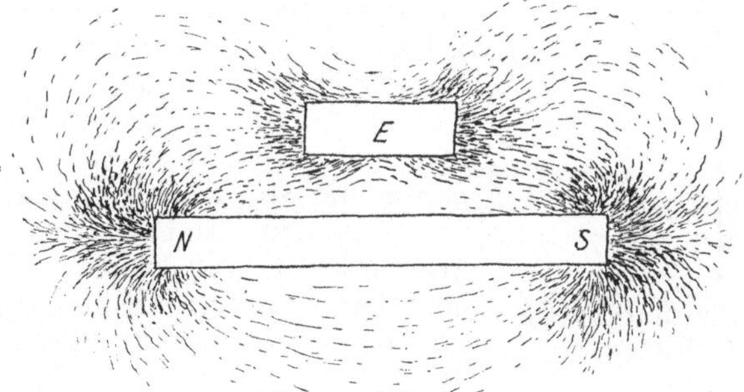


Fig. 18. Einfluß von Eisen auf ein Kraftlinienfeld.

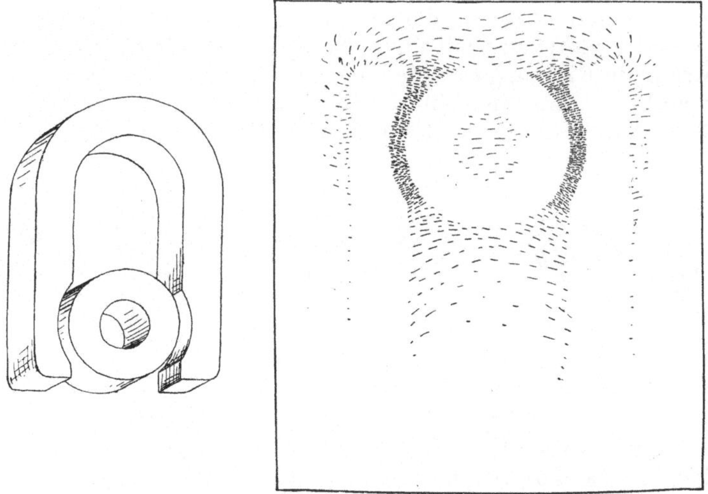

Fig. 19. Kraftlinien eines Hufeisenmagneten mit Ring.

dadurch sichtbar macht, daß man den Magnet unter ein Papier legt und auf dieses Eisenfeilspäne streut. Die Kraftlinien verlaufen immer von einem Pol zum andern und als Richtung derselben bezeichnet man diejenige vom Nord- zum Südpol, wie auch die Pfeile in Fig. 17 andeuten. Eine Magnetnadel, welche in das Kraftlinienfeld hineingebracht wird, stellt sich mit ihrem Nordpol stets in die Richtung dieser Pfeile ein.

Wie aus Fig. 18 hervorgeht, suchen die Kraftlinien, obgleich sie sonst möglichst auf kurzen Wegen von Pol zu Pol verlaufen, doch lieber Eisen zu durchdringen als Luft, so daß sie sich mehr oder weniger nach einem Eisenstück $E$ hinziehen und durch dieses das gleichförmige Feld gestört wird. In Fig. 19 ist das Kraftlinienbild eines Magnets in Hufeisenform gezeichnet, zwischen dessen Pole ein Eisenring gelegt ist. Die Kraftlinien verlaufen hier zum größten Teil durch den Ring von Pol zu Pol, so daß in den beiden Luftspalten vor den Polen die dichteste Ansammlung von Linien vorhanden ist.

Aus dem Einfluß, den der elektrische Strom auf die Magnetnadel ausübt, kann man den Schluß ziehen, daß um jeden stromdurchflossenen Draht ein magnetisches Feld vorhanden sein muß.

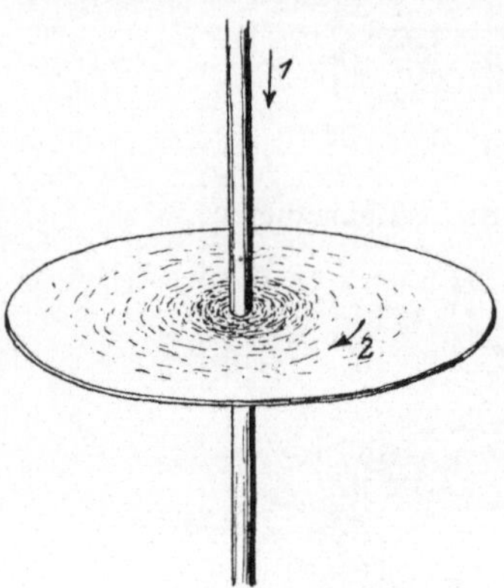

Fig. 20.  Kraftlinien des elektrischen Stromes.

Dieses Kraftlinienfeld des elektrischen Stromes kann man nach Fig. 20 sichtbar machen, indem man einen Draht durch eine Pappscheibe führt und auf diese Eisenfeilspäne streut. Diese ordnen sich nach Fig. 20 in Kreisen um den Draht herum an, und eine auf die Scheibe gebrachte Magnetnadel würde sich mit ihrem Nordpol nach Pfeil 2 einstellen, wenn der Strom die Richtung des Pfeiles 1 hat. Hieraus kann man folgende, leicht zu behaltende Regel für die Richtung der Kraftlinien des Stromes ableiten: Denkt man sich in den Draht in der Richtung, wie

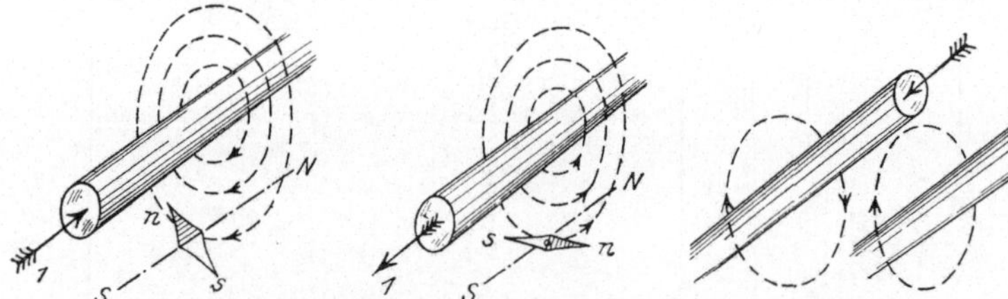

Fig. 21.  Kraftlinienfelder von entgegengesetzten Strömen.

Fig. 22.  Kraftlinien von gleichgerichteten Strömen.

der Strom fließt, einen Korkzieher hineingedreht, so gibt die Drehung des Korkziehers die Richtung der Kraftlinien an.

Wenden wir diese Regel auf die beiden Drähte in Fig. 21 an, wenn die mit 1 bezeichneten Pfeile die Richtung des Stromes andeuten, so ergibt sich die gezeichnete Richtung der Kraftlinien. Eine Magnetnadel, welche im unbeeinflußten Zustand die Nord-Süd-Richtung $N-S$

hat, würde durch die Kraftlinien des Stromes in der Richtung der Pfeile
abgelenkt werden. Liegen nun zwei Drähte nebeneinander, in denen der
Strom gleiche Richtung hat, wie Fig. 22 zeigt, so laufen zwischen beiden
Drähten die Kraftlinien in entgegengesetzten Richtungen, sie werden
sich dort also aufheben. Es entsteht in Wirklichkeit ein Kraftlinienfeld

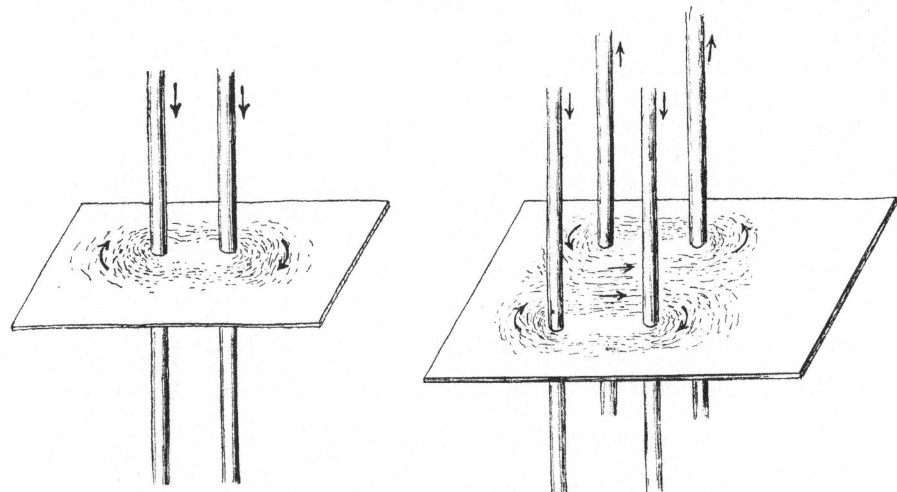

Fig. 23. Kraftlinienfeld von
gleichgerichteten Strömen.

Fig. 25. Feld von vier Strömen.

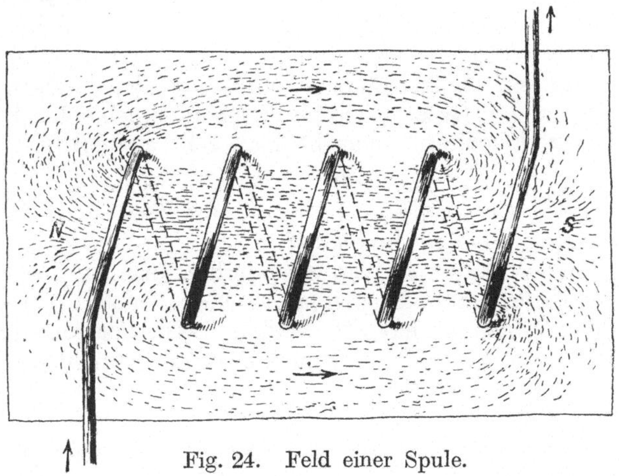


Fig. 24. Feld einer Spule.

um beide Drähte herum, wie es Fig. 23 zeigt, wobei zwischen den Drähten
keine Kraftlinien verlaufen. Nebeneinander liegende Drähte mit gleichgerichteten Strömen erhält man auch bei einer Drahtspule nach Fig. 24,
und zwar hat der Strom in den Drähten, die oben nebeneinander liegen,
gleiche Richtung und in denen, die unten nebeneinander liegen, ebenfalls, in beiden gegenüberliegenden Drahtgruppen fließt er aber ent-

gegengesetzt. Man kann sich das Entstehen des Feldes in Fig. 24 vorstellen nach Fig. 25, und durch Vergleich des Feldes der Spule in Fig. 24 mit demjenigen in Fig. 25 erkennt man, daß beide Felder genau gleich sind. Es muß also solch eine Spule ebenso wirken wie ein Stabmagnet, und das tut sie auch. Hängt man sie z. B. leicht beweglich auf, so stellt sie sich unter dem Einfluß des Erdmagnetismus von Norden nach Süden ein, sie hat also an einem Ende einen Nordpol, am anderen einen Südpol, wie auch durch die Buchstaben $NS$ in Fig. 24 angedeutet ist. Legt man nun noch ein Stück weiches Eisen in das Innere der Spule hinein, so wird der Magnetismus wesentlich verstärkt und man erhält den schon besprochenen Elektromagneten.

Eine wichtige Größe in der Lehre vom Magnetismus ist die sog. Kraftliniendichte, mit der wir uns nun befassen wollen. Man versteht hierunter die Kraftlinienzahl, die durch 1 cm² einer senkrecht zu den Kraftlinien gestellten Fläche hindurchgeht. Werden z. B. in der Höhlung der Spule (Fig. 24) 554 Kraftlinien durch den Strom erzeugt und beträgt der Querschnitt der Spule 100 cm², so kommen auf 1 cm² $\frac{554}{100} = 5{,}54$ Kraftlinien, welche Zahl die Kraftliniendichte vorstellt. Es ist also

$$\text{Kraftliniendichte} = \frac{\text{Kraftlinienzahl}}{\text{Querschnitt}} \quad \ldots \ldots \quad 6)$$

Die Einheit der Kraftliniendichte ist 1 Gauß.

Bringt man in die Spule einen Eisenkern, so ändert sich hierdurch die Kraftliniendichte ganz gewaltig. Denn durch die Kraftlinien der Spule werden die Moleküle des Eisens, die ja nach den Betrachtungen auf Seite 19 selbst kleine Magnete sind, entsprechend gerichtet, so daß der Kern nun ein starker Magnet wird, der seinerseits viele Kraftlinien aussendet. Das Gesetz zwischen der Kraftliniendichte in der Spule, ohne und mit Eisenkern, schreibt man sehr einfach

$$B = \mu H \quad \ldots \ldots \ldots \ldots \ldots \ldots \quad 7)$$

wo $B$ die Kraftliniendichte in der Spule mit Eisen und $H$ die von der Spule allein erzeugte Kraftliniendichte bezeichnet.

Der Faktor $\mu$ (sprich mi) ist veränderlich und kann erst berechnet werden, wenn man $B$ und $H$ nach gewissen, hier nicht zu besprechenden Meßmethoden bestimmt hat. So sind z. B. in der folgenden Tabelle zusammengehörige Werte von $H$ und $B$ für Dynamobleche angegeben und daraus wurde $\mu = \dfrac{B}{H}$ berechnet

| $H$ | $B$ | $\mu = \dfrac{B}{H}$ | $H$ | $B$ | $\mu = \dfrac{B}{H}$ |
|---|---|---|---|---|---|
| 2,51 | 4 000 | 1595 | 27 | 15 000 | 556 |
| 4,02 | 8 000 | 1985 | 51,5 | 16 000 | 311 |
| 5,54 | 10 000 | 1800 | 100 | 17 000 | 170 |
| 8,56 | 12 000 | 1400 | 188,5 | 18 000 | 95,6 |
| 11,32 | 13 000 | 1145 | 289 | 19 000 | 65,9 |
| 16,6 | 14 000 | 845 | 377 | 19 900 | 53 |

Wir sehen aus dieser Tabelle, daß die Kraftliniendichte, die nach der obigen Annahme $H = 5{,}54$ war, durch das Einschieben des Eisenkerns auf $B = 10\,000$ ansteigt, d. h. mit Eisen 1800 mal so groß wird wie ohne Eisen.

Der Leser merke sich noch, daß für nicht magnetische Substanzen, z. B. Luft, $\mu = 1$, also $B = H$ wird.

Die Kraftlinien erzeugen unter gewissen Bedingungen in Leitern elektromotorische Kräfte. Man kann diese Bedingungen durch die nachfolgenden Gesetze ausdrücken.

1. **Schneidet ein Leiter Kraftlinien, so entsteht in ihm eine elektromotorische Kraft.**

Das Schneiden kann auf verschiedene Weisen zustande kommen. So kann z. B. der Leiter Fig 26, der sich in der Nähe eines Magneten $N$ befindet, mit einer gewissen Geschwindigkeit in der Richtung des Pfeils nach abwärts bewegt werden. Er schneidet dann die vom Magnetpol ausgesandten Kraftlinien und es entsteht hierdurch in ihm eine elektromotorische Kraft von der in der Fig. 26 eingezeichneten Richtung, die bestimmt ist nach der weiter unten angegebenen Handregel. Die Größe der EMK ist gegeben durch die Formel

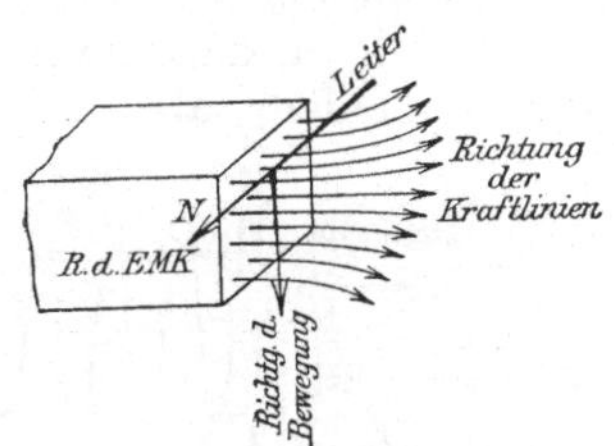


Fig. 26. Erzeugung von elektromotorischen Kräften durch das Schneiden von Kraftlinien.

$$e = \frac{B\,l\,v}{10^8}\ \text{Volt} \quad . \quad . \quad . \quad . \quad 8)$$

wo $B$ die Kraftliniendichte, $l$ die Länge des Leiters, die sich im Kraftlinienfelde befindet, und $v$ die Geschwindigkeit der Bewegung bedeutet. Alle Längen sind in Zentimeter einzusetzen. Ist z B. $B = 5000$ Gauß, $l = 20$ cm, $v = 1200$ cm, so wird

$$e = \frac{5000 \cdot 20 \cdot 1200}{10^8} = 1{,}2\ \text{V}.$$

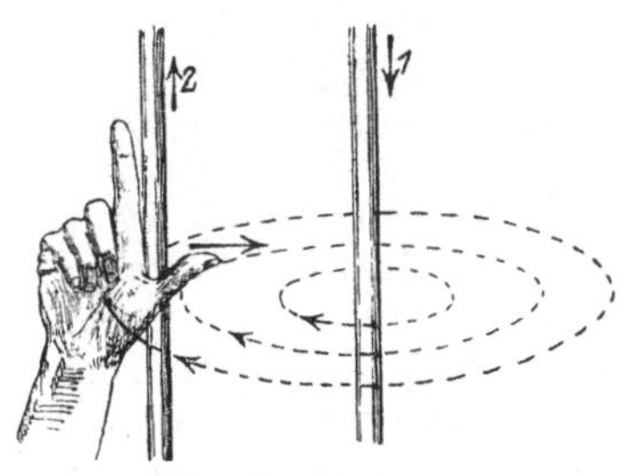

Fig. 27.

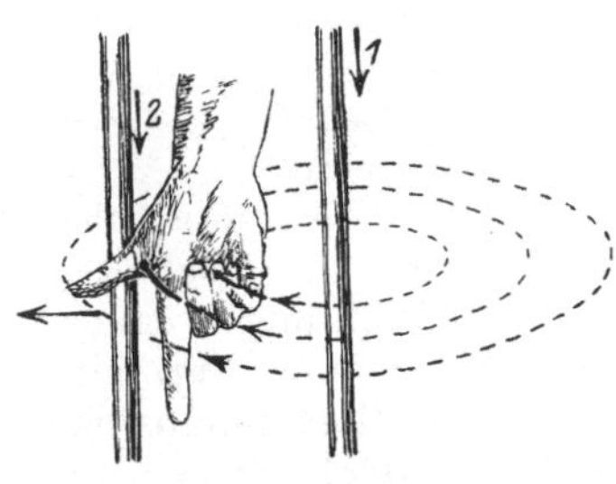

Fig. 28.

In gleicher Weise wird durch das Feld des stromdurchflossenen Leiters 1 in dem parallelen Leiter 2 eine elektromotorische Kraft erzeugt, wenn er dem Leiter 1 genähert, (Fig. 27) oder von ihm entfernt wird (Fig. 28). Die Richtung der entstandenen elektromotorischen Kraft ist in beiden Figuren durch den Pfeil 2 gegeben.

Durch den Versuch kann man die folgende **Handregel** für die Richtung der elektromotorischen Kraft finden:

**Man halte die rechte Hand so, daß die Kraftlinien in ihre Innenfläche eintreten und der ausgestreckte Daumen die Richtung der Bewegung des Leiters anzeigt, dann entsteht die elektromotorische Kraft in der Richtung des Zeigefingers** (vgl. Fig. 27, die für Annäherung des Leiters 2, und Fig. 28, die für Entfernung gilt).

Anstatt den Leiter 2 zu nähern oder zu entfernen, hätte man auch dasselbe Resultat erhalten durch Verstärken bzw. Schwächen des Stromes im Leiter 1.

Denkt man sich in Fig. 29 den Magnetstab auf die Spule zu bewegt, so erkennt man, daß die Kraftlinien des Magneten die Windungen der Spule schneiden, also in ihnen elektromotorische Kräfte entstehen

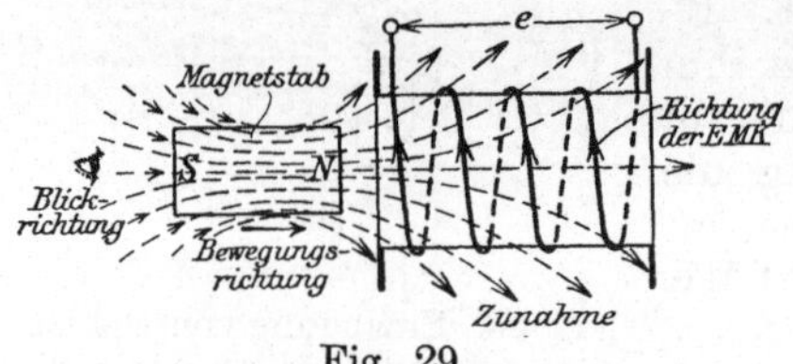

Fig. 29.

müssen, die durch die eingezeichneten Pfeile angedeutet sind. Wenn man auch nach dem obigen Gesetz die Entstehung und Richtung der elektromotorischen Kraft einsieht, so ist es doch vorteilhafter, in diesem Falle das Gesetz 1 anders zu formulieren, nämlich:

**2. Umschließt eine Spule Kraftlinien und ändert sich die Anzahl derselben, so entsteht in den Windungen eine elektromotorische Kraft.**

Über die Richtung der entstehenden elektromotorischen Kraft gibt die nachstehende Regel Auskunft.

**Blickt man in der Richtung der Kraftlinien auf die Spule** (d. h. sieht man den Südpol des Magneten an), **so entsteht bei einer Zunahme der Kraftlinien eine elektromotorische Kraft, die bei geschlossenem Stromkreise einen Strom im entgegengesetzten Drehungssinne des Uhrzeigers, bei einer Abnahme im Drehungssinne hervorrufen würde.**

Die Fig. 29 entspricht einer Zunahme der Kraftlinien, denn je weiter der Magnet der Spule genähert wird, desto mehr Kraftlinien werden von den Windungen eingeschlossen. Das Maximum wird erreicht, wenn Spulenmitte und Stabmitte zusammenfallen. Wird der Magnet daher über die Mitte hinaus bewegt, so nehmen die Kraftlinien wieder ab und es entsteht sonach in den Windungen die entgegengesetzte elektromotorische Kraft.

Nach diesem Gesetz erklärt sich auch sehr leicht die elektromotorische Kraft, die in der Spule II entsteht, wenn in der Spule I (Fig. 30) der Strom verstärkt oder auch geschwächt wird, wobei die größte Verstärkung eintritt, wenn der Stromkreis bei $T$ geschlossen wird, die größte

Schwächung beim Unterbrechen. Die in Fig. 30 eingezeichneten Pfeile entsprechen einem Verstärken des Stromes, also einer Kraftlinienzunahme.

Die Pfeile in Spule I geben die Stromrichtung an, die durch die Verbindung mit der Stromquelle bedingt ist. Der Strom ist es, der die Kraftlinien hervorbringt, und jede Stromänderung bringt auch eine Kraftlinienänderung hervor. aber nicht nur in Spule II, sondern auch in Spule I. Es entsteht also auch. in den Windungen der Spule I eine elektromotorische Kraft, die, nach der obigen Regel bestimmt, bei einer Zunahme des Stromes dem Strome entgegengerichtet, bei einer Abnahme dagegen gleichgerichtet ist. Man nennt sie die elektromotorische Kraft der Selbstinduktion. Die Folge der elektromotorischen Kraft der Selbstinduktion, auch Extraspannung genannt, ist also, daß beim Schließen des Stromes dieser nicht sofort seinen Höchstwert $\left(\dfrac{E}{J}\right)$

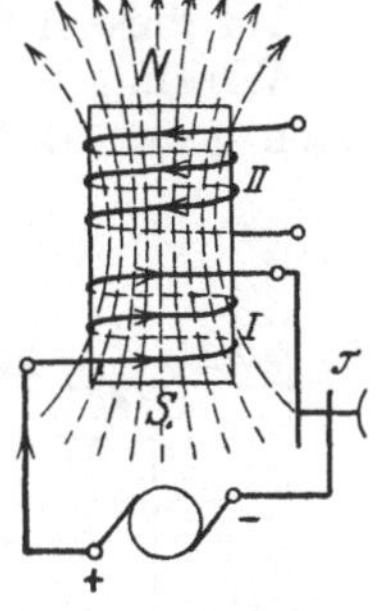

Fig. 30.

erreicht, sondern erst nach einer gewissen Zeit. Besonders auffallend ist das allmähliche Anwachsen des Stromes bei Magnetgestellen von großen Maschinen. Solche Magnete besitzen sehr viele Drähte und einen starken Magnetismus. Schaltet man den Strom mit dem Schalter plötzlich voll ein, so kann man an einem eingeschalteten Amperemeter deutlich erkennen, daß er erst allmählich seinen vollen Wert erreicht.

Denkt man sich nun eine Spule von einem Wechselstrom durchflossen, dessen elektromotorische Kraft 80 oder 100 mal in einer Sekunde ihre Richtung ändert, so kann sich der Strom gar nicht voll entwickeln, wenn er mehr als $^1/_{40}$ oder $^1/_{100}$ Sekunde zu seinem Entstehen gebraucht. Es folgt hieraus, daß das Gesetz von Ohm:

$$\text{Stromstärke} = \frac{\text{Spannung}}{\text{Widerstand}}$$

für Wechselstromkreise nicht gültig ist, sobald dieselben aus Spulen mit oder ohne Eisenkernen bestehen. Diese Spulen verhalten sich genau so, als ob sie dem Strom einen größeren Widerstand entgegensetzten; man sagt daher, die Spule besitzt für den Wechselstrom einen scheinbaren Widerstand und für Wechselströme lautet das Ohmsche Gesetz nunmehr:

$$\text{Stromstärke} = \frac{\text{Spannung}}{\text{scheinbaren Widerstand}}, \quad \text{oder in Zeichen}$$

$$J = \frac{e}{S} \quad \cdots \cdots \cdots \cdots \cdots \quad 9)$$

Dieser scheinbare Widerstand $S$ ändert aber für ein und dieselbe Spule seinen Wert. Es ist aus dem vorhin Gesagten klar, daß der Strom sich um so weniger entwickeln kann, je schneller die elektromotorische Kraft ihre Richtung wechselt. Je größer also die Wechselzahl des Stromes in der Sekunde ist, um so größer ist auch der scheinbare Widerstand, und eine Spule, die in einem Gleichstromkreis einen so starken Strom erhält, daß sie verbrennen würde, kann in einen Wechselstromkreis unter Umständen ohne weiteres eingeschaltet werden.

Auf diesem hohen scheinbaren Widerstand einer Spule beruht auch die Wirkung der zum Schutze von elektrischen Maschinen und Apparaten gegen Blitzschläge benutzten Induktionsspulen. In Fig. 31

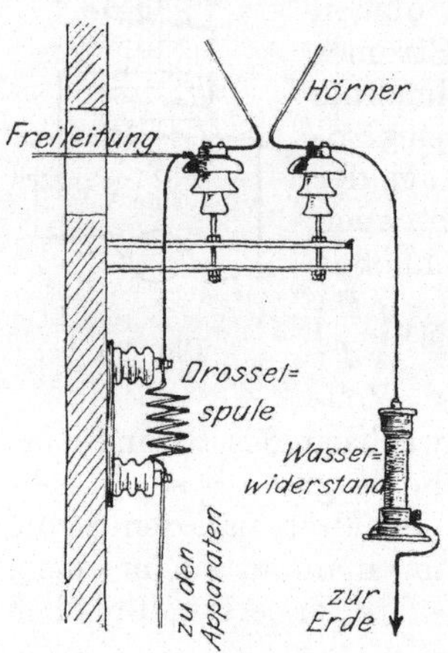


Fig. 31. Blitzschutz.

ist die Einführung einer Freileitung in ein Gebäude gezeichnet, in welchem die aufgestellten Apparate vor Blitzschlägen geschützt werden sollen. Man schaltet dann in die Leitung. eine Drosselspule oder Induktionsspule nach Fig. 250 ein, oder man kann auch die Leitung selbst zu einer solchen Spirale von etwa 10 bis 15 Windungen und 10 cm Windungsdurchmesser aufwickeln. Obgleich diese Spule ganz wenige Windungen besitzt und nicht einmal Eisen enthält, bietet sie einer Blitzentladung einen sehr hohen scheinbaren Widerstand, weil ein Blitz ein Wechselstrom ist, der, obgleich nur Bruchteile von einer Sekunde dauernd, doch seine Richtung mehrere tausendmal wechselt und wegen dieser hohen Wechselzahl einen so hohen scheinbaren Widerstand in der Drosselspule findet, daß für ihn der Weg über die Luftstrecke zwischen den Drahthörnern, die an der engsten Stelle 5 bis 10 mm beträgt und durch den großen, in der Fig. 31 als Wasserwiderstand bezeichneten Dämpfungswiderstand, hinweg in die Erde weniger schwierig ist.

Schaltet man einen in der Spule der Fig. 24 fließenden Gleichstrom aus, so verschwindet das Kraftlinienfeld, d. h. die Kraftlinienzahl nimmt bis auf Null ab. Es entsteht deshalb jetzt in den Windungen der Spule abermals eine Selbstinduktion oder Extraspannung, welche aber gleiche Richtung hat wie die den Strom erzeugende und deshalb den Strom noch kurze Zeit nach dem Verschwinden seiner Spannung aufrecht erhält. Mitunter ist diese Extraspannung beim Ausschalten so stark, daß sie den Strom befähigt, an der Unterbrechungsstelle in Form einer Flamme durch die Luft überzugehen. Diese Flamme ist der von Davy entdeckte Lichtbogen, der in diesem Fall Öffnungsfunke oder besser Öffnungsflamme genannt wird. Diese Öffnungsflamme wird um so stärker, je schneller das Kraftlinienfeld der Spule verschwindet, je schneller also ausgeschaltet wird, je stärker das Feld ist und je mehr Windungen die Spule hat. Es kann sogar der Fall eintreten, daß die Extraspannung beim Ausschalten höher wird als die normal auf die

Spule wirkende Spannung. Dieser Fall wurde häufig an Motoren für Gleichstrom beobachtet, die für höhere Spannungen gewickelt waren. Bei den ersten Motoren wendete man 110, höchstens 220 Volt an. Als man aber anfing, Straßenbahnen zu bauen, wurden häufig auch Motoren neben der Strecke an die Straßenbahnleitung angeschlossen und diese Motoren, die mit 500 Volt liefen, hatten sehr viele Windungen auf ihren Magnetspulen. Da man damals noch nicht die Schutzvorrichtungen an Anlassern so durchgebildet hatte, wie heute, kam es vor, daß die Magnetspulen immer nach einigen Wochen oder Monaten umgetauscht werden mußten, weil ihre Isolierung durchschlagen war. Dieses Durchschlagen der Isolierung rührte von der hohen Extraspannung beim Ausschalten der Magnetwicklung her, die bei der großen Windungszahl viel höher wurde als die normale Spannung von 500 Volt. Der wiederholten Wirkung dieser hohen Spannung konnte die Isolation auf die Dauer nicht standhalten. Heute hat man dagegen Schutzeinrichtungen am Anlasser, die in Fig. 189 genauer beschrieben sind.

Durch besondere Schalter kann man aber auch die schädliche Wirkung einer hohen Extraspannung beim Ausschalten vermeiden. In Fig. 32 bedeutet $S$ die Spule, welche hohe Selbstinduktion hat. Man benutzt zum Ausschalten einen Schalter, der hinter dem Hauptschaltmesser $M$ ein kleines Hilfsschaltmesser $m$ besitzt. Während des

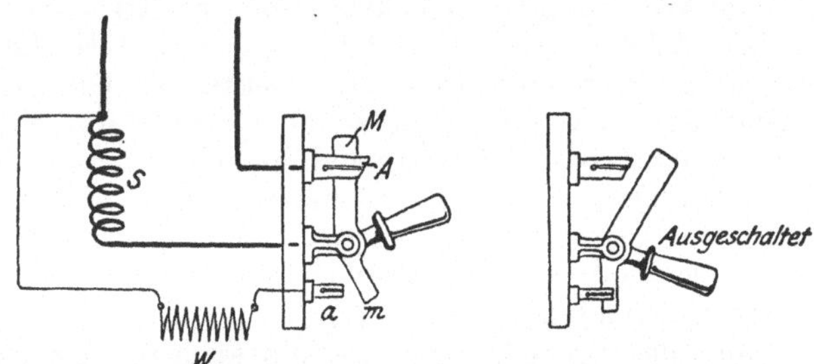



Fig. 32. Ausschalten von induktiven Stromkreisen.

Ausschaltens wird das Hilfsmesser schon in den Hilfskontakt $a$ gedrückt, ehe das Hauptmesser $M$ den Hauptkontakt $A$ verlassen hat, dadurch wird ein hoher Widerstand $W$ parallel zu der Spule $S$ an die Leitung geschaltet und bekommt für den kurzen Augenblick Strom aus der Leitung, in welchem $M$ noch nicht aus $A$ herausbewegt ist. Sobald $M$ aus $A$ herausgezogen ist, sind die Spule $S$ und der Widerstand $W$ von der Zuleitung abgetrennt, aber die Spule ist immer noch mit dem Widerstand verbunden und es kann die, durch das Verschwinden des Feldes beim Ausschalten von $M$, entstandene Extraspannung sich mit einem Strom durch $W$ hindurch ausgleichen, ohne daß die Isolierung durchschlagen werden muß.

Beim Betriebe einer solchen Spule mit Wechselstrom kann erstens der Strom überhaupt nicht den Wert erreichen wie bei Gleichstrom, weil die Zeit zwischen zwei Wechseln zu kurz ist, wie wir schon gesehen haben und welche Erscheinung mit scheinbarem Widerstand bezeichnet wurde, und zweitens entsteht der Strom später als die ihn erzeugende Spannung und hört später auf als diese. Es tritt also eine zeitliche Verschiebung des Stromes gegen die Spannung ein, die man als **Phasenver-schiebung** bezeichnet, und es kann dabei sógar der Fall eintreten, daß der Strom seinen höchsten Wert, den er wegen des scheinbaren Widerstandes annehmen kann, immer erst dann erreicht, wenn die Spannung schon wieder Null geworden ist, also ihre Richtung umkehrt. Es handelt sich allerdings dabei um ganz geringe Zeitunterschiede, wie man an folgendem erkennen kann: Bei 100 Wechseln in der Sekunde verstreicht zwischen dem Beginn der Spannung und ihrem Aufhören $^1/_{100}$ Sekunde. Der Stromstoß, der durch diese Spannung erzeugt wird, kann natürlich auch nur $^1/_{100}$ Sekunde dauern, aber er entsteht erst $^1/_{200}$ Sekunde später als die Spannung und hört erst $^1/_{200}$ Sekunde später auf als diese. Strom und Spannung haben also niemals zu gleicher Zeit ihren höchsten Wert, sondern wenn die Spannung nach $^1/_{200}$ Sekunde ihres Beginnes ihren höchsten Wert erreicht hat, beginnt der Strom erst, und wenn dieser nach weiteren $^1/_{200}$ Sekunden seinen höchsten Wert erreicht hat, ist die Spannung schon Null und kehrt ihre Richtung um. Erst nach noch weiteren $^1/_{200}$ Sekunden geht auch der Strom durch Null und kehrt seine Richtung um. Die Phasenverschiebung hat in diesem Fall den größten Wert, den sie erreichen kann. Sie tritt aber auch gar nicht auf bei induktionslosen Widerständen, das sind solche, die keine Spulen und kein Eisen enthalten, also elektrische Glühlampen und manche Heizkörper; alle Bogenlampen aber und Motoren rufen eine Phasenverschiebung zwischen Strom und Spannung hervor, die jedoch in Wirklichkeit niemals die halbe Zeitdauer eines Wechsels erreichen kann, weil jeder Stromverbrauchsapparat nicht nur induktiven Widerstand besitzt, sondern auch Ohmschen Widerstand, und letzterer ruft keine Phasenverschiebung hervor.

Die Phasenverschiebung ist nun auch die Ursache dafür, daß man bei Wechselstrom die Watt nicht immer durch Multiplizieren von Strom und Spannung berechnen kann. Man kann nur diejenigen Werte von Strom und Spannung multiplizieren, welche zu derselben Zeit vorhanden sind. Bei der größten möglichen Phasenverschiebung ist nun aber der Strom gerade immer Null, wenn die Spannung ihren höchsten Wert hat und wenn der Strom den höchsten Wert hat, ist wieder die Spannung Null. Die Produkte dieser gleichzeitig auftretenden Spannungs- und Stromwerte sind also Null, weil immer ein Faktor Null ist. Zwischen diesen Werten sind allerdings Strom- und Spannungswerte vorhanden, die miteinander multipliziert, nicht Null geben, aber da der Strom noch vom vorherigen Wert her abnimmt, während die Spannung schon den umgekehrten Wert angenommen hat, also der Strom noch positiv ist, während die Spannung schon negativ geworden ist, so ist das Produkt, also die Watt, auch negativ, denn es wird Arbeit verbraucht, um den immer noch umgekehrt gerichteten Strom zu unterdrücken und ihm dieselbe Richtung zu geben, wie sie die Spannung schon hat. Ist nun der Strom Null geworden und nimmt er dann dieselbe Richtung an wie die Spannung, also auch negativ, so wird das Produkt positiv, weil beide Faktoren Strom und Spannung in gleichem Sinne arbeiten. Ist

die Spannung dann Null geworden und beginnt sie wieder positiv zu
werden, so ist der Strom noch negativ, jetzt wird also wieder Arbeit
verbraucht, um dem Strom dieselbe Richtung zu erteilen, wie sie die
Spannung hat. Ist dann der Strom durch Null zu positiver Richtung
übergegangen, so ist er mit der Spannung, die nun allerdings schon
wieder abnimmt, von gleicher Richtung, und das Produkt, die geleistete
Arbeit, ist positiv. Es folgen sich also bei Phasenverschiebung geleistete
und verbrauchte Arbeit, und wenn, wie in dem betrachteten Fall, die
Phasenverschiebung die halbe Zeitdauer eines Wechsels beträgt, so ist
die Summe der Arbeit Null, weil immer genau so viel Arbeit verbraucht
wird, wenn beide Faktoren entgegengesetzt gerichtet sind wie geleistet
wird, wenn beide gleiche Richtung haben. Die Meßinstrumente, Volt-
und Amperemeter, zeigen nun aber Durchschnittswerte für Strom und
Spannung an, und wenn man ihre Angaben multipliziert, so erhält man
ein Produkt, welches nicht der Leistung entspricht, denn es berücksichtigt nicht die zeitliche Verschiebung der beiden Faktoren, und wenn
man überlegt, wie die Leistung wird, wenn gar keine Phasenverschiebung zwischen Strom und Spannung vorhanden ist, so findet man, daß
dann nur positive Werte auftreten können, denn ohne Phasenverschiebung sind Strom und Spannung immer genau von gleicher Richtung,
also wenn die Spannung positiv ist, so ist auch der Strom positiv und
umgekehrt. Der Fall, daß eins von beiden entgegengesetzt gerichtet ist,
tritt nicht ein, und das Produkt muß immer positiv sein, weil immer beide
Faktoren, gleichgültig, ob sie positiv oder negativ sind, in gleicher Weise
wirken. Die Durchschnittswerte von Strom und Spannung, welche die
Instrumente zeigen, sind dieselben, ob Phasenverschiebung vorhanden
ist oder nicht. Ist aber die höchstmögliche Phasenverschiebung vorhanden, so ist das wirkliche Produkt gleichzeitiger Augenblickswerte
des Stromes und der Spannung Null, und ist keine Phasenverschiebung
da, so wird positive Arbeit geleistet. Die Meßinstrumente können in
beiden Fällen genau dieselben Werte anzeigen und doch erhält man nur
dann, wenn keine Phasen-
verschiebung vorhanden
ist, durch Multiplizieren
die wirkliche Leistung. Man
kann deshalb nach Volt-
und Amperemeter allein
in einem Wechselstrom-
kreis die Leistung nicht
bestimmen, sondern muß
ein besonderes Instrument
benutzen, in welchem die

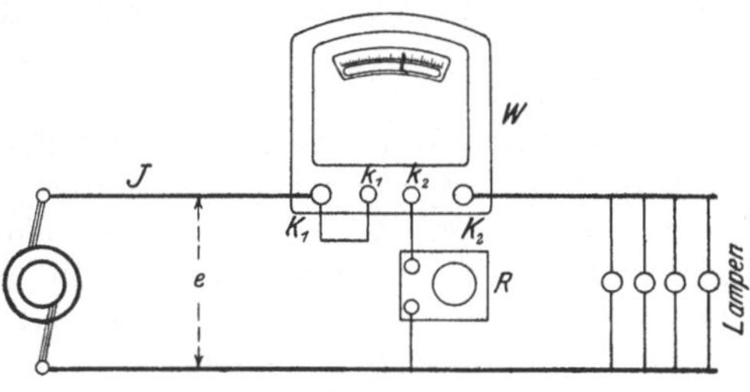

Fig. 33. Wattmeter.

augenblicklich auftretenden Werte aufeinander einwirken. Dieses
Instrument ist das Wattmeter. Es zeigt genau die wirklichen Watt
an, während man das Produkt aus Volt und Ampere als Voltampere
oder scheinbare Watt bezeichnet. Fig. 33 zeigt die Schaltung eines
Wattmeters. Es besitzt, vgl. Fig. 79, 80, 81, eine feste Spule aus wenigen

dicken Windungen mit den Klemmen $K_1\,K_2$, die wie ein Amperemeter angeschlossen wird, so daß der Strom $J$ hindurchfließt und eine aus vielen dünnen Windungen bestehende sog. Spannungsspule, die wie ein Voltmeter angeschlossen wird und die Klemmen $k_1\,k_2$ besitzt. In dem Instrument beeinflussen sich nur die gleichzeitig vorhandenen Werte vom Strom $J$ und ein zu der Spannung $e$ in ganz bestimmtem Verhältnis stehender schwacher Strom (wie beim Voltmeter). Der Vorschaltwiderstand $R$ in Fig. 33 ist nicht immer notwendig, nur bei höheren Spannungen muß er vor die Spannungsspule geschaltet werden.

Es war schon gezeigt, daß die geleistete Arbeit Null ist, wenn die höchste Phasenverschiebung auftritt. In diesem Fall würden also Voltmeter und Amperemeter bestimmte Werte anzeigen, und doch läuft die Dampfmaschine, die die elektrische Maschine antreibt, leer, weil die elektrische Maschine in diesem Fall keine Arbeit leistet. Hieraus folgt auch schon, daß in solchen Apparaten, die wirklich Arbeit verbrauchen, wie Motoren, Heizkörpern, Lampen, überhaupt allen Nutzwiderständen, niemals die höchste Phasenverschiebung auftreten kann, denn dann könnten sie ja keine Arbeit verzehren. Es ist wohl Phasenverschiebung vorhanden, aber nur so viel, daß immer noch Arbeit geleistet wird. Es muß also die Phasenverschiebung bei allen Verbrauchsapparaten, in denen man die Elektrizität wirklich ausnutzt, kleiner als die halbe Zeitdauer eines Wechsels sein. Bei einem leerlaufenden Motor ist sie allerdings fast vom höchsten möglichen Wert; je stärker aber der Motor belastet wird, um so geringer wird die Phasenverschiebung; bei voller Belastung ist das Verhältnis zwischen der wirklichen Leistung in PS und dem darauf umgerechneten Voltampere, der sog. Leistungsfaktor $(\cos\varphi)$ etwa 0,8. Man versteht also unter dem Leistungsfaktor folgenden Wert:

$$\text{Leistungsfaktor} = \frac{\text{wirkliche Watt}}{\text{scheinbare Watt}} \quad \ldots \ldots \text{10)}$$

und die wirklichen Watt sind gegeben durch das Produkt:

$$\text{wirkliche Watt} = \text{scheinbare Watt} \times \text{Leistungsfaktor.} \quad \text{10a)}$$

(Bei dem obigen Motor sind also bei Vollast die wirklichen Watt = Volt $\times$ Ampere $\times$ 0,8). Der Leistungsfaktor kann nur mit den drei Instrumenten Voltmeter, Amperemeter und Wattmeter bestimmt werden und muß, mit Ausnahme von reiner Glühlichtbeleuchtung, immer kleiner als 1 sein. Nur wenn keine Phasenverschiebung vorhanden ist, wie schon für Glühlampen bemerkt wurde, sind die wirklichen und die scheinbaren Watt gleich groß und der Leistungsfaktor ist 1. Der andre Fall, daß der Leistungsfaktor fast Null wird, tritt, wie schon gesagt wurde, bei leer laufenden Motoren ein, aber da diese immer etwas Arbeit für Reibung und andere Verluste verbrauchen, auch wenn sie leer laufen, kann er niemals ganz zu Null werden. Bei den sog. Drosselspulen wird allerdings der Leistungsfaktor fast vollkommen zu Null, weil die Windungen ganz wenig Ohmschen Widerstand haben und die

Eisenverluste gleichfalls klein sind. Diese Drosselspulen, die in Bogen-
lampenkreisen, bei Zählern, Motoren usw. an Stelle eines Vorschaltwiderstandes benutzt werden, sind natürlich nicht dieselben wie die in Fig. 31
benutzte, denn dort soll nur die Blitzentladung gehindert werden, in
die Apparate zu gelangen, nicht aber der Betriebsstrom. Auf diesen
soll diese Drosselspule keinen Einfluß ausüben und deshalb ist sie
auch ohne Eisen und mit wenig Windungen ausgeführt. Ist eine
Drosselspule in einem Bogenlampenstromkreis mit Bogenlampen hintereinander geschaltet, so ist nur diejenige Spannung, welche die Spule selbst
verbraucht, gegen den Strom stark verschoben, die gesamte Spannung,
welche der ganze Stromkreis verbraucht, also Lampe und Drosselspule
zusammen, ist nur wenig verschoben, weil ja die Lampen sonst keine
Energie oder Leistung erhalten würden, wie schon gezeigt wurde.

Der Verlauf eines Wechselstromes läßt sich darstellen durch eine
Sinuskurve. Es ist zwar die Kurve unserer Maschinen keine reine
Sinuskurve, jedoch werden Wickelung und Polform so ausgeführt, daß
der Strom, den die Maschine liefert, einer Sinuskurve möglichst nahe

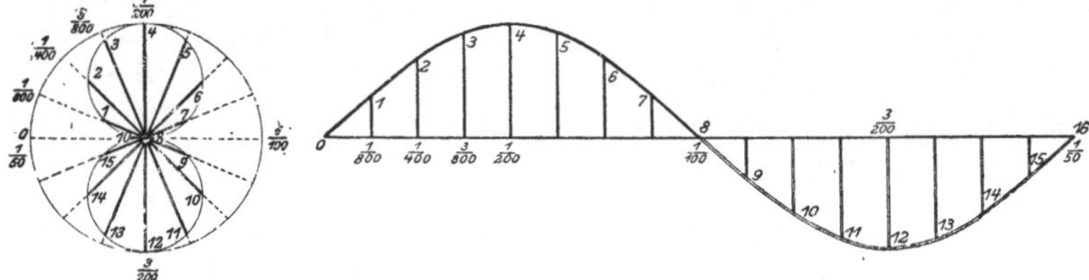

Fig. 34.  Entstehung der Sinus-Kurve.

kommt, weil diese Form des Stromverlaufs am günstigsten ist, denn es
treten dabei die wenigsten Störungen und Nebenerscheinungen in Apparaten und Leitungen ein. Man kann die Sinuskurve leicht zeichnen,
indem man nach Fig. 34 eine Linie oder Gerade in dem großen Kreis
dreht und die Abschnitte in den kleinen Kreisen in folgender Weise
aufzeichnet: Man teilt den großen Kreis in eine Anzahl gleicher Teile
ein und trägt diese Teile $^1/_{800}$, $^1/_{400}$, $^3/_{800}$, $^1/_{200}$ usw. auf einer geraden
Linie auf. Steht die sich drehende Gerade in der Stellung $^1/_{800}$, so wird
durch den oberen kleinen Kreis die Länge *1* auf ihr abgeschnitten,
diese Länge trägt man als Senkrechte auf der Wagrechten auf. Ebenso
trägt man den bei Stellung $^1/_{400}$ sich ergebenden Abschnitt *2* auf der
Geraden als Senkrechte auf usw., so daß man durch Verbinden der
Endpunkte dieser Senkrechten die Bogenlinie *1, 2, 3* bis *8* über der
Wagrechten erhält. Dasselbe Verfahren wendet man auch auf die Abschnitte *9, 10* usw. an, die der untere kleine Kreis hervorruft und erhält
dadurch die Bogenlinie *8, 9, 10* bis *16*. Beide Bogenlinien zusammen
stellen dann zwei aufeinander folgende Stromwechsel dar. Von *0* bis *8*
ist der Strom positiv gerichtet, bei *8* kehrt er seine Richtung um und
ist von *8* bis *16* negativ. Zu diesen zwei Wechseln gebraucht der Strom
bei 100 Wechseln in der Sekunde die Zeit $^1/_{50}$ Sekunde, es bedeuten also

3*

die Bezeichnungen $^1/_{800}$, $^1/_{400}$ usw. die Zeit und die Längen *1*, *2*, *3* die die in diesen Augenblicken vorhandenen Stromstärken.

Mit Hilfe dieser Kurven, die für die Spannungen natürlich ebenso bestimmt werden, wie für den Strom, und die man sogar, obgleich sie in sehr kurzer Zeit verlaufen, mit besonderen Apparaten messen und aufzeichnen kann, lassen sich die schon vorher erklärten Verhältnisse in Wechselstromkreisen sehr leicht erkennen. Es sei in Fig. 35 ein Ohmscher Widerstand (Glühlampe) und ein induktiver Widerstand (Drosselspule) hintereinander geschaltet. An jeden dieser Apparate ist ein Voltmeter angeschlossen, außerdem noch ein drittes Voltmeter für die gesamte Spannung $e_3$, welche beide zusammen verbrauchen. In Fig. 36 sind dann die Kurven der verschiedenen Spannungen gezeichnet, und zwar muß die Spannung der Drosselspule $e_2$ immer Null sein, wenn die Spannung $e_1$ der Glühlampe ihren höchsten Wert hat, wie auch durch die beiden Kurven dargestellt ist. Die dritte Spannungskurve $e_3$ ist die Summe der Augenblickswerte von $e_1$ und $e_2$, es ist diese Summe wegen der Phasenverschiebung von $e_1$ und $e_2$ kleiner, als wenn beide Kurven in gleicher Phase wären, und es zeigt auch das Voltmeter $e_3$ in Fig. 35 nicht die Summe von $e_1$ und $e_2$ an, sondern einen kleineren Betrag, während es bei Gleichstrom einfach die Summe anzeigen würde.

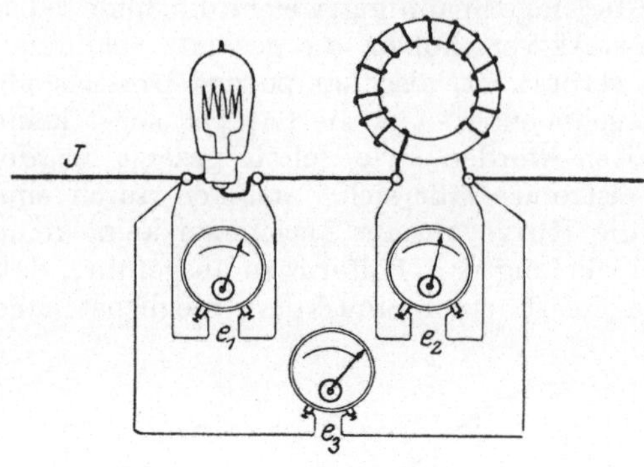

Fig. 35.  Ohmscher und induktiver Widerstand hintereinander.

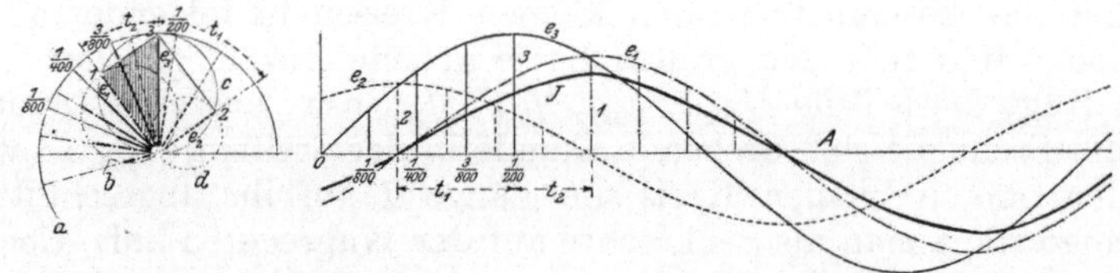

Fig. 36.  Verlauf und Diagramm der Spannungen in Fig. 35.

Der Strom $J$ in Fig. 35 hat dann, wie in Fig. 36 gezeichnet ist, mit der Spannung $e_1$ in der Lampe, weil diese kein induktiver Widerstand ist, gleiche Phase. Aus den Kurven kann man dann die sich drehenden Geraden (vgl. Fig. 34) finden, indem man nach Fig. 36 in den Kreis $a$, der dieselbe Teilung hat wie die wagrechte Gerade $O A$, drei kleine Kreise zeichnet, deren Durchmesser die größten Längen *1*, *2*, *3* der Spannungen sind und die an der entsprechenden Teilung des Kreises $a$ liegen müssen. Diese Durchmesser sind die größten Werte $e_1$, $e_2$, $e_3$

der drei Spannungen und man erkennt, daß sie verschiedene Richtungen haben. $e_2$ ist am weitesten vor, $e_1$ am weitesten zurück und $e_3$ liegt zwischen beiden. Man erkennt außerdem, daß $e_3$ die Diagonale eines Parallelogramms ist aus den Spannungen $e_1$ und $e_2$. Man setzt also Spannungen, die nicht gleiche Phasen haben, genau so zu Parallelogrammen zusammen wie Kräfte von verschiedener Richtung und findet die resultierende oder gesamte Spannung, indem man die Diagonale zeichnet. Man erkennt weiter, daß $e_2$ und $e_1$ um einen rechten Winkel verschoben sind. Da nun aber die höchsten oder Maximalwerte in konstantem Verhältnis stehen zu denjenigen Durchschnittswerten, die die Meßinstrumente anzeigen, so kann man auch diese Werte zu einem Parallelogramm zusammensetzen. Hat man mit den drei Voltmetern die Spannungen $e_1$, $e_2$, $e_3$ gemessen, so setzt man sie zusammen zu einem Parallelogramm nach Fig. 37. Es sind hier dann $e_3 \cdot J$ die scheinbaren Watt. Die wirklichen Watt erhält man durch den Teil von $e_3$, der gleiche Phase mit dem Strom $J$ hat.

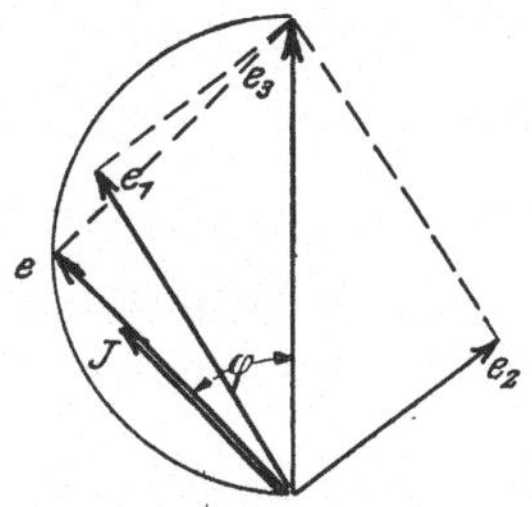

Fig. 37. Zusammensetzen von Spannungen.

Diesen Teil $e$ erhält man, wenn man sich die Entstehung des Diagrammes nach Fig. 33 vergegenwärtigt, indem man um $e_3$ als Durchmesser einen Kreis schlägt und die Richtung von $J$ in Fig. 37 bis zum Schnitt mit dem Kreis verlängert. Die wirklichen Watt sind dann $e \cdot J$.

Die Hintereinanderschaltung von Ohmschem und induktivem Widerstand Fig. 35 kann man auch zur Klarlegung des scheinbaren Widerstandes benutzen. Es war schon betont, daß jeder Apparat mit scheinbarem Widerstand neben dem induktiven Widerstand immer noch Ohmschen Widerstand besitzt, denn seine Wicklung ist nicht widerstandslos. Deshalb ist auch der Strom in einer Drosselspule $J$ in Fig. 35 nicht um 90° hinter der Spannung $e_2$ zurück, wie sich in Fig. 37 ergibt, sondern nur nahezu 90°. Man kann sich aber einen solchen scheinbaren Widerstand zusammengesetzt denken nach Fig. 35, indem dort die Glühlampe den

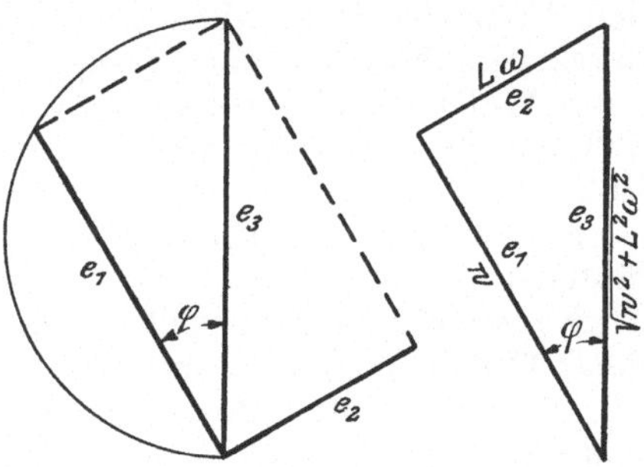

Fig. 38. Spannungs- und Widerstandsdreieck.

Ohmschen Widerstand der Wickelung darstellt und die Drosselspule nunmehr ohne Ohmschen Widerstand den Teil des scheinbaren Widerstandes, der als induktiver (auch Reaktanz genannt) bezeichnet ist. Dann erhält man für das Parallelogramm ein Rechteck nach Fig. 38, weil jetzt die Selbstinduktionsspannung $e_2$, welche den induktiven Widerstand überwindet, mit der Spannung $e_1$, welche den

Ohmschen Widerstand überwindet, einen Winkel von $90°$ bildet. Man kann in diesem Falle an Stelle des Rechtecks nur das Dreieck zeichnen, welches in Fig. 38 dargestellt ist, indem man $e_1$ und $e_2$ rechtwinklig zusammensetzt, die Verbindungslinie $e_3$ ist dann die notwendige Gesamtspannung, die erzeugt werden muß, um den Strom hervorzurufen. Das **Spannungsdreieck** ist auch in Fig. 36 vorhanden und dort durch Schraffieren hervorgehoben.

Dividiert man die Spannungen durch den Strom, so erhält man den Widerstand. Man kann also aus $\dfrac{e_1}{J} = w$ den Teil des Widerstandes finden, der als **Ohmscher** bezeichnet ist, aus $\dfrac{e_2}{J} = L\,\omega$ (sprich omega) den induktiven oder die Reaktanz und den scheinbaren aus $\dfrac{e_3}{J}$; der scheinbare Widerstand ist Hypotenuse in dem rechtwinkligen Dreieck, besitzt also den Wert:

$$\frac{e_3}{S} = \sqrt{w^2 + (L\,\omega)^2}\,.$$

Der Ausdruck $L\,\omega$ bedeutet folgendes: $\omega$ entspricht der Winkelgeschwindigkeit, mit der die Gerade in Fig. 34 umlaufen muß, damit ihre Abschnitte immer den augenblicklichen Werten des Wechselstromes entsprechen. Bei 100 Wechseln in der Sekunde, oder was dasselbe ist, 50 **Perioden**, muß sie in $^1/_{50}$ Sekunde den vollen Kreis durchlaufen haben. Der volle Kreis entspricht dem Winkel $4 \times 90°$ oder $2\,\pi$, bei $\nu$ (sprich ni) Umdrehungen oder Perioden in der Sekunde wird also die Winkelgeschwindigkeit in der Sekunde $\omega = 2\,\pi\,\nu$. Der Wert $L$ ist der **Selbstinduktionskoeffizient**, eine von der Windungszahl und dem Eisen der Spule abhängige Größe. Es ist also durch $L$ zum Ausdruck gebracht, daß die Stärke des magnetischen Feldes den scheinbaren Widerstand beeinflußt und durch $\omega = 2\,\pi\,\nu$ kommt zum Ausdruck, daß die Wechselzahl des Stromes den scheinbaren Widerstand beeinflußt. Beides war ja schon früher auf andere Weise erklärt worden.

Einige kleine Zahlenbeispiele mögen das Erklärte noch besser erläutern:

**Beispiel:** An einer Spule ist mit dem Wattmeter ein Wattverbrauch von 500 Watt gemessen, mit dem Voltmeter eine Spannung von 60 Volt. Der Strom mit dem Amperemeter gemessen, ergab sich zu 15 Amp., und der **Ohm**sche Widerstand wurde besonders gemessen zu $5\ \Omega$.

Die scheinbaren Watt sind dann $60 \cdot 15 = 900$ Watt. Der Leistungsfaktor beträgt $\cos\varphi = \dfrac{500}{900} = 0{,}556$. Genau wie zwischen den Watt die Beziehung besteht Leistungsfaktor $= \dfrac{\text{wirkliche Watt}}{\text{scheinbare Watt}}$ besteht auch zwischen den Widerständen die Beziehung:

$$\text{Leistungsfaktor} = \frac{\text{Ohmscher Widerstand}}{\text{scheinbarer Widerstand}},$$

und daraus folgt:

$$\text{scheinbarer Widerstand} = \frac{\text{Ohmscher Widerstand}}{\text{Leistungsfaktor}},$$

also $\sqrt{w^2 + (L\,\omega)^2} = \dfrac{5}{0{,}556} = 9\ \Omega$. Die Reaktanz oder der induktive Widerstand ergibt sich nach Fig. 38 aus der Beziehung $w^2 + (L\,\omega)^2 = 9^2$ oder $9^2 - 5^2 = (L\,\omega)^2$ und $L\,\omega = \sqrt{9^2 - 5^2} = \sqrt{81 - 25} = 7{,}48\ \Omega$. Kennt man noch die Wechselzahl, z. B. 100, die sich mit einem Frequenzmesser (vgl. Fig. 93) bestimmen läßt, so ist $\nu = \dfrac{100}{2} = 50$ und $\omega = 2\,\pi \cdot 50 = 2 \cdot 3{,}14 \cdot 50 = 314$, folglich ist der Selbstinduktionskoeffizient $L = \dfrac{7{,}48}{\omega} = \dfrac{7{,}48}{314} = 0{,}0238$ Henry, wo Henry die Bezeichnung für die Einheit des Selbstinduktionskoeffizienten ist.

Beispiel: Eine Drosselspule hat einen scheinbaren Widerstand von $4\ \Omega$ bei 100 Wechseln des Stromes und einen Ohmschen Widerstand von $3{,}2\ \Omega$. Sie wird an eine Spannung von 10 Volt mit einer Glühlampe hintereinander geschaltet (nach Fig. 35), welche $5\ \Omega$ Widerstand hat; wie stark wird der Strom und wieviel Watt werden verbraucht?

Die Reaktanz der Drosselspule ist (vgl. Fig. 38) $L\,\omega = \sqrt{4^2 - 3{,}2^2} = \sqrt{16 - 10{,}24} = \sqrt{5{,}76} = 2{,}4\ \Omega$. Durch die Hintereinanderschaltung mit der Glühlampe werden nur der Ohmsche und mit diesem auch der von ihm abhängige scheinbare Widerstand beeinflußt, die Reaktanz bleibt ungeändert, da die Glühlampe keine Reaktanz besitzt. Der gesamte Ohmsche Widerstand beträgt durch die Hintereinanderschaltung $3{,}2 + 5 = 8{,}2\ \Omega$. Es ist nun nach Fig. 38 in dem Widerstandsdreieck die Seite $w = 8{,}2\ \Omega$, die Seite $L\,\omega = 2{,}4\ \Omega$, folglich der scheinbare Widerstand $\sqrt{w^2 + (L\,\omega)^2} = \sqrt{8{,}2^2 + 2{,}4^2} = \sqrt{73{,}16} = 8{,}56\ \Omega$. Da die Spannung 10 Volt ist, wird der Strom $J = \dfrac{\text{Spannung}}{\text{scheinbarer Widerstand}} = \dfrac{10}{8{,}56} = 1{,}168$ Amp. Um die Watt zu finden, muß der durch die Hintereinanderschaltung geänderte Leistungsfaktor $\cos\varphi$ bestimmt werden. Es ist $\cos\varphi = \dfrac{\text{Ohmscher Widerstand}}{\text{scheinbarer Widerstand}} = \dfrac{8{,}2}{8{,}56} = 0{,}957$. Die scheinbaren Watt sind Spannung $\times$ Strom $= 10 \cdot 1{,}168 = 11{,}68$ Voltampere, die wirklichen Watt sind $11{,}68 \cdot 0{,}957 = 11{,}16$ Watt.

Beispiel: Wie hoch werden Strom und Wattverbrauch, wenn die Drosselspule des vorigen Beispiels allein an 10 Volt angeschlossen wird?

Der Strom wird $J = \dfrac{10}{4} = 2{,}5$ Amp. Der Leistungsfaktor ist $\cos\varphi = \dfrac{3{,}2}{4} = 0{,}8$, folglich der Wattverbrauch: $2{,}5 \cdot 10 \cdot 0{,}8 = 20$ Watt.

Beispiel: Zwei Wechselstrom-Bogenlampen (vgl. Fig. 295) sind mit einem Vorschaltwiderstand an 120 Volt Wechselstrom angeschlossen. Jede Bogenlampe verbraucht 45 Volt bei 12 Amp. und 460 Watt; wie groß wird der Vorschaltwiderstand, wenn die Leitung für die Lampen 1,5 $\Omega$ hat?

Beide Lampen verbrauchen, da sie hintereinander geschaltet sind, $2 \cdot 45 = 90$ Volt und $2 \cdot 460 = 920$ Watt bei 12 Amp. Für 120 Volt und 12 Amp. ergibt sich ein scheinbarer Widerstand $= \dfrac{120}{12} = 10\ \Omega$ für den ganzen Stromkreis. Die scheinbaren Watt sind $2 \cdot 45 \cdot 12 = 1080$ Voltampere. Der Leistungsfaktor der Lampen ist danach $\cos \varphi = \dfrac{920}{1080} = 0,852$, der scheinbare Widerstand der Bogenlampen zusammen ist $\dfrac{90}{12} = 7,5\ \Omega$, folglich der diesem entsprechende Ohmsche Widerstand $7,5 \cdot 0,852 = 6,49\ \Omega$. Aus Ohmschem Widerstand und scheinbarem Widerstand ergibt sich die Reaktanz der Lampen zu $\sqrt{7,5^2 - 6,49^2} = \sqrt{56,2 - 42} = 2,05\ \Omega$. Aus dieser Reaktanz und dem gesamten scheinbaren Widerstand des ganzen Stromkreises ergibt sich der Ohmsche Widerstand des ganzen Stromkreises zu $w = \sqrt{10^2 - 2,05^2} = \sqrt{95,8} = 9,79\ \Omega$. Die Bogenlampen haben schon $6,49\ \Omega$ Ohmschen Widerstand, die Leitung hat $1,5\ \Omega$, folglich muß der Vorschaltwiderstand erhalten:

$$9,79 - (6,49 + 1,5) = 9,79 - 7,99 = 1,8\ \Omega.$$

Genau dieselbe Zusammensetzung wie bei Spannungen wird mit den Strömen ausgeführt, wenn Stromverzweigungen, also Parallelschaltung von Widerständen vorhanden sind. In Fig. 39 sind

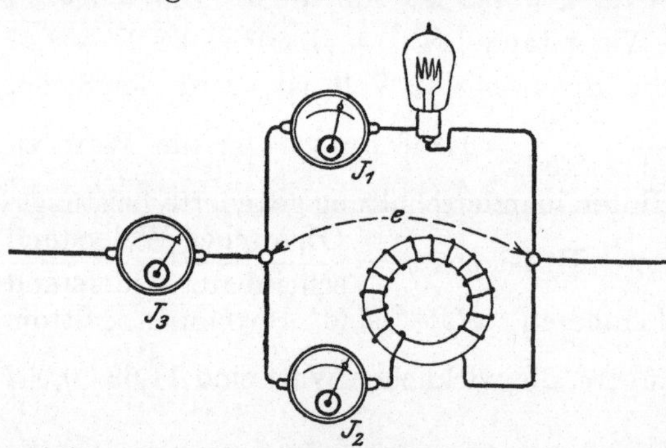


Ohmscher Widerstand (Glühlampe) und induktiver Widerstand parallel geschaltet. Es hat dann der Strom $J_1$ keine Phasenverschiebung gegen die Spannung $e$, dagegen hat $J_2$ starke Phasenverschiebung $\varphi_s$ gegen $e$, und $J_3$ ist der gesamte Strom, welcher zufließt mit einer Phasenverschiebung $\varphi$ gegen die Spannung $e$, die sich ergibt,

Fig. 39. Ohmscher und induktiver Widerstand parallel.

wenn man aus den drei Strömen ein Dreieck (Fig. 39a) zeichnet. Man erhält also dieselbe Figur wie in Fig. 38, nur ist für die Spannungen $e_1$, $e_2$, $e_3$ der entsprechende Strom $J_1$, $J_2$, $J_3$ zu setzen.

Beispiel: Die Lampe in Fig. 39 hat 200 $\Omega$ und ist an eine Spannung $e = 125$ Volt angeschlossen. Die Drosselspule liegt parallel zur Lampe, also an derselben Spannung, und hat einen scheinbaren Widerstand von 106 $\Omega$ und einen Ohmschen Widerstand von 20 $\Omega$. Wie groß ist $J_3$, wieviel Watt werden verbraucht und wie groß ist der Leistungsfaktor zwischen $J_3$ und $e$?

Die Lampe erhält einen Strom $J_1 = \dfrac{125}{200} = 0{,}625$ Amp. Die Drosselspule erhält einen Strom $J_2 = \dfrac{106}{125} = 1{,}18$ Amp. Da Ohmscher Widerstand der Spule 20 $\Omega$ und scheinbarer 106 $\Omega$ sind, ist ihr Leistungsfaktor $\cos \varphi_s = \dfrac{20}{106} = 0{,}189\,(\varphi_s = 79^\circ)$. Mit diesen Werten kann man das Parallelogramm aus $J_1$, $J_2$ und $\varphi_s$ zeichnen, indem man für 0,1 Amp. eine beliebige Länge als Einheit annimmt. Die Diagonale gibt dann ausgemessen 14,4 Einheiten oder 1,44 Ampere für $J_3$ (Fig. 39a).

Durch Rechnung findet man $J_3$ nach dem bekannten Cosinussatz:

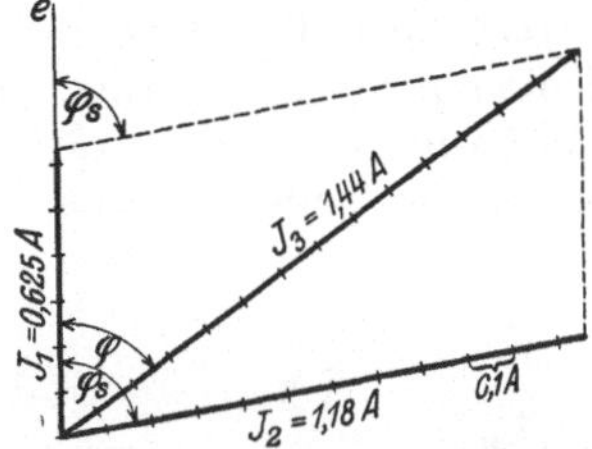


Fig. 39a. Zusammensetzen von Strömen.

$$J_3 = \sqrt{J_1^2 + J_2^2 + 2\,J_1 J_2 \cos\varphi_s}\,,$$

$$J_3 = \sqrt{0{,}625^2 + 1{,}18^2 + 2 \cdot 0{,}625 \cdot 1{,}18 \cdot 0{,}189}\,,$$

$$J_3 = \sqrt{2{,}07} = 1{,}44 \text{ Amp.}$$

Der sog. Wattstrom der Spule, der mit der Spannung gleiche Phase hat, ist:

$$1{,}18 \cdot 0{,}189 = 0{,}223 \text{ Amp.}$$

Dieser Wattstrom zu dem Strom der Lampe gezählt gibt den gesamten Wattstrom:

$$0{,}625 + 0{,}233 = 0{,}848 \text{ Amp.},$$

der mit der Spannung multipliziert die Leistung der Stromquelle gibt:

$$0{,}848 \cdot 125 = 106 \text{ Watt.}$$

Diese Leistung läßt sich aber auch ausdrücken durch $e\,J_3 \cos\varphi = 106$, woraus:

$$\cos\varphi = \frac{106}{125 \cdot 1{,}44} = 0{,}59$$

folgt.

Während ein induktiver Widerstand verursacht, daß der Strom später entsteht als die Spannung, bewirkt ein Kondensator das Gegenteil. Der einfachste Fall eines Kondensators sind zwei Metallplatten, die voneinander durch eine Isolationsscheibe getrennt sind, z. B. zwei Messingplatten getrennt durch eine Hartgummischeibe. Der Kondensator ist aber um so wirksamer, d. h. seine Kapazität ist um so größer, je größer die Platten sind, und da er bei nur 2 Platten eine ungeschickte Form erhalten würde, führt man ihn nach Fig. 40 aus, wo die Platten in zwei Gruppen parallel geschaltet sind. Die eine Plattengruppe ist mit der Klemme $K_1$ verbunden, die zweite mit der Klemme $K_2$. Obgleich nun beide Plattengruppen voneinander isoliert sind, fließt dennoch bei Wechselstrom ein Strom in einen Kondensator, den man sich mit Hilfe der wandernden Elektronen auf folgende Weise erklären kann: Durch die elektromotorische Kraft der Stromquelle werden die positiven Ladungen nach der einen Richtung getrieben und die negativen nach der andern. Es stauen sich also in der einen Platte des Kondensators vor der Isolationsschicht lauter positive Teilchen und in der andern Platte lauter negative. Sobald die elektromotorische Kraft ihre Richtung wechselt, ziehen sich die positiven Teilchen aus der einen Platte wieder zurück durch die Stromquelle nach der anderen Platte, ebenso auf umgekehrtem Wege bewegen sich die negativen Teilchen, die Elektronen. Es findet also ein Hin- und Herschwingen der Elektronen in der Leitung statt, aber ein vollkommenes Kreisen aus der Stromquelle zur Stromquelle zurück ist nicht möglich, weil die Platten voneinander isoliert sind. Der Strom, der durch den Kondensator fließt, ist:

Fig. 40.   Kondensator.

$$J = \frac{e}{\dfrac{1}{C\,\omega}}, \quad \ldots \ldots \quad 11)$$

wo $e$ die Spannung an den Klemmen $K_1$ und $K_2$ des Kondensators (Fig. 40), $C$ die Kapazität ausgedrückt in Farad, und $\omega = 2\,\pi\,\nu$ ist. Der Nenner $\dfrac{1}{C\,\omega}$ stellt den Widerstand des Kondensators oder die Kapazitätsreaktanz vor. Der Widerstand nimmt mit zunehmender Periodenzahl des Wechselstromes ab. Ist z. B. $C = 0{,}00001$ Farad $\nu = 50$, so wird der Widerstand $\dfrac{1}{0{,}00001 \cdot 2\,\pi \cdot 50} = 318\,\Omega$, für $\nu = 5000$ wird der Widerstand $\dfrac{1}{0{,}00001 \cdot 2\,\pi \cdot 5000} = 3{,}18\,\Omega$.

Schaltet man einen Kondensator mit einer Selbstinduktionsspule hintereinander, wie Fig. 41 zeigt, so beobachtet man, daß die gesamte Spannung $e_3$ weniger Phasenverschiebung gegen $J$ hat als die Kondensatorspannung $e_1$ und die Spulenspannung $e_2$. Dies ist nur möglich bei einer Verschiebung der Phasen nach Fig. 42, wenn nämlich bei einem Kondensator der Strom $J$ um $90°$ der Spannung $e_1$ voraus ist. Es wirkt also der Kondensator umgekehrt wie ein induktiver Widerstand; während der induktive Widerstand den Strom gegen die Spannung verzögert, eilt der Lade- und Entladestrom eines Kondensators der Spannung voraus. Daher hat dann die gesamte Spannung $e_3$ in Fig. 42 eine kleinere Phasenverschiebung $\varphi$ wie jede einzelne der Spannungen $e_1$ und $e_2$ gegen den Strom $J$ und durch Hintereinanderschalten von zusammenpassendem Kondensator und Drosselspule kann man die Phasenverschiebung vollkommen aufheben. Dies tritt ein, wenn der Widerstand des Kondensators ebenso groß ist, wie der induktive Widerstand der Spule, d. i. wenn

$$\frac{1}{C\,\omega} = L\,\omega \ . \ . \ . \ 12)$$

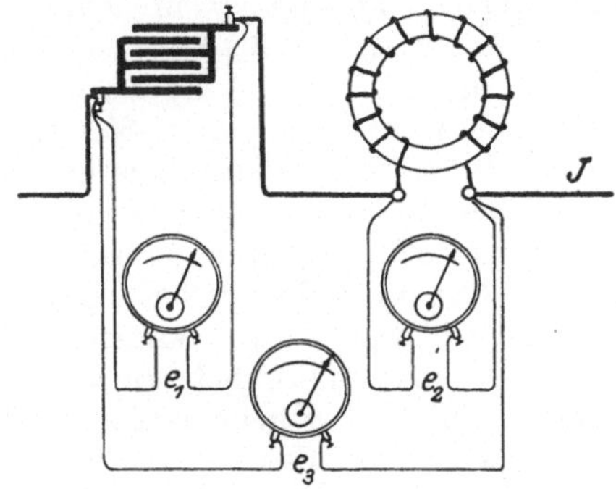

Fig. 41.  Kondensator und induktiver
Widerstand hintereinander.

ist. Im großen ist dies leider nicht oder sehr schwierig möglich, weil die Kondensatoren zu umfangreich werden. Für kleinere Ströme in Meßinstrumenten, bei Hilfswickelungen für Motoren, die zum Anlassen dienen und ähnlichen Fällen wendet man allerdings, wie später noch gezeigt wird, Kondensatoren an. Auf eine Eigentümlichkeit möge noch besonders hingewiesen werden. In Fig. 42 ist nämlich $e_3$ kleiner als $e_1$ resp. $e_2$, d. h. die Spannungen am Kondensator resp. an der Spule sind größer als die gesamte Spannung der Stromquelle, eine Tatsache, die bei ihrer ersten Beobachtung großes Erstaunen hervorrief.

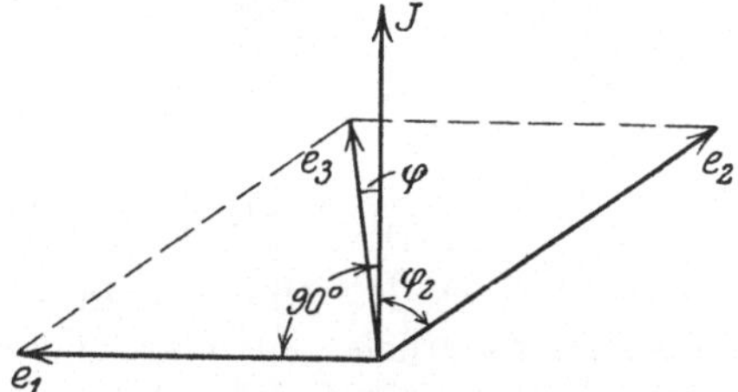

Fig. 42.  Phasenverschiebung zwischen
Spannung und Strom in Fig. 41.

Nun hat aber jede Leitung, die von Wechselströmen durchflossen wird, sowohl einen wahren Widerstand, wie auch einen induktiven und einen Kapazitätswiderstand, von denen jedoch der eine oder der andere wegen Kleinheit vernachlässigt wird. Bei sehr langen Leitungen, wie sie neuerdings vorkommen, ist diese Vernachlässigung nicht statthaft und man hat dann das durch Fig. 43 dargestellte

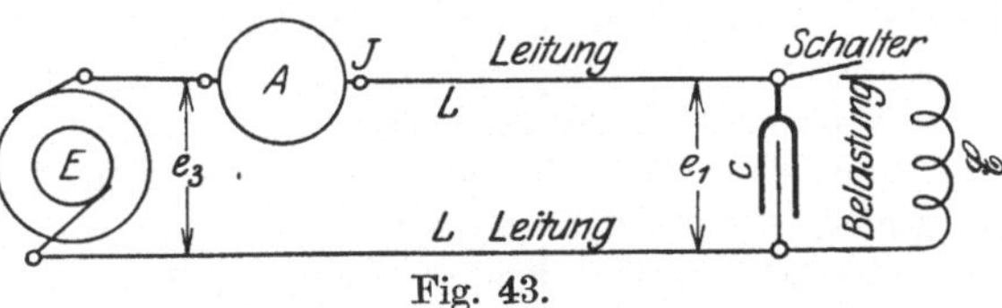


Fig. 43.

Leitungsschema vor sich. Hierin ist $E$ die Stromquelle von sehr hoher Spannung $e_3$, $LL$ die Leitung mit den beiden Widerständen $W$ und $L\,\omega$ und $C$ die Kapazität der Leitung mit dem

Widerstand $\dfrac{1}{C\omega}$. Man erkennt an dem Amperemeter $A$, daß dasselbe einen, bei langen Leitungen sogar beträchtlichen Strom, den sog. Ladestrom anzeigt, wenn auch die Belastung $\mathfrak{E}$ noch gar nicht eingeschaltet ist; außerdem ist die Spannung $e_1$ an den Enden der Leitung größer als die Spannung $e_3$ der Stromquelle. Die Phasenverschiebung zwischen dem Strom und der Spannung $e_3$ ist sehr beträchtlich, die scheinbare Leistung ist groß, aber der Leistungsfaktor klein. Schaltet man nun einen Teil der Belastung $\mathfrak{E}$ ein, so fällt zunächst das Amperemeter $A$, weil der Leistungsfaktor größer wird, um erst bei zunehmender Belastung $\mathfrak{E}$ wieder zu steigen.

Eine wichtige Anwendungsform des Wechselstromes ist der Dreiphasenstrom, fälschlich auch häufig Drehstrom genannt. Es sind das drei um 120° gegeneinander in der Phase verschobene Ströme oder elektromotorische Kräfte, die in einer Maschine mit drei Wicklungen erzeugt werden. Diese Maschinen werden später erklärt. In Fig. 44 sind drei solche Wechselströme gezeichnet, und zwar sind die Spannungs-

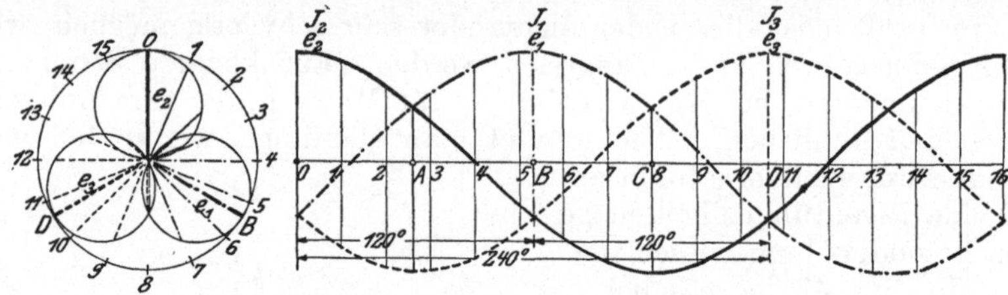

Fig. 44.   Dreiphasenströme.

kurven dargestellt. Die von den drei Spannungen erzeugten Ströme verlaufen natürlich genau so und sind untereinander auch um 120° verschoben, nur hat jeder Strom gegen seine Spannung unter Umständen eine Phasenverschiebung. Man kann deshalb genau dieselbe Figur für die Ströme verwenden und bezeichnet dieselben entsprechend mit $J_1$, $J_2$ und $J_3$. In Fig. 45 sind die drei Wickelungen als Zickzacklinien gezeichnet und von jeder Wickelung gehen, wie gewöhnlich, zwei Leitungen ab, so daß drei Stromkreise mit im ganzen sechs Leitungen vorhanden sind. Zwischen je zwei zusammengehörigen Leitungen liegen dann die Lampen und andere Stromverbrauchskörper. Ein derartiges dreifaches Stromkreissystem hätte nun noch keine großen Vorteile, man kann aber anstatt der sechs Leitungen mit drei Leitungen auskommen und doch dieselbe Energie fortleiten (Fig. 46). Man spart also bei Dreiphasenstrom bedeutend an Leitungskosten. Bei der Schaltung in Fig. 46 sind die drei Enden $e_1$, $e_2$, $e_3$ der drei Wickelungen zu einem Knotenpunkt zusammengelegt und an die drei Anfänge $a_1$, $a_2$, $a_3$ sind die Leitungen geschaltet. Die Lampen liegen hierbei zwischen den Leitungen $I$ und $II$, zwischen $II$ und $III$ und zwischen $III$ und $I$. Der Beweis für die Möglichkeit bei gleicher Belastung der drei Phasen mit nur drei Leitungen auszukommen, folgt aus Fig. 44, wenn man anstatt der Spannungen die Ströme betrachtet. Man erkennt aus der Fig. 44, daß in jedem beliebigen Augenblick die Summe der drei Ströme stets Null ergibt. Wenn z. B. einer von ihnen, wie im Augenblick 0 der Strom $J_2$ den größten positiven Wert hat, dann haben die beiden anderen Ströme

$J_1$ und $J_3$ jeder einen halb so großen Wert und sind negativ, addiert man alle Ströme, so ist die Summe Null. Im Augenblick $A$ sind $J_1$ und $J_2$ beide positiv und jeder halb so groß wie der dort am größ-

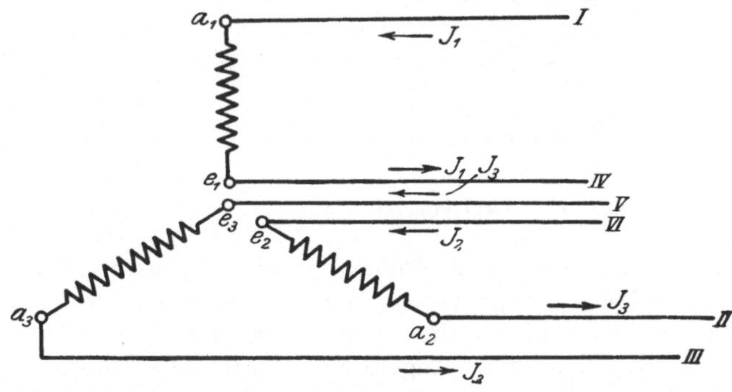

Fig. 45.  Dreiphasenströme in drei Stromkreisen.

ten auftretende Wert von $J_3$, der aber entgegengesetzt, also negativ ist. Im Augenblick $B$ ist $J_1$ positiv und am größten, $J_2$ und $J_3$ sind negativ und jeder halb so groß. Im Augenblick $C$ ist $J_2$ negativ am größten, $J_1$ und $J_2$ sind positiv und jeder halb so groß wie $J_3$ usf. Aber nicht

nur diese besonderen Augenblicke, son- dern jeder beliebige Augenblick 1, 2, 3 zeigt auch die Summe der Ströme immer Null, z. B. im Augen- blick 1 der Strom $J_1$ einen kleinen nega- tiven Wert, addiert man ihn zu dem größeren negativen

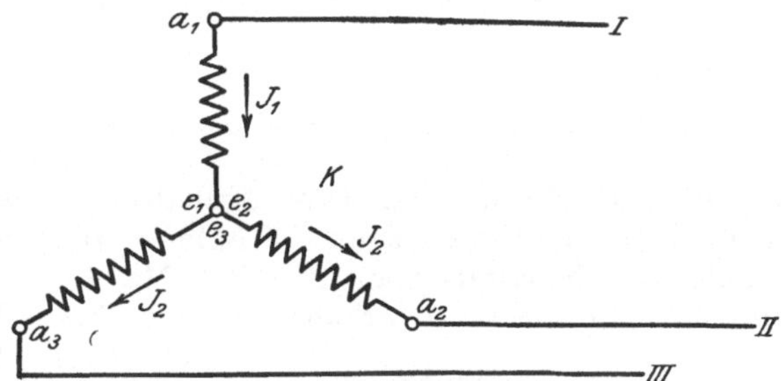

Fig. 46.  Sternschaltung.

Wert von $J_3$, so erhält man dieselbe Länge, wie sie der Strom $J_2$ hat, der im Augenblick 1 positiv ist. Da nun in jedem Augenblick die Summe der drei Ströme Null ist, so kann man in Fig. 45 die drei Leitungen $IV$, $V$ und $VI$ zu einer einzigen zusammenfassen, in dieser würde dann die Summe der drei Ströme $J_1$, $J_2$ und $J_3$ fließen, also gar kein Strom, da diese Summe Null ist, folglich kann man die ganze Leitung fortlassen und erhält die Sternschaltung nach Fig. 46*).

Anstatt der Sternschaltung kann man auch Dreieckschaltung nach Fig. 47 ausführen. Es sind auch nur drei Leitungen erforderlich,

---

*) Sind die drei Phasen ungleich belastet, so muß eine vierte Leitung bleiben. Die Lampen werden dann zwischen diese Leitung und einen Außen- leiter geschaltet. Vergl. Fig. 239.

wobei jedesmal Anfang und Ende zweier Wicklungen miteinander verbunden ist. Die Beweisführung dafür, daß auch hier drei Leitungen genügen, ist folgende: In Fig. 44 ist, wie wir schon gesehen haben, die Summe der Spannungen ebenfalls Null. Die Spannungen werden aber in der Dreieckschaltung Fig. 47 alle drei im Kreise, also hintereinander geschaltet. Sie sind in dieser Figur als die elektromotorischen Kräfte der Wicklungen mit $E_1$, $E_2$ und $E_3$ bezeichnet. $E_1$ und $E_2$ haben augenblicklich entgegengesetzte Richtung wie $E_3$, es muß also $E_1 + E_2 = E_3$ sein und $E_3$ entgegengesetzt gerichtet sein wie die beiden anderen. Dies trifft in Fig. 44 für den Augenblick $A$ und $D$ zu, ebenso findet man für jeden anderen Augenblick, daß die Summe der Spannungen Null ist und daß sich daher die drei elektromotorischen Kräfte innerhalb des Dreiecks $P_1$, $P_2$, $P_3$ aufheben. Sie können deshalb auch nur Ströme in die Leitungen senden, sobald dort Lampen eingeschaltet werden, die auch hier zwischen den Leitungen $I$ und $II$, $II$ und $III$, $III$ und $I$ liegen.

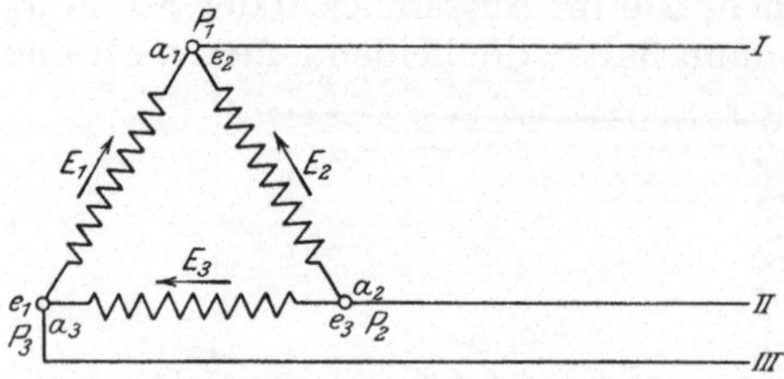

Fig. 47. Dreieckschaltung.

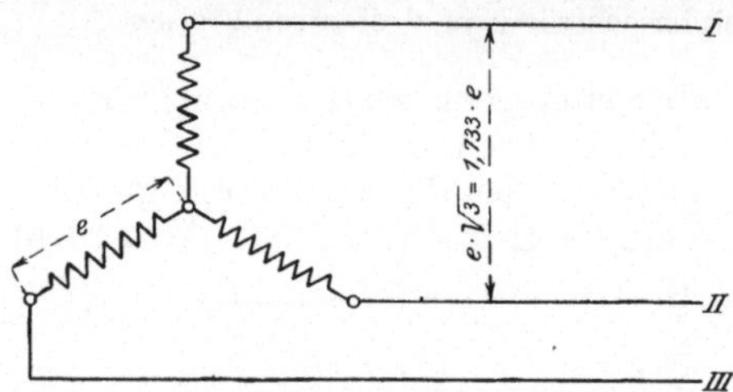

Fig. 48. Spannungen bei Sternschaltung.

Ob man Stern- oder Dreieckschaltung anwenden soll, läßt sich nicht ohne weiteres sagen. Häufiger ausgeführt wird die Sternschaltung. Schaltet man dieselbe Maschine einmal in Stern und einmal in Dreieck, so erhält man bei Sternschaltung zwischen den einzelnen Leitungen $I$, $II$, $III$ (Fig. 48) eine Spannung, die jedesmal die Resultierende aus den betreffenden Einzelspannungen ist, also die Diagonale des Parallelogrammes aus den Einzelspannungen (vgl. Fig. 37). Führt man diese Konstruktion aus, so findet man, daß die Diagonale $1{,}733 \cdot e$ ist, oder da $1{,}733 = \sqrt{3}$ ist, so herrscht zwischen je zwei Leitungen immer die Spannung $e \cdot \sqrt{3}$, wie Fig. 48 zeigt. Bei Dreieckschaltung setzten sich die Ströme so zusammen, wie Fig. 49 zeigt, daß in jeder Leitung $\sqrt{3} \cdot J$ fließt, wenn $J$ der Strom in einer Wicklung oder Phase ist.

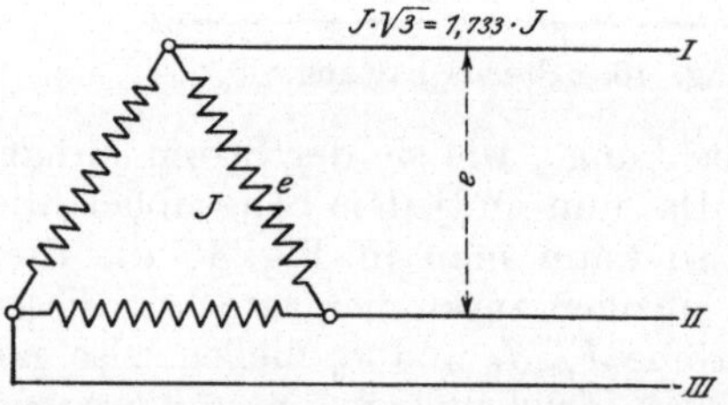

Fig. 49.    Ströme bei Dreieckschaltung.

Die Leistung der dreiphasigen Maschine beträgt nun, gleichgültig ob Stern- oder Dreieckschaltung vorhanden ist, $3 \cdot e_f \cdot J_f \cdot \cos\varphi$ Watt; dabei ist $\cos\varphi$ der Leistungsfaktor, $e_f$ die Spannung, die mit dem Voltmeter gemessen wird, d. i. die effektive Spannung und $J_f$ ist der effektive Strom. Multipliziert man die von den Instrumenten angegebenen Durchschnittswerte mit $\sqrt{2}$, so erhält man den höchsten Wert, der bei Strom oder Spannung auftritt. Die effektiven Werte sind bei Wechselstrom von derselben Wirkung, wie die gleich großen bei Gleichstrom.

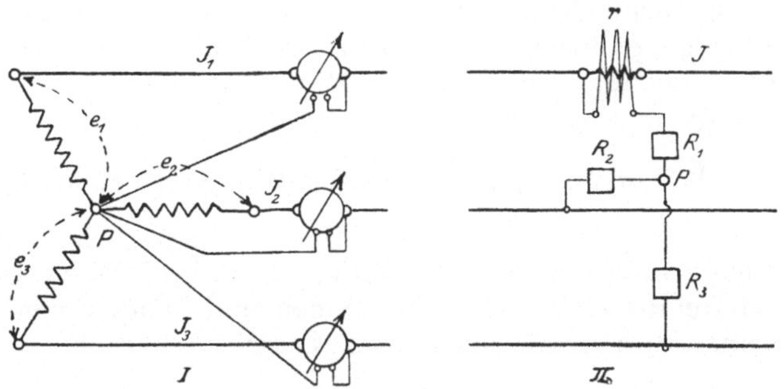

Fig. 50.  Leistungsmessung (3 Wattmeter) bei Sternschaltung.

Die Leistung des Dreiphasenstromes läßt sich mit drei Wattmetern bei Sternschaltung nach Fig. 50 messen, indem man dreimal die Leistung einer Phase mißt. Ist der Knotenpunkt zugänglich, so schaltet man die drei Wattmeter nach Fig. 50 I, wobei angenommen ist, daß der Vorschaltwiderstand $R$ (vgl. Fig. 33) nicht nötig ist, oder gleich im Instrument liegt, wie dies bei Schalttafelinstrumenten sehr häufig der Fall ist. Ist der Knotenpunkt nicht zugänglich, so kann man einfach einen künstlichen Knotenpunkt zwischen den Instrumenten herstellen, indem man nur die drei Drähte, die zum Knotenpunkt geführt werden mußten, miteinander verbindet. Ist die Belastung, wie bei Motorenbetrieb, in den drei Phasen stets gleich groß, so genügt ein Wattmeter mit drei Vorschaltwiderständen $R_1$, $R_2$, $R_3$, welches nach

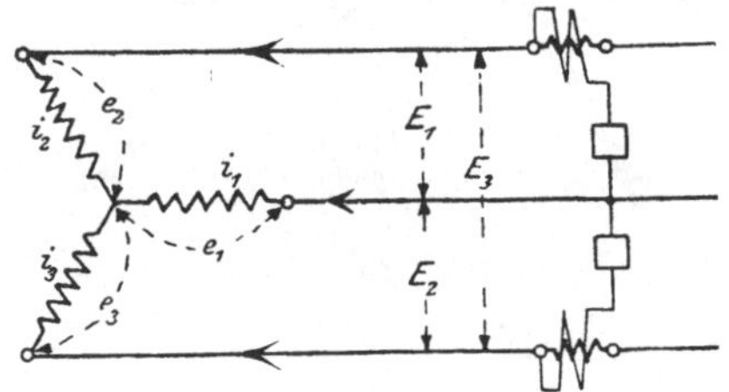

Fig. 51.  2 Wattmeter-Messung.

Fig. 50 II zu schalten ist. Bei der Möglichkeit, daß die Belastung der drei Phasen verschieden ist, wie sie bei Beleuchtung vorkommen kann, läßt sich im Dreiphasensystem die Leistung mit zwei Wattmetern messen, die nach Fig. 51 geschaltet werden müssen [1]. Jedoch kann die Messung

---

[1] Die Messung gibt nur richtige Resultate, wenn kein vierter Leiter vorhanden ist, also bei Dreieckschaltung oder Sternschaltung ohne vierten Leiter.

nicht ohne weiteres vorgenommen werden, weil man wissen muß, ob
die Angaben beider Wattmeter zusammengezählt oder abgezogen werden
müssen. Man muß daher, wie es bei Zählern geschieht, die Instrumente
mechanisch kuppeln oder, wie man bei Messungen häufig verfährt, mit
einem Wattmeter und einem Umschalter arbeiten. Erfolgen die Ausschläge nach verschiedenen Richtungen, so daß einmal die Leitungen
an den Klemmen der Spannungsspule vertauscht werden müssen, so
sind beide Ablesungen voneinander abzuziehen. Bei zwei Instrumenten
kann man diesen Fall, der bei einer gewissen Phasenverschiebung eintritt, nicht erkennen. Genaues läßt sich hier darüber nicht auseinander-
setzen[1]), es möge genügen, daß man die Zweiwattmetermessung meist
bei Zählern anwendet, wie noch gezeigt werden soll.

## III. Die Erzeugungsarten des elektrischen Stromes.

In der Einleitung wurde erwähnt, daß Faraday im Jahre 1831 das
Gesetz der elektromagnetischen Induktion entdeckte. Dieses Gesetz ist
grundlegend für die elektrischen Maschinen und handelt von der Erzeugung einer elektromotorischen Kraft durch die Einwirkung

Fig. 52.   Faradays Kupferscheibe.

von Magnetfeldern auf Leiter. Die Vorrichtung in Fig. 52 ist eine
Erläuterung zu dem eben Gesagten. Dreht man eine Kupferscheibe $S$
zwischen den Polen eines Magneten $M$ hindurch, so kann man von der
Scheibe einen elektrischen Gleichstrom abnehmen, wenn man eine Metall-
bürste $B_1$ auf dem Umfang der Scheibe, eine zweite $B_2$ auf ihrer Welle

---

[1]) Siehe darüber das Buch des Verfassers: Messungen an elektrischen
Maschinen von R. Krause, 3. Auflage. Verlag von Julius Springer, Berlin.

schleifen läßt. Verbindet man beide Bürsten durch einen Draht, so, fließt in diesem ein Strom von dauernd gleicher Richtung, solange die Scheibe gedreht wird. Man hat also hier eine elektrische Gleichstrommaschine von sehr einfacher Ausführung vor sich, welche nicht einmal den später noch zu besprechenden, unangenehmen Kollektor nötig hat; trotzdem wendet man aber diese Maschine praktisch nicht an, weil sie viel zu unvorteilhaft arbeitet, denn sie erzeugt nur sehr wenig Spannung. Man kann allerdings starke Ströme von der Scheibe abnehmen, wozu aber eine große Zahl Bürsten erforderlich wird, die dann eine starke Reibung veranlassen und sich außerdem, namentlich auf dem Umfang der Scheibe, stark abnutzen würden.

Die Scheibe in Fig. 52 dreht sich durch das magnetische Feld des Magneten $M$ hindurch, welches sich zwischen seinen Polen befindet. Man kann nun durch einen Versuch mit einer solchen Scheibe beobachten, daß der Strom, welchen man erhält, zunimmt, wenn man das magnetische Feld verstärkt, wozu man bei einem Elektromagneten nur den Strom in seinen Drahtwindungen zu verstärken braucht. Ferner erhält man ebenfalls eine Zunahme des Stromes durch schnelleres Drehen der Scheibe. Da der Strom immer durch eine elektromotorische Kraft hervorgerufen wird, so muß man durch die beiden Mittel, Verstärkung des Feldes und Vergrößerung der Drehzahl, die elektromotorische Kraft der Scheibe vergrößert haben. Weiter kann man beobachten, daß die Richtung des Stromes von der Drehrichtung und von der Richtung des magnetischen Feldes abhängt. Dreht man nämlich die Scheibe entgegengesetzt, so fließt auch der Strom entgegengesetzt. Vertauscht man die Pole des Magneten, indem man ihn umdreht oder bei einem Elektromagneten durch Umschalten der Stromrichtung in den Windungen, so fließt der Strom aus der Scheibe ebenfalls umgekehrt. Für praktische Zwecke läßt sich der in Fig. 52 dargestellte Apparat schlecht benutzen. Man kann ihn aber abändern, indem man keine Kupferscheibe, sondern einen Kupferdraht oder Draht- schleife verwendet, dessen

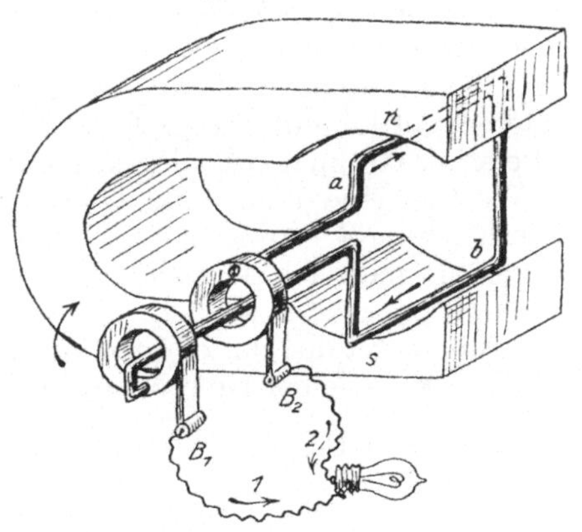

Fig. 53. Erzeugung von Wechselstrom in einer Drahtschleife.

Anfang und Ende nach Fig. 53 zu je einem Schleifringe geführt ist, auf dem die Bürsten $B_1$ und $B_2$ aufliegen. Wird der Draht gedreht, so erhalten wir in dem Stück $a$ desselben unter dem Nordpol $n$ des Magneten eine elektromotorische Kraft in der Pfeilrichtung, wenn die Drehung wie der Pfeil am Schleifring erfolgt. Es ergibt sich die Richtung der elektromotorischen Kraft aus der Handregel Seite 28 für den Fall, daß das Feld feststeht und der Leiter bewegt wird. In dem Stück $b$ vor dem Südpol $s$ des Magnets entsteht eine elektromotorische Kraft von umgekehrter Richtung wie in $a$, weil dort die Kraftlinien anders verlaufen. Die elektromotorischen Kräfte in den Stücken $a$ und $b$ der Drahtschleife sind aber so hintereinander geschaltet, daß sie sich addieren und gemeinsam durch die äußere Leitung zwischen den Schleifbürsten $B_1 B_2$ einen Strom von der Richtung 1 hindurchtreiben. Wird der Drahtbügel weiter gedreht, so gelangen $a$ und $b$ in die Mitte zwischen beide Pole des Magnets, dann kann keine elektromotorische Kraft in ihnen entstehen. Bei noch weiterer Drehung aber kommt $a$ vor den Südpol und $b$ vor den Nordpol, so daß jetzt in $a$ und $b$ die elektromotorischen Kräfte umgekehrt entstehen, in $a$ so wie vorher in $b$ und in $b$ so wie vorher in $a$. Da nun der Draht $a$ stets mit der Bürste $B_1$ verbunden ist und der Draht $b$ mit der Bürste $B_2$, so entsteht bei umgekehrter Richtung der Induktion in der Schleife, auch in der äußeren Leitung ein umgekehrter Strom wie vorher, also von der Richtung 2. Man erhält daher aus der Vorrichtung in Fig. 53 einen Wechselstrom, der seine Richtung zweimal wechselt, wenn die Schleife einmal herumgedreht wird.

Wie schon früher gesagt wurde, muß man bei Wechselstrom wenigstens 80 Wechsel in der Sekunde anwenden, wenn das Licht nicht zittern soll. Für 80 Wechsel muß man demnach die Drahtschleife 40 mal herumdrehen. Da man die Umlaufszahl von Maschinen immer auf eine Minute bezieht, ergibt sich für diesen Fall eine Umdrehungszahl von $40 \cdot 60 = 2400$ in der Minute. Für normale Maschinen ist diese Umlaufszahl etwas hoch; soll sie kleiner bleiben, dann muß man mehr Pole anwenden, denn jedesmal wenn die Drahtschleife vor einen anderen Pol kommt, wechselt in ihr die Richtung der Induktion. Bei 4 Polen erhält man für eine Umdrehung 4 Wechsel, so daß dann für 80 Wechsel eine minutliche Umlaufszahl von 1200 erforderlich wird. Je größer eine Maschine ist, um so langsamer läßt man sie im allgemeinen umlaufen, und nach dem eben Gesagten muß sie also um so mehr Pole erhalten, je größer sie ist. Es werden Wechselstrommaschinen mit 50 Polen ausgeführt, unter Umständen noch mehr. Eine solche Maschine erzeugt also bei einer Umdrehung 50 Wechsel des Stromes. Zu 80 Stromwechseln in der Sekunde gehören dann $\dfrac{80}{50} = 1,6$ sekundliche Umdrehungen und $1,6 \cdot 60 = 96$ Umdrehungen in der Minute. Über die praktische Ausführung der Wechselstrommaschinen soll im Abschnitt VI gesprochen werden.

Will man aus der Vorrichtung in Fig. 53 Gleichstrom erhalten, so muß man einen sog. Kollektor oder besser gesagt Stromwender (Kommutator) anwenden. Dieser besteht nach Fig. 54 aus zwei Lamellen $l_1$ und $l_2$, und zwar ist der Draht $a$ mit $l_1$, der Draht $b$ mit $l_2$ verbunden.

Diese Lamellen, die voneinander isoliert sind, bewirken, daß in der äußeren Leitung zwischen den Bürsten $B_1$ und $B_2$ bei einer Umdrehung des Drahtbügels zwei Ströme von gleicher Richtung fließen, obgleich in der Drahtschleife selbst, genau wie bei der Vorrichtung in Fig. 53, der Strom zweimal wechselt. So wie die Schleife in Fig. 54 gezeichnet ist, fließt der Strom in der äußeren Leitung von $B_2$ nach $B_1$. Dreht sich der Bügel, so daß die Teile $a$ und $b$ in die Mitte zwischen die Pole des Magneten gelangen, dann entsteht, wie wir schon bei Fig. 53 gesehen haben, keine Induktion in ihnen, und dreht man in gleichem Sinne weiter, so tauschen die Stücke $a$ und $b$ ihre Pole und die Induktion wird umgekehrt. Da aber jetzt auch die Bürste $B_1$ auf $l_2$ aufliegt und $B_2$ auf $l_1$, so fließt in der äußeren Leitung wieder ein Strom von derselben Richtung wie vorher.

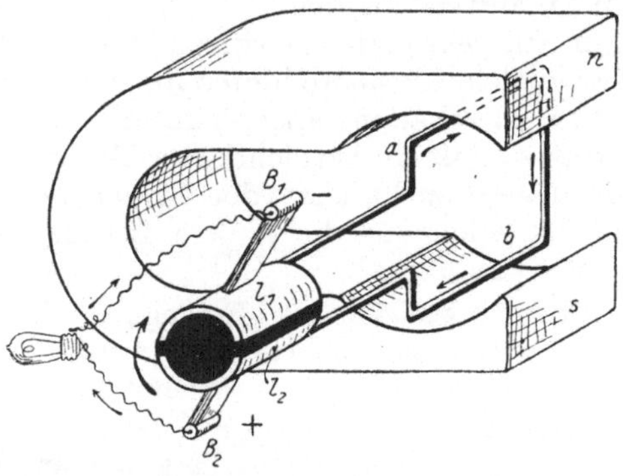

Fig. 54. Erzeugung von Gleichstrom in einer Drahtschleife.

Bei wirklichen elektrischen Maschinen besitzt der Stromwender eine große Zahl, wenigstens 20 Lamellen, und der Anker eine große Zahl Drähte. Hierdurch wird erreicht, daß der Strom für eine Umdrehung nicht aus zwei Stößen von gleicher Richtung besteht, sondern daß die durch die Isolierung zwischen den Lamellen bedingten Schwankungen gar nicht mehr bemerkt werden, und ein gleichmäßiger Strom von fortwährend derselben Richtung entsteht, so lange die Maschine läuft. Genaueres über die wirkliche Ausführung der Gleichstrommaschinen soll dann im Abschnitt V gesagt werden.

Außer der bis jetzt erklärten Methode der Erzeugung von Strömen durch Induktion gibt es noch zwei

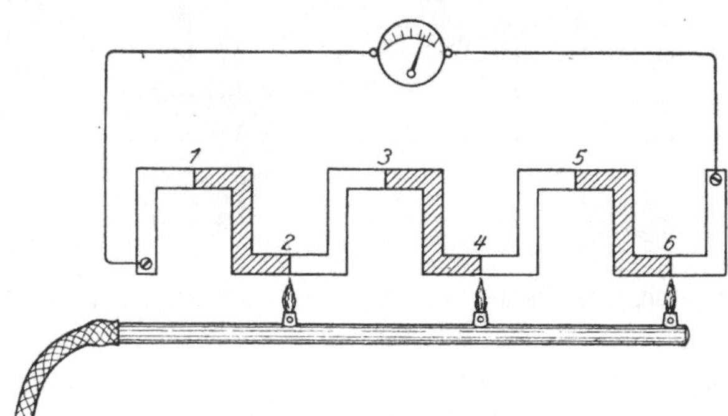

Fig. 55. Thermosäule.

weitere Methoden, und zwar die Erzeugung von elektrischem Strom direkt aus Wärme und seine Erzeugung durch chemische Vorgänge. Zur Erzeugung des elektrischen Stromes direkt aus Wärme benutzt man die Thermo-Elemente, die man zu Thermosäulen vereinigt. In Fig. 55 ist die Grundform einer solchen Säule gezeichnet. Man verbindet immer abwechselnd zwei verschiedene Metalle, am besten

4*

Wismut und Antimon, miteinander und erhitzt die Lötstellen *2, 4, 6,* während die Lötstellen *1, 3, 5* kalt bleiben. Je größer der Temperaturunterschied zwischen den heißen und kalten Lötstellen ist, um so stärker wird der in der äußeren Verbindungsleitung fließende Strom.

Leider lassen sich aber diese Thermosäulen für praktische Zwecke nicht anwenden, denn ein Element gibt, auch bei starker Erhitzung, nur eine sehr geringe elektromotorische Kraft. Man muß daher in einer Säule viele Elemente hintereinander schalten, um eine genügende Spannung zu erhalten, aber dadurch wird der Widerstand der Säule sehr groß, so daß ein beträchtlicher Teil der elektromotorischen Kraft allein dazu verbraucht wird, den Strom nur durch die Säule zu treiben und bleibt daher für die äußere Leitung mit dem Nutzwiderstand nicht mehr viel übrig.

Besser geeignet zur Erzeugung eines Gleichstromes sind die **galvanischen Elemente.** Sie werden zwar gegenüber den Maschinen nur in geringem Maße, hauptsächlich jedoch in der Schwachstromtechnik, angewendet. In den galvanischen Elementen geht die Stromerzeugung als Folge von chemischen Vorgängen vor sich, und zum besseren Verständnis der chemischen Vorgänge mögen zunächst zwei Versuche beschrieben werden.

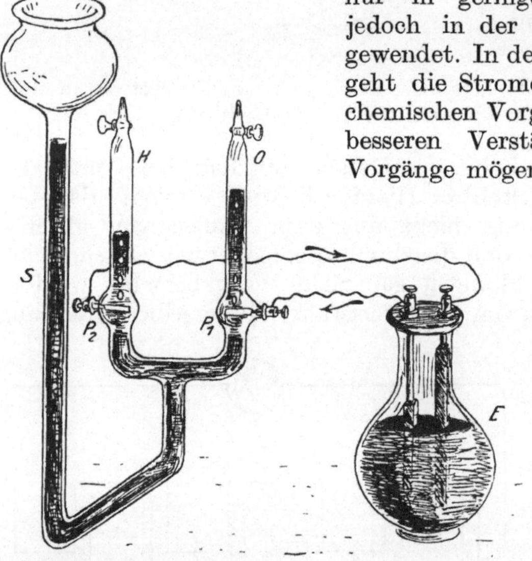

Leitet man einen **elektrischen Gleichstrom durch Wasser,** welches durch einen geringen Säurezusatz leitend gemacht ist, weil chemisch reines Wasser überhaupt nicht leitet, so wird es in seine chemischen Bestandteile, die beiden Gase Wasserstoff und Sauerstoff zersetzt. Es wird dabei der Wasserstoff stets an der Stelle ab-

Fig. 56.   Zersetzung von Wasser durch den elektrischen Strom.

geschieden, an welcher der Strom die Flüssigkeit wieder verläßt. Ebenso wird aus Salzlösungen stets durch den Strom das betreffende Metall des Salzes an der Stelle ausgeschieden, an welcher der Strom die Lösung wieder verläßt. Hierauf beruht das galvanische Verkupfern, Versilbern, Vernickeln u. dgl. von Metallen. Um den Vorgang verständlicher zu machen, sollen zwei bestimmte Fälle genau besprochen werden. In Fig. 56 sind die beiden mit *H* und *O* bezeichneten Glasrohre des Gefäßes *S* zunächst bis oben hin mit Wasser gefüllt. Leitet man nun aus der Stromquelle *E* von der Klemme $+$ aus einen Strom durch einen Draht zur

Platte $P_1$, so tritt dieser von hier aus in das Wasser ein und gelangt zur Platte $P_2$, von wo ein Draht nach der Klemme — zur Stromquelle zurückführt. Sogleich nach dem Einschalten des Stromes bemerkt man, daß sich an beiden Platten, $P_1$ und $P_2$ Gasblasen bilden, welche in den Rohren $H$ und $O$ aufsteigen und bei verschlossenen Hähnen aufgefangen werden, während die Flüssigkeit in den Rohren immer tiefer heruntergedrückt wird, so daß sie in dem Rohr $S$ aufsteigt. In dem Rohr $O$ sammelt sicht aber nur halb soviel Gas wie im Rohr $H$.

Untersucht man die Gase, so findet man im Rohr $H$ Wasserstoff und im Rohr $O$ Sauerstoff. Es bildet sich also, wie schon gesagt wurde, der Wasserstoff an der Stelle, an welcher der Strom die Flüssigkeit wieder verläßt, nämlich an der Platte $P_2$. Ehe die Erklärung dafür gegeben wird, möge ein zweiter Versuch beschrieben werden. Das Gefäß $G$ in Fig. 57 sei gefüllt mit einer Kupfervitriollösung. $E$ ist die Stromquelle, aus welcher der Strom bei der Platte $P_1$ in die Flüssig-

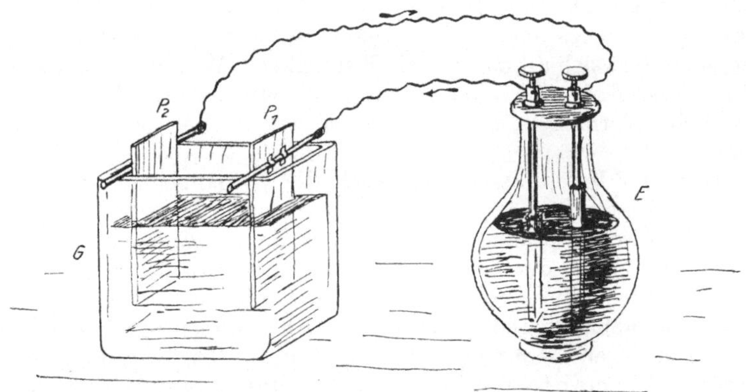


Fig. 57. Vernickeln, Verkupfern usw. durch den elektrischen Strom.

keit eintritt, dann diese durchfließt und an der Platte $P_2$ wieder verläßt, um zur Stromquelle zurückzukehren. Nach einiger Zeit bemerkt man dann auf der Platte $P_2$ einen Kupferniederschlag, der aus der Lösung ausgeschieden ist.

Die Erklärung für diese chemische Wirkung des elektrischen Stromes ist folgende: Der Versuch der Wasserzersetzung in Fig. 56 gelingt nur dann, wenn dem Wasser einige Tropfen Säure hinzugefügt werden, denn reines Wasser leitet den Strom nicht. Durch den Säurezusatz zerfallen eine Anzahl Wassermoleküle in sog. „Ionen", d. h. elektrisch geladene Wasserstoff- und Sauerstoffmoleküle. Die Wasserstoffionen besitzen eine positive, die Sauerstoffionen eine negative elektrische Ladung. Wie aber bereits auf Seite 1 gezeigt wurde, ziehen sich ungleichnamig geladene Teilchen an, gleichnamig geladene stoßen sich ab. Die positiv geladenen Wasserstoffionen (auch Kationen genannt) werden von der negativen Elektrode (der Kathode) angezogen, die Sauerstoffionen (Anionen) von der positiven Elektrode (der Anode).

Sie beginnen zu wandern (daher der Name Ion-Wanderer). An den Elektroden geben sie ihre elektrische Ladung ab und verwandeln sich hierdurch in gewöhnliche Wasserstoff-, resp. Sauerstoffmoleküle, die in Form von Gasblasen in den Rohren $H$ und $O$ aufsteigen, während die Ladungen (d. s. die Elektronen) durch den Draht sich ausgleichen.

Ähnlich ist auch der Vorgang bei der Ausscheidung von Kupfer aus Kupfervirtriol. Kupfervitriol ist ein Kupfersalz und besteht aus einem Teil Kupfer, einem Teil Schwefel und vier Teilen Sauerstoff. Es ist in Wasser löslich, wobei eine Anzahl Moleküle in Ionen zerfallen. Schickt man daher einen Strom, wie in Fig. 57, durch die wäßrige Lösung, so wandern die positiv geladenen Kupferionen zur Kathode $P_2$, geben dort ihre elektrische Ladung ab, wobei sich das Kupfer auf der Platte niederschlägt. Die negativ geladene Restgruppe wandert zur Anode $P_1$ und verbindet sich dort wieder mit dem Metall derselben, wodurch sie verzehrt wird. Ist die Platte $P_1$ nicht aus demselben Metall wie diejenige, welches aus der Flüssigkeit ausgeschieden wird, hier also Kupfer, so ändert sich allmählich die Flüssigkeit. Will man nun dauernd mit einer Flüssigkeit verkupfern, so nimmt man auch die Platte $P_1$ aus Kupfer, beim Vernickeln nimmt man sie aus Nickel, beim Versilbern aus Silber.

Mit Hilfe der Ionen lassen sich auch die Vorgänge in galvanischen Elementen erklären.

Die galvanischen Elemente, die schon in der Einleitung erwähnt wurden, bestehen in der Grundform aus einer Salzlösung oder einer anderen leitenden Flüssigkeit, in welche zwei Platten aus verschiedenen Metallen hineingehängt sind. Um das Zustandekommen eines elektrischen Stromes zu erklären, benutzen wir am besten ein Beispiel, und zwar das Voltasche Element, welches schon in Fig. 1 gezeichnet ist. Es besteht aus verdünnter Schwefelsäure, in welche eine Kupferplatte Cu und eine Zinkplatte Zn hineingehängt sind. Die Schwefelsäure besteht nach ihrer chemischen Zusammensetzung aus zwei Teilen Wasserstoff, einem Teil Schwefel, vier Teilen Sauerstoff und enthält eine Anzahl Ionen. Die positiv geladenen Ionen sind Wasserstoffmoleküle, die negativ geladenen bilden den Säurerest. Die Wasserstoffionen wandern zur Kupferplatte, wo sie ihre Ladung abgeben, die in die äußere Leitung gedrängt wird. Verbindet man also die Kupfer- und Zinkplatte außen durch einen Draht, so entsteht in diesem ein Kreisen von Elektronen, also ein Strom. Durch die positiven Ladungen wird immer neuer Wasserstoff an die Kupferplatte befördert, während die negativen Ionen umgekehrt nach dem Zink hin wandern und dort Schwefel und Sauerstoff aus der Schwefelsäure absetzen, welche sich sogleich mit dem Zink zu Zinkvitriol verbinden, so daß man, wie bei allen galvanischen Elementen, das Zink, welches dadurch verbraucht wird, von Zeit zu Zeit erneuern muß.

Ein Fehler des Volta - Elements besteht darin, daß sich bei längerer Stromabnahme allmählich die Kupferplatte immer stärker mit Wasserstoffbläschen bedeckt. Dadurch wird der Strom geschwächt, weil zwischen dem Wasserstoff und dem Kupfer eine neue elektromotorische Kraft entsteht, die man elektromotorische Kraft der Polarisation nennt und die entgegengesetzt gerichtet ist, wie die elektromotorische Kraft des Elementes.

Die Wirkung der Polarisation kann man an einem Versuch nach Fig. 58 erkennen, der außerdem grundlegend für die Akkumulatoren ist. Man benutzt ein Gefäß mit verdünnter Schwefelsäure, in welches zwei Bleiplatten $P_1 P_2$ hineingehängt sind. Aus dieser Vorrichtung kann man, weil beide Platten aus gleichem Metall bestehen, keinen Strom erhalten, wie man durch einen Versuch leicht erkennen kann. Stellt man aber die Schaltung her, welche in Fig. 58 gezeichnet ist, so fließt aus der Stromquelle ein Strom von $+$ durch den Kontakt $1$ des Tasters nach der Platte $P_1$, dann durch die Schwefelsäure, welche chemisch zersetzt wird, in der vorhin beim Volta - Element angegebenen Weise, so daß sich auf der Platte $P_2$ Wasserstoff absetzt, worauf der Strom von $P_2$ durch das Galvanometer zum negativen Pol der Stromquelle zurückfließt. Das Galvanometer zeigt durch einen Ausschlag diesen Strom an. Hat man eine Zeitlang auf diese Weise den Strom durch die Schwefelsäure hindurch geleitet, so

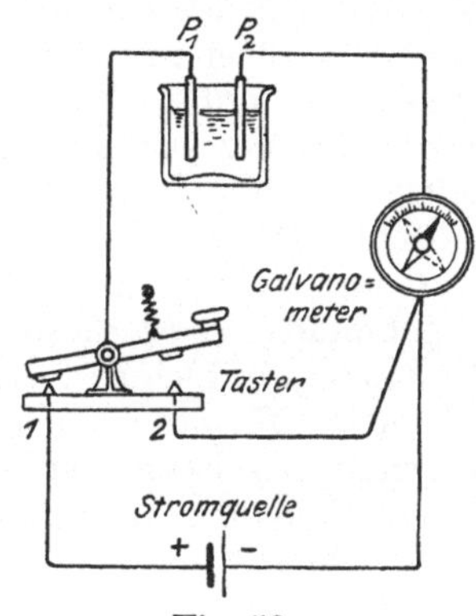

Fig. 58.
Versuch über Polarisation.

drückt man auf den Taster, wodurch der Kontakt bei $1$ unterbrochen und die Stromquelle ausgeschaltet wird, während die Polarisationszelle mit den Bleiplatten, dem Galvanometer und dem auf $2$ niedergedrückten Taster hintereinander geschaltet sind. Sobald der Taster bei $2$ Kontakt macht, schlägt das Galvanometer nach der entgegengesetzten Seite wie vorher aus, folglich fließt jetzt ein Strom in umgekehrter Richtung durch das Galvanometer, und da die Stromquelle ausgeschaltet ist, rührt dieser Strom von der Polarisationszelle her, die also durch den Strom aus der Stromquelle geladen worden ist und nun entladen wird wie ein Akkumulator[1]). Allerdings ist eine solche Zelle in der beschriebenen Ausführung sehr unzweckmäßig, denn durch einfaches Schütteln verliert sie schon einen großen Teil ihrer Ladung, weil die chemischen Veränderungen, die der Ladestrom auf den Platten hervorgerufen hat, nur ganz oberflächlich erfolgten und die Zersetzungsprodukte, namentlich der Wasserstoff beim Schütteln der Platten einfach in die Luft entweichen.

----

[1]) Die Polarisationszelle besitzt eine elektromotorische Kraft, die der der Stromquelle entgegengerichtet ist. Bei dem Versuche in Fig. 58, ebenso in Fig. 56, beträgt ihre Größe nahezu 2 Volt, d. h. um einen Ladestrom zustande zu bringen, muß die Stromquelle mehr wie 2 Volt elektromotorische Kraft besitzen, für gewöhnlich also aus 2 hintereinander geschalteten Elementen bestehen. D. H.

Will man nun ein galvanisches Element herstellen, aus welchem man dauernd Strom entnehmen kann, ohne daß Polarisation auftritt, so muß man einfach verhindern, daß sich Wasserstoff an der einen Platte des Elementes absetzen kann. Dies geschieht dadurch, daß man die positive Elektrode des Elementes mit einer Substanz umgibt, welche sich sehr leicht mit dem Wasserstoff chemisch verbindet. Eine solche Substanz nennt man Depolarisator. Bei einer Art von galvanischen Elementen, den Leclanché-Elementen, welche am häufigsten in Schwachstromanlagen verwendet werden, sind die beiden Elektroden Zink und Kohle. Die Kohle wird durch Pressen von Retortenniederschlägen bei der Gasfabrikation und anderen Zusätzen künstlich hergestellt und ist mit dem Zink zusammen in einem Glasgefäß mit Salmiaklösung untergebracht. Damit nun der bei Stromentnahme aus der Salmiaklösung ausgeschiedene Wasserstoff sich nicht an der Kohle absetzt, ist sie mit einem Depolarisator versehen, der aus Braunstein besteht. Dieser verbindet sich sehr leicht chemisch mit dem Wasserstoff und wird entweder in Form von gepreßten Briketts an die Kohle angebunden, oder diese steckt in einem Leinenbeutel, welcher den Braunstein in kleinen Stückchen enthält. Letztere Form ist das Beutel-Element. Entnimmt man einen nicht zu starken Strom aus solchem Element, so kann der Braunstein den ausgeschiedenen Wasserstoff chemisch binden und die Schwächung des Stromes durch Polarisation ist verhindert.

Einfacher als beim Leclanché-Element vermeidet man bei einem neueren Element, dem Cupron-Element, die Polarisation. Dieses Element besteht aus Zink und einer Kupferoxydplatte in 15 bis 18% Natronlauge. Die Kupferoxydplatte ist porös, und der aus der Natronlauge ausgeschiedene Wasserstoff verbindet sich mit dem Sauerstoff der Kupferoxydplatte, so daß diese zu reinem Kupfer umgewandelt wird, während die übrigen Zersetzungsprodukte der Natronlauge eine Zinknatronverbindung eingehen, wodurch das Zink verbraucht wird. Solange noch Kupferoxyd auf der positiven Elektrode vorhanden ist, tritt keine Polarisation ein, ist aber alles Kupferoxyd in Kupfer verwandelt, wobei der Wasserstoff mit dem Sauerstoff des Kupferoxyds sich zu Wasser verbindet, so ist das Element entladen, weil jetzt Polarisation eintritt. Damit man die Kupferoxydplatte möglichst lang benützen kann, ist die Oberfläche porös, also viel größer, als wenn sie glatt wäre. Auf sehr einfache Weise kann man nun die entladene Platte wieder brauchbar machen. Man nimmt sie heraus, spült sie mit Wasser ab und läßt sie trocken und warm 24 Stunden lang stehen. Dann verbindet sich der Sauerstoff der Luft mit dem Kupfer wieder zu Kupferoxyd. Noch schneller kann man die Platte laden, wenn man sie auf 60 bis 80° erwärmt, dann ist die Oxydation schon nach 2 bis 3 Stunden vollzogen. Diese Cupron-Elemente, welche von Umbreit & Matthes in Leipzig ausgeführt werden, haben nur geringe elektromotorische Kraft, 0,7 bis 0,9 Volt je nach ihrem Ladungszustand; aber weil sie einen sehr kleinen inneren Widerstand haben, können sie sehr starke Ströme liefern. Die größten derartigen Elemente sind für 8 bis 16 Ampere und haben einen inneren Widerstand von 0,0075 $\Omega$. Ihre Kapazität beträgt 350 bis 400 Amperestunden, d. h. werden sie mit 10 Ampere entladen, so können sie $\dfrac{400}{10} = 40$ Stunden oder bei 5 Ampere $\dfrac{400}{5} = 80$ Stunden benutzt werden, ehe die Kupferoxydplatte wieder oxydiert werden muß.

Eine besonders für starke Ströme und deshalb für elektrische Boote und auch andere Fahrzeuge geeignete Art von Elementen sind die Wedekind-Elemente, welche von der Firma G. A. Cohn, Hamburg, hergestellt werden. Wedekind verwendet als negative Elektrode Zink, als positive reines Kupferoxyd, welches mit einer Lösung von Kupferchlorid zu einem dicken Brei angerührt wird. Dieser Brei wird auf gitterartiger Platte aufgestrichen und etwa $^1/_2$ Stunde auf 100° erhitzt, wodurch er sehr hart und fest wird. Derartige Elektroden besitzen nach der Oxydation eine große Widerstandsfähigkeit gegen starke Ströme und gegen Stöße. Nach der Entladung sind sie weich und porös genug, um sehr schnell den verlorenen Sauerstoff wieder

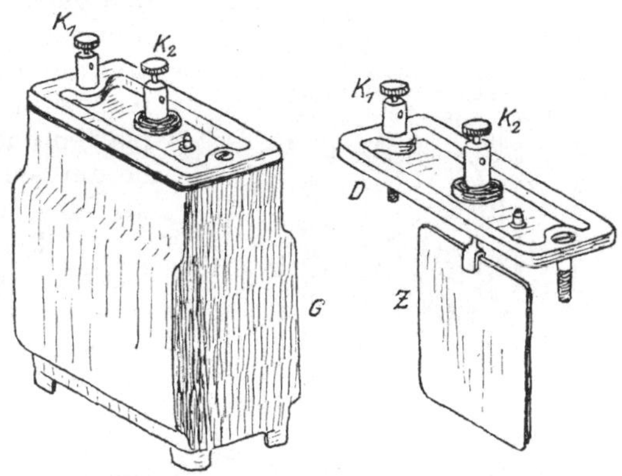


Fig. 59. Wedekind-Element.

aufzunehmen. Die Oxydation erfolgt bei mäßigem Erhitzen in 6 bis 8 Stunden. Bei der neuen Form des Elementes Fig. 59 ist Gefäß und positive Elektrode gleich aus einem Stück. Das Gefäß $G$ ist aus Gußeisen und innen verkupfert. Die beiden Breitseiten sind nach außen ausgebaucht und innen mit einer großen Anzahl kleiner Warzen versehen. Der vorhin erwähnte Brei wird zwischen diese Warzen eingestrichen und dann gehärtet. Außen sind die Kästen emailliert und schwarz lackiert. Die Zinkelektrode $Z$ ist 5 mm dick und am Deckel des Gefäßes mit der Klemme $K_2$ isoliert befestigt. Der Deckel wird durch zwei Schrauben gehalten, von denen die eine $K_1$ gleichzeitig die Klemme für die positive Elektrode ist. Eine Gummidichtung zwischen Deckel und Gefäß verhindert das Austreten von Flüssigkeit und schützt diese vor der Einwirkung der äußeren Luft. Damit Gase entweichen können, ist in den Deckel ein Ventil eingebaut. Verwendet wird 25% Ätznatronlösung. Die elektromotorische Kraft eines frischen Elementes beträgt 1,1 Volt, sinkt aber rasch auf etwa 0,7 Volt und fällt dann sehr langsam auf 0,5 Volt. Danach beginnt sie rasch abzunehmen, so daß dann das Gefäß $G$ entleert und auf die beschriebene Weise durch Erwärmung wieder neu oxydiert werden muß. Die größten Typen der Wedekind-Elemente wiegen mit Füllung 50 kg, sie werden für 5 Ampere mit einer Kapazität von 12 Amperestunden und für 20 Ampere mit einer Kapazität von 400 Amperestunden hergestellt.

Unter die glavanischen Elemente kann man auch die Akkumulatoren rechnen. Das Prinzip des Bleiakkumulators war schon in Fig. 58 erklärt. Ladet und entladet man dort die Polarisationszelle wiederholt, so bilden sich allmählich die Bleiplatten chemisch um, indem die Platte $P_2$ nach der Ladung in reines Blei und die Platte $P_1$ in Bleisuperoxyd verwandelt wird. Bei der Entladung bilden sich dann beide Platten um zu schwefelsaurem Blei. Wie schon bei Fig. 58 erwähnt war, können die durch den Ladestrom bewirkten chemischen Veränderungen nur oberflächlich auf den glatten Bleiplatten haften. Damit nun der Akkumulator eine größere Ladung aufnehmen kann, also größere Kapazität erhält, wendet man Gitterplatten aus Hartblei an, welche ringsherum einen Rahmen besitzen. In die Maschen des Gitters streicht man die Füllmasse ein, welche bei den fertigen positiven Platten aus Bleisuperoxyd besteht und bei den negativen Platten aus schwammigem Blei. Dadurch ist die Oberfläche der Platten porös und die chemischen Vorgänge können tiefer eindringen. Ein weiteres Mittel zur Vergrößerung der Kapazität ist die Verwendung mehrerer parallel geschalteter Platten. In Fig. 60 ist

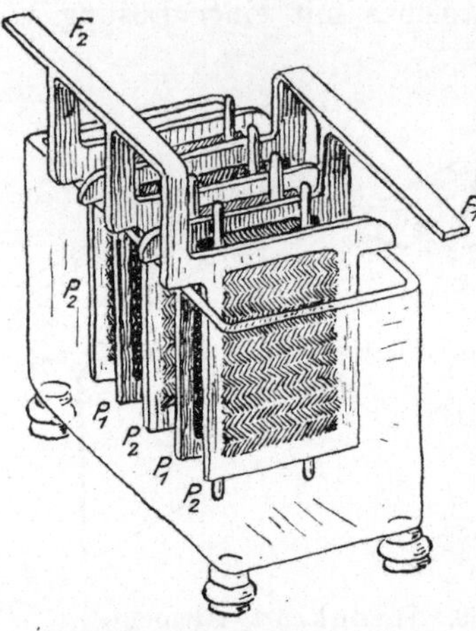

Fig. 60.   Akkumulator-Zelle.

eine Zelle eines Akkumulators dargestellt. Es sind zwei positive Platten $P_1$, welche wegen der Farbe des Bleisuperoxyds braun aussehen, und drei Bleischwammplatten $P_2$ vorhanden, die in der dargestellten Weise verbunden sind. Die Platten dürfen nicht bis auf den Boden des Gefäßes stoßen, weil sonst durch herausfallende Füllmasse Kurzschluß zwischen den Platten entstehen würde. Sie hängen deshalb mit ihren Nasen am Gefäßrand. Voneinander sind sie durch zwischengesetzte Glasstäbe oder auch Holzbrettchen getrennt. Bei kleineren Akkumulatoren bestehen die Gefäße aus Glas, größere haben Holzkästen, welche innen mit Blei ausgekleidet sind. Jede frisch geladene Zelle hat zwei Volt. Die Stromstärke richtet sich nach der Größe der Plattenoberflächen in einer Zelle. Bei der Entladung der Zelle bildet sich die verdünnte Schwefelsäure zum Teil in Wasser um, und beide Plattenarten bilden sich um zu schwefelsaurem Blei. Dabei sinkt die Spannung der Zellen allmählich bis auf 1,7 Volt. Weiter darf man nicht entladen, weil sich dann ebenso wie auch bei zu starker Stromentnahme, z. B. Kurzschluß, die Platten verbiegen können, wobei Füllmasse aus dem Gitterwerk fällt und die Platten sich berühren würden. Bei der Ladung wird die Füllmasse der positiven Platten durch die vom Ladestrom bewirkte Zersetzung der Schwefelsäure wieder in Bleisuperoxyd verwandelt, wobei gleichzeitig Schwefelsäure entsteht, während die Füllmasse der negativen Platten wieder zu Bleischwamm wird. Dabei steigt die Spannung bis auf 2,5 Volt an jeder Zelle. Bei dieser Spannung beginnen in der Flüssigkeit Gasblasen aufzusteigen, ein Beweis dafür, daß die Oberfläche der Platten schon sehr stark umgewandelt ist und die Zersetzungsprodukte der Schwefelsäure nicht mehr chemisch aufnehmen kann. Die Gasbildung wird bei weiterer Ladung immer stärker, die Zelle kocht, wie man den Vorgang, der am Ende der Ladung eintritt, bezeichnet und eine weitere Ladung hat nun keinen Zweck mehr, weil die Zersetzungsprodukte von der Plattenoberfläche nicht mehr aufgenommen werden können. Der Ladungszustand einer Zelle kann mit dem Voltmeter bestimmt werden, weil ja die frisch geladene Zelle 2 Volt hat und ihre Spannung bis auf 1,7 Volt sinken darf. Da sich aber bei der Entladung Wasser bildet und bei der Ladung Schwefelsäure, so kann man auch mit einem Aräometer den Zustand der Zellen erkennen. Ein Aräometer ist ein Glaskörper nach Fig. 61, der oben bei $R$ röhrenförmig und hohl ist, unten bei $G$ aber massiv oder auch hohl und dann mit Schrot gefüllt. Er wird deshalb in der gezeichneten Lage schwimmen. In seiner hohlen Röhre ist eine Skala untergebracht, auf der zwei Stellen besonders bezeichnet sind, die Marke $a$ entspricht der Ladung des Akkumulators und die Marke $b$ der Entladung. Da nämlich Schwefelsäure schwerer als Wasser ist, taucht das Aräometer bei einer geladenen Zelle weniger tief in die Flüssigkeit ein als bei einer entladenen.

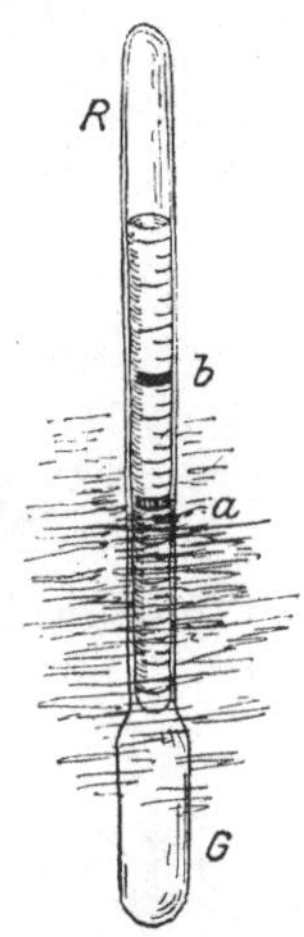

Fig. 61.
Aräometer.

Infolge der veränderlichen Spannung der Zellen sind in Zentralen, in denen die Spannung wegen der angeschlossenen Lampen konstant gehalten werden muß, Zellenschalter nötig, die erst später beschrieben werden sollen. Für große Zentralen benutzt man Batterien, die aus einer großen Anzahl Zellen bestehen. Da die entladene Zelle 1,7 Volt hat, so sind z. B. für 220 Volt $\frac{220}{1,7} = 130$ Zellen erforderlich. Die einzelnen Zellen werden mit Hilfe der in Fig. 60 angegebenen Bleifahnen hintereinandergeschaltet, indem die Fahne $F_1$ der positiven Platten mit der Fahne $F_2$ der nebenanstehenden Zelle verlötet wird.

Schon seit Jahren ist ein anderer Akkumulator, der Edison - Akkumulator, neben dem Bleiakkumulator aufgetaucht. Trotz mehrerer Vorzüge vor dem Bleiakkumulator hat er diesen aber doch noch nicht verdrängen können, denn noch immer ist der Bleiakkumulator in größeren Zentralen vorhanden. Nur für ganz bestimmte Verwendungsgebiete, namentlich bei Fahrzeugen (Elektromobilen), ist dieser Edison-

Akkumulator entschieden besser geeignet als der Bleiakkumulator, weil er einen festeren mechanischen Aufbau besitzt und unempfindlich gegen Erschütterungen und Stöße ist. Auch verträgt er stoßweise Überlastung, so daß man in den genannten Fällen trotz des größeren Raumbedarfs und der höheren Kosten der Edisonzellen, diese häufig dem Bleiakkumulator vorzieht. Der Edison-Akkumulator wird von der „Deutschen Edison-Akkumulatoren Co. G. m. b. H. Berlin" hergestellt und in folgender Weise ausgeführt: Das Gefäß oder der Trog sowohl, wie auch die Träger für die Füllmasse der Platten, sind aus stark vernickeltem Eisenblech. Isoliermittel für die Elektroden ist Hartgummi, und die Füllflüssigkeit (der Elektrolyt) ist 21% reine Kalilauge. Die Nähte des Troges

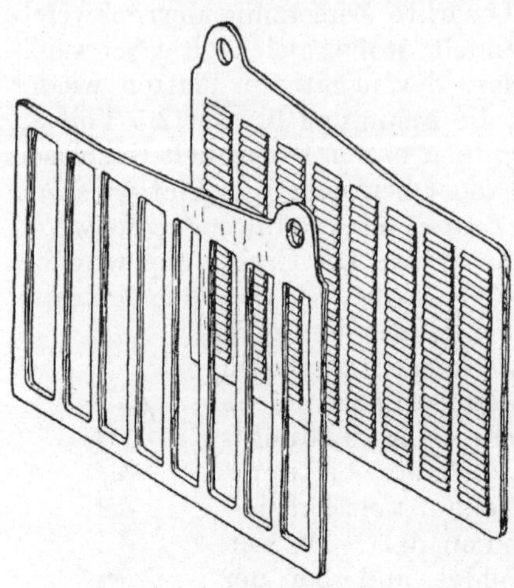

Fig. 62. Eisenrahmen, leer und mit Taschen versehen für den Edison-Akkumulator.

sind geschweißt und auch der Deckel wird nach dem Einbau der Platten mit dem Trog verschweißt und besitzt ein Ventil zum Nachfüllen von Flüssigkeit und zum Herauslassen von auftretenden Gasen. Die aktive oder wirksame Masse der positiven Platten ist im wesentlichen Nickeloxyd, während bei den negativen Platten eine Mischung von Eisen- und Quecksilberoxyd verwendet wird. Fig. 62 zeigt die Form der eisernen Träger oder Rahmen. Die aktive Masse wird in dünne Stahlblechtaschen eingefüllt, welche mit vielen feinen Löchern versehen sind, so daß die Masse nicht herausfallen kann, aber die Füllflüssigkeit ungehinderten Zutritt zu der Masse hat. Die Taschen werden mit der Füllmasse hydraulisch gepreßt und der größeren Festigkeit wegen gewellt und ebenfalls unter sehr hohem Druck in die Rahmen eingepreßt. In Fig. 63 ist ein Plattensatz für eine Zelle dargestellt. Es wechseln immer zwei positive Platten

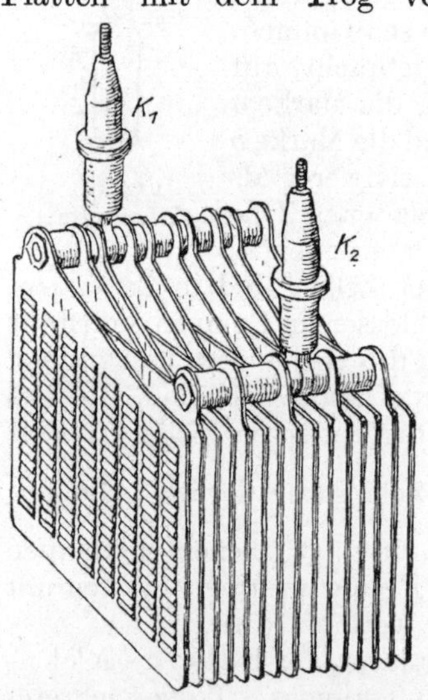


Fig. 63. Plattensatz des Edison-Akkumulators.

mit einer negativen ab. Die einzelnen Platten werden durch vierkantige Hartgummistäbchen, die in die Rillen zwischen den Taschen eingeschoben werden, voneinander entfernt gehalten. Der sehr zweckmäßige mechanische Zusammenbau der Platten ermöglicht, daß der lichte Abstand von Tasche zu Tasche nur 1 mm beträgt. Jeder Plattensatz besitzt, wie Fig. 63 zeigt, zwei die Platten überragende Polbolzen, welche zur Stromleitung dienen. Sie werden mit Stopfbüchsen und Weichgummiringen gegen den Trogdeckel abgedichtet und sind oben konisch ausgeführt, damit eine gute Verbindung zwischen ihnen und den Kabelschuhen der vernickelten Kupferbügel erzielt wird, mit denen die einzelnen Zellen hintereinander geschaltet werden. Die Spannung einer Edisonzelle ist niedriger als die einer Bleiakkumulatorzelle. Die Entladespannung beträgt im Mittel 1,23 Volt und gegen Ende der Entladung 1,15 Volt. Die höchste Ladespannung beträgt 1,8 Volt.

Eine der besten Eigenschaften des Wechselstromes, der er seine große Verbreitung verdankt, ist seine leichte Transformierbarkeit. In den Wechselstrommaschinen der Überlandzentralen erzeugt man eine hohe Spannung, die durch verhältnismäßig dünne Leitungen in die Ferne geleitet werden kann, um dort in Apparaten, Transformatoren genannt, in eine niedrige, für den Verbraucher passende Spannung, verwandelt zu werden. Die Grundform eines solchen Transformators ist in Fig. 64 dargestellt. Um einen aus Blechen zusammengesetzten Eisenkern sind die beiden Drahtspulen $S_1$ und $S_2$ gewickelt. Die Spule $S_1$, die primäre, ist mit der Wechselstromquelle, die andere Spule $S_2$, die sekundäre, mit den Lampen des Verbrauchers verbunden. Durch den Strom, der in der Spule $S_1$ fließt, entstehen Kraftlinien, deren Zahl, da es ja Wechselstrom ist, sich fortwährend ändert und die den Eisenkern in der punktiert angedeuteten Richtung durchlaufen. Sie erzeugen nach dem auf

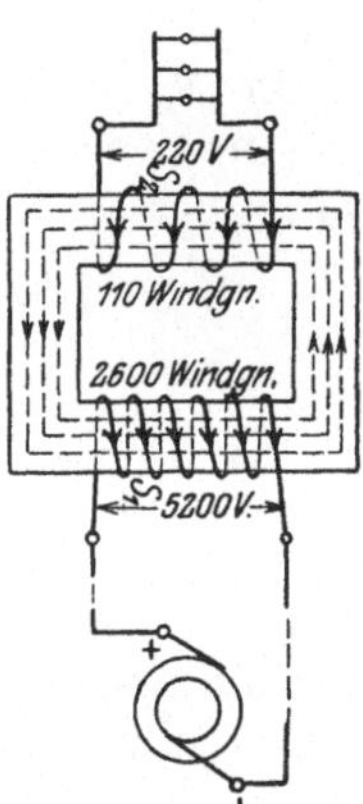


Fig. 64. Prinzip des Transformators.

Seite 28 ausgesprochenen Gesetz 2, sowohl in den Windungen der Spule $S_1$, als auch in denen der Spule $S_2$ elektromotorische Kräfte, und zwar gleich große in jeder einzelnen Windung. Besitzt die Spule $S_1$ z. B. 2600 Windungen und beträgt die Spannung der Wechselstrommaschine 5200 Volt, so ist die in einer Windung erzeugte elektromotorische Kraft $\dfrac{5200}{2600} = 2$ Volt. Dieselbe elektromotorische Kraft entsteht in jeder Windung der Spule $S_2$. Besitzt diese beispielsweise 110 Windungen, so ist die in dieser Spule erzeugte elektromotorische Kraft $110 \cdot 2 = 220$ Volt; wir haben also die ursprüngliche Maschinenspannung 5200 Volt umgewandelt in die brauchbare Lampenspannung von 220 Volt.

Bezeichnen wir allgemein die primäre Windungszahl mit $\xi_1$ (sprich ksi), die sekundäre mit $\xi_2$, die zugehörigen elektromotorischen Kräfte mit

$e_1$ und $e_2$, so ist $\dfrac{e_1}{\xi}$ die primäre elektromotorische Kraft und $\dfrac{e_2}{\xi}$ die sekundäre einer Windung, beide müssen gleich sein, also gilt die Gleichung

$$\frac{e_1}{\xi_1} = \frac{e_2}{\xi_2}$$

oder auch

$$\frac{e_1}{e_2} = \frac{\xi_1}{\xi_2}, \qquad \dots \dots \dots \dots \quad 12)$$

d. h. die elektromotorischen Kräfte verhalten sich wie die zugehörigen Windungszahlen.

Ein Beispiel möge diese Gleichung noch näher erläutern. Wir wollen die in den Maschinen des Elektrizitätswerkes erzeugte Spannung von 10 000 Volt in einer Ortschaft umwandeln in 220 Volt, um hiermit Lampen und Motoren zu betreiben. Wieviel Windungen müssen wir der Spule $S_2$ geben, wenn die Spule $S_1$ 2000 Windungen besitzt?

In diesem Beispiel ist $e_1 = 10\,000$ Volt, $e_2 = 220$ Volt, $\xi_1 = 2000$, $\xi_2$ gesucht. Aus der Gl. 12) folgt

$$\xi_2 = \xi_1 \frac{e_2}{e_1} = 2000\,\frac{220}{10\,000} = 44 \text{ Windungen.}$$

Es ist wohl jedermann einleuchtend, daß die Leistung, die in die primäre Spule von der Stromquelle hineingeschickt wird, auch nur sekundär herausgenommen werden kann, was nicht einmal ganz der Fall ist, da die primäre Leistung auch noch die geringen Verluste decken muß. Die primäre Leistung ist $e_1\,i_1$, die sekundäre $e_2\,i_2$, wenn $i_1$ und $i_2$ die zugehörigen Ströme sind, also ist angenähert

$$e_1\,i_1 = e_2\,i_2$$

oder

$$\frac{e_1}{e_2} = \frac{i_2}{i_1}.$$

Nach Gl. 12) kann man anstatt $\dfrac{e_1}{e_2}$ setzen $\dfrac{\xi_1}{\xi_2}$, also wird

$$\frac{\xi_1}{\xi_2} = \frac{i_2}{i_1},$$

d. h. die Stromstärken verhalten sich umgekehrt wie die zugehörigen Windungszahlen. Ist z. B. oben $i_1 = 10$ Amp., so ist die primär eingeleitete Leistung $10\,000 \cdot 10 = 100\,000$ Volt-Amp., die sekundäre muß ebenso groß sein, also

$$e_2\,i_2 = 100\,000, \qquad i_2 = \frac{100\,000}{220} = 455 \text{ Amp.}$$

Wir sehen, daß die 2000 Windungen unseres Transformators nur 10 Amp. zu vertragen brauchen, also aus dünnem Draht bestehen können, während die 44 Windungen der sekundären Spule 455 Amp. aushalten müssen, demgemäß aus dickem Draht herzustellen sind.

Über den Bau der Transformatoren wird noch im IX. Kapitel zu sprechen sein.

# IV. Elektrische Meßinstrumente.

Die elektrischen Meßinstrumente dienen zum Messen der elektrischen Größen, Ampere, Volt und Watt, und außerdem sind auch noch Instrumente zum Bestimmen der Wechselzahl, sowie die Zähler zum Messen der verbrauchten elektrischen Arbeit in Anwendung. Die genannten Instrumente, mit Ausnahme der Zähler, sind sämtlich in einer elektrischen Zentrale für den Maschinisten zur Bedienung der Maschinen notwendig. Außerdem werden aber auch Meßinstrumente für genaue Untersuchungen und Messungen bei Abnahmeversuchen und Maschinenprüfungen gebraucht. Für solche zuletzt genannte, genauere Messungen benutzt man im allgemeinen sog. Präzisionsinstrumente, von denen die Drehspul - Instrumente die bekanntesten sind.

Es war schon früher der gegenseitige Einfluß von Strom und Magnetnadel erklärt, indem gezeigt wurde, daß der Strom einen beweglich aufgehängten Magnet aus seiner gewöhnlichen Richtung ablenkt. Um diese Erscheinung für ein brauchbares Meßinstrument verwerten zu können, muß man das Prinzip umkehren, indem man den Magnet, der dann nicht mehr eine kleine Nadel, sondern ein starker Hufeisenmagnet ist, unbeweglich anordnet und dem Draht, in dem der Strom fließt, man die Möglichkeit gibt, sich zu drehen. Dieses Prinzip ist zuerst für

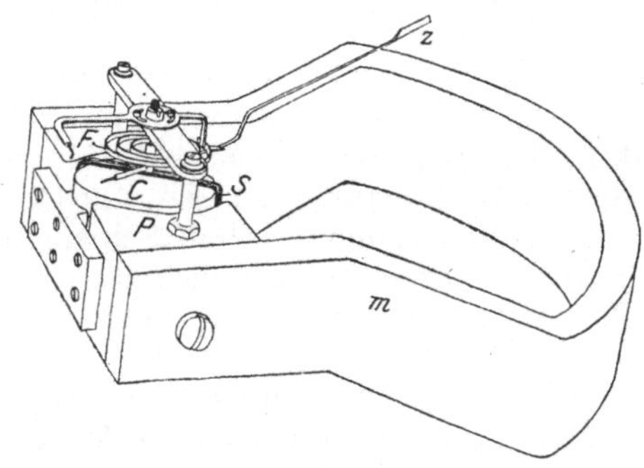

Fig. 65.
Drehspul-Instrument von Weston.

die transatlantische Telegraphie im sog. Syphonrekorder von Sir W. Thomson, dem bekannten Lord Kelvin, angewendet worden. Für Meßinstrumente, und zwar bei Spiegelgalvanometern, hat es zuerst Deprez d'Arsonval und für technische Präzisionsinstrumente Weston benutzt, dessen Instrumente zuerst auf der elektrotechnischen Ausstellung in Frankfurt a. M. 1890 ausgestellt waren. In Fig. 65 ist $m$ der Stahlmagnet, welcher angeschraubte, weiche Schmiedeisenpolschuhe $P$ besitzt, zwischen deren zylindrischer Bohrung ein ebenfalls aus weichem Schmiedeisen hergestellter Zylinder $C$ befestigt ist. Der

Zylinder wird umfaßt von einer kleinen sehr leichten Spule $S$, die in Fig. 66 besonders gezeichnet ist. Durch diese Drehspule leitet man den zu messenden Strom, der durch die Spiralfedern $F$ zu- und abgeleitet wird. Diese Federn halten außerdem die Spule und den mit ihr verbundenen Zeiger in der Nullage, und wenn ein Strom in der Spule fließt und diese sich dreht, so werden sie gespannt und leisten den erforderlichen Widerstand, so daß die Drehung der Spule genau der Stärke des Stromes entspricht. Der Draht der Spule ist auf einen Aluminium-Rahmen $R$ gewickelt, welcher zur Dämpfung der Spulenbewegung dient. Jedes brauchbare Instrument muß gedämpft sein, sonst erfolgen die Ausschläge nicht sofort dem Strom entsprechend, sondern zuerst zu weit und dann schwingt der Zeiger erst noch verschiedene Male hin und her, bis er endlich nach immer kleiner werdenden Schwingungen still steht. Ändert sich der Strom, so muß der Zeiger eine andere Stelle einnehmen, und dies geschieht ebenfalls wieder unter unnötigen Schwingungen und in solchen Betrieben, wo die Belastung stark schwankend ist, z. B. in einer Bahnzentrale oder beim elektrischen Antrieb von Walzwerken weiß man nicht, ob die Schwingungen des Zeigers seine eigenen Pendelschwingungen oder die Stromschwankungen sind, und man könnte deshalb mit einem ungedämpften Instrument überhaupt keine Messungen ausführen. Ein gedämpftes Instrument aber dreht sich fast vollkommen ohne Schwingungen, und die Bewegungen des Zeigers erfolgen genau den Schwankungen des Stromes entsprechend. Die Mittel zur Dämpfung sind sehr verschieden und sollen bei den einzelnen Instrumenten besprochen werden.

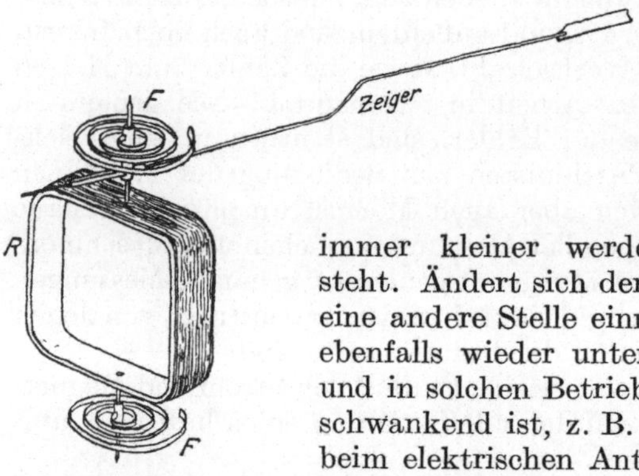

Fig. 66.
Drehspule von Fig. 65.

Die Drehspulinstrumente haben elektromagnetische Dämpfung. Der Aluminiumrahmen $R$ der Spule in Fig. 66 schwingt bei der Spulendrehung in dem Kraftlinienfeld des Stahlmagnets, und nach dem Faradayschen Gesetz Seite 49 entsteht dabei in ihm eine EMK und da er einen geschlossenen Stromkreis besitzt, entsteht auch ein Strom. Dieser Strom in dem Rahmen verbraucht Arbeit, denn nach den Beziehungen in Abschnitt II, Seite 16 wird elektrische Energie aus mechanischer erzeugt. Bei dem Drehspulinstrument wird die zur Stromerzeugung in dem Dämpfungsrahmen nötige mechanische Energie von der überschüssigen Bewegungsenergie der Spule hergenommen, welche diese durch den Meßstrom erhält und die sonst die Pendelschwingungen veranlaßt.

Das Äußere eines Weston-Instrumentes zeigt Fig. 67, und zwar ein Voltmeter, mit dem man beim Anschluß an die Klemmen $+$ und

15 bis 15 Volt und bei $+$ und 150 bis 150 Volt messen kann. $S'$ ist ein Spiegel, den alle diese Präzisionsinstrumente haben, damit man die Zeigerstellung genau ablesen kann. Zu diesem Zweck ist auch die Zeigerspitze flach und hochkant gestellt

Aus der Beschreibung geht hervor, daß die Drehspule möglichst klein und leicht sein muß. Es kann also durch den Draht der Spule, der sehr fein ist, nur ein ganz schwacher Strom fließen. Die starken Maschinenströme der Technik lassen sich aber trotzdem mit den Drehspulinstrumenten messen, indem man Meßwiderstände benutzt. In Fig. 68 ist ein Meßwiderstand von Siemens & Halske gezeichnet, die ebenfalls, wie auch noch verschiedene andere Firmen,

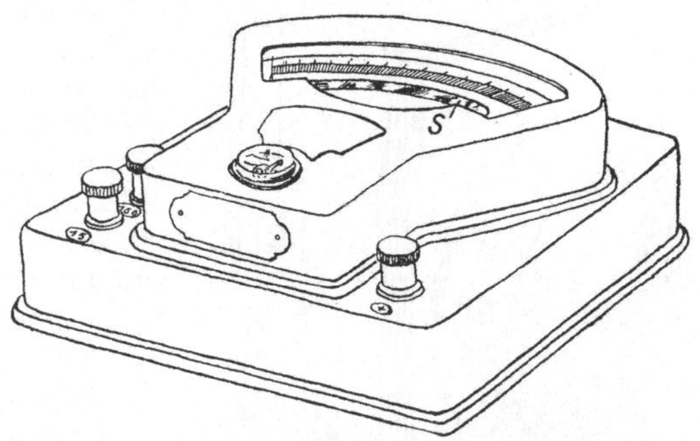

Fig. 67. Weston Voltmeter mit 2 Meßbereichen.

Drehspulinstrumente bauen. Der Meßwiderstand $w$ wird mit den Klemmen $K$ in die Leitung geschaltet, deren Strom $J$ gemessen werden soll. In die Aussparungen der Kupferbügel $a$ schiebt man dann, wenn die Messung ausgeführt werden soll, das Instrument mit den Klemmen $k$ ein. Dann ist eine Stromverzweigung hergestellt, indem der Strom $J$ sich verzweigt. Der größte Teil fließt durch den Meßwiderstand und ein ganz schwacher Bruchteil $i$ des zu messenden Stromes fließt durch das Instrument. Die Meßwiderstände, deren Widerstand nur sehr klein

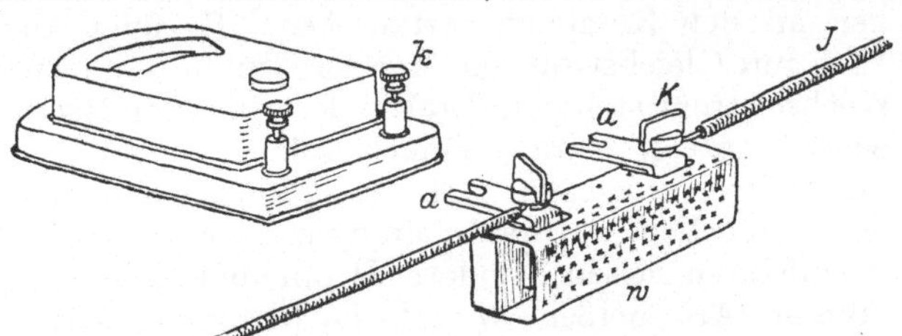

Fig. 68. Meßwiderstand von Siemens & Halske.

sein darf, damit ihr Einschalten den Strom $J$ in der Leitung nicht beeinflußt, sind immer so ausgeführt, daß der Strom $J$ entweder 10 mal oder 100 mal oder 1000 mal auch 50 mal, 500 mal usw. stärker ist als der Strom $i$ im Instrument, damit man ohne lange Rechnereien die Messungen ausführen kann.

Auch für die Weston-Instrumente werden natürlich Meßwiderstände ausgeführt.

Für solche Instrumente, die für Schalttafeln in Maschinenanlagen bestimmt sind, sehen die Meßwiderstände der Weston-Instrumente so aus wie in Fig. 69. Die Drehspulinstrumente werden auch für Schalttafeln ausgeführt, nur sind sie dann einfacher und billiger als die Präzisionsinstrumente. In Fig. 69 hängt das Instrument auf der Vorderseite der Schalttafel, auf deren Rückseite die Leitungen meist als blanke Schienen verlegt sind. In die zu messende Leitung $J$ wird der Meßwiderstand $w$, der aus zwei Messingklötzen mit Anschlußbolzen für die Starkstromleitung besteht und durch die abgeglichenen Bleche $w$ dargestellt wird, eingeschaltet. Von den Messingklötzen führen zwei Verbindungsdrähte $d$ zum Instrument.

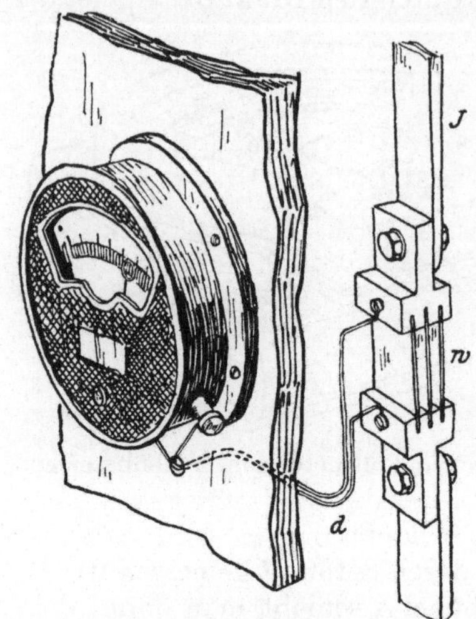

Fig. 69. Schalttafelinstrument von Weston mit Meßwiderstand.

Die Verwendung eines Meßwiderstandes ist aber nicht auf Präzisions- und Drehspulinstrumente beschränkt, sondern wird in allen Fällen angewendet, in denen die Instrumente selbst nur schwache Ströme vertragen können, z. B. auch bei Hitzdrahtinstrumenten und dynamischen Instrumenten.

Die Drehspulinstrumente beruhen auf der Wechselwirkung von Magnet und Strom. Sie sind deshalb von der Stromrichtung abhängig (polarisiert), und wenn man die Leitungen falsch anschließt, so daß der Strom in der Drehspule die verkehrte Richtung hat, schlägt der Zeiger nach der falschen Seite aus. Man muß dann die Leitungen an den Klemmen vertauschen. Es folgt aber hieraus auch, daß man nur Gleichstrom mit den Drehspulinstrumenten messen kann, bei Wechselstrom steht die Drehspule, wie schon für die Magnetnadel auf Seite 5 gezeigt wurde, einfach still.

Man kann aber elektromagnetische Instrumente auch für Wechselstrom brauchbar machen, nur darf man dann nicht Strom und Magnet aufeinander einwirken lassen, sondern Strom und weiches Eisen. Instrumente dieser Art heißen Weicheiseninstrumente. Sie beruhen auf dem Umstand, daß eine vom Strom durchflossene feststehende Spule einen Kern aus weichem Eisen einzieht. Da dieses Einziehen unabhängig von der Stromrichtung ist, so sind die Weicheiseninstrumente für Gleichstrom und Wechselstrom verwendbar. Für Wechselstrom müssen sie aber eine andere Teilung auf der Skala erhalten. In Fig. 70 ist ein älteres Weicheiseninstrument von Hartmann & Braun, Frankfurt a. M., dargestellt. Der Eisenkern $E$, welcher bei allen diesen Instrumenten möglichst klein und leicht sein soll, ist aus einem besonders ausgeschnittenen Blech aufgerollt und drückt unten bei $a$ auf einen Winkelhebel, an dessen anderem Arm bei $b$ eine Spiralfeder $f$ angreift. Wenn die Spule $S$ den Kern $E$ einzieht, so wird der Winkelhebel bei $a$ niedergedrückt und die Feder durch den Arm $b$ gespannt. Der Zeiger, der an der Drehachse des Winkelhebels befestigt ist, macht dann einen Ausschlag. Wird ausgeschaltet, so hebt die Feder $f$ dadurch, daß sie sich entspannt, den Eisenkern aus der Spule heraus und dreht den Zeiger wieder auf den Nullpunkt der Teilung.

Die älteren Weicheiseninstrumente hatten meist noch keine Dämpfung und wurden durch starke Ströme, die in ihrer Nähe vorbeiflossen, derartig beeinflußt, daß sie falsch zeigten. Man mußte deshalb bei den Schalttafeln die Leitungen auf der Rückseite so führen, daß sie nicht direkt hinter den Instrumenten vorbeigingen. Neuere Instrumente haben diese Nachteile nicht mehr.

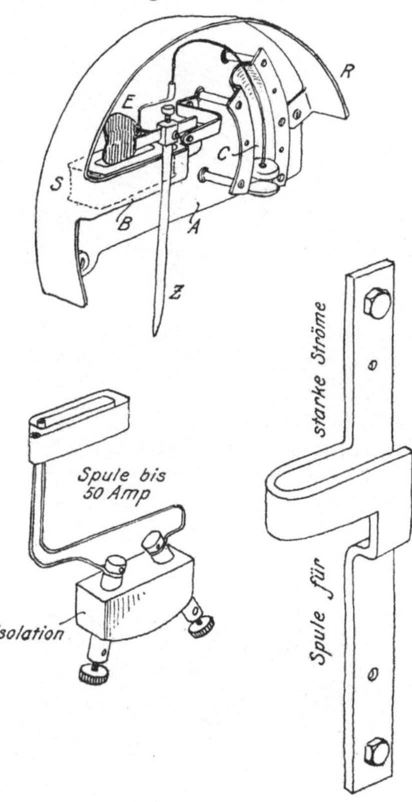


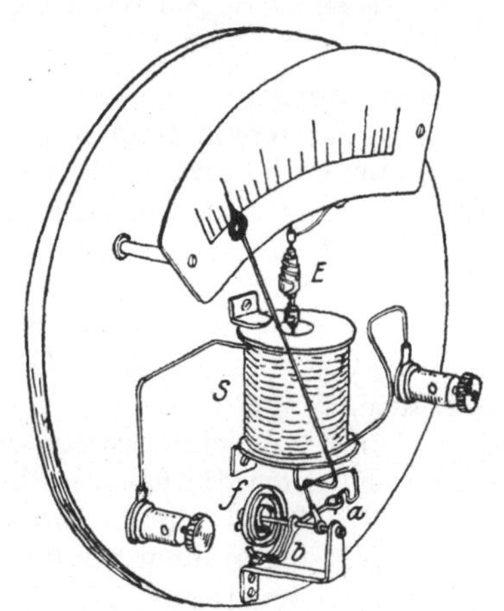




Fig. 70. Älteres Weicheiseninstrument von **Hartmann & Braun**.

Fig. 71. Weicheiseninstrument von **Siemens & Halske**.

In Fig. 71 ist ein neueres Weicheiseninstrument von Siemens & Halske gezeichnet. Die Spule $S$, die ganz flach gewickelt ist, wirkt anziehend auf das Eisenblech $E$, welches an der wagrechten Achse, an der auch der Zeiger sitzt, drehbar ist. Die Dämpfung ist eine Luftdämpfung und besteht aus einer Aluminiumscheibe, die in einem kreisförmig gebogenen Zylinder $C$ schwingt, von dem in der Fig. 71 die obere Hälfte abgenommen ist. Der Zylinder ist unten geschlossen und die Scheibe hat nur ganz wenig Spiel zwischen den Wandungen des Zylinders. Der Schutz gegen den Einfluß von fremden Strömen besteht in einem Eisenblech $A$, welches die Rückwand des Instrumentes zum größten Teil bedeckt und einem daran angeschraubten Seitenblech $R$, von dem ein Streifen $B$ vorne über die Spule $S$ geht, so daß diese fast vollkommen von Eisenblech umgeben ist. Die Wirkung dieses Schutzes ist so vorzüglich, daß nach Versuchen von Siemens & Halske 10 000 Ampere unmittelbar hinter dem Instrument vorbeigeleitet werden konnten, ohne daß ein Einfluß bemerkbar wurde. In Fig. 71 sind noch zwei Spulen

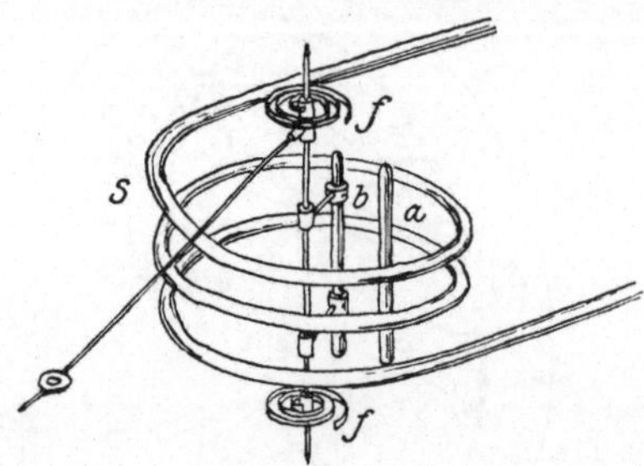

Fig. 72. Grundform eines Weicheiseninstrumentes der A. E. G.

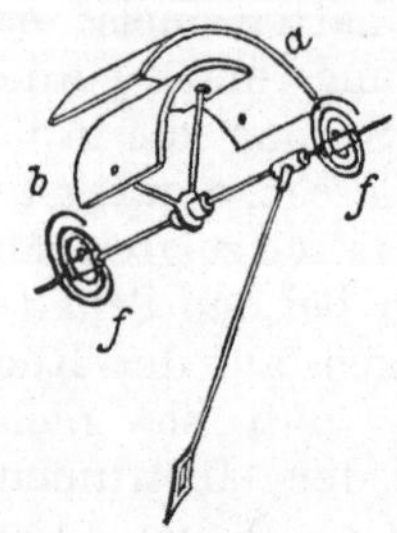

Fig. 73. Eisenbleche in einem Weicheiseninstrument der A.E.G.

für Amperemeter nach dieser Art zum Messen von stärkeren Strömen angegeben. Die Spule bis 50 Ampere besteht aus einem Kupferband mit mehreren Windungen, während die Spule für noch stärkere Ströme, einfach aus Flachkupfer besteht, welches nur eine Windung macht, denn je stärker der Strom ist, um so kleinere Windungszahl ist notwendig. Die Spule für starke Ströme ragt oben und unten aus dem Gehäuse des Instrumentes heraus und besitzt an diesen Stellen Kopfschrauben zum Einschalten in die Leitung.

Das Prinzip eines Weichinstrumentes der Allgemeinen Elektrizitäts-Gesellschaft zeigt Fig. 72. Zwei kleine Eisendrähte $a$ und $b$ befinden sich in einer Spule $S$, die beide gleichartig magnetisiert, so daß beide oben gleiche Pole und unten gleiche Pole bekommen und sich demnach gegenseitig abstoßen. Der Draht $a$ steht fest, der Draht $b$ ist drehbar an einer Achse. Er wird sich daher von $a$ wegdrehen, so daß der Zeiger einen Ausschlag macht. Die Spiralfedern $f$ liefern den Widerstand gegen die Verdrehung. Ein Instrument in dieser Art würde aber eine sehr

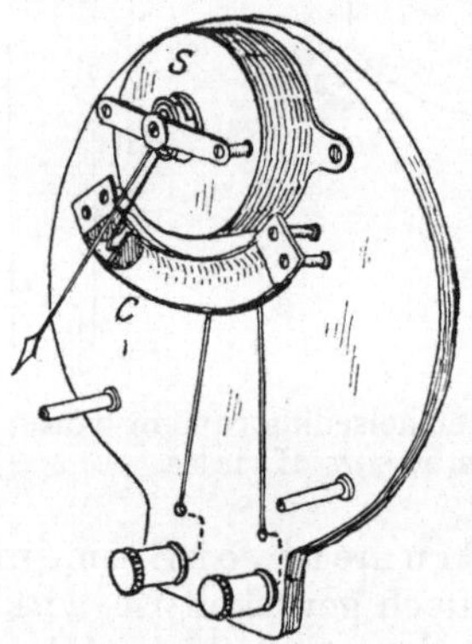

Fig. 74. Weicheiseninstrument der A. E. G.

ungleichförmige Teilung erhalten, deshalb ist die Ausführung etwas anders. Anstatt der Drähte sind gebogene Bleche nach Fig. 73 verwendet, die sich dann ebenso abstoßen, wenn das bewegliche Blech $b$ in der Nullage nur teilweise unter dem festen Blech $a$ steht. Das Instrument selbst ist nach Fig. 74 ausgeführt. $S$ ist die Spule, in deren Innerem die Bleche aus Fig. 73 liegen. Die Dämpfung ist Luftdämpfung, ähnlich wie in Fig. 69, indem auch hier ein gebogener Blechzylinder $C$ verwendet wird, dessen Deckel in Fig. 74 entfernt ist.

Ein auf demselben Prinzip wie das vorige beruhendes Instrument von Dr. P. Mayer A.-G. ist in Fig. 75 dargestellt: $E$ ist ein feststehender Eisenkern, $e$ ein schraubenförmig gewundenes Blech, welches von $E$ abgestoßen wird. Die Gegenkraft gegen die Drehung durch den Strom liefert hier die Schwerkraft. Es muß also dies Instrument, ebenso wie das in Fig. 71, gerade aufgehängt werden, damit der Zeiger auf Null steht. Auch das Instrument in Fig. 75 hat Luftdämpfung. Die Dämpffahne ist die Aluminiumscheibe $a$, welche in einem möglichst geschlossenen Gehäuse schwingt. Die Stromspule, die in Fig. 75 nicht gezeichnet ist, wird über $E$ und $e$ so herübergeschoben, daß beide in ihrem Innern liegen.

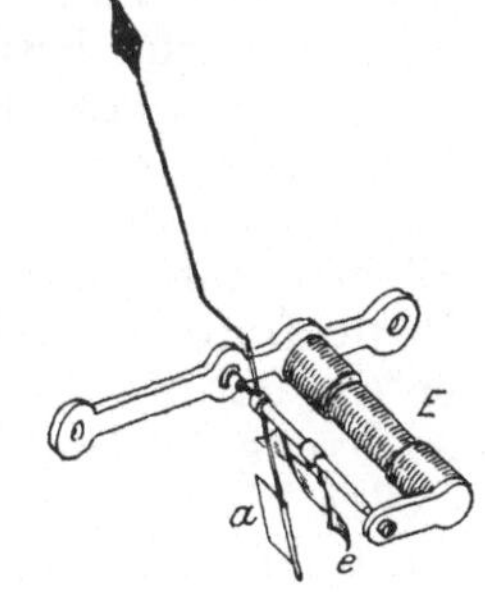

Fig. 75. Weicheiseninstrument von Dr. Paul Mayer A.-G.

Die Weicheiseninstrumente sind hauptsächlich Schalttafelinstrumente. Sie zeigen nicht so genau wie die Präzisionsinstrumente, sind aber billiger als diese und für Schalttafeln ausreichend. Obgleich sie auch für Wechselstrom brauchbar sind, wenn sie besonders dafür geeicht werden, benutzt man sie doch hauptsächlich bei Gleichstrom.

Dagegen benutzt man für Schalttafeln in Wechselstromanlagen sehr häufig die Hitzdrahtinstrumente. Sie beruhen auf der Wärmewirkung des Stromes und können aus diesem Grunde für Gleich- und Wechselstrom ohne weiteres gebraucht werden. In Fig. 76 ist ein Hitzdrahtinstrument von Hartmann & Braun dargestellt. Der Hitzdraht ist ein feiner Draht $a$ aus einer Platin-Iridium-Legierung, der auf einer Platte $P_1$ und mit dem anderen Ende auf einer zweiten Platte $P_2$ befestigt ist, wodurch die Einflüsse der Lufttemperatur aufgehoben werden. Der Hitzdraht ist mit den Klemmen so verbunden, daß der Strom durch ihn hindurchfließt. Dadurch wird er warm und vergrößert seine Länge. Infolgedessen streckt sich dementsprechend die Spannfeder $F$, welche durch die Spanndrähte

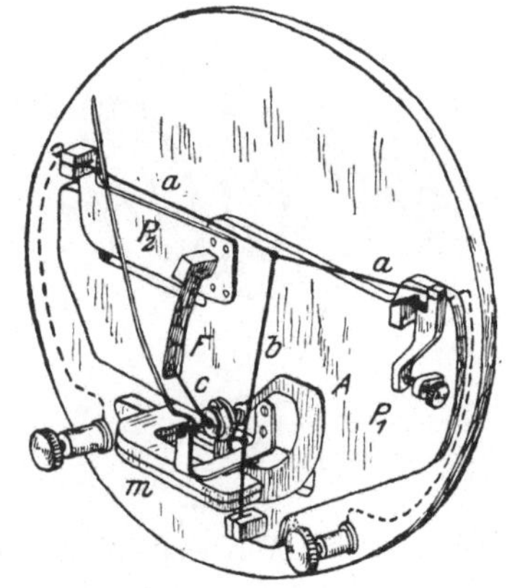

Fig. 76. Hitzdrahtinstrument von Hartmann & Braun.

$c$ und $b$ mit dem Hitzdraht verbunden ist und diesen immer straff spannt. Da der Spanndraht $c$ aus zwei Teilen besteht, die jeder über eine kleine Rolle an der Zeigerachse geschlungen sind, wird der Zeiger gedreht, sobald die Feder $F$ sich streckt. Schaltet man das Instrument aus, so wird der Draht bei seiner kleinen Masse fast im Augenblick wieder kalt, verkürzt sich und dreht den Zeiger, während die Feder wieder stärker gespannt wird, auf Null zurück. Die Hitzdrahtinstrumente vertragen nur wenig Strom. Die Amperemeter erhalten daher einen Meßwiderstand parallel zum Hitzdraht, die Voltmeter einen besonderen Vorschaltwiderstand in Hintereinanderschaltung mit dem Hitzdraht. Obgleich die Instrumente ihrer Natur nach schon etwas träge sind, erhalten sie noch eine Dämpfung. Diese ist elektromagnetisch und besteht aus einer Aluminiumscheibe $A$, die sich zwischen den Polen eines kleinen Stahlmagnets $m$ hindurchdreht. Die neuen Instrumente mit Platin-Iridiumdraht sind von den Schwankungen der Lufttemperatur unbeeinflußt. Früher wurde ein Hitzdraht aus Platin-Silber benutzt, dessen Temperatur nicht so hoch werden durfte wie bei Platin-Iridium. Es hatte deshalb die Temperatur der Luft einen merkbaren Einfluß auf die Drahtlänge und man mußte unter Umständen durch Änderung der Drahtspannung erst den Zeiger vor der Messung auf Null stellen. Heute ist dieser Nachteil beseitigt. Die Hitzdrahtinstrumente sind vollkommen unempfindlich gegen Beeinflussung durch fremde Ströme.

Die dynamischen Instrumente haben mit den Hitzdrahtinstrumenten das gemein, daß sie auch für Gleich- und Wechselstrom ohne Unterschied anwendbar sind, aber da für Gleichstrom die vorzüglichen Drehspulinstrumente vorhanden sind, werden sie fast nur bei Wechselstrom benutzt, aber dort für genauere Messungen. Dann sind auch die schon im II. Abschnitt, vgl. Fig. 33, erwähnten Wattmeter dynamische Instrumente. Das Prinzip, welches zur Anwendung kommt, ist der Einfluß von stromdurchflossenen Drähten aufeinander. Es ziehen sich, wie aus den Kraftlinienbildern in Fig. 21 und 22 hervorgeht, gleich gerichtete Ströme an, und entgegengesetzt gerichtete Ströme stoßen sich ab. Die Instrumente werden als Voltmeter, Amperemeter und hauptsächlich als Wattmeter ausgeführt.

In Fig. 77 ist die Grundform eines dynamischen Weston-Instrumentes dargestellt. Eine Spule $S_1$ ist feststehend angeordnet und wirkt auf die drehbare Spule $S_2$ ein.

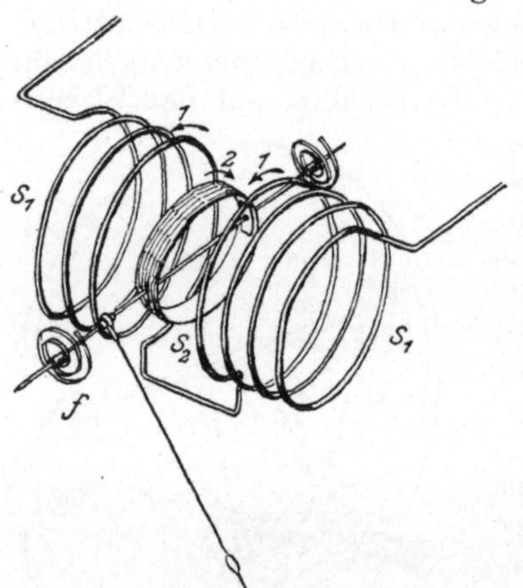


Fig. 77.
Dynamisches Weston - Voltmeter.

Letztere ist möglichst klein und leicht und wird durch Spiralfedern in der Nullage gehalten. Die Schaltung der Spulen ist so, daß die gleichzeitigen Ströme in ihnen die Pfeilrichtungen haben, also die Spulenseiten 1 stoßen die Spulenseite 2 ab, weil in ihnen entgegengesetzt gerichtete Ströme fließen, und die unteren Seiten der Drähte von $S_1$ wirken dann anziehend auf die Spulenseite 2. Ob der Strom in den Spulen Gleichstrom oder Wechselstrom ist, bleibt ohne Einfluß, denn bei Wechselstrom wechselt er ja immer gleichzeitig in beiden

Spulen, so daß die drehende Wirkung dieselbe bleibt. In der Ausführung des Instrumentes als Voltmeter besteht die Spule $S_1$ aus demselben dünnen Draht, wie die Spule $S_2$ und beide Spulen sind hintereinander geschaltet. Die Dämpfung des Instrumentes ist bei Fig. 79 erklärt.

Die Ausführung des Instrumentes als **Wattmeter** geschieht in der Weise, daß die Spule $S_1$ als Stromspule geschaltet wird (vgl. Fig. 33 und Seite 33) und die Spule $S_2$ als Spannungsspule. Es wirken dann zwei Ströme aufeinander ein, in der Stromspule der Strom $J$ und in der Spannungsspule ein Strom $i$, welcher in bestimmtem Verhältnis zur Spannung $e$ steht. Der Strom $J$ und der Strom $i$ können nun, wie schon früher gesagt ist, nur dann einen Ausschlag bei einem Wattmeter hervorrufen, wenn ihre Phasenverschiebung nicht 90° beträgt. In Fig. 78 sind drei verschiedene Phasenverschiebungen gezeichnet. In allen drei Fällen würden Amperemeter und Voltmeter dieselben Werte anzeigen, aber trotzdem nur bei Phasenverschiebung 0 das Wattmeter das Produkt aus Volt und Ampere, bei einer mittleren Phasenverschiebung würde es einen kleineren Wert anzeigen, und bei 90° überhaupt keinen Ausschlag, also gar keine Watt anzeigen. Betrachtet man die Fig. 78 daraufhin, so findet man folgendes: Bei 90° Phasenverschiebung ist der Strom immer Null, wenn die Spannung ihren höchsten Wert hat und ebenfalls umgekehrt, wie früher schon gezeigt wurde. Im Augenblick $0$ hat $J$ in der Stromspule des Wattmeters seinen höchsten Wert negativ, und $i$ in der Spannungsspule des Wattmeters ist Null, also die Wirkung der Spulen aufeinander ist Null, weil

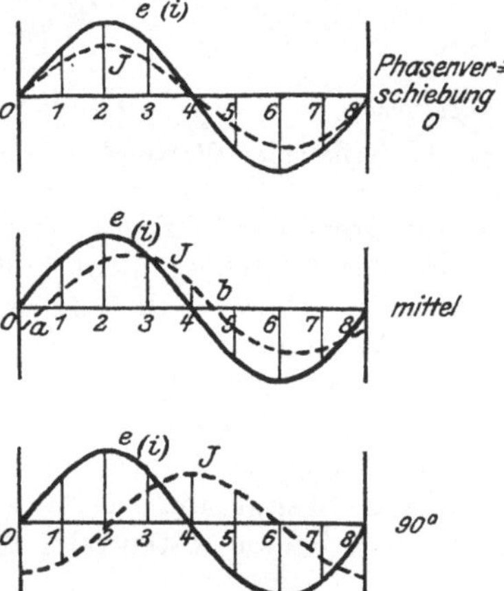


Fig. 78.
Verschiedene Phasenverschiebungen.

die eine ohne Strom ist. Im Augenblick $1$ ist $J$ negativ, $i$ positiv, die Wirkung der Spulen aufeinander ist abstoßend. Im Augenblick $2$ ist $i$ Null, also wieder die Wirkung der Spulen aufeinander Null. Im Augenblick $3$ sind $J$ und $i$ positiv, die Wirkung ist anziehend, so ergibt sich also das nachstehende Schema:

| Augenblick | $J$ | $i$ | Wirkung |
| --- | --- | --- | --- |
| 0 | negativ | 0 | 0 |
| 1 | ,, | positiv | Abstoßung |
| 2 | 0 | ,, | 0 |
| 3 | positiv | ,, | Anziehung |
| 4 | ,, | 0 | 0 |
| 5 | ,, | negativ | Abstoßung |
| 6 | 0 | ,, | 0 |
| 7 | negativ | ,, | Anziehung |
| 8 | ,, | 0 | 0 |

Es folgen sich also ganz regelmäßig zwischen den Nullwerten Abstoßung und Anziehung, aber wie aus Fig. 78 hervorgeht, sind die Werte von $J$ und $e$ dabei immer gleich groß; so daß diese für zwei Stromwechsel in Fig. 78 auch zweimal sich abwechselnden Anziehungen und Abstoßungen der Wattmeterspulen sich einfach gegenseitig aufheben und das Wattmeter keinen Ausschlag anzeigt. Bei der mittleren Phasenverschiebung tritt auch für 2 Wechsel 4 mal die Wirkung 0 auf und ebenso 2 mal Abstoßung und 2 mal Anziehung der Spulen, nämlich bei $o$, $a$, $4$ und $b$ ist die Wirkung Null, während der kurzen Zeit von $o$ bis $a$ und von $4$ bis $b$ tritt Abstoßung und während der viel längeren Zeit von $a$ bis $4$ und $b$ bis $8$ tritt Anziehung auf. Es überwiegt hier also die Anziehung und es tritt eine Drehung der beweglichen Spule ein, aber doch

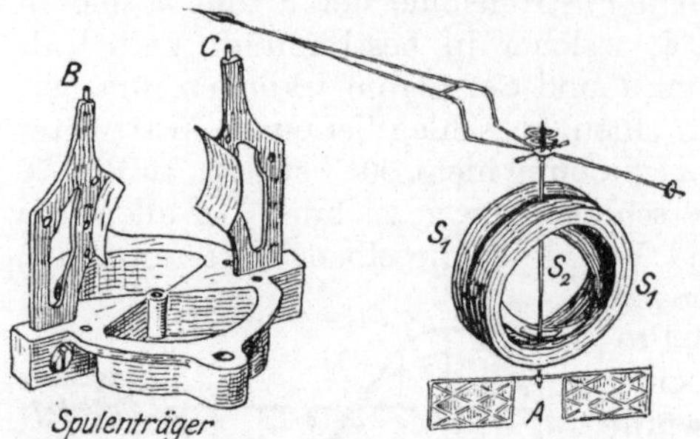



Fig. 79. Teile eines Wattmeters von Weston.

ist die drehende Wirkung nicht fortwährend in gleichem Sinne tätig, so daß der Ausschlag nicht vollkommen dem Produkt Volt × Ampere entspricht. Dieser Fall tritt erst bei Phasenverschiebung $0$ ein, dann ist die Wirkung 0 nur 2 mal für 2 Wechsel vorhanden, bei $0$ und $4$, weil Strom und Spannung gleichzeitig durch $0$ verlaufen, und während der übrigen Zeit von $0$ bis $4$ und von $4$ bis $8$ ist nur Anziehung der Spulen vorhanden.

In Fig. 79 sind einige Teile eines Weston - Wattmeters angegeben. $S_1$ sind die beiden festen oder Stromspulen, innerhalb deren die bewegliche Spannungsspule $S_2$ liegt. An ihrer Drehachse sind Zeiger, Spiralfedern und Dämpfungsflügel. Die Dämpfungsflügel $A$ sind aus ganz dünnem Aluminium gedrückt und zur Versteifung mit kleinen Rippen versehen. Sie schwingen in den beiden Dämpfungskammern im Boden des Spulenträgers. Die Dämpfungskammern werden mit Deckeln verschlossen, die nicht gezeichnet

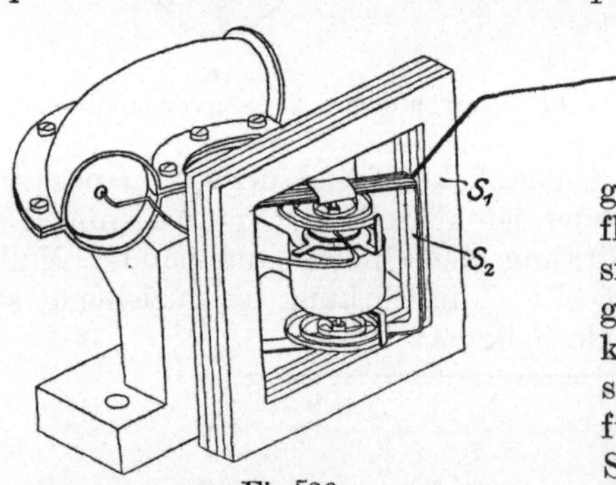



Fig. 80.
Wattmeter von Siemens & Halske.

sind. Der Spulenträger dient zum Festhalten der Spulen $S_1$ und besitzt unten das eine Lager für die Achse der Drehspule, während das obere Lager an einem Querstück angebracht ist, welches die beiden Zapfen $B$ und $C$ verbindet.

Siemens & Halske führen die Spulen ihres Wattmeters rechteckig aus, wie Fig. 80 zeigt. Es ist Luftdämpfung vorhanden, und für stärkere Ströme wird die feste Spule $S_1$ aus Kupferblechstreifen aufgebaut, die durch Japanpapier voneinander isoliert sind. Für schwächere Ströme werden Drahtwindungen benützt.

Die bisher besprochenen Wattmeter sind ohne Eisen ausgeführt. Die Verwendung von Eisen würde bewirken, daß die Felder der Spulen kräftiger würden und die Instrumente weniger Windungen auf den Spulen nötig hätten. Durch das Eisen kommen aber leicht Fehlerquellen in das Instrument, denn die Magnetisierung des Eisens ist nicht immer dem Strom entsprechend und namentlich bei zu- und abnehmendem Strom verschieden. Auch entstehen

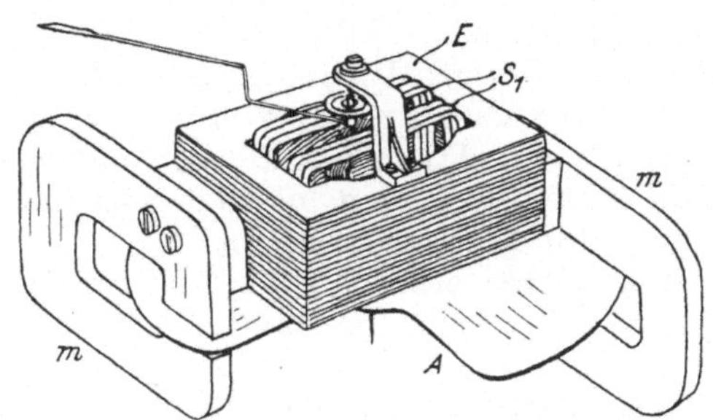


Fig. 81. Wattmeter der A. E. G.

im Eisen durch das Wechselfeld Induktionen, und trotz der natürlich aus diesem Grunde notwendigen Herstellung des Eisenkörpers aus voneinander isoliertem Blech, bilden sich Wirbelströme in ihm, welche rückwirkend auf den Strom in den Spulen den Ausschlag des Wattmeters beeinflussen.

Die Allgemeine Elektrizitäts-Gesellschaft führt trotzdem Wattmeter mit Eisen aus. Der Eisenkörper $E$ Fig. 81 besteht aus Blech, umschließt aber nur außen die Spulen, es ist also, da das Innere der Spule frei von Eisen ist, nur in einem Teile des Feldes Eisen vorhanden, wodurch die nachteiligen Wirkungen desselben praktisch nicht mehr bemerkbar sind. Die festen Spulen $S_1$ sind ebenso wie die innerhalb derselben liegende Drehspule, die durch Spiralfedern in der Nullage gehalten wird, rechteckig. Die Dämpfung ist elektromagnetisch und besteht aus einer Aluminiumscheibe $A$, die sich zwischen den Polen von Stahlmagneten $m$ dreht.

Auch dynamische Volt- und Amperemeter werden nach diesem Prinzip ausgeführt.

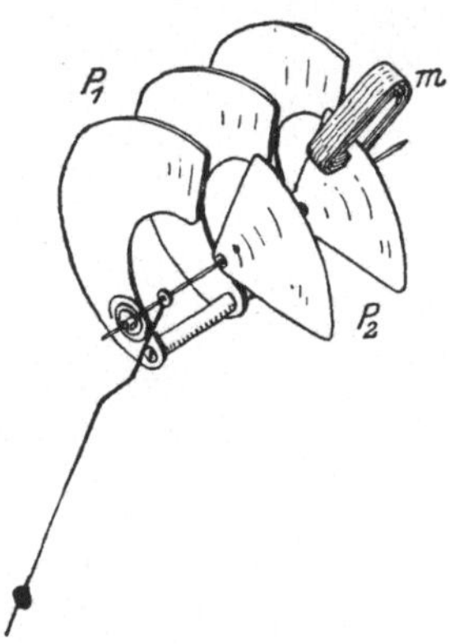

Für Hochspannung benützt man häufig die statischen Instrumente, wenn man nicht Niederspannungsinstrumente mit Meß

Fig. 82.
Statisches Instrument.

transformatoren, vgl. Fig. 91, anwendet. Die statischen Instrumente beruhen auf der gegenseitigen Anziehung von Platten oder anderen Körpern, die mit verschiedenen Polen verbunden sind. In Fig. 82 werden

z. B. die Platten $P_1$ mit einem Pol verbunden, die drehbaren Platten $P_2$ mit dem anderen Pol. Die Platten ziehen sich dann an und die Gegenwirkung wird durch eine Spiralfeder hervorgerufen. Die Platten $P_2$ sind möglichst leicht, also aus ganz dünnem Aluminiumblech. Gleichzeitig läßt sich elektromagnetische Dämpfung anwenden, indem eine der beweglichen Platten von einem Stahlmagnet $m$ umfaßt wird. Derartige Instrumente wie in Fig. 82 werden von verschiedenen Firmen ausgeführt. Sie müssen um so mehr Platten haben, je niedriger die Spannung ist und sind deshalb für Niederspannung schlecht ausführbar. Es sind die einzigen Voltmeter, die nicht auf der Wirkung eines Stromes beruhen und auch nur als Voltmeter ausführbar, aber für Gleich- und Wechselstrom. Da jedoch Hochspannungsanlagen meist mit Wechselstrom betrieben werden, benützt man die statischen Instrumente vorwiegend für Wechselstrom.

Ein weiteres statisches Voltmeter der Westinghouse Mfg. Co. besonders für hohe Spannungen zeigt Fig. 83. Es besteht aus zwei metallischen Hohlkugeln $K_1$, $K_2$, welche drehbar gelagert sind, zwischen kreisförmig gebogenen Platten $P_1$ und $P_2$, aber so, daß die Kreismittelpunkte der Platten und der Drehpunkt der Kugeln sämtlich gegeneinander versetzt sind. Die Platten werden mit den Polen verbunden und ziehen dann die Kugeln an. Eine Spiralfeder $F$ liefert die Gegenkraft. Das Instrument kommt in einen mit Metall ausgekleideten Holzkasten und steht mit seinen stromführenden Teilen und dem Zeigersystem auf gerillten Hartgummisäulen. Der Kasten, aus dem nur die Teilung $S$ herausragt, wird so hoch

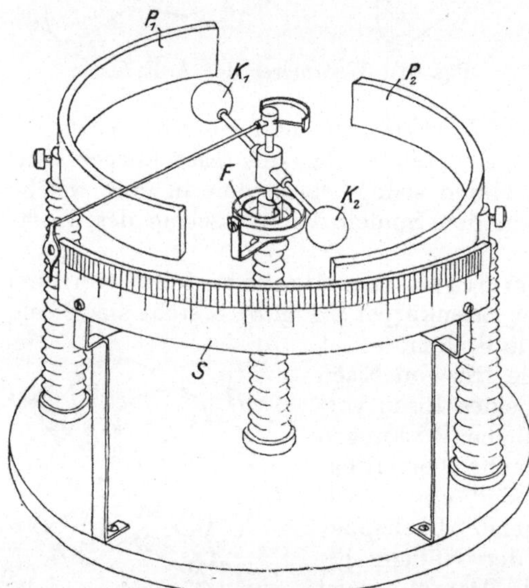

Fig. 83. Hochspannungs-Voltmeter der Westinghouse Mfg. Co.

mit Öl gefüllt, daß alle angeschlossenen Teile bedeckt sind. Durch das Öl wird eine gute Dämpfung erzielt, und da die Hohlkugeln schwimmen, verbraucht das Instrument nur sehr wenig Energie. Bei Spannungen bis zu 25000 Volt schaltet man das Instrument unmittelbar an die Hochspannungsleitungen, bei höheren Spannungen liegen vor den Platten Kondensatoren. Ausführbar sind die Instrumente bis zu 200 000 Volt.

In Fig. 84 ist ein Instrument gezeichnet, welches nur bei Wechselstrom anwendbar ist, da bei Gleichstrom ein Repulsionsinstrument nicht wirken kann. Es ist angegeben von I. M. Lea und wird ausgeführt von der International Electric Meter Co., Chicago. Durch die Spule $S$ wird der Meßstrom geleitet. Ein Eisenkörper $E$ aus Blechen, der aus einem hufeisenförmigen Stück mit davorgelegtem geraden Querstück besteht, dient zur Verstärkung des Wechselfeldes der Spule. Im stromlosen Zustand legt sich der Aluminiumrahmen $B$, der in Fig. 85 mit der Dämpfscheibe $A$ und dem

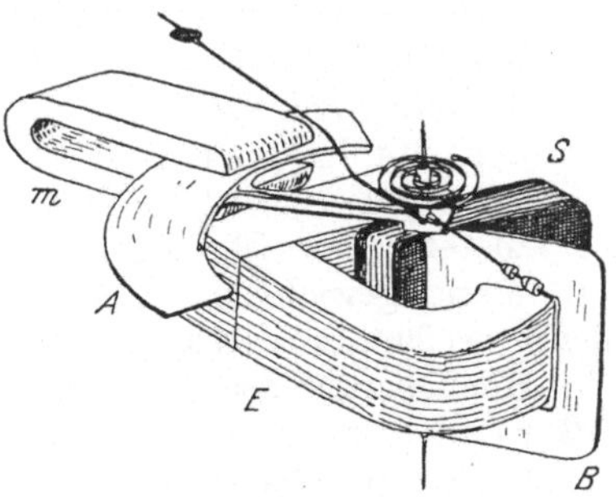

Fig. 84. Repulsionsinstrument für Wechselstrom von Lea.

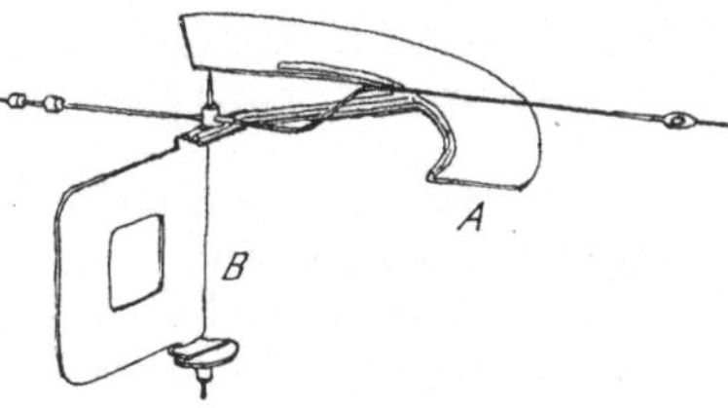

Fig. 85. Drehbarer Teil des Instruments Fig. 84.

Zeiger besonders gezeichnet ist, gegen die Spule $S$. Beim eingeschalteten Instrument erzeugt das Wechselfeld der Spule $S$ Wirbelströme in dem Rahmen $B$ und dieser wird dann von der Spule abgestoßen. Eine Feder liefert wieder die Gegenkraft, und die elektromagnetische Dämpfung wird bewirkt durch die Aluminiumscheibe $A$ und den Stahlmagnet $m$. Das Instrument wird als Voltmeter und als Amperemeter ausgeführt und besitzt eine gut brauchbare Teilung.

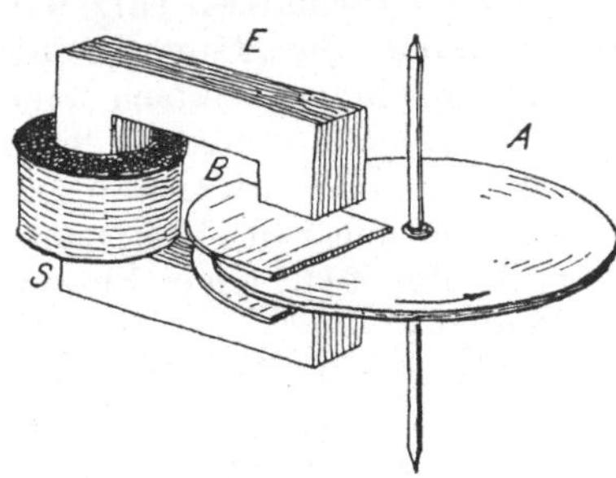

Fig. 86. Ferraris Prinzip.

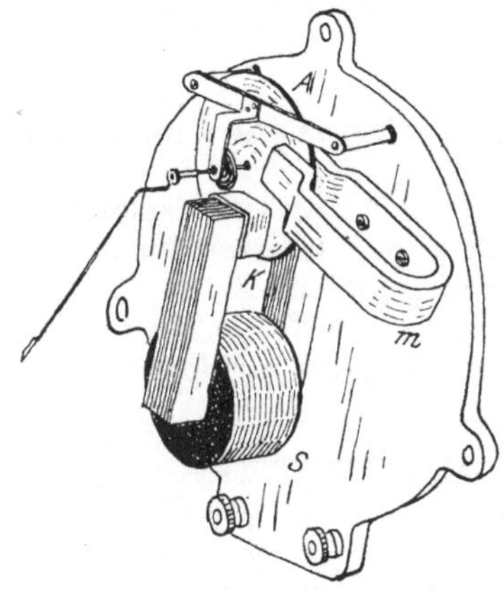

Fig. 87. Ferraris-Instrument.

Ebenfalls nur für Wechselstrom sind die Ferraris-Instrumente. Die Grundform, auf denen sie beruhen, zeigt Fig. 86. Läßt man einen Wechselstrommagnet mit dem Eisenblechkörper $E$ und der Spule $S$, dessen beide Pole zur Hälfte durch eine Kupferscheibe $B$ abgedeckt sind, auf eine drehbare Metallscheibe $A$ einwirken, so dreht sich die Scheibe, weil in ihr und in den Abdeckplatten $B$ durch das Wechselfeld Ströme induziert werden, die aufeinander einwirken. Die Ausführung eines Instrumentes in dieser Art zeigt Fig. 87. Der Wechselfeldmagnet besitzt hierbei einen Kurzschlußring $K$ anstatt der Abdeckscheiben. $A$ ist die Drehscheibe, welche durch eine Spiralfeder in der Nullage gehalten wird. Die Dämpfung ist elektromagnetisch und wird durch dieselbe Scheibe $A$ und den Stahlmagnet bewirkt. Die Spule $S$ wird für Voltmeter und für Amperemeter gewickelt.

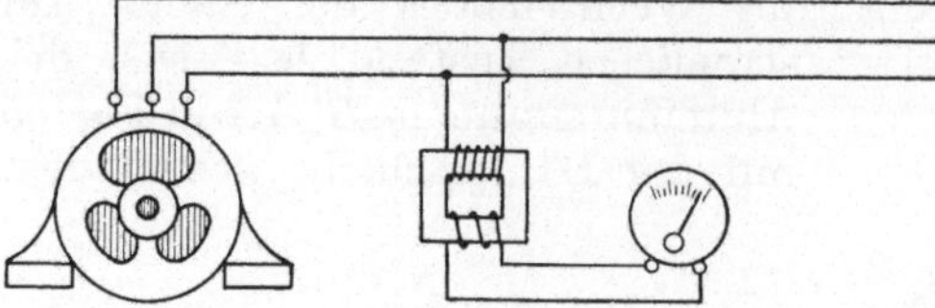

Fig. 88.  Meßtransformator für Voltmeter.

Mit Ausnahme der statischen Instrumente, welche für direkte Hochspannung geeignet sind, schließt man in Hochspannungsanlagen die Instrumente nicht direkt sondern mit Meßtransformatoren an. Die Voltmeter erhalten dabei kleine Transformatoren zum Herabsetzen der Spannung nach Fig. 88 und sind dann Niederspannungsinstrumente.

Ihre Meßtransformatoren sind, abgesehen von besonderen Kleinigkeiten, wie die normalen Transformatoren (vgl. Fig. 64) ausgeführt. An denselben Transformatoren werden auch die Spannungsspulen der Wattmeter angeschlossen (Fig. 91).

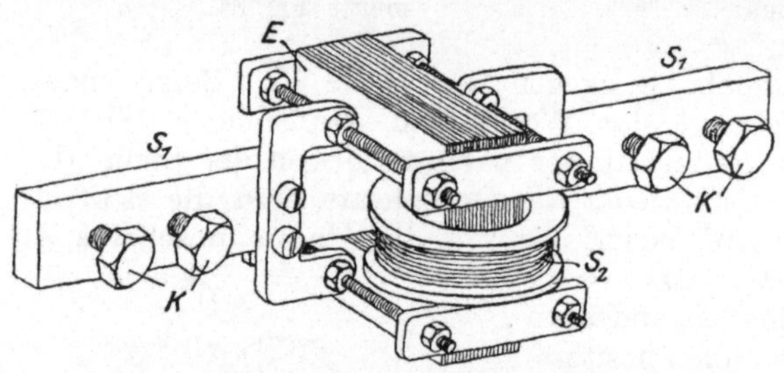

Fig. 89.  Stromwandler für Amperemeter.

Die Meßtransformatoren oder Stromwandler für Amperemeter (Fig. 89) besitzen primär nur eine Windung, indem einfach eine Kupferschiene $S_1$ durch den Eisenblechkörper $E$ geführt ist, an deren Schrauben $K$ die Hochspannungsleitung angeschlossen wird, während an die Spule $S_2$ die Amperemeter und die Stromspulen der Wattmeter (vgl. Fig. 91) angeschlossen werden.

Beim Anleger von Dietze, der von Hartmann & Braun, Frankfurt a. M., hergestellt wird, ist die stromdurchflossene Leitung selbst die primäre Wickelung. Das Eisen des

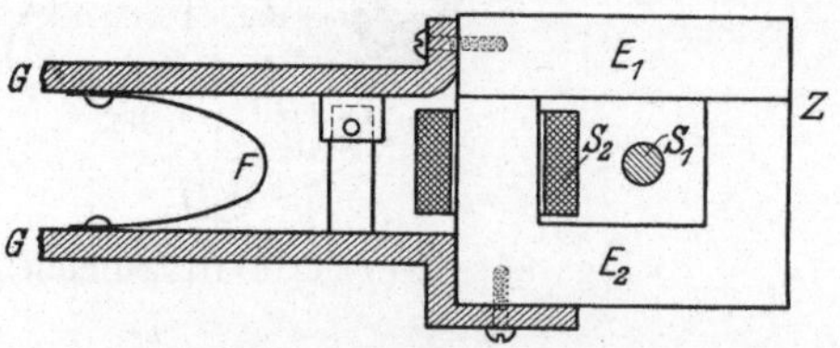

Fig. 90.  Anleger von Dietze.

Transformators besteht aus zwei Teilen, $E_1$ und $E_2$ (Fig. 90), die durch einen Druck auf die Griffe $GG$ sich voneinander entfernen und bei $Z$ eine so große Öffnung freilassen, daß durch sie die Leitung $S_1$, in der der zu messende Strom fließt, eingeführt werden kann. Die sekundäre, aus vielen Windungen bestehende Wickelung $S_2$ wird mit dem Amperemeter verbunden. Die Feder $F$ sorgt dafür, daß die beiden Eisenteile $E_1$ und $E_2$, die natürlich aus Blechen zusammengesetzt sind, gut aufeinandergepreßt werden. Sollen Ströme in Hochspannungsleitungen mit diesem Apparat gemessen werden, so sind die Griffe $GG$ gut mit Porzellan isoliert.

Beim Voltmeter soll die Spannung erniedrigt werden, deshalb wird es an eine Spule mit entsprechend weniger Windungen angeschlossen als diejenige Spule besitzt, an die die Hochspannungsleitung gelegt wird. Beim Amperemeter soll der Strom erniedrigt werden, wenn ein Instrument für schwächere Ströme verwendet wird, wie dies ja für die meisten Instrumente mit Drehspulen und Spiralfedern und die Hitzdrahtinstrumente der Fall ist. Außerdem soll auch

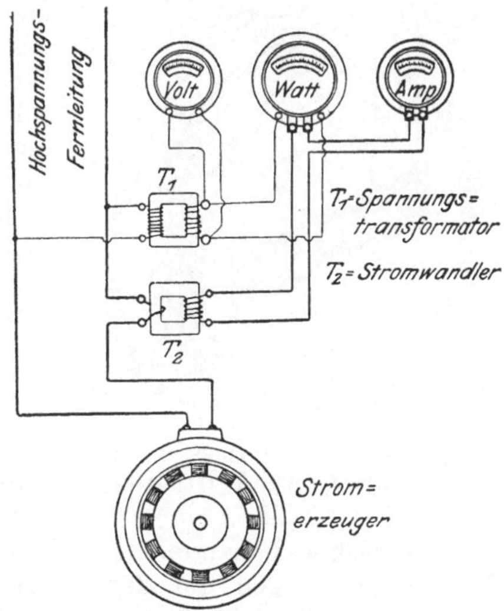


Fig. 91. Voltmeter, Wattmeter, Amperemeter bei Hochspannung.

die Hochspannung nicht ins Instrument geleitet werden. Man schließt daher die Amperemeter an die Spule des Meßtransformators mit vielen Windungen an, in ihr entsteht dann ein entsprechend schwächerer Strom als in der Hochspannungsschiene $S_1$. In Fig. 91 sind die notwendigen Instrumente Voltmeter, Amperemeter und Wattmeter einer Hochspannungsanlage zusammengestellt. Die sämtlichen Instrumente sind mit den Meßtransformatoren zusammen geeicht und zeigen deshalb nicht die Werte der in ihnen wirksamen Größen, sondern die Hochspannungswerte.

In Wechselstromanlagen und bei Messungen sind nun außer Volt-, Ampere- und Wattmeter noch zuweilen Instrumente nötig, um die Wechselzahl des Stromes zu messen. Die Apparate nennt man gewöhnlich Frequenzmesser. Es gibt hierfür mehrere Systeme. Die einfachsten sind wohl die nach Fig. 92. Der zu untersuchende Wechselstrom wird durch eine Spule $S$ geleitet, die einen Eisenblechkörper $E$ umfaßt. Vor den Polen dieses Eisenkörpers sind eine Anzahl Stahl-

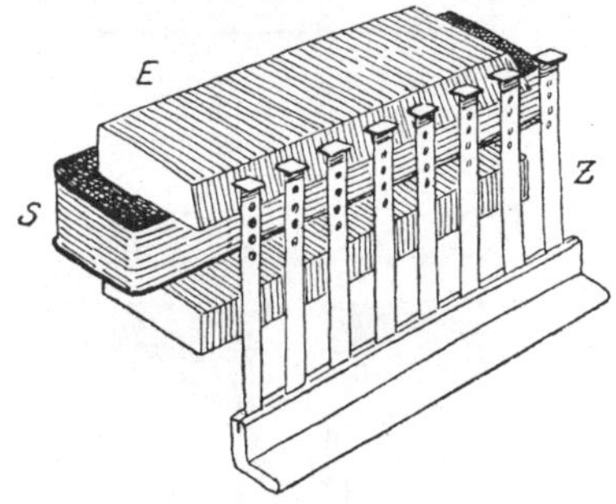


Fig. 92. Zungensystem bei einem Frequenzmesser nach Hartmann-Kempf.

zungen $Z$ eingespannt, so daß sie mit dem einen Ende frei schwingen können. Die Stahlfedern sind verschieden lang und das Wechselfeld des Eisenkörpers versetzt sie in Schwingungen. Diese Schwingungen sind aber nur dann deutlich sichtbar, wenn die Wechsel mit der eigenen Schwingungszahl der Feder übereinstimmen, und diese ist von der freien Länge der Zunge abhängig. Man kann daher bei dem ausgeführten Apparat in Fig. 93 deutlich erkennen, daß die Wechselzahl des Stromes 100,5 beträgt, weil die Zunge bei 100,5 am stärksten schwingt. Die benachbarten schwingen auch mit, aber nicht so stark. Damit man die Schwingungen gut erkennen kann, besitzen die Zungen oben kleine weiße Köpfe und der Apparat ist innen schwarz gefärbt.

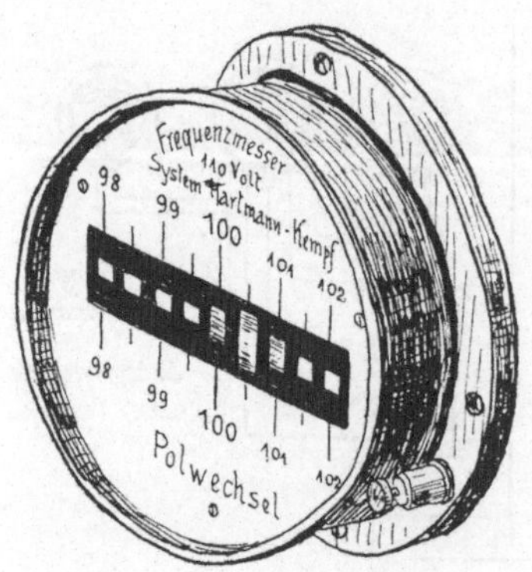


Fig. 93. Frequenzmesser von Hartmann & Braun.

Die bisher behandelten Instrumente sind hauptsächlich nur für Maschinen-Anlagen auf der Schalttafel erforderlich und zeigen dem Maschinenwärter den augenblicklichen Stand von Strom und Spannung an.

Eine andere große Gruppe von Meßinstrumenten muß bei den Verbrauchern elektrischer Arbeit aufgehängt werden, das sind die Zähler. Sie zeigen die verbrauchte elektrische Arbeit, also Wattstunden bzw. Kilowattstunden an. Weil aber in den Elektrizitätswerken immer die Spannung in gleicher Höhe gehalten werden muß, genügen auch Amperestundenzähler, deren Angaben dann nur mit der Betriebsspannung 110 oder 125 oder 220 usw. Volt multipliziert zu werden brauchen, um die Wattstunden zu erhalten.

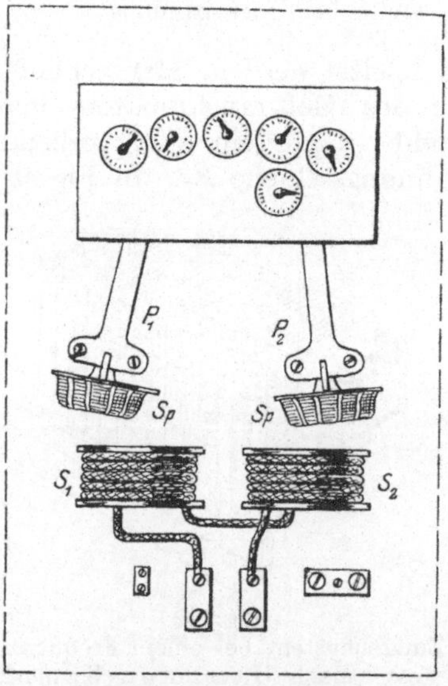

Ein sehr häufig vorkommender und auch wohl der genaueste Zähler ist der Aronzähler, Fig. 94, 95 und 96. Derselbe benutzt den Gangunterschied von zwei Uhrwerken. Jedes Uhrwerk besitzt für sich ein

Fig. 94. Aron - Zähler.

Pendel $P_1 P_2$, an dessen unterem Ende sich jedesmal eine Drahtspule $Sp$ befindet, mit der das Pendel über zwei feststehenden dickdrähtigen Spulen $S_1 S_2$ hin- und herschwingt. Die beiden Pendel $P_1$ und $P_2$ sind

so eingerichtet, daß sie gleichschnell schwingen, wenn sie nicht beeinflußt werden. Aus der Schaltung des Zählers Fig. 95 geht hervor, daß
die Spulen der Pendel
$P_1 P_2$ als Spannungsspulen, wie beim Wattmeter, geschaltet sind.
Auch besitzen sie wie
dessen Spannungsspule
einen Vorschaltwiderstand $R$, damit der
Strom in ihnen, der in
bestimmtem Verhältnis
zur Spannung $e$ steht,
klein bleibt. Die festen
Spulen $S_1 S_2$ werden
vom vollen Strom $J$
durchflossen und sind
so gewickelt, daß die
eine anziehend, die andere abstoßend auf das
über ihr schwingende

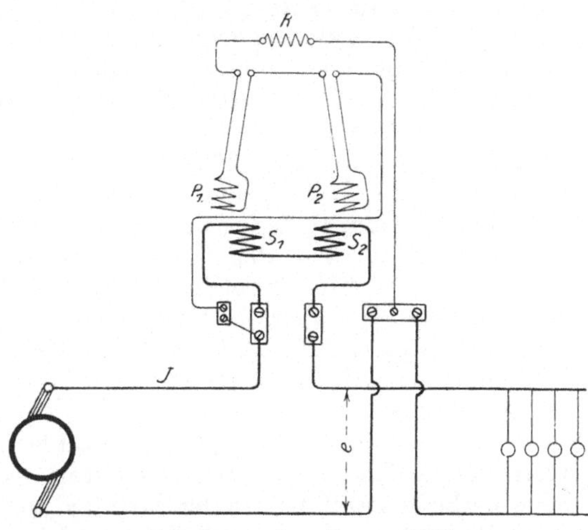


Fig. 95.  Schaltung des Aron - Zählers.

Pendel einwirkt. Die Folge dieser Wirkung ist, daß das Pendel $P_1$
schneller schwingt und das Pendel $P_2$ langsamer, und zwar beides um
so mehr, je stärker der Strom in den Spulen ist. Das Pendel $P_1$ treibt
nun durch eine Zahnräderübersetzung das Rad $R_1$ in
Fig. 96 an, während das andere
Rad $R_2$ in entgegengesetztem
Sinne durch das andere Pendel
$P_2$ angetrieben wird. Beide
Räder sitzen lose auf der
Welle und wirken auf das
Planetenrad $P$ ein; dieses
wird sich drehen, dabei sich
gleichzeitig in der Richtung
des schnelleren Rades abwälzen und infolgedessen
seine mit ihm fest verbundene
Achse und das Rad $r_1$ auf
derselben drehen, von dem
aus das Zählwerk getrieben
wird. Schwingen beide Pendel
gleichschnell, bei stromlosem
Zähler, so laufen die Räder

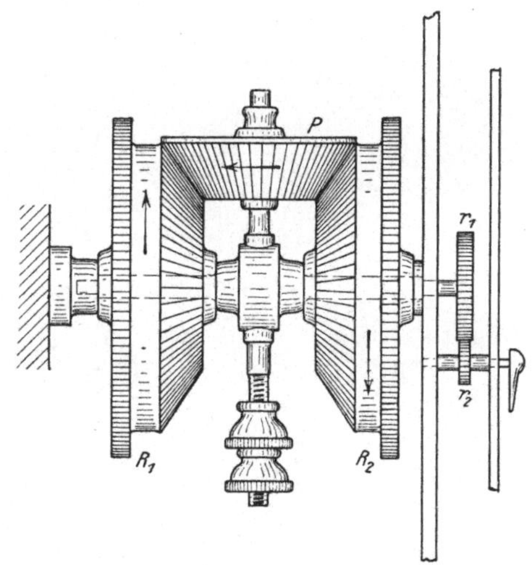


Fig. 96.  Planetengetriebe des Aron - Zählers.

$R_1$ und $R_2$ entgegengesetzt mit gleicher Geschwindigkeit um, es wird
dann auch das Rad $P$ gedreht, aber es dreht sich um einen feststehenden
Mittelpunkt, seine Achse bleibt dabei stehen, das Zählwerk wird also

nicht angetrieben. Man kann sich die Wirkungsweise dieses Planetengetriebes leicht durch folgendes Bild klar machen: Man nehme einen Bleistift zwischen beide Hände; zieht man die eine Hand vor und gleichzeitig die andere gleichschnell zurück, so dreht sich zwar der Bleistift, bleibt aber über demselben Punkt des Tisches stehen. Bewegt man aber die eine Hand langsamer als die andere, so wird der Bleistift fortgerollt und bewegt sich in der Richtung der schnelleren Hand. Das Planetenrad $P$ in Fig. 96 wird also seine Achse mit dem Rad $r_1$ um so schneller drehen, je größer der Geschwindigkeitsunterschied zwischen den beiden Rädern $R_1$ und $R_2$ ist, und dieser hängt von den Watt ab, die durch den Zähler hindurchgeleitet werden. Die Uhrwerke des Aronzählers ziehen sich selbsttätig auf, sobald aus der Leitung Energie entnommen wird. Da der Aufzug alle Minuten etwa dreimal wirkt, so stehen die Pendel nach dem Ausschalten in ganz kurzer Zeit still. Bei diesem Nachlaufen schwingen sie aber gleichschnell, da dann der Zähler ja stromlos ist und das Zählwerk wird nicht angetrieben. Der Aronzähler ist für Gleich- und Wechselstrom verwendbar. Bei Dreiphasenstrom werden nach der Zweiwattmetermethode zwei Aronzähler benutzt (vgl. Fig. 51).

Weiter sind auch sehr viel Motorzähler in Anwendung. Dieselben sind einfach kleine Elektromotoren, die um so schneller laufen, je größer die der Leitung entnommene Energie ist. Das Prinzip eines solchen Motorzählers, welcher von vielen Firmen in verschiedener Ausführung gebaut wird, zeigt Fig. 97 und die Schaltung Fig. 98. Der Anker $A$, der meist kugelförmig ist und immer ohne Eisen sein muß, ist mit einer Hilfswickelung $H$, die einstellbar ist, und zum Aufheben der Leerlaufsarbeit des Zählers dient, damit diese nicht mitgezählt wird, hintereinander an die Spannung geschaltet. Außerdem wird durch die Hilfswickelung $H$ der Zähler auf richtigen Gang eingestellt. Ein Vorschaltwiderstand $R$ ist wie beim Voltmeter vorhanden. Man legt den Anker gewöhnlich an die Spannung, weil dann die Bürsten $b$ und der

Fig. 97. Motorzähler für Gleichstrom.

Kollektor, auf dem sie schleifen, wegen des schwachen Stromes klein ausfallen und dann wenig Reibung verursachen. Damit Kollektor und Bürsten gut leitend sind und möglichst sauber bleiben, stellt man sie fast immer aus Silber her. $S_1$ und $S_2$ sind die feststehenden Stromspulen, von denen mitunter nur eine vorhanden ist. Sie werden nach Fig. 98 vom Lampenstrom durchflossen; der Zähler ist daher ein Wattstundenzähler. Die Übertragung der Ankerdrehung auf das Zählwerk geschieht durch Schnecke und Schneckenrad. Damit der Anker immer eine Geschwindigkeit besitzt, die in bestimmtem Verhältnis zu den hindurch geleiteten Watt steht, muß die auf ihn übertragene Drehung abgebremst werden. Diese Bremsung geschieht durch eine Kupferscheibe $B$, die sich zwischen Stahlmagneten $m$ hindurchdreht, so daß in ihr Ströme induziert werden, die auf Kosten der Drehung des Ankers entstehen. Dieser kann deshalb erst schneller laufen, wenn ein größeres Drehmoment auf ihn übertragen wird, also

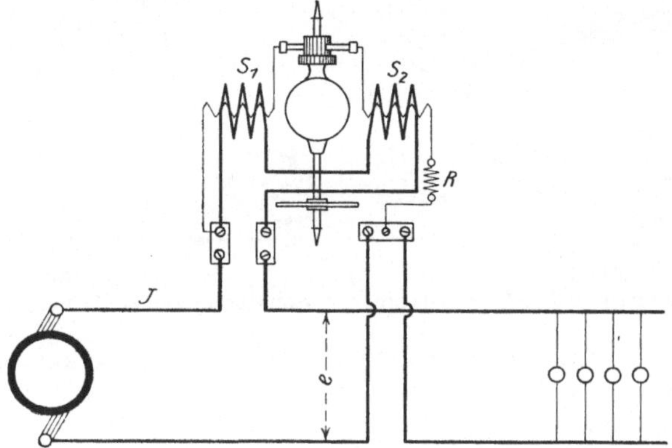

Fig. 98. Schaltung eines Motorzählers für Gleichstrom.

wenn eine stärkere Leistung durch ihn hindurchgeht. Außerdem bewirkt die Bremsscheibe $B$ auch, daß der Anker sogleich steht, wenn die Energieentnahme aus der Leitung aufhört.

Ebenfalls nur für Gleichstrom und als Amperestundenzähler ausgeführt ist der Motorzähler nach Fig. 99. Er wird mit voneinander in konstruktiver Hinsicht abweichender Ausführung von den Siemens-Schuckert-Werken und den Isaria-Werken in München geliefert. Das Prinzip ist genau dasselbe wie bei den Drehspul-Gleichstrom-Instrumenten. Ein gewöhnlich mit drei Wickelungen versehener scheibenförmiger Anker $A$ steht so im Felde von Stahlmagneten $m$, daß er, wenn Strom in der Wickelung fließt, gedreht wird. Ebenso wie schon beim vorigen Zähler gezeigt wurde, muß der Anker gebremst werden, was dadurch bewirkt wird, daß der Anker, wie Fig. 99 zeigt, fast vollkommen in einem Blechgehäuse aus Aluminium liegt, oder daß die Wickelung auf einer ebensolchen Scheibe liegt. Die Bürsten sind in Fig. 99 mit $b$ bezeichnet und bestehen auch hier nebst den drei Kollektorlamellen aus Silber. Zur Schaltung des Zählers in Fig. 100 muß noch bemerkt werden, daß der Anker $A$ nicht vom vollen Strom $J$ durchflossen wird, sondern ähnlich wie in Fig. 68 und 69 nur von einem schwachen Teilstrom $i_1$, während der größte Teil von $J$, der Strom $i_2$ durch einen Meßwiderstand $W$ geleitet wird, dessen Größe durch Verschieben eines Klemm-Kontaktes $a$ verändert werden kann, falls der Zähler nicht richtig zeigt.

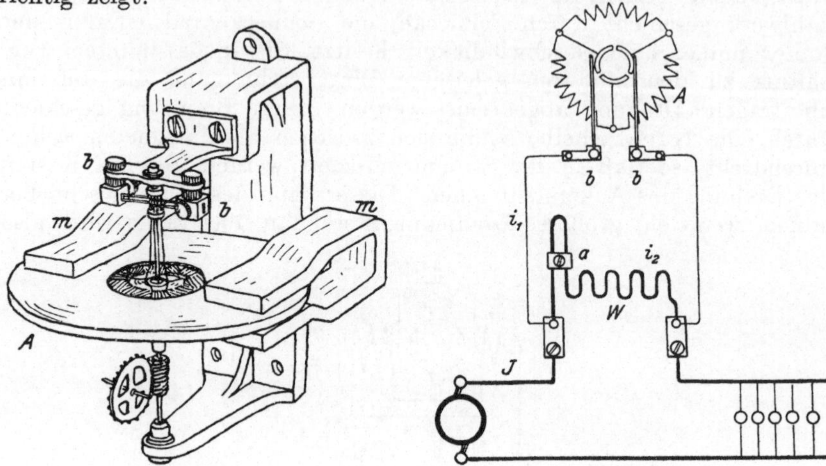

Fig. 99.
Amperestundenzähler für Gleichstrom.

Fig. 100.
Schaltung eines Zählers nach Fig. 99.

Für **Wechselstrommotorzähler** sind keine Anker mit Kollektoren und Bürsten erforderlich. Diese Zähler beruhen gewöhnlich auf dem **Ferraris**prinzip (vgl. Fig. 86) und heißen dann auch Induktionszähler. In Fig. 101 ist ein Induktionszähler von **Aron** dargestellt. Es

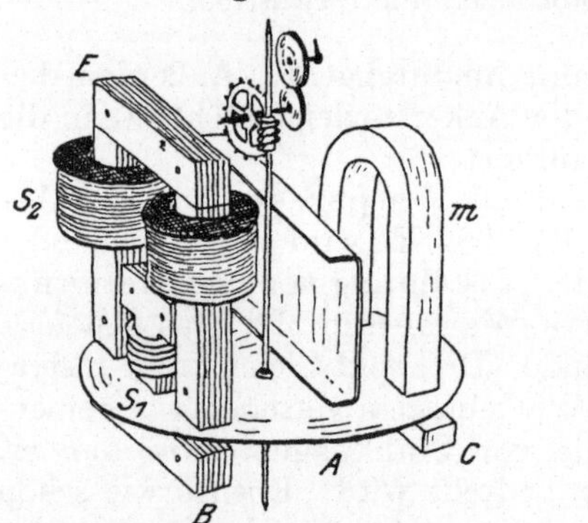

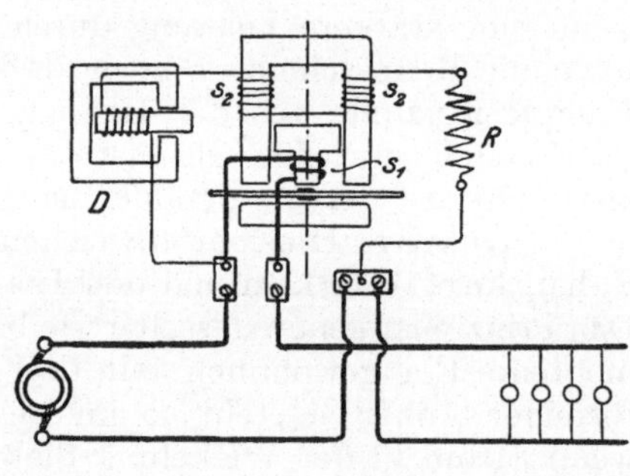

Fig. 101.   Wechselstrommotorzähler von **Aron**.

Fig. 102.   Schaltung des Zählers nach Fig. 101.

ist ein Wattstundenzähler. $S_2$ sind die Spannungsspulen, $S_1$ die Stromspule. Unter der Einwirkung der durch diese Spulen erzeugten Felder entstehen in der Kupferscheibe $A$ Ströme, durch deren Rückwirkung auf die Kraftlinien sich die Scheibe dreht. Dieselbe Induktionsscheibe dient auch gleich als Bremsscheibe, indem sie vor den Polen eines Stahlmagnets $m$ vorbeigedreht wird. Damit das Feld des Stahlmagnets $m$ keinen Einfluß auf das Wechselfeld des Eisenblechkörpers $E$ hat, ist ein Eisenblechschirm vor den Bremsmagnet gesetzt. $B$ und $C$ sind eiserne Schlußstücke für die Magnete. Die Schaltung des Aron-Induktionszählers geht aus Fig. 102 hervor. Die Spannungsspulen $S_2$ sind mit einem Vorschaltwiderstand und einer regelbaren Drosselspule $D$ hintereinandergeschaltet. Mit der Drosselspule wird durch Verschieben ihres Eisenkernes die Phasenverschiebung in den Spannungsspulen so eingestellt, daß das Feld der Spannungsspulen mit dem Feld der Stromspule zusammen ein allerdings unregelmäßiges sich drehendes Feld, ein Drehfeld ergibt, dessen Zustandekommen später noch genauer (vgl. Fig. 203) erklärt wird. Dieses Drehfeld versetzt die Scheibe in Drehung.

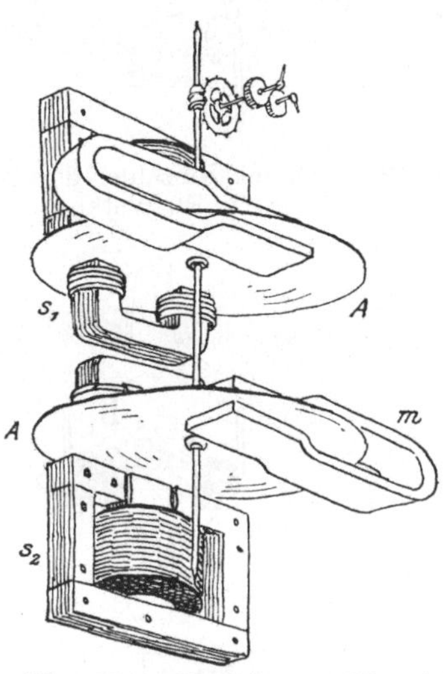

Fig. 103. Wechselstrom-Induktionszähler der Isaria-Werke.

Fig. 104. Dreiphasenzähler der Isaria-Werke.

Ähnlich wie der vorige Zähler ist der Induktionszähler der Isaria-Werke, München, in Fig. 103 aufgebaut. $S_2$ ist die Spannungsspule, $S_1$ sind die Stromspulen. Auch hier wird mit Hilfe von Drosselspule, Vorschaltwiderstand und Kurzschlußring $K$ ein Drehfeld erzeugt, zur Drehung der Scheibe $A$, deren Bremsmagnet der Stahlmagnet $m$ ist.

Für Dreiphasenstrom wendet man die Zwei-Wattmetermethode Fig. 50 an. In Fig. 104 ist ein aus zwei gekuppelten Einphasenzählern bestehender Induktionszähler der Isaria-Werke, München, dargestellt, dessen Wirkungsweise nach dem vorhin Gesagten verständlich ist.

Man kann aber auch die Spannungs- und Stromspulen anstatt sie auf 2 gekuppelte Scheiben wirken zu lassen, gleich auf eine Scheibe wirken lassen, wie in Fig. 105 und der Schaltung dazu in Fig. 106 gezeigt ist, denn es ist für die Wirkung gleichgültig, ob man 2 besondere Scheiben auf eine Achse setzt oder gleich eine Scheibe verwendet.

6*

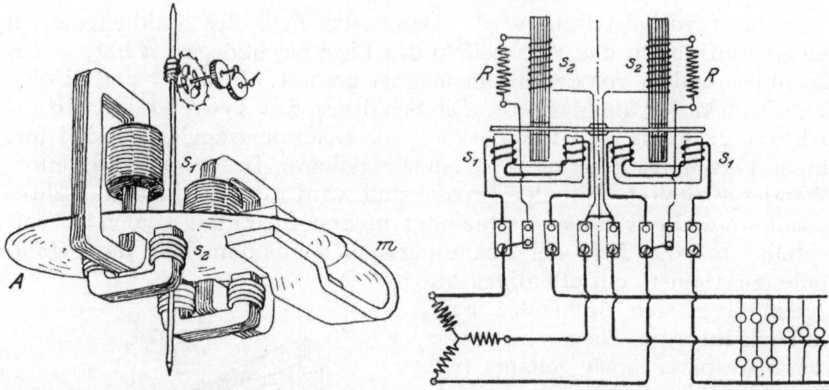


Fig. 105.  Dreiphasenzähler der Berg-
mann El.-Werke.

Fig. 106.  Schaltung zum Zähler nach
Fig. 105.

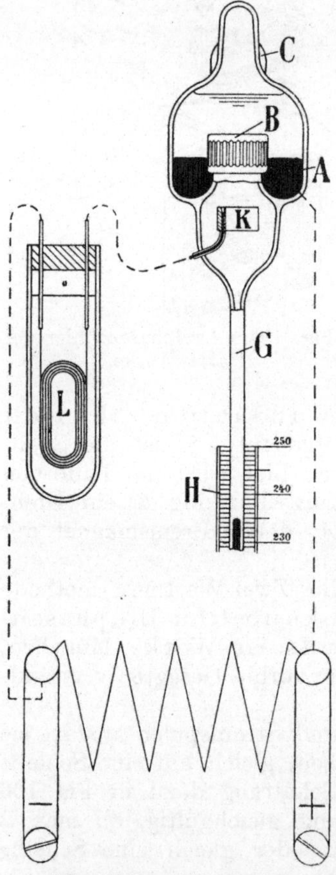


Fig. 107a.  Stia-Zähler.

Als letzter Zähler möge noch, ein allerdings nur für Gleichstrom geeigneter, der Stia-Zähler, hergestellt von der Firma Schott & Gen., Glaswerke in Jena, beschrieben werden. Er beruht auf der chemischen Wirkung des Gleichstromes, die auf den Seiten 52—54 behandelt wurde, und besteht im wesentlichen aus einem geschlossenen Glasgefäß (s. Fig. 107a), das in dem ringförmigen Teil $A$ mit Quecksilber gefüllt ist. Das Quecksilber dient als Anode, während ein Plättchen $K$ aus Iridiumblech die Kathode bildet. Das Iridium verbindet sich in keiner Weise mit dem Quecksilber. Das ganze Glasgefäß ist weiterhin angefüllt mit einem Elektrolyten, der aus einer wässerigen Lösung von Quecksilberjodid und Jodkalium besteht. $B$ bildet einen Ring aus Glasstäben, die so eng aneinanderstehen, daß wohl der Elektrolyt, nicht aber das Quecksilber zwischen den einzelnen Stäben hindurch kann. Schickt man nun einen Gleichstrom von $A$ nach $K$, so wird das Quecksilber bei $A$ aufgelöst, der Elektrolyt zersetzt, wobei das abgeschiedene Quecksilber zur Kathode $K$ wandert. Da diese aber, wie schon erwähnt, kein Quecksilber annimmt, fällt es in kleinen Tröpfchen in

das darunter befindliche Rohr $G$, wo es sich sammelt, und seine
Menge, die der Stromstärke proportional ist, an der Skala $H$ ab-
gelesen werden kann. Die Skala gestattet Amperestunden, oder bei

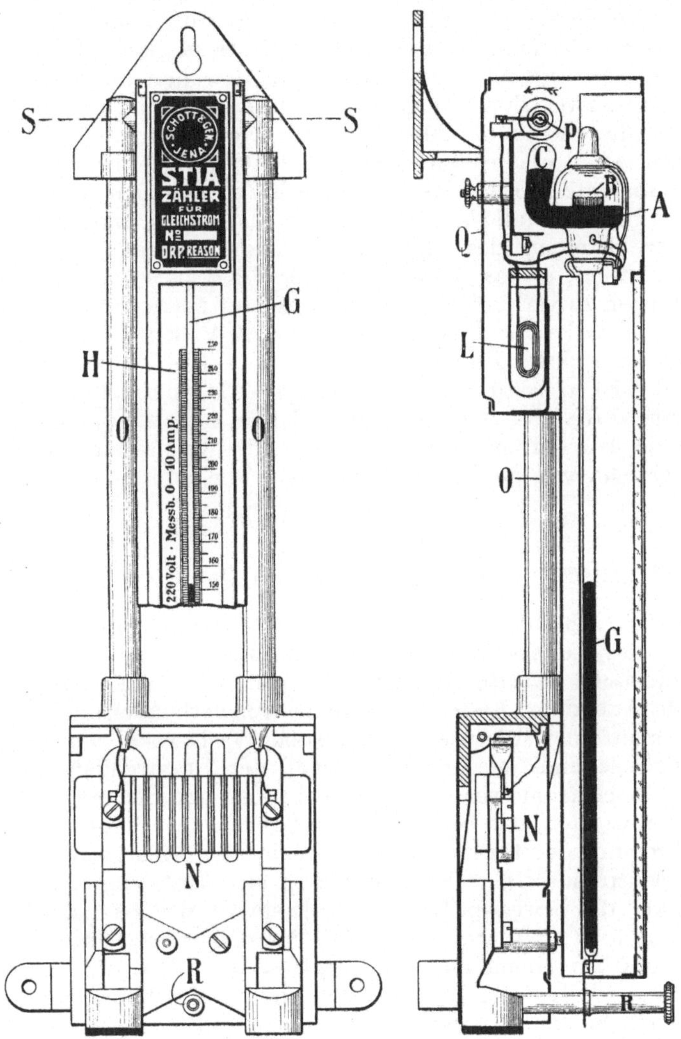



Fig. 107 b, c.  Stia-Zähler.

Zugrundelegung einer konstanten Spannung, Kilowattstunden abzu-
lesen. Das an der Anode gelöste Quecksilber verbindet sich sofort
wieder mit dem Elektrolyten, so daß dieser dauernd unverändert
bleibt. Die Wirkung des Stromes besteht also in einer Wanderung des

Quecksilbers von $A$ nach $G$. Es behält dabei trotzdem in $A$ die gleiche Höhe, da das herabgefallene Quecksilber aus dem Glasansatz $C$, siehe auch Fig. 107c, ersetzt wird. Ist das Rohr $G$ mit Quecksilber gefüllt, so wird das ganze Gefäß umgekippt, wobei das Quecksilber durch $B$ nach $A$ beziehungsweise $C$ läuft. Der Strom, der durch das Gefäß fließt, ist nur ein sehr schwacher, da der größte Teil des zu messenden Stromes durch einen Nebenschluß $N$ geht. $L$ ist ein Vorschaltwiderstand. Der Zähler wird in zwei Typen angefertigt, die eine dient für Ströme bis 10 Ampere, die andere bis 2000 Ampere. Die 10-Ampere-Type ist in den Figuren 107b und c von vorn und der Seite gesehen abgebildet, jedoch ist im untern Teile das Schutzblech abgenommen, so daß hierdurch der Nebenschluß $N$ und der Vorschaltwiderstand $L$ sichtbar werden. Die Drehung des Glasgefäßes erfolgt um die Achse $SS$; die Schraube $R$ gestattet das Gefäß unter Verschluß zu legen, um das unbefugte Kippen zu verhindern. Der Nebenschluß ist so gewählt, daß bei größter Stromstärke der Spannungsverlust 0,86 Volt beträgt. Der elektrische Widerstand der Zelle liegt zwischen 1,5—3,5 $\Omega$. Der Vorschaltwiderstand $L$ ist so bestimmt, daß durch die Zelle maximal 0,05 Ampere fließen. Als Vorteil der elektrolytischen Zähler kann u. a. erwähnt werden, daß sie jede Stromstärke, die größte wie die kleinste, richtig anzeigen, was man von den Motorzählern nicht behaupten kann.

# V. Stromerzeuger (Generatoren) für Gleichstrom.

Im dritten Abschnitt war schon gezeigt worden, wie man durch Bewegen eines Leiters in einem magnetischen Felde in dem Leiter elektromotorische Kräfte erzeugt. Wendet man eine gewöhnliche Drahtschleife an, deren Enden mit Schleifringen verbunden sind (Fig. 53), so erhält man einen Wechselstrom, dessen Wechselzahl von der Zahl der Magnetpole und der Umdrehungszahl der Drahtschleife abhängt. Will man Gleichstrom erhalten, dann muß man den Stromwender oder Kollektor anwenden, der bei Fig. 54 erklärt wurde. Weiter wurde bei der Beschreibung der Faradayschen Scheibe Fig. 52 bemerkt, daß die erzeugte elektromotorische Kraft um so größer wird, je größer die Geschwindigkeit des bewegten Leiters und je stärker das magnetische Feld ist. Hieraus folgt, daß man elektrische Maschinen oder Dynamos mit möglichst starken Magneten, also Elektromagneten ausführt, und sie möglichst schnell laufen läßt, um kleine, billige Maschinen zu erhalten. Da man Elektromagnete verwendet, muß man weiches Eisen verwenden. Für die Magnete benutzt man gewöhnlich weichen Stahlguß und weiches Flußeisen, auch Schmiedeeisen, seltener weiches Gußeisen. Man unterscheidet zweipolige und mehrpolige Magnetsysteme. Ein zweipoliges Magnetsystem älterer Ausführung zeigt Fig. 108. Die einzelnen Teile desselben sind das Joch oder der Umschluß $J$, auch Gehäuse genannt, an welchem die hier mit rundem Querschnitt versehenen Schenkel $S_2$ angegossen oder auch angeschraubt sein können. Letzteres ist nötig, wenn sie mit den Polschuhen aus einem Stück bestehen, damit man die Wickelung $S_1$ der Feldspule aufbringen kann. Gewöhnlich sind die Feldspulen, von denen nur eine gezeichnet ist, auf den Schenkeln angeordnet.

Ein neueres zweipoliges Magnetsystem zeigt Fig. 109. Die einzelnen Teile sind ebenso bezeichnet wie in Fig. 108. Die Schenkel $S_2$ sind hier vierkantig und besitzen besondere aus Eisenblech hergestellte Polschuhe $P$. Die Spulen $S_1$ für die Schenkel werden auf einer rechteckigen Form gewickelt und dann in der angedeuteten Weise rund gebogen. Darauf wird die Spule mit Band umwickelt und lackiert.

Ein Gehäuse in der runden Ausführung nach Fig. 109 ist zweckmäßiger als ein anderes, weil man dann ein rundes Lagerschild verwenden kann, etwa nach Fig. 110, welches aber unabhängig von der Stellung des Motors, immer so an das Magnetsystem angeschraubt werden kann, daß der Ölbehälter $O$ des Ringschmierlagers nach unten steht, während der Motor mit dem Fuß des

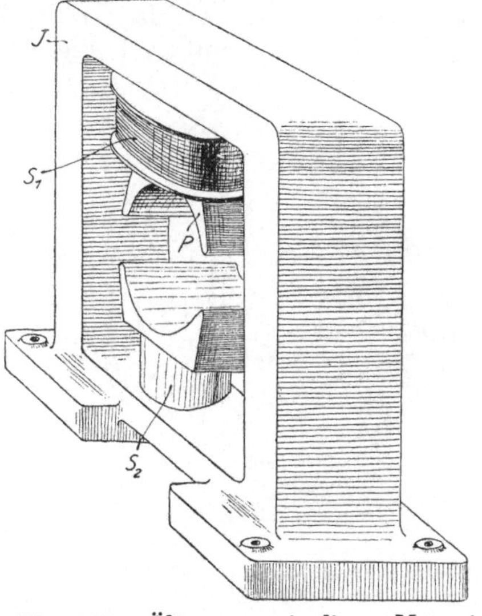

Fig. 108. Älteres zweipoliges Magnetsystem.

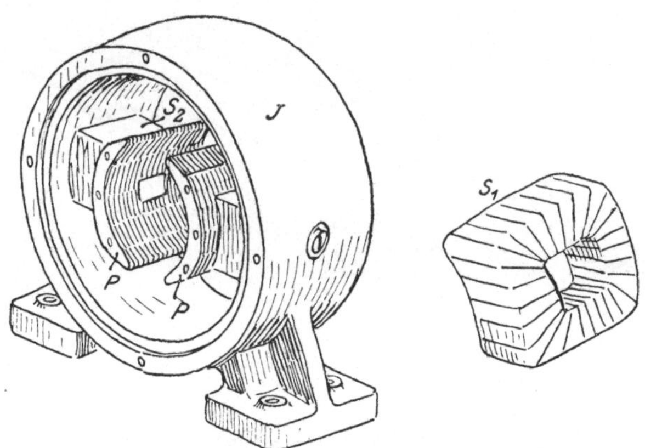

Fig. 109. Neues zweipoliges Magnetsystem.

Gehäuses auf dem Fußboden, an der Wand oder an der Decke befestigt werden kann. $a$ ist ein Ansatz, auf den die Bürstenbrücke Fig. 129 aufgesetzt wird.

Ein vierpoliges Magnetsystem mit runden Polen $S_2$ und angeschraubten Blechpolschuhen $P$ zeigt Fig. 111. Es besteht aus zwei zusammengeschraubten Hälften und kann dann kein Lager nach Fig. 110 erhalten, sondern muß nach Fig. 131 ausgeführt werden.

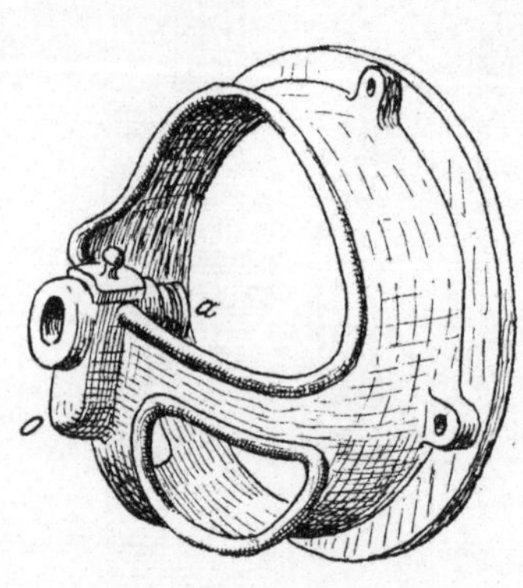

Fig. 110.  Lager für eine Maschine nach Fig. 109.

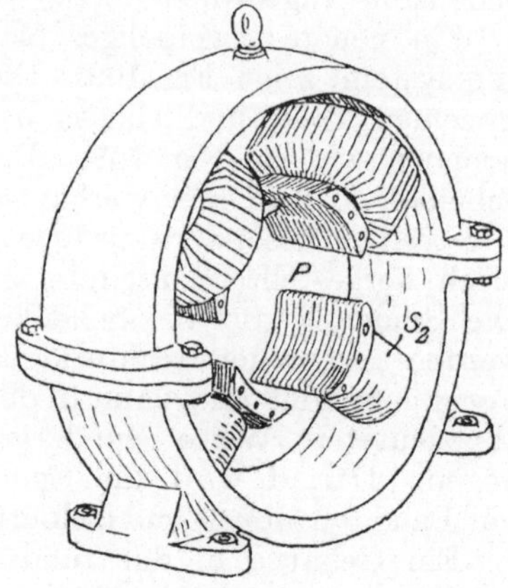

Fig. 111.  Vierpoliges Magnetsystem.

Zwischen den Polen $P$ der Magnete dreht sich der Anker. Das äußere Bild eines kleineren Ankers zeigt Fig. 112, während in Fig. 113 ein Anker für eine mehrpolige (etwa vier bis sechs Pole) Maschine abgebildet ist, an den aber der Kollektor, der bei dem kleineren Anker mit $K$ bezeichnet ist, noch nicht angeschlossen wurde. Die Anker der

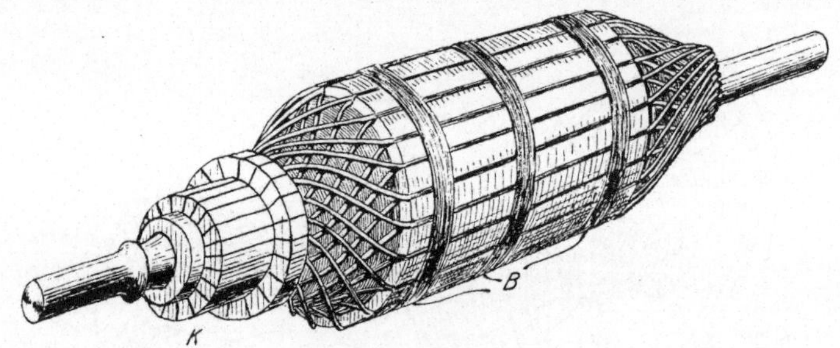

Fig. 112.  Kleiner Gleichstrom-Anker.

elektrischen Maschinen sind heute allgemein nur noch Trommelanker mit Nuten am Umfang, in denen die Drahtwickelung liegt. Der Ankerkörper ist aus einzelnen Schmiedeeisenblechen von 0,5 mm Dicke aufgebaut, vgl. Fig. 114.

Die Nuten werden in diese Bleche entweder vor dem Zusammenbau eingestanzt oder nach dem Zusammenbau eingefräst. In Fig. 115 ist der Zusammenbau eines Ankerkörpers dargestellt. Die Bleche, in welche

die Nuten und die Löcher für die Schrauben $S$ eingestanzt sind, werden
auf ein gußeisernes Ankergehäuse $G$ zusammengebaut und durch Schrauben $S$, auf deren oberes Ende ein Preßring aus Gußeisen kommt, zusammengehalten.  In Fig. 113 ist der Preßring mit den Muttern der Schrauben

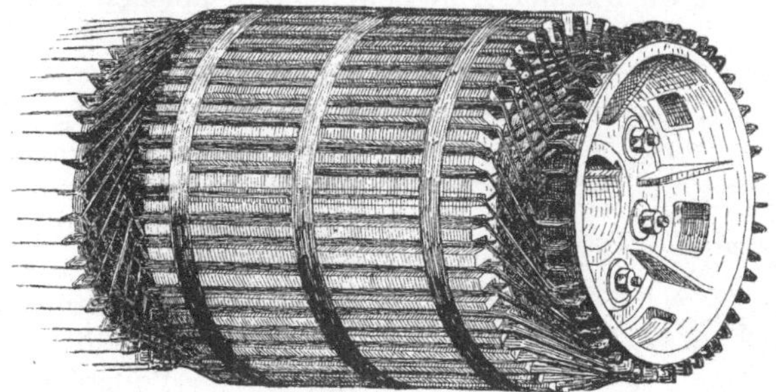

Fig. 113.   Großer Gleichstrom-Anker.

zu erkennen.  Er besitzt dort gleich einen Wickelungsträger, auf dem
die Köpfe der Drahtwickelung des Ankers liegen.

Weil die Maschinen im Betriebe stets warm werden, lüftet man
gewöhnlich die Anker.  Dies ist aber nur möglich, wenn die Bleche,
nicht wie bei kleinen Ankern, dicht auf der Welle aufsitzen, sondern
auf einem Gehäuse nach
Fig. 115.  Es werden dann
Luftspalten zwischen den
Blechen angebracht, wie deren
einer in Fig. 115 schon vor-

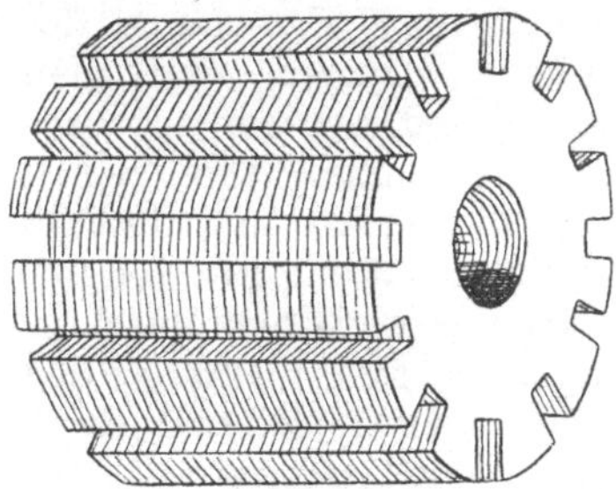
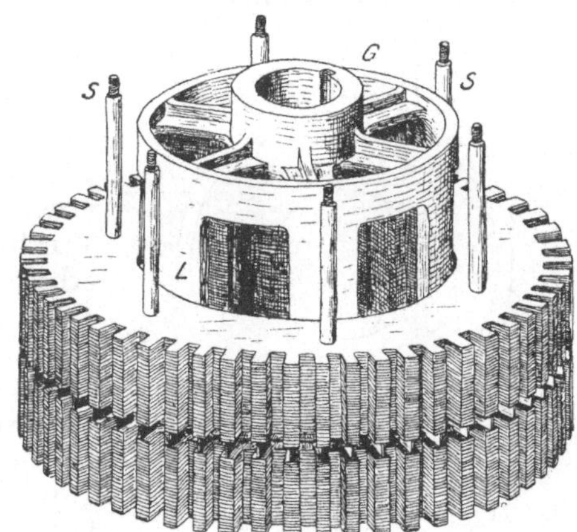


Fig. 114.   Schema eines Nuten-
Ankers.

Fig. 115.   Zusammenbau eines Ankers mit
Lüftung.

handen ist.  Man legt zu diesem Zweck besondere Abstandsbleche oder
auch Messingstücke zwischen die Eisenbleche, damit ein Luftspalt
entsteht.  In Fig. 116 ist ein gestanztes Abstandsblech gezeichnet.
Die Zähne $Z$ werden nach dem Ausstanzen umgebogen wie bei $Z_1$ zu
sehen ist und liegen zwischen den Zähnen der Bleche.  Außerdem sind
noch die Schraubenlöcher $l$ und Spalten $a$ und $b$ eingestanzt.  Die Blech-

stücke an den Spalten biegt man abwechselnd nach links und rechts heraus. Sie wahren den Abstand der Ankerbleche im Innern des Ankers. Damit die Luft durch die Luftspalten hindurchstreichen kann, muß das Gehäuse mit den nötigen Öffnungen versehen sein. In Fig. 115 sind zu dem Zweck die Löcher $L$ zwischen den Speichen des Gehäuses angebracht.

Der Aufbau des Ankers aus Blechen ist notwendig, weil in dem Eisenkörper, genau wie in der Scheibe $S$ Fig. 52 starke

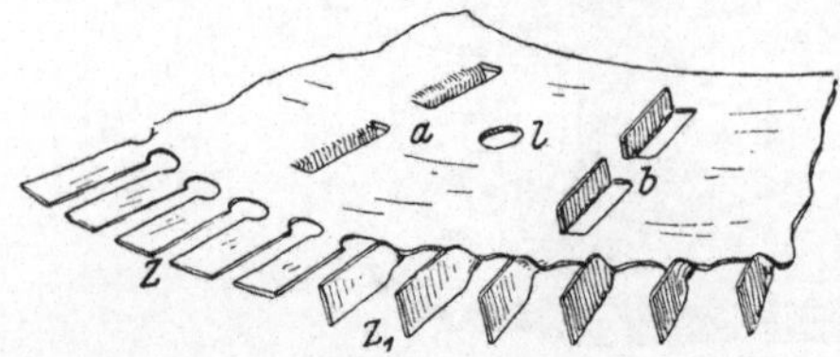

Fig. 116. Abstandsblech für einen Luftspalt.

elektrische Ströme entstehen würden, wenn er massiv wäre. Diese Ströme, die sogenannten Wirbelströme, werden durch die Unterteilung in Bleche zum größten Teil vermieden. Vollständig lassen sie sich allerdings nicht vermeiden.

Man benutzt zum Aufbau des Ankerkörpers gewöhnlich 0,5 mm starke Bleche, die voneinander isoliert sein müssen. Dies geschieht dadurch, daß die Bleche mit besonderen Maschinen vor dem Stanzen auf einer Seite lackiert oder mit Seidenpapier beklebt werden.

Wenn man einer elektrischen Maschine elektrische Arbeit oder Wattstunden entnehmen will, dann müssen wir ihr eine entsprechende

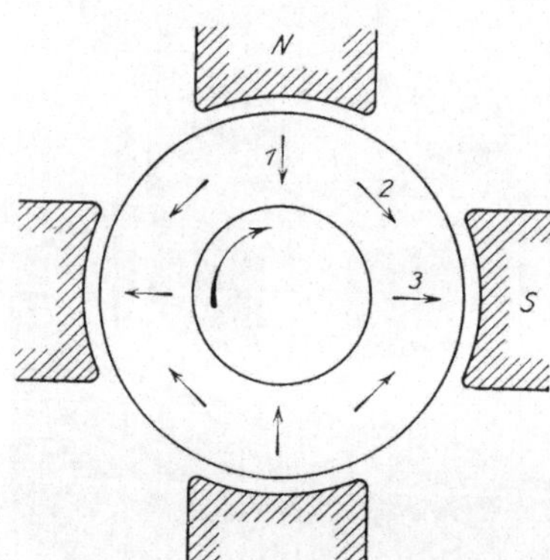

Fig. 117. Ummagnetisierung des Ankereisens.

mechanische Arbeit durch eine Dampfmaschine, Gasmaschine oder Wasserkraftmaschine zuführen. Da auch die Wirbelströme Arbeit verbrauchen, so geht ein Teil der zugeführten mechanischen Arbeit zur Erzeugung der Wirbelströme verloren und man erhält entsprechend weniger nutzbare Watt aus der Maschine. Die Wirbelströme sind ein Verlust und deshalb möglichst klein zu halten. Ein weiterer Verlust in jeder elektrischen Maschine ist der Ummagnetisierungs- oder Hysteresis-Verlust. Er tritt ebenfalls im Eisen des Ankers auf und rührt daher, daß die Moleküle des Eisens, unter der anziehenden Wirkung der Feldmagnete, bei der Drehung des Ankers fortwährend ihre Lage ändern müssen.

In Fig. 117 ist der Vorgang der Ummagnetisierung des Ankereisens schematisch gezeichnet. Betrachtet man ein einzelnes Ankermolekül, so muß dasselbe vor dem Nordpol $N$ die Stellung $1$ einnehmen. Dreht sich der Anker, so nimmt das Molekül nacheinander die Lagen $2$, $3$ usw. an. Diese fortwährende Lagenänderung müssen sämtliche Moleküle im Eisen ausführen und hierbei reiben sie sich aneinander. Diese

Reibung verlangt wieder einen Teil der zugeführten mechanischen Arbeit zur Überwindung, ist also ein weiterer Verlust.

Man könnte nun einwenden, warum man denn überhaupt den Kern des Ankers aus Eisen herstellt, wo doch in diesem Eisen Verluste auftreten. Man erhält aber durch die Anwendung des Eisens ein viel stärkeres Magnetfeld in der Maschine und außerdem wird auch die Form des Magnetfeldes durch das Ankereisen in eine für die Induktion der Ankerdrähte sehr günstige gebracht, wie schon aus der Kraftlinienverteilung in Fig. 19 hervorgeht, in welcher zwischen den Magnetpolen sich ebenfalls ein schmiedeeiserner Zylinder befindet, ähnlich dem Ankerkern einer elektrischen Maschine.

Die genannten Verluste, Wirbelströme und Ummagnetisierung treten aber nicht nur im Ankereisen auf, sondern wegen der Nuten des Ankers auch in geringerem Maße in den Polschuhen; aus diesem Grunde stellt man gewöhnlich auch die Polschuhe ebenso wie den Ankerkörper aus Eisenblech her.

Ein dritter Verlust in jeder elektrischen Maschine rührt daher, daß die Drahtwickelung des Ankers und der Magnete dem Strom einen Widerstand entgegensetzt, es wird deshalb, wie schon im Abschnitt II gezeigt wurde, ein Teil der elektromotorischen Kraft des Ankers verbraucht, um den Strom durch die Widerstände der Wickelung zu treiben, so daß die Spannung, die aus dem Anker herauskommt, kleiner ist als die erzeugte elektromotorische Kraft.

Ein vierter Verlust ist die Reibung der sich drehenden Teile, besonders also der Zapfen der Welle in den Lagern, ferner die Reibung zwischen Kollektor und Bürsten und bei schnellaufenden Maschinen die Reibung der Wickelung an der Luft.

Alle diese Verluste erwärmen die Maschine, und da die Temperaturerhöhung eine gewisse Anzahl Wärmegrade nicht übersteigen darf, führt man, wie schon bei Fig. 115 gezeigt wurde, die Anker gerne mit Lüftungsspalten aus, desgleichen auch die Magnetspulen.

Infolge der Verluste werden in einer elektrischen Maschine nicht 1000 Watt für jedes zugeführte Kilowatt erzeugt, wie im Abschnitt II gezeigt wurde, sondern weniger. Allerdings sind die Verluste bei elektrischen Maschinen verhältnismäßig klein im Vergleich mit anderen Maschinen, denn bei kleineren Maschinen gehen etwa 20% der zugeführten Leistung verloren, bei größeren noch weniger, bis zu 8% herauf für ganz große Generatoren.

Will man z. B. 1000 Watt aus einer elektrischen Maschine herausholen, so müßte ihre Antriebsmaschine, wenn keine Verluste vorhanden wären, 1 kW zuführen. Gehen aber 20% verloren, so müssen 1,2 kW zugeführt werden.

Das Verhältnis der abgegebenen Leistung einer jeden Maschine zu der zugeführten Leistung nennt man Wirkungsgrad. Liefert z. B. eine Dampfmaschine 147,2 kW an eine elektrische Maschine und liefert diese dafür eine elektrische Energie von 667 Ampere bei 220 Volt, dann sind dies $667 \times 220 = 132\,400$ Watt oder $132,4$ kW. Unter Wirkungsgrad ($\eta$) versteht man nun nach dem vorhin Gesagten:

$$\text{Wirkungsgrad} = \frac{\text{abgegebene Leistung}}{\text{zugeführte Leistung}}$$

$$\eta = \frac{132,4}{147,2} = 0,89$$

Der Wirkungsgrad ist maßgebend für die gute Ausführung einer Maschine; man muß ihn daher bei Abnahme-Versuchen häufig bestimmen, um festzustellen, ob die Firma, welche die Maschine lieferte, dieselbe den gestellten Bedingungen entsprechend ausgeführt hat [1]).

Einige Beispiele mögen die Anwendung des Wirkungsgrades noch erläutern:

Beispiel: Eine Dynamo soll 80 Ampere bei 125 Volt liefern. Nach dem Katalog einer Firma für elektrische Maschinen ist der Wirkungsgrad einer solchen Maschine angegeben mit $0,88$. Wieviel PS muß ein Dieselmotor zum Antrieb der Maschine besitzen?

Die abgegebene Leistung der Dynamo beträgt $80 \cdot 125 = 10\,000$ Watt. Dies sind

$$\frac{10\,000}{736} = 13,6 \text{ PS ohne Verluste.}$$

Nun ist Wirkungsgrad $\eta = \dfrac{\text{abgegebene Leistung}}{\text{zugeführte Leistung}}$ folglich,

zugeführte Leistung $= \dfrac{\text{abgegebene Leistung}}{\text{Wirkungsgrad}} = \dfrac{13,6}{0,88} = 15,5$ PS, welche Leistung der Dieselmotor besitzen muß.

Beispiel: Eine Dampfmaschine liefert 300 PS. Sie ist mit einer Dynamo gekuppelt, welche 500 Volt und 400 Ampere gibt, wie groß ist ihr Wirkungsgrad?

Die abgegebene Leistung ist $\dfrac{500 \cdot 400}{736} = 272$ PS, folglich:

$$\eta = \frac{272}{300} = 0,906\,.$$

Beispiel: Eine Dynamo hat einen Wirkungsgrad von $0,9$ und erhält durch eine Turbiné 35 PS zugeführt. Welche Stromstärke liefert sie bei 150 Volt?

Abgegebene Leistung $=$ zugeführte Leistung $\times$ Wirkungsgrad $= 35 \cdot 0,9$ $= 31,5$ PS, dies sind $31,5 \cdot 736 = 23\,200$ Watt und bei 150 Volt wird der Strom:

$$J = \frac{23\,200}{150} = 155 \text{ Ampere.}$$

---

[1]) Genaueres über die Bestimmung des Wirkungsgrades, sowie überhaupt über Maschinenmessungen enthält das kleine Buch des Verfassers: „Messungen an elektrischen Maschinen" von R. Krause, zweite Auflage, Verlag von Julius Springer, Berlin.

Wir wollen uns nun zunächst mit dem Anker der elektrischen Gleichstrommaschinen etwas genauer befassen. Die Drähte des Ankers liegen, wie schon gesagt wurde, in den Nuten. Die Zahl der Nuten und Drähte ist in Wirklichkeit so groß, daß man eine übersichtliche Zeichnung einer Wickelung schwer machen kann. Um aber dem Leser einen Begriff von dem Verlauf der Drähte auf dem Anker zu geben, ist in Fig. 118 eine möglichst vereinfachte Trommelankerwickelung dargestellt, bei welcher nur 12 Nuten angenommen sind und der Kollektor $K$ aus 6 Lamellen besteht. Man erkennt schon an Fig. 118, daß die Wickelung eines Ankers in ganz

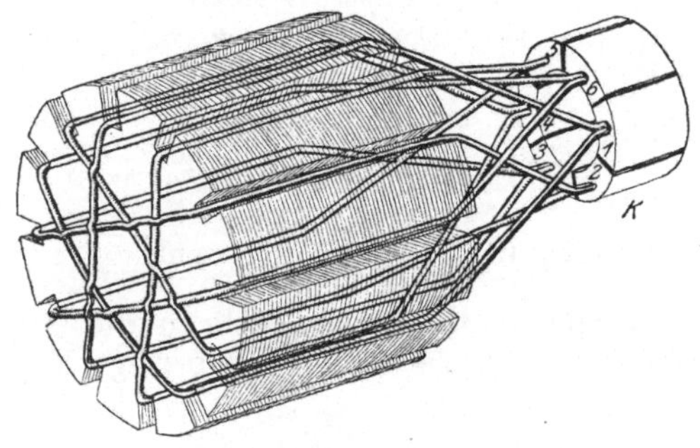

Fig. 118. Schema einer Trommelanker-Wickelung.

bestimmter, gesetzmäßiger Weise ausgeführt werden muß, die sich, wie am ausführlichsten zuerst Prof. Arnold getan hat, auch in mathematische Form bringen läßt. Diese Theorie der Ankerwickelungen ist ein großes Gebiet für sich und würde unmöglich in den Umfang dieses Buches hineinpassen. Es soll deshalb nur auf die äußeren Ausführungsformen der Wickelungen etwas näher eingegangen werden.

Man muß unterscheiden zwischen Handwickelung und Formspulenwickelung.

In beiden Fällen besteht die Wickelung aus Drähten, die im ersten Fall gleich auf den Anker aufgewickelt werden, im zweiten Fall, früher auf Holzschablonen, heute auf Scheren, vor dem Einlegen des Ankers zu einzelnen Spulen gewickelt wer-

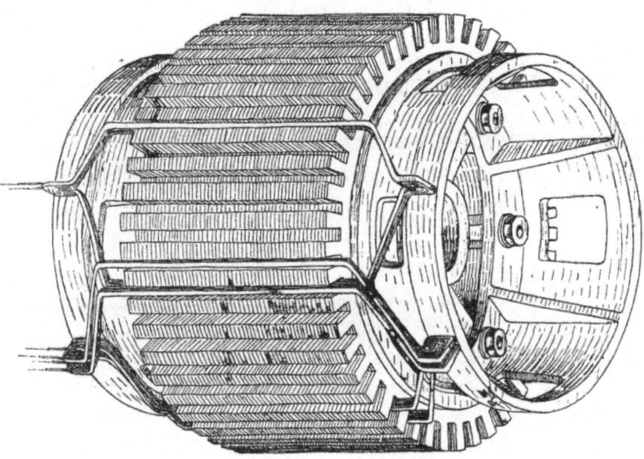

Fig. 119. Einlegen von Formspulen.

den. Außerdem kommt bei größeren Ankern und stärkeren Strömen die Stabwickelung vor, bei der die Drähte durch Stäbe von größerem Querschnitt ersetzt sind. Handwickelung wird höchstens noch für kleine zweipolige Anker ausgeführt und auch dort selten, sonst sind Drahtwickelungen nur noch Formspulen- oder, was dasselbe ist, Schablonenwickelungen. Der Unterschied zwischen beiden

Wickelungsarten ergibt sich aus den Figuren 112 und 113. Bei der Handwickelung in Fig. 112 erhält man stets ein Drahtknäuel auf den Stirnseiten des Ankers, nur die oben liegenden Windungen lassen sich gleichmäßiger anordnen. Bei Reparaturen muß man, unter ungünstigen Umständen, sehr viel vom Anker abwickeln, während die Formspulenwickelung sehr leicht repariert werden kann, denn sie besteht aus lauter glei-

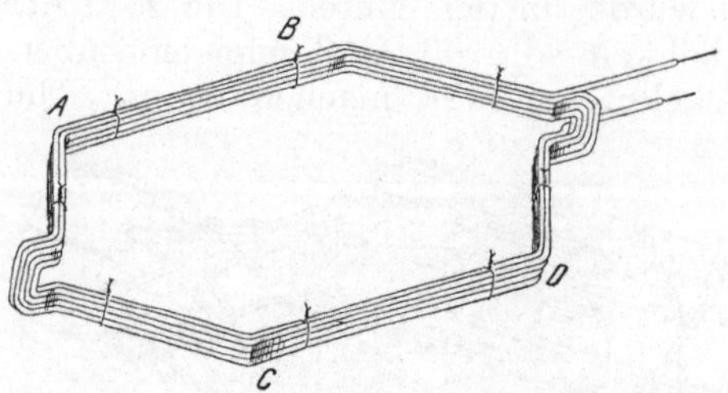

Fig. 120.   Einzelne Formspule.

chen Spulen, deren Einlegen in die Ankernuten aus Fig. 119 zu ersehen ist. Eine einzelne Spule zeigt Fig. 120[1]). Aus der Form dieser Spulen ersieht man weiter, daß ein Anker mit Formspulen-Wickelung besser gekühlt ist als bei Handwickelung, weil die einzelnen Spulen weniger dicht liegen. Die Form der Spulen 119 und 120 ergibt die sogenannte Mantelwickelung. Sie ist die heute fast allgemein übliche, weil sich die Spulen dazu auf einfachen für mehrere Maschinen einstellbaren Metall-

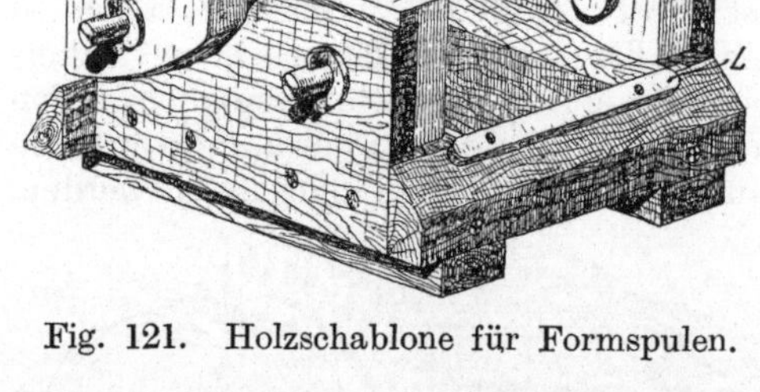

Fig. 121.   Holzschablone für Formspulen.

scheren wickeln lassen, während früher die Spulen auf teueren Holzschablonen gewickelt wurden, von denen für jede Maschine eine eigens passende angefertigt werden mußte. Zum Vergleich zeigt Fig. 121 eine ältere Holzschablone, bei welcher sich durch Auflegen des Drahtes und Umwinden um die Leisten $L$ und die gebogenen Seiten der Klötze $K$ eine Spule nach Fig. 122 ergibt, welche dann mit den Seiten $a$ und $b$ in die Nuten des Ankers gelegt wird, während die gebogenen Seiten $c\,d$ und $e\,f$ auf den Stirnseiten des

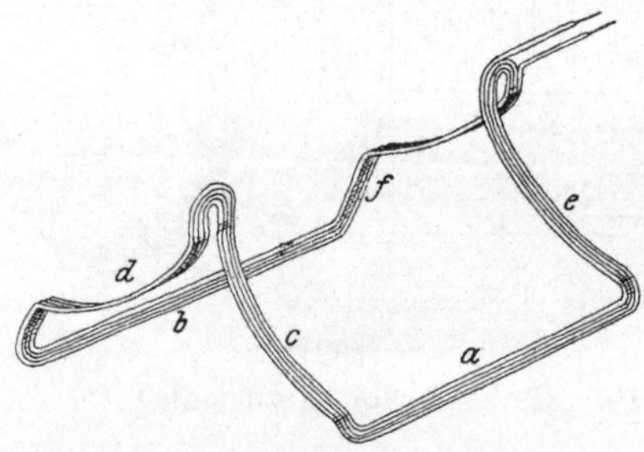

Fig. 122.   Formspule mit Schablone
Fig. 121 gewickelt.

<hr>

[1]) Die Ausführung von Formspulen-Wickelungen bringt ausführlich das kleine Buch des Verfassers: „Formspulen-Wickelung für Gleich- und Wechselstrommaschinen" von R. Krause, Verlag Julius Springer, Berlin, aus dem einige der Figuren entnommen sind.

Ankers liegen, wie Fig. 123 bei einem teilweise bewickelten Anker
zeigt. Zum Unterschied von der schon als Mantelwickelung bezeichneten in Fig. 119 und 113,
nennt man eine Wicke-
lung nach Fig. 123 Stirn-
wickelung.

Für größere Anker mit
nicht zu hoher Spannung
kommt auch häufig Stab-
wickelung vor. Hierbei
liegen in einer Nut Stäbe
aus Kupfer, welche nach
Fig. 124 in Stirnwickelung
oder nach Fig. 125 in
Mantelwickelung verbun-
den sein können. Bei der
Stabwickelung biegt man
die Kupferstäbe vor dem
Einlegen in den Anker
und erhält dann ebenfalls

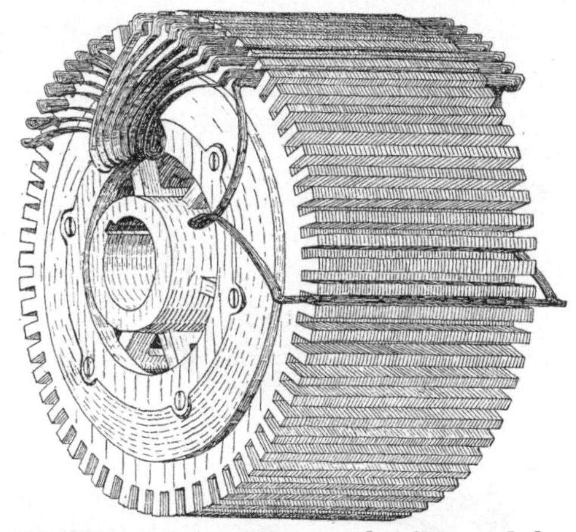

Fig. 123. Anker mit Formspulen-Stirnwickelung.

eine sehr gut gelüftete Wickelung, welche das Vorbild für die Formspulenwickelung mit Drähten abgegeben hat.

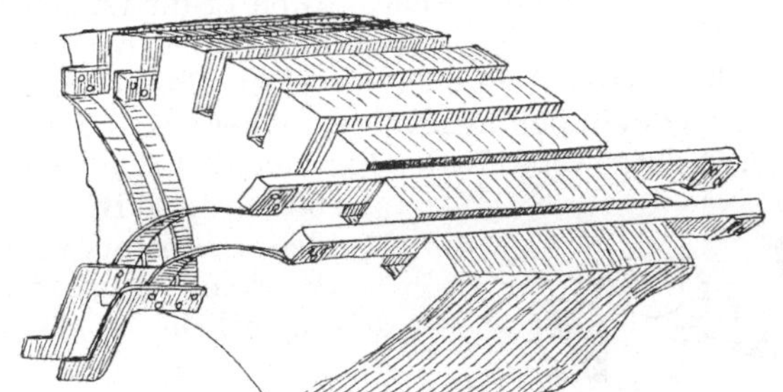

Fig. 124. Stäbe mit Stirnverbindungen.

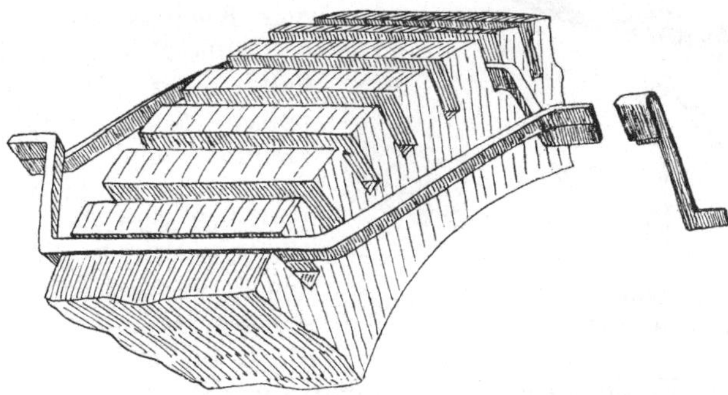

Fig. 125. Stäbe in Mantelwickelung.

Ein sehr wichtiger Teil jeder elektrischen Gleichstrommaschine ist der Kollektor oder Stromwender. Sein Zweck und seine Wirkungsweise sind schon bei Fig. 54 erklärt. In Wirklichkeit besteht er immer aus einer größeren Zahl von Kupferlamellen $L$, welche nach Fig. 126 auf der Kollektorbüchse $B$ sitzen. Die einzelnen Lamellen sind voneinander durch zwischengelegte Glimmer- oder Mikanitscheiben isoliert, deren Enden man gewöhnlich bei $f$ herausragen läßt, weil in die dort befindlichen Fahnen der Lamellen die Verbindungen mit den Ankerdrähten eingelötet werden. Die Kollektorbüchse ist ebenfalls außen mit Mikanit überzogen, welches noch einen Teil des hinteren an ihr sitzenden konisch ausgedrehten Ringes überdeckt. Auf die Vorderseite wird ein Preßring $P$ gegen die Lamellen durch Schrauben befestigt. Er ist auch, soweit er die Lamellen berührt, mit Mikanit überzogen und konisch

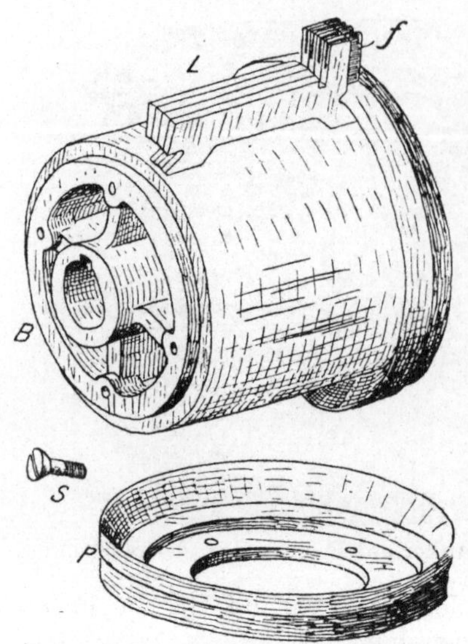



Fig. 126.  Zusammenbau eines Kollektors.

ausgedreht. Der Kollektor dreht sich unter den Bürsten hindurch. Die Bürsten sind heute gewöhnlich aus Kohle, früher bestanden sie auch aus Kupferblech oder Drahtgewebe. In den Figuren 127 u. 128 ist eine Kohlenbürste nebst Bürstenhalter von den Siemens-Schuckert-Werken dargestellt. Die eigentliche Kohle $K$ ist oben verkupfert, so daß das Klemmstück $C$ gute Verbindung mit dem Kohlenkopf erhält. Mit dem Klemmstück $A$ und der Schraube $S$ wird der Kohlenhalter auf dem Bürstenbolzen $b$ Fig. 129 festgeklemmt, und von diesem Stück führt ein biegsames Kabel $B$ als Leitung für den Strom zur Kohle. Eine Feder $f$ drückt vermittelst des Blechstückes $D$ und des Armes $d$ die Kohle auf den Kollektor.

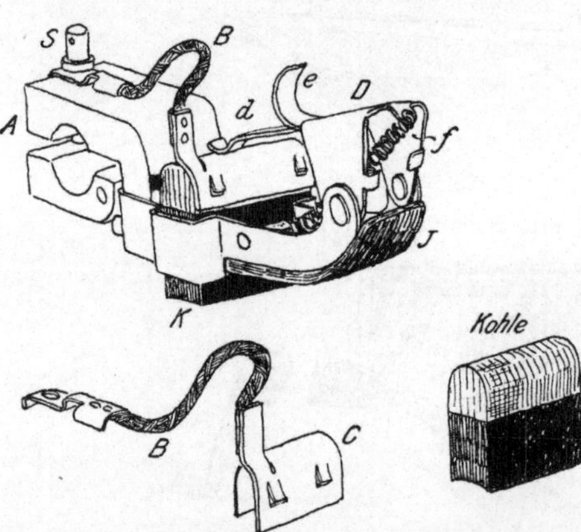



Fig. 127.  Kohlenbürste der Siemens Schuckert Werke.

Will man eine Kohle auswechseln, wenn sie sich stark abgeschliffen hat, so faßt man bei $e$ mit dem Finger an und klappt nach Fig. 128

das ganze Blechstück $D$ hoch. Die Feder $f$ hält es dann in der aufgeklappten Lage fest, sobald es genügend weit bewegt wurde. Bei $J$

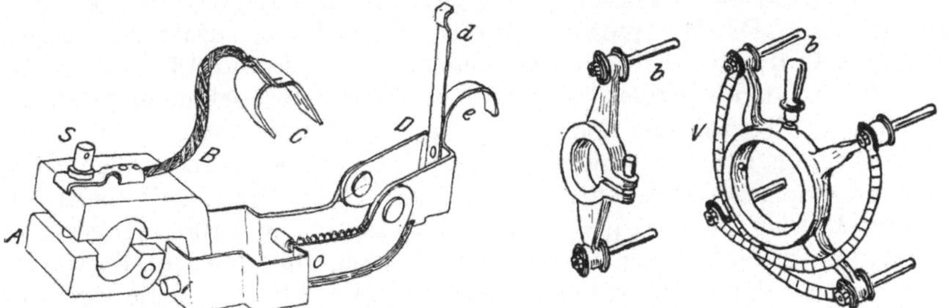

Fig.128. Kohlenhalter Fig.127 hochgeklappt.    Fig. 129.   Bürstenbrücken.

ist der Kohlenhalter durch eine Isolationsplatte vor Überschlag von Lichtbögen zum Kollektor geschützt, was bei falscher Bürstenstellung eintreten kann.

Fig. 130.   Riemendynamo.

Die Kohlenhalter werden an die Bürstenbolzen $b$ befestigt, die isoliert in der Bürstenbrücke sitzen. In Fig. 129 ist eine zweiarmige und eine vierarmige Bürstenbrücke gezeichnet. Bei der vierarmigen werden die gleichpoligen gegenüberliegenden Bolzen elektrisch durch Kupferbügel $V$ verbunden, die aus blankem Kupfer gebogen, mit Band umwickelt und lackiert sind. Die Bürstenbrücken sitzen auf einem Ansatz des Lagers ($a$ in Fig. 110) oder bei geteilten Lagern (Fig. 130 und 131) auf einem besonderen an das Lager geschraubten Ring, oder bei noch größeren Maschinen, Fig. 132 und 133, wird für die Bürsten ein Gußring am Magnetsystem befestigt und der Bürstenträger mit Handrad gedreht, während kleinere Bürstenträger einfach einen Handgriff besitzen. In Fig. 130 ist eine vierpolige Riemenmaschine zusammengestellt. Der Anker $A$ bewegt sich mit möglichst wenig Luft (einige Millimeter) zwischen den Polen. $K$ ist der Kollektor, $B$ die Bürsten, $T$ die Bürstenbrücke. Die Ableitung des Stromes erfolgt durch biegsame Kabel $D$ zu den Klemmen $E$. Von dort werden Kabel oder blanke Schienen auf

Fig. 131.　Riemendynamo auf Spannschlitten.

Porzellanglocken in Kanälen mit eisernen Abdeckplatten zur Schalttafel geführt. Zum Spannen des Riemens setzt man die Maschinen auf Spannschienen und spannt den Riemen durch Druckschrauben, wie aus Fig. 131 hervorgeht. Größere Maschinen werden häufig mit der Kraftmaschine direkt gekuppelt und da sie dann viel langsamer laufen müssen als die normalen Riemenmaschinen, werden sie größer als diese und erhalten eine größere Anzahl Pole. Die obere Hälfte eines solchen Magnetsystems ist schon in Fig. 14 gezeichnet und eine vollständige derartige Maschine zeigen die Figuren 132 und 133. In der letzten Figur ist eine Dampfdynamo abgebildet. Da bei großen Dampfmaschinen die Wellen meist niedrig liegen, läßt man die Dynamos teilweise in den Boden ein.

　　Nachdem bis jetzt die wesentlichsten äußeren Teile der elektrischen Maschinen vorgeführt sind, soll etwas näher auf ihre Wirkungsweise und Schaltung eingegangen werden. Die Schaltung bezieht sich immer auf die Verbindung des Ankers mit der Magnetwickelung. Da die

Magnete Elektromagnete sind, erhalten sie ihren Magnetisierungsstrom
aus dem Anker und man unterscheidet Hauptstrommaschinen, Nebenschlußmaschinen und Maschinen mit gemischter Schaltung.

Die Hauptstrommaschine ist gekennzeichnet durch Fig. 134,
wo eine ältere Form, die Hufeisenform gezeichnet ist, während in Fig. 135

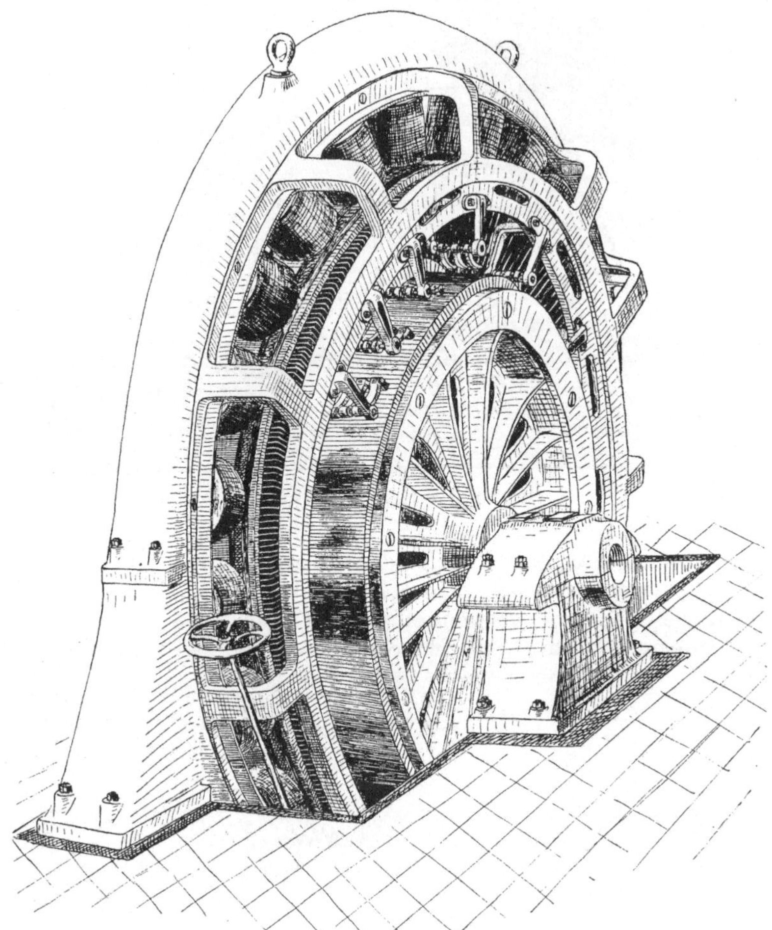

Fig. 132.  Dynamo für direkte Kuppelung.

eine neuere Form entsprechend Fig. 109 dargestellt ist, bei der der Anschluß des äußeren Stromkreises genau so erfolgt. Beide Maschinen
sind zweipolig, aus der letzteren, Fig. 135, ergibt sich aber ohne weiteres
auch die Schaltung einer mehrpoligen Hauptstrommaschine. Wenn eine
solche Hauptstrommaschine in Betrieb gesetzt werden soll, dann muß
zunächst der sie antreibende Kraftmotor anlaufen, und wenn die nor-

male Umdrehungszahl erreicht ist, muß der äußere Stromkreis, der an die Klemmen $K_1 K_2$ angeschlossen ist, eingeschaltet werden. Nun wurde schon auf Seite 19 erklärt, daß in dem Magnetsystem der Maschine

Fig. 133.    Dampfdynamo.

von dem vorhergegangenen Betrieb der remanente Magnetismus zurückgeblieben ist, der zwar sehr schwach ist, aber trotzdem zum Selbsterregen der Maschine verwendet werden kann, wie zuerst Werner von Siemens erkannte (vgl. Einleitung). Es entsteht nämlich durch

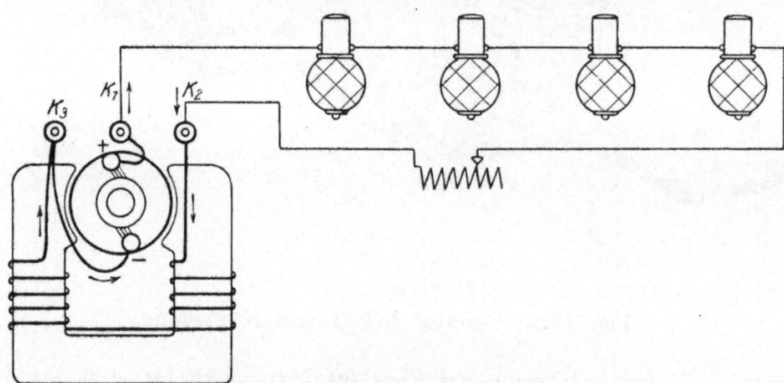

Fig. 134.    Hauptstrommaschine.

die Drehung des Ankers vor den schwachen Magnetpolen eine entsprechend niedrige elektromotorische Kraft in den Drähten der Ankerwickelung und bei geschlossenem äußeren Stromkreis entsteht nach dem

Ohmschen Gesetz ein entsprechender, schwacher Strom, welcher, wie aus Fig. 134 zu ersehen ist, auch durch die Wickelung der Magnete mit hindurchgeht, folglich den schwachen Magnetismus verstärkt. Infolge dieser geringen Verstärkung des Magnetismus wird aber auch die in den Ankerdrähten erregte elektromotorische Kraft verstärkt, folglich der Strom stärker, dadurch weiter der Magnetismus stärker usf. Allerdings geht diese gegenseitige Verstärkung von elektromotorischer Kraft, Stromstärke und Magnetismus nicht etwa fortwährend weiter, sondern die Spannung erreicht eine Grenze, die abhängt vom Widerstand der Magnetwickelung und der Magnetisierbarkeit der Maschine. Zum besseren Verständnis des eben Gesagten muß zunächst auf die frühere Fig. 13 zurückgegriffen werden.

In Fig. 13 ist eine Versuchsanordnung gezeichnet, durch welche man in den Stand gesetzt wird, Eisen auf seine Magnetisierbarkeit zu untersuchen. Führt man einen solchen Versuch aus, so beobachtet man, daß der Magnet $M$, der aus dem zu untersuchenden Eisen gebogen ist, um so mehr Belastung $P$ in der Wagschale an seinem Anker $E$ festhält, je stärker der Strom ist. Aber nur für schwächere Ströme nimmt der Magnetismus, der ja gleichbedeutend mit der Tragkraft des Magnets ist, in demselben Verhältnis zu, wie der Strom $J$, der durch die Windungen des Magnets fließt. Für stärkere Ströme nimmt der Magnetismus allmählich immer weniger zu als der Strom, bis schließlich, bei ganz starken Strömen, eine Erhöhung des Magnetismus nicht mehr, oder kaum noch

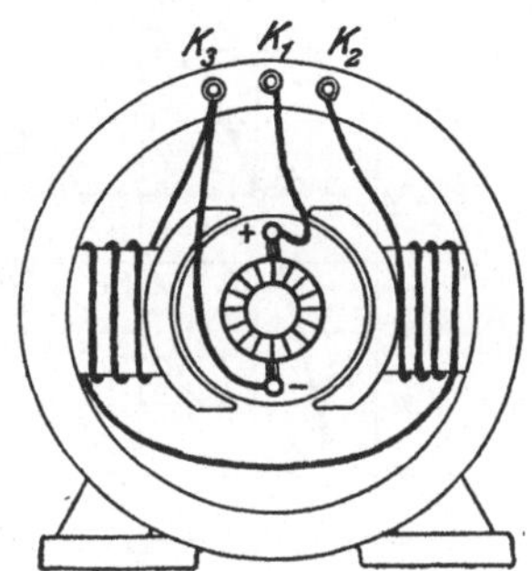

Fig. 135.   Hauptstrommaschine mit rundem Gehäuse.

merkbar erreicht wird. Bei einer elektrischen Maschine kann man sehr einfach die Magnetisierbarkeit durch Aufnahme der sogenannten Leerlaufscharakteristik feststellen. Hierbei wird die Maschine durch einen Riemen oder sonstwie in gewöhnlicher Weise angetrieben, so daß sie ihre normale Umlaufszahl macht. Zu den Magnetklemmen $K_2$, $K_3$, Fig. 134 und 135, wird aus einer Akkumulatorenbatterie ein fremder Strom $J$ geleitet, und an die Ankerklemmen $K_1 K_3$ wird ein Voltmeter angeschlossen. Die Magnete sind durch den Akkumulatorenstrom erregt, und im Anker entsteht deshalb durch die Drehung eine elektromotorische Kraft, welche in genauem Verhältnis zu dem Magnetismus steht. Es möge nun das Weitere an einem Beispiel gezeigt werden. Eine derartige Messung soll die Werte der nachstehenden Tabelle ergeben haben, wobei unter $J$ die Stromstärke in der Magnetwickelung und unter $E$ die in der Ankerwickelung erregte, an den Klemmen $K_1 K_3$ gemessene Spannung verstanden ist.

Die gemessenen Werte aus der Tabelle werden als Kurve aufgetragen, indem man nach Fig. 136 eine senkrechte Linie in 10 Teile und eine wagrechte in 7 Teile einteilt. Auf der Senkrechten bedeutet 1 Teilstück jedesmal 10 Volt und auf der Wagrechten 1 Teilstück 10 Ampere. Es entspricht dann Punkt $P_1$ dem mit 20 bezeichneten Teilstrich auf der Senkrechten und dem mit 5 bezeichneten auf der Wagrechten, ist also der erste Punkt der Tabelle, 20 Volt bei 5 Ampere. Ebenso entspricht $P_2$ dem zweiten Punkt 50 Volt bei 10 Ampere usw., also die Punkte $P_1$, $P_2$, $P_3$ bis $P_8$ sind die aufgezeichneten Tabellenwerte. Durch Verbindung aller Punkte erhält man die Leerlaufscharakteristik. Diese Kurve ist natürlich für jede Maschine eine andere. Um mit Hilfe dieser Kurve erkennen zu können, wie hoch die Maschine sich selbst

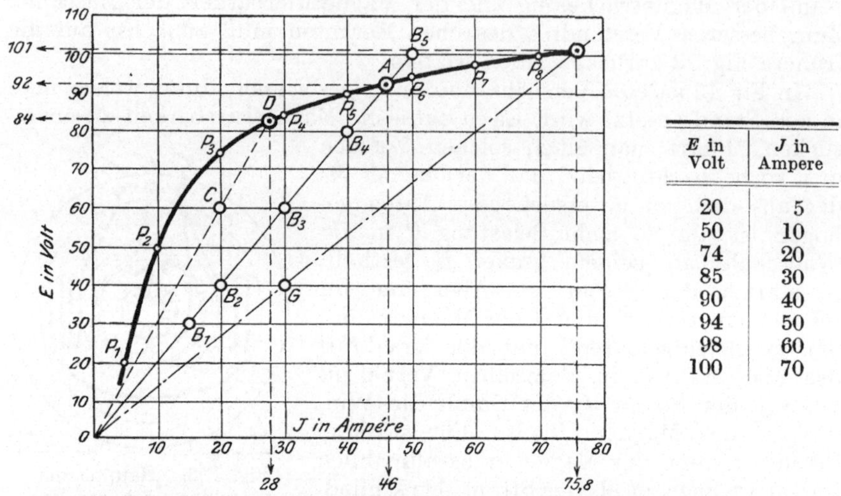



| E in Volt | J in Ampere |
|---|---|
| 20 | 5 |
| 50 | 10 |
| 74 | 20 |
| 85 | 30 |
| 90 | 40 |
| 94 | 50 |
| 98 | 60 |
| 100 | 70 |

Fig. 136. Leerlaufscharakteristik einer Hauptstrommaschine.

erregt, muß man noch den Widerstand des Stromkreises kennen. Der Widerstand des ganzen Stromkreises setzt sich bei der Hauptstrommaschine zusammen aus dem Widerstand des Ankers, dem Widerstand des äußeren Stromkreises und dem Widerstand der Magnetwickelung, denn in dieser Reihenfolge durchfließt der Strom nach Fig. 134 die verschiedenen Widerstände.

Es sei der Ankerwiderstand 0,02 Ohm, ebenfalls sei der Magnetwiderstand 0,02 Ohm und der äußere Stromkreis möge 1,96 Ohm haben. Dann ist der ganze Widerstand des Stromkreises $0,02 + 0,02 + 1,96 = 2$ Ohm. Nach dem Ohmschen Gesetz (Formel 1) ist

$$J = \frac{E}{W}.$$

Ist die elektromotorische Kraft der Maschine z. B. $E = 60$ Volt, dann wird, weil $W = 2\,\Omega$ ist, die Stromstärke $J = \dfrac{60}{2} = 30$ Ampere. Rechnen wir noch mehr Werte aus, so finden wir für

$$E = \ 30 \ \text{Volt}: \quad J = \frac{30}{2} = 15 \ \text{Ampere}.$$

$$E = \ 40 \quad ,, \quad : \quad J = \frac{40}{2} = 20 \quad ,,$$

$$E = \ 80 \quad ,, \quad : \quad J = \frac{80}{2} = 40 \quad ,,$$

$$E = 100 \quad ,, \quad : \quad J = \frac{100}{2} = 50 \quad ,,$$

Tragen wir diese nach dem Ohmschen Gesetz zusammengehörigen Werte ebenfalls als Kurve in Fig. 136 auf, so erhalten wir durch Verbindung der entsprechenden Punkte $B_1$, $B_2$ bis $B_5$ eine gerade Linie. Verfolgen wir nun einmal genau den Vorgang bei der Selbsterregung unter der Voraussetzung, daß der Widerstand des ganzen Stromkreises 2 $\Omega$ beträgt. Der im Magnetgestell vorhandene schwache Magnetismus erzeuge zunächst eine elektromotorische Kraft von $E = 20$ Volt, dann würde diese nach dem Ohmschen Gesetz einen Strom erzeugen von

$$J = \frac{20}{2} = 10 \ \text{Ampere}.$$

Nach der Leerlaufcharakteristik Fig. 136 entsteht aber bei 10 Ampere ein Magnetismus in den Magneten, durch den 50 Volt elektromotorische Kraft im Anker erzeugt werden, denn zu 10 Ampere gehört Punkt $P_2$, der 50 Volt entspricht. Bei 50 Volt und 2 $\Omega$ entstehen aber $\frac{50}{2} = 25$ Ampere und durch diesen Strom werden wieder 80 Volt im Anker erzeugt. Diese 80 Volt rufen einen Strom von $\frac{80}{2} = 40$ Ampere im Stromkreis hervor, wodurch weiter 90 Volt (Punkt $P_5$) im Anker entstehen usf., bis auf diese Weise allmählich Punkt $A$ erreicht wird; dann hört die Steigerung auf, denn jetzt erzeugt der Strom 46 Ampere in den Magneten ein Feld, durch welches im Anker eine elektromotorische Kraft von $E = 92$ Volt induziert wird, und nach dem Ohmschen Gesetz entsteht durch 92 Volt bei 2 $\Omega$ auch ein Strom von $\frac{92}{2} = 46$ Ampere.

Weiter kann also bei diesem Widerstand von 2 $\Omega$ im Stromkreis die elektromotorische Kraft des Ankers nicht mehr steigen. Man kann aus der Fig. 136 erkennen, daß, solange die Leerlaufcharakteristik höher liegt als die dem Ohmschen Gesetz für den betreffenden Stromkreis entsprechende gerade Linie aus den Punkten $B_1$, $B_2$, $B_3$ bis $B_5$, die durch den von dem Strom $J$ erzeugten Magnetismus hervorgerufene elektromotorische Kraft immer größer ist, als sie nach dem Ohmschen Gesetz sein muß; erst beim Schnittpunkt $A$ genügt die elektromotorische Kraft gleichzeitig dem Ohmschen Gesetz und der Leerlaufcharakteristik.

Untersuchen wir jetzt das Verhalten der Maschine bei einem anderen äußeren Widerstand, z. B. 2,96 $\Omega$, dann beträgt, da ja Anker- und Magnetwiderstand je 0,02 $\Omega$ sind, der gesamte Widerstand des Stromkreises jetzt $0,02 + 0,02 + 2,96 = 3 \Omega$, und nach dem Ohmschen Gesetz erhalten wir z. B. für 60 Volt eine Stromstärke von

$$J = \frac{60}{3} = 20 \text{ Ampere.}$$

Wollen wir nun die gerade Linie für 3 $\Omega$ Widerstand des Stromkreises aufzeichnen, so braucht man nur einen Punkt dazu, z. B. den Punkt $C$ in Fig. 136, der 20 Ampere und 60 Volt entspricht. Durch diesen Punkt und durch den Punkt $O$ ist dann die gerade Linie bestimmt, auf welcher sämtliche nach dem Ohmschen Gesetz zusammengehörenden Werte von elektromotorischen Kräften und Strömen liegen für einen Stromkreiswiderstand von 3 $\Omega$. (Auch bei der Bestimmung der geraden Linie $B_1$, $B_2$ bis $B_5$ war es nur nötig, einen Punkt, z. B. bei 60 Volt $J = \frac{60}{2} = 30$, also Punkt $B_3$ aufzuzeichnen und mit $O$ zu verbinden, es wurden nur deshalb mehrere Punkte berechnet, um zu zeigen, daß alle auf einer geraden Linie liegen.)

Da nun die neue Linie $OC$ für 3 Ohm Widerstand die Leerlaufscharakteristik in Punkt $D$ schneidet, so ergibt sich, daß jetzt, wo der Widerstand des Stromkreises höher ist, die Maschine sich nur noch bis zum Punkt $D$, also bis 84 Volt erregen kann. Der Strom kann daher jetzt nicht stärker als $\frac{84}{3} = 28$ Ampere werden.

Wäre der gesamte Widerstand des Stromkreises nur noch 1,333 $\Omega$, dann erhielte man z. B. für 40 Volt einen Strom von $J = \frac{40}{1,333} = 30$ Ampere, dem entspricht Punkt $G$; zieht man nun die Linie $OG$, so erhält man durch deren Verlängerung den Schnittpunkt $F$, d. h. jetzt erregt sich die Maschine bis 101 Volt und liefert dabei einen Strom von

$$J = \frac{101}{1,333} = 75,8 \text{ Ampere.}$$

Man erkennt nun auch gleichzeitig das Verhalten der Hauptstrommaschine bei Änderung des Widerstandes im äußeren Stromkreise. Je kleiner der Widerstand wird, um so größer wird die elektromotorische Kraft und um so mehr Strom liefert die Hauptstrommaschine. Bei zunehmender Belastung oder Stromentnahme steigt auch die Spannung bei der Hauptstrommaschine.

Wie aber schon bei Fig. 136 bemerkt wurde, ist die dort gezeichnete Konstruktion nicht ganz richtig, und zwar deshalb nicht, weil die Leerlaufscharakteristik nur, wie schon der Name sagt, für die leer laufende Maschine, also für stromlosen Anker gültig ist. Wenn aber eine elektrische

Maschine im Betriebe ist, liefert der Anker Strom und dadurch treten
Erscheinungen auf, die man als Rückwirkung des Ankerstromes
bezeichnet. Um diese Rückwirkung zu untersuchen, soll zunächst die
Lage der Bürsten auf dem Kollektor festgestellt werden. In Fig. 137
ist noch einmal schematisch der schon in Fig. 118 dargestellte Anker
gezeichnet. Wenn die Drehung im Sinne des Pfeiles über dem Anker
erfolgt, dann entstehen nach der auf Seite 28 angegebenen Handregel
in den Drähten 2, 3, 4, 5, 6 elektromotorische Kräfte, die von hinten
nach vorne gerichtet sind, während in den Drähten 8, 9, 10, 11, 12 elektromotorische Kräfte entstehen, die nach hinten zu gerichtet sind. Verfolgt
man nun die dadurch in den Ankerdrähten entstehenden Ströme, so
findet man, daß an dem Punkt $A$ von Draht 8 aus durch den nicht induzierten Draht 1 hindurch und von Draht 6 aus die Ströme zusammen-

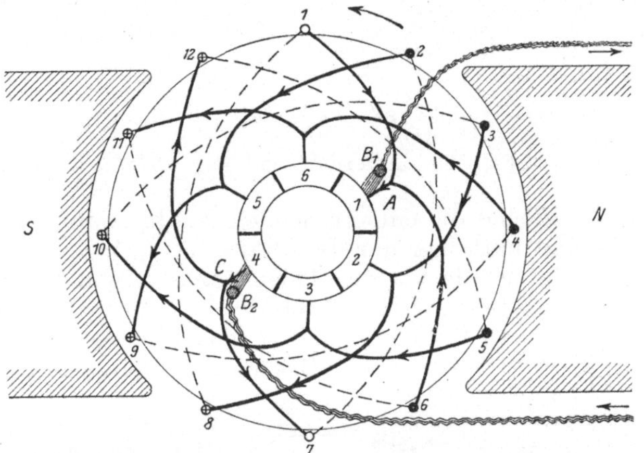

Fig. 137. Schema der Wickelung nach Fig. 118.

stoßen; legt man daher auf die Lamelle 1 eine Bürste $B_1$, dann fließen
die bei $A$ zusammenkommenden Ströme nach der Lamelle 1 und in die
Bürste $B_1$ hinein und von dort weiter in die Leitung $L_1$. Durch die
Leitung $L_2$ kehrt dann der Strom wieder zur Bürste $B_2$ zurück
und dann durch Lamelle 4 zum Punkt $C$, wo er sich nach links
und rechts hin in die Ankerdrähte verteilt. Man erkennt, daß
Lamelle 1 mit Draht 1 und Lamelle 4 mit Draht 7 verbunden ist,
also mit denjenigen beiden Drähten, die gerade in der Mitte zwischen
den Polen liegen. Hieraus ergibt sich für jede Gleichstrommaschine,
Generator oder Motor, für die Auflagestelle der Bürsten die Regel:
**Man muß die Bürsten stets auf solche Kollektorlamellen
auflegen, die mit Drähten in der Mitte zwischen zwei Polen
verbunden sind.**

In Fig. 20 wurde schon gezeigt, daß ein stromdurchflossener Draht
ein kreisförmig um ihn verlaufendes Kraftlinienfeld besitzt. Folglich
verlaufen, ähnlich wie in Fig. 24, die Kraftlinien des Ankerstromes so,

wie die punktierten Linien in Fig. 138 angeben. Die Linien *I, II, III,
IV* sind der Verlauf der Kraftlinien des Hauptfeldes, welches die Magnete
der Maschine erzeugen, und man erkennt aus Fig. 138, daß die punktierten Ankerkraftlinien den Hauptkraftlinien *III* und *IV* an der Kante *A*
des Poles *N* entgegengesetzt gerichtet sind, während an der Kante *B*
des Poles *N* Ankerkraftlinien und Hauptkraftlinien gleiche Richtung

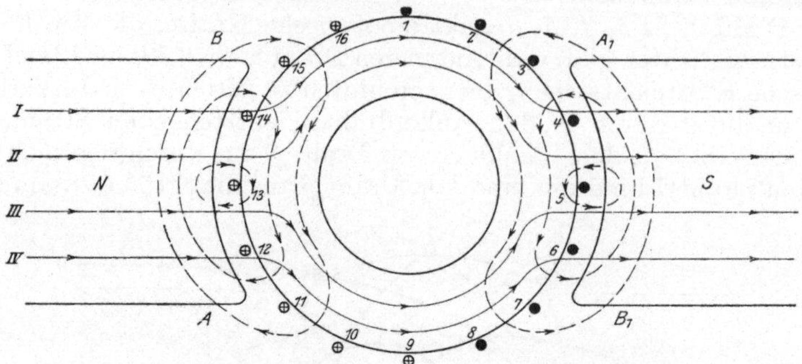

Fig. 138. Ankerfeld und Hauptfeld.

haben. Bei Pol *S* sind die entsprechenden Kanten mit $A_1$ und $B_1$ bezeichnet. Es sind natürlich nur die Drähte *3, 4, 5, 6, 7, 11* und *12,
13, 14, 15*, welche gerade vor den Polen liegen, imstande, ihre Kraftlinien in der angegebenen Weise durch die Pole zu senden. Die Folge
davon ist, daß an den Kanten *A* und $A_1$ das Feld geschwächt und an
den Kanten *B*, $B_1$ verstärkt wird. Das Feld einer belasteten Maschine

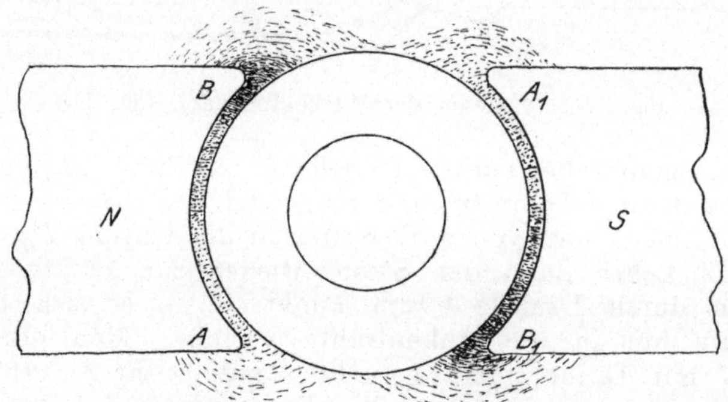

Fig. 139. Feld einer belasteten Maschine.

verläuft also nicht mehr in der Weise, wie schon in Fig. 19 gezeichnet
ist, sondern wie in Fig. 139 angedeutet ist, so, daß an den Polkanten
*B*, $B_1$ die Kraftlinien dichter und an den Polkanten *A*, $A_1$ schwächer
auftreten. Es ist gewissermaßen das Feld verschoben, und zwar
ist es bei Stromerzeugern oder Generatoren immer in der Richtung
verschoben, wie der Anker umläuft, bei Motoren aber, die bei derselben

Ankerstrom- und Magnetfeldrichtung umgekehrt laufen, wie noch gezeigt werden soll, ist die Feldverschiebung entgegen dem Umlaufssinne. Daß das Feld in den Figuren 138 und 139 sich scheinbar gerade entgegengesetzt verhält, wie soeben gesagt wurde, liegt daran, daß in Fig. 138 die Pole $N$ und $S$ gegen die gleichen Pole in Fig. 137 vertauscht sind.

Aus der Verschiebung des Feldes, welche sich, wie ohne weiteres klar ist, mit der Stromstärke des Ankers derartig ändert, daß bei starkem Strom die Verschiebung ebenfalls stark ist und bei schwacher Belastung klein, ergibt sich, daß die Bürsten der Maschine ebenfalls verschoben werden müssen, wenn sich die Stromstärke des Ankers, also die Belastung

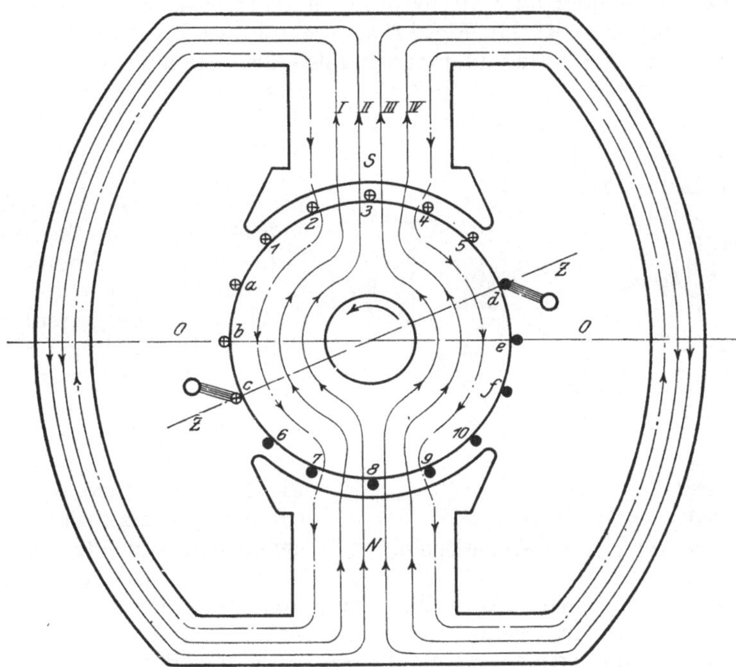

Fig. 140. Rückwirkende Ankerdrähte.

der Maschine ändert. Neuerdings wird aber bei Gleichstrommaschinen unter anderem gewöhnlich auch die Bedingung gestellt, daß die Bürstenstellung bei jeder Belastung zwischen Vollast und Leerlauf dieselbe bleiben soll. Man kann dies dadurch erreichen, daß man das Ankerfeld möglichst klein hält, also wenig Drähte auf dem Anker anordnet, und außerdem kann man durch besondere Form der Polschuhe die Feldverteilung beeinflussen. Auch die später bei den Figuren 148, 149 erklärten Wendepole und Kompensationswickelungen wirken in diesem Sinne.

Die Wirkung der stromdurchflossenen Ankerdrähte besteht aber nicht nur in einer Verschiebung des Feldes, sondern auch in einer

Schwächung des Hauptfeldes. Diese Schwächung, die eigentliche Rückwirkung des Ankers, wird durch die zwischen den Polen liegenden Ankerdrähte hervorgerufen. Diese Drähte sind in Fig. 140 mit $a$, $b$, $c$ und $d$, $e$, $f$ bezeichnet, und von diesen Drähten rühren die in Fig. 140 mit Strich, Punkt ($-\cdot-$) bezeichneten Kraftlinien her, welche den Hauptkraftlinien $I$, $II$, $III$, $IV$ direkt entgegen gerichtet sind. Es wird also das Feld durch die Drähte unter den Polen verschoben und durch die Drähte zwischen den Polen geschwächt, beides um so mehr, je stärker die Maschine belastet ist, je stärker also der Strom im Anker ist.

Wir wollen nun den Vorgang der Stromwendung betrachten, der das Feuern bedingt und deshalb bei allen Kollektormaschinen von großer Wichtigkeit ist. In Fig. 141a, b, c sei dieselbe Spule (vgl. auch Fig. 120) in drei kurz aufeinander folgenden Stellungen gezeichnet.

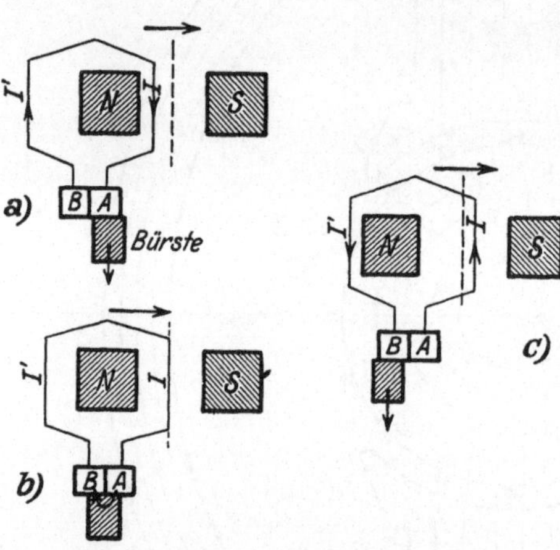

Der Leser denke sich die Spule über den Polen $N$ und $S$ nach rechts hin bewegt, dann entstehen in den Spulenseiten $I$ und $I'$ unter dem Einfluß der Pole elektromotorische Kräfte, beziehungsweise Ströme, die in den Figuren 141a und c durch Pfeile dargestellt sind (vgl. auch Handregel Fig. 27 und Fig. 28). Wie man sieht, fließt der Strom in den Seiten $I$ und $I'$ der Fig. 141a entgegengesetzt dem Strom in Fig. 141c. Die Stromwendung ist in der dazwischen gelegenen Zeit vollendet worden; die Bürste gelangte hierbei

Fig. 141a, b, c.  Stromwendung.

von Lamelle $A$ nach $B$. Eine Änderung der Stromrichtung ist aber nur denkbar, wenn die Stromstärke in einem Augenblick den Wert Null erreicht, was in der Stellung der Fig. 141b der Fall ist. Der Strom hat also in unserer Spule abgenommen und mit ihm auch die durch ihn hervorgerufene Kraftlinienzahl, wodurch aber sofort eine elektromotorische Kraft entstand, die ebenfalls der Pfeilrichtung in Fig. 141a entspricht. Die EMK der Selbstinduktion, auch Reaktanzspannung genannt, findet einen geschlossenen Stromkreis vor, da ja die Bürste während der betrachteten Zeit auf den beiden Lamellen $A$ und $B$ gleichzeitig aufliegt und erzeugt daselbst einen starken Strom, der die Bürstenkante, wenn sie nämlich nur noch wenig auf Lamelle $A$ aufliegt, überlastet und zum Glühen bringt, was nicht ohne Brandstelle auf der Kollektorlamelle abgeht.

Die Maschine feuert. Dies darf bei normaler Belastung nicht eintreten und kann dadurch vermieden werden, daß man die Stromwendung nicht dann vornimmt, wenn die Spulenseiten sich in der Mitte

zwischen den beiden Polen befinden, also an einer kraftlinienfreien
Stelle, sondern weiter im Sinne der Drehung verschoben, in der Nähe
der Pole. Dort ist nämlich schon ein Kraftlinienfeld vorhanden, das
in den Spulenseiten eine EMK hervorruft, die der EMK der Selbstinduktion entgegengerichtet ist. Sind die beiden elektromotorischen Kräfte
gleich, was durch die Verschiebung der Bürsten erreicht wird, so kann
ein Kurzschlußstrom überhaupt nicht entstehen, die Maschine läuft
funkenfrei.

Die durch den Pol zu erzeugende EMK hängt ab von der Kraftlinienzahl v o r dem Pol und diese wird, wie wir aus Fig. 139 gesehen haben
durch die rückwirkende Kraft des Ankerstromes mit wachsender Stromstärke immer kleiner, während gleichzeitig die Reaktanzspannung
wächst. Es wird daher, selbst bei der besten Maschine, nicht möglich
sein, bei starker Überlastung funkenfreien Gang zu erzielen, wenn man
nicht das zur Erzeugung der EMK erforderliche Feld durch besondere
Pole, sogenannte Wendepole, die in der Mitte zwischen den Hauptpolen
liegen, herstellt. Über diese soll weiter unten noch Näheres mitgeteilt
werden (Seite 117).

Wegen der oben beschriebenen Schwächung des Hauptfeldes durch
den Ankerstrom ist die Ableitung in Fig. 136 nicht ganz richtig, denn
sie ist ja bei Leerlauf aufgenommen,
während sich die Hauptstrommaschine nur bei Belastung erregen
kann. Man darf deshalb bei der
Hauptstrommaschine nicht die Leerlaufscharakteristik zur Darstellung
des Vorganges der Selbsterregung
benutzen, sondern nach Fig. 142
eine Kurve *II*, welche man erhält,
wenn man von der Leerlaufscharakteristik *I* die mit dem Strom *J*
immer größer werdende Ankerrückwirkung abzieht. Wie diese
Konstruktion auszuführen ist, würde
hier zu weit führen. Man sieht aber

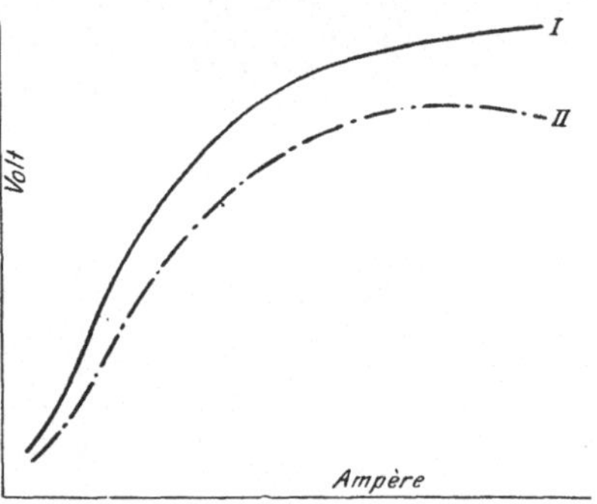


Fig. 142. Leerlaufs- und Belastungs-
charakteristik.

aus Fig. 142, daß der Verlauf der Kurve *II* ähnlich ist wie derjenige
der Kurve *I*, außerdem ist auch bei neueren Maschinen die Ankerrückwirkung nicht sehr groß.

Fassen wir nun noch einmal die Arbeitsweise der Hauptstrommaschine Fig. 134 und 135 kurz zusammen. Derselbe Strom, der im
Anker fließt, fließt auch bei der Hauptstrommaschine durch die Magnetwickelung und den äußeren Stromkreis hintereinander. Wenn die
Hauptstrommaschine stark belastet wird, also starken Strom liefern
muß, dann wird, da dieser Strom auch durch die Magnetwickelung fließt,
ein starkes Feld erzeugt, welches allerdings wegen der eben besprochenen
Ankerrückwirkung etwas, aber meist nur sehr wenig geschwächt wird.
Infolge des starken Feldes entsteht auch eine hohe elektromotorische

Kraft im Anker der Maschine. Wird also eine Hauptstrommaschine stärker belastet, dann nimmt mit dem Strom auch die elektromotorische Kraft zu. Beide werden um so größer, je kleiner der Widerstand im äußeren Stromkreis wird, und Strom und EMK nehmen den größten Wert an bei einem sogenannten Kurzschluß, der dann vorhanden ist, wenn die von der Maschine abgehenden Leitungen in Fig. 134 schon vor den Bogenlampen direkt miteinander in Verbindung kommen, indem sie z. B. beide gleichzeitig infolge schlechter Verlegung, ein Gasrohr oder einen eisernen Träger berühren, so daß der Widerstand im äußeren Stromkreis nur aus den Leitungen besteht und sehr klein ist. Da der Kurzschlußstrom sehr groß ausfällt, daher die Maschine durch ihn Schaden leiden dürfte, so müssen Hauptstrommaschinen stets mit selbsttätigen Schaltern gegen Überlastung versehen sein. Solche Schalter (vgl. Fig. 355) werden später noch erklärt werden in dem Abschnitt über Arbeitsübertragung.

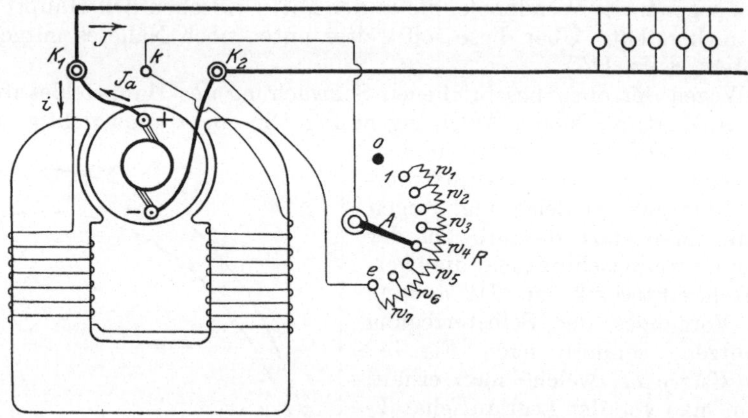


Fig. 143.   Nebenschlußmaschine.

Eine zweite viel häufiger angewendete Maschine ist die Nebenschlußmaschine. Ihre Schaltung ist in Fig. 143 und 144 angegeben, und zwar in Fig. 143 für eine zweipolige ältere Type und in Fig. 144 für eine vierpolige Type, bei welcher der Regler $R$ und der äußere Stromkreis genau so angeschlossen wird wie in Fig. 144. Außerdem sind auch bei der Maschine in Fig. 144 die Verbindungskabel $\sqrt{}$, die schon bei Fig. 129 erwähnt wurden, angegeben. Aus der Schaltung Fig. 143 erkennt man, daß nur ein Teil des Stromes, der aus dem Anker fließt, durch die Magnetwickelung geleitet wird, denn an der Klemme $K_1$ verzweigt sich der Strom $J_a$, der durch die Bürste $+$ aus dem Anker kommt, in die beiden Zweige $J$ und $i$, von denen der Strom $J$ in den äußeren Stromkreis fließt und von da nach der Klemme $K_2$ zurückkehrt, während $i$ die Magnetwickelung durchfließt, dann zur Klemme $k$ und von dort durch den Regler $R$ ebenfalls zur Klemme $K_2$ zurückkehrt, sich dort mit dem äußeren Strom $J$ vereint und gemeinsam mit diesem zur Bürste — und in den Anker zurückfließt. Man hält natürlich den Zweigstrom $i$, der zur Magnetisierung der Maschine dient, möglichst klein, gegenüber dem Strom $J$. Damit dieser schwache Strom einen starken Magnetismus erzeugt, muß er in vielen Windungen um die Magnete herumgeleitet werden. Hieraus ergibt sich ein äußerlich erkennbarer Unterschied zwischen der Hauptstrom- und der Nebenschlußmaschine. Die Hauptstrommaschine besitzt nur wenige Windungen aus dickem Draht auf ihrer Magnetwickelung, während die Nebenschlußmaschine viele Windungen aus dünnem Draht besitzt.

Auch die Nebenschlußmaschine kann sich selbst erregen. Dabei muß aber der äußere Stromkreis ausgeschaltet sein. Man läßt nur die Antriebsmaschine anlaufen und wenn die normale Umlaufszahl erreicht ist, dreht man die Kurbel $A$ desReglers $R$ in Fig. 143 von dem Kontakt $0$ auf irgend einen der Kontakte zwischen $1$ und $e$. Dadurch ist für den Magnetstrom $i$ ein geschlossener Stromkreis hergestellt, welcher von der Bürste $+$ nach $K_1$ durch die Magnetwickelung nach $k$, durch $R$ nach $K_2$ zur Bürste $-$ verläuft. Durch den von dem vorhergegangenen Betrieb zurückgebliebenen schwachen Magnetismus entsteht dann auch hier im Anker eine schwache elektromotorische Kraft, die einen ebenfalls schwachen Strom durch die Magnetwickelung treibt. Dieser ver-

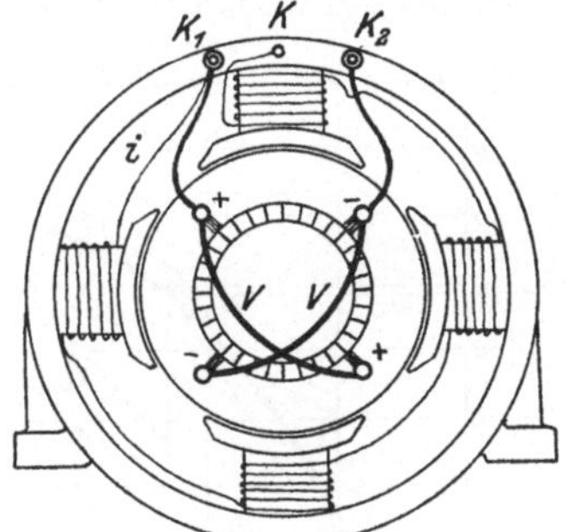

Fig. 144. Vierpolige Nebenschlußmaschine.

stärkt das Feld, dadurch wird wieder die elektromotorische Kraft verstärkt usf., wie bei der Hauptstrommaschine schon erklärt wurde.

Um zu erkennen, wie hoch sich die Nebenschlußmaschine erregt, soll auch hier der Vorgang etwas genauer behandelt werden. Wir benutzen wieder die Leerlaufscharakteristik der Maschine, die wir hier auch erhalten, indem wir den Anker mit seiner normalen Umlaufszahl antreiben, durch die Magnetwickelung einen Strom aus einer fremden Stromquelle hindurchleiten und mit einem Voltmeter die im Anker erzeugte elektromotorische Kraft $E$ messen. Durch Aufzeichnen der zusammengehörigen gemessenen Werte von $E$ und $i$ erhält man die Punkte $P_1$, $P_2$ bis $P_6$ und daraus die Leerlaufscharakteristik in Fig. 145. Nehmen wir, um ein Beispiel zu haben, an, der Magnetwiderstand der Nebenschlußmaschine sei 20 $\Omega$, die Kurbel $A$ des Reglers in Fig. 143 stehe so, daß von dem Widerstand desselben noch 10 $\Omega$ eingeschaltet sind. Der Regler besteht, wie in Fig. 143 schematisch angegeben ist, aus Kontakten $0$, $1$, $2$ bis $e$, auf denen die Kurbel $A$ verschoben werden kann. Die einzelnen Kontakte mit Ausnahme von $0$ sind durch abgeglichene Widerstände $w_1$, $w_2$, $w_3$ usw. verbunden. Steht die Kurbel $A$ auf $1$, dann muß der Strom durch alle Widerstände $w_1$, $w_2$, $w_3$ bis $w_7$ hindurch. Steht $A$ auf Kontakt $e$, dann ist kein Widerstand mehr eingeschaltet. In der gezeichneten Stellung der Kurbel sind die Widerstandsstufen $w_5$, $w_6$, $w_7$ eingeschaltet, diese würden also zusammen in dem oben angenommenen Beispiel 10 $\Omega$ betragen. Der gesamte Widerstand im Magnetstromkreis beträgt dann $20 + 10 = 30$ $\Omega$, folglich würden z. B. bei 60 Volt $i = \dfrac{60}{30} = 2$ Ampere in der Magnetwickelung fließen. Um zu erkennen, wie hoch sich die Maschine bei 30 $\Omega$ Magnetkreiswiderstand erregen wird, zeichnet man den Punkt $B_1$ ein, welcher 2 Ampere bei 60 Volt entspricht, verbindet $B_1$ mit $O$ und findet durch den Schnittpunkt $A$ dieser Geraden 69 Volt bei 2,3 Ampere Magnetstrom.

Die Selbsterregung erfolgt also genau so wie bei der Hauptstrommaschine, und ist die Bestimmung nach Fig. 145 für die Nebenschlußmaschine streng richtig, wie noch erklärt werden soll. Die elektromotorische Kraft, bis zu der die Nebenschlußmaschine sich erregt, hängt ab vom Widerstand des Magnetstromkreises. Es muß ja, wie schon bemerkt wurde, bei der Selbsterregung der äußere Stromkreis der Maschine, der an die Klemmen $K_1$, $K_2$ angeschlossen ist, ausgeschaltet sein. In diesem Fall wirkt die Maschine wie die Hauptstrommaschine, man braucht nur den Widerstand des Reglers $R$ an die Stelle des äußeren Stromkreises zu setzen.

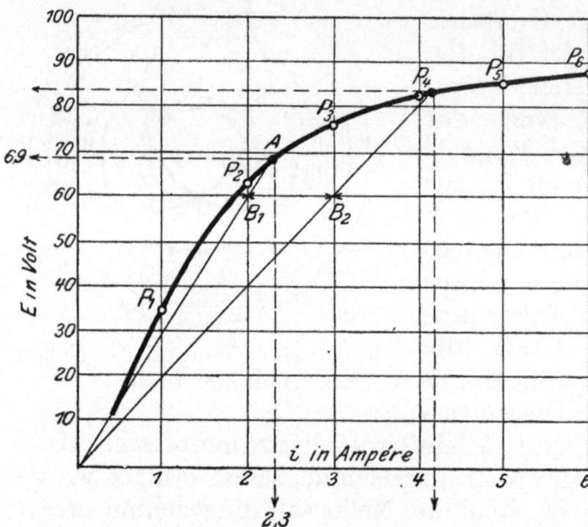



Fig. 145.   Leerlaufscharakteristik einer Nebenschlußmaschine.

Die höchste Spannung, bis zu der sich die Nebenschlußmaschine in dem angenommenen Beispiel erregen kann, findet man für den kleinsten Magnetkreiswiderstand, also für $R = 0$ (wenn die Kurbel $A$ auf $e$ steht), dann ist also der Magnetkreiswiderstand 20 $\Omega$. Für diesen Fall würden 60 Volt einen Strom $i = \dfrac{60}{20} = 3$ Ampere hervorrufen und die Gerade verläuft durch Punkt $B_2$, deren Schnitt mit der Leerlaufscharakteristik bei 83 Volt und $i = 4,15$ Ampere liegt. Je weniger Widerstand also am Regler eingeschaltet ist, um so höher erregt sich die Maschine und auch um so schneller. Letzteres benutzen gewöhnlich die Maschinenwärter, indem sie die Reglerkurbel beim Selbsterregen der Maschine auf den letzten Kontakt stellen (also $R = 0$) und dann drehen sie, während das Voltmeter die wachsende Größe von $E$ anzeigt, die Kurbel so weit zurück, bis die normale Spannung vorhanden ist. Das weitere Einschalten der Maschine soll später genauer beschrieben werden. Wie schon erwähnt, ist die Konstruktion der Selbsterregung für die Nebenschlußmaschine nach Fig. 145 richtig, denn die Störung, von der bei der Hauptstrommaschine die Rede war, wird durch den Ankerstrom hervorgerufen. Dieser ist bei der Selbsterregung der Nebenschlußmaschine aber, weil der äußere Stromkreis abgeschaltet ist, nur sehr schwach, weil die Magnete ja nur sehr wenig Strom erhalten. Der Magnetstrom beträgt höchstens 5% des Stromes im äußeren Stromkreis und dieser schwache Strom kann selbstverständlich keine Rückwirkung auf das Feld ausüben. Man kann also bei der Nebenschlußmaschine zur Konstruktion der Vorgänge bei der Selbsterregung direkt die Leerlaufscharakteristik verwenden, weil die Maschine leer anlaufen muß.

Das Verhalten der Nebenschlußmaschine im Betriebe ist gerade entgegengesetzt wie das der Hauptstrommaschine. Als Beispiel möge eine Nebenschlußmaschine dienen, welche Strom für eine Lichtanlage erzeugt, in der die Lampen zum normalen Brennen eine Spannung von 110 Volt verbrauchen. Die Maschine muß dann so berechnet und ausgeführt sein, daß sie, wenn die Kurbel $A$ des Reglers $R$ in Fig. 143 auf Kontakt $1$ steht, sich bei ausgeschaltetem äußeren Widerstand selbst erregt bis zu einer Spannung von 110 Volt. Wird nun die Maschine belastet, indem im äußeren Stromkreis Lampen eingeschaltet werden, so liefert der Anker außer dem schwachen Magnetstrom $i$ noch den starken Strom $J$ für den äußeren Stromkreis, es fließt also ein starker Strom in den Drähten des Ankers und jetzt tritt auch eine Rückwirkung des Ankerstroms auf das Feld der Maschine ein. Diese Rückwirkung äußert sich genau so, wie schon bei den Figuren 138 und 140 erklärt wurde; sie verschiebt das Hauptfeld und schwächt es. Da aber bei der Nebenschlußmaschine nach Fig. 143 die Stärke des Magnetstroms $i$ von der Spannung zwischen den Klemmen $K_1$, $K_2$ abhängig ist und für diese Klemmenspannung nach Seite 16 die Beziehung gilt:

Klemmenspannung $=$ elektromotorische Kraft minus Spannungsverlust im Anker, so nimmt der Magnetstrom $i$ ab, wenn der Strom $J$ im äußeren Stromkreis zunimmt, denn der Spannungsverlust im Anker berechnet sich ja nach Seite 15 zu:

Spannungsverlust im Anker $=$ Ankerstrom $\times$ Ankerwiderstand, er nimmt also mit zunehmendem äußeren Strom zu. Außerdem nimmt auch noch die elektromotorische Kraft im Anker, infolge der Feldschwächung durch die Rückwirkung, bei zunehmendem äußeren Strom ab. In dem besonderen Fall eines Kurzschlusses, wo also die Klemmen $K_1$, $K_2$ durch eine Leitung von fast gar keinem Widerstand verbunden sind, würde zwar im Augenblick der Herstellung der Verbindung ein sehr starker Strom entstehen, aber es bestände auch sogleich zwischen den Klemmen $K_1$, $K_2$ kein Spannungsunterschied mehr, die Klemmenspannung ist fast Null geworden, weil der Widerstand im äußeren Stromkreis fast Null ist, und die ganze im Anker erzeugte elektromotorische Kraft würde nur für den Anker allein verbraucht. Wenn aber die Klemmenspannung zu Null wird, dann wird auch der Magnetstrom $i$ zu Null, d. h. bei Kurzschluß verliert die Nebenschlußmaschine ihren Magnetstrom, ihr Feld verschwindet und sie wird stromlos, also gerade das Umgekehrte wie bei der Hauptstrommaschine.

Da auch, wie schon gesagt, bei zunehmender Belastung die Klemmenspannung der Nebenschlußmaschine abnimmt, die an die Maschine angeschlossenen Lampen oder Motoren zum normalen Arbeiten aber eine konstant bleibende Spannung verlangen, so muß man mit Hilfe des Reglers $R$ (Fig. 143) die Spannung der Maschine nachregulieren, wenn die Belastung zunimmt. Erhält man von der leerlaufenden Maschine bei Stellung der Reglerkurbel $A$ auf Kontakt $1$ eine Spannung von 110 Volt und wird dann die Maschine durch Einschalten von Lampen im äußeren Stromkreis belastet, dann nimmt die Klemmenspannung ab, und es muß die Kurbel $A$ von Kontakt $1$ weiter nach Kontakt $e$ hin gedreht werden. Dadurch wird der Widerstand des Reglers verkleinert, also der Magnetstrom $i$ verstärkt, so daß die Feldschwächung infolge der Rückwirkung des Ankers ausgeglichen wird. Je stärker die Maschine belastet wird, um so weiter muß die Reglerkurbel nach $e$ hin gedreht werden. Bei voller Belastung der Maschine steht sie auf dem letzten Kontakt $e$.

In großen Zentralen und überall, wo nicht nur eine Maschine vorhanden ist, liegt die Magnetwickelung der Nebenschlußmaschine an den sogenannten Sammelschienen, an welche alle Maschinen, und wenn eine Akkumulatorenbatterie vorhanden ist, auch diese angeschlossen sind. Zwischen diesen Sammelschinen herrscht dann konstante Spannung und es kann infolgedessen bei zunehmender Belastung der Magnetstrom nicht mehr abnehmen, er bleibt ebenfalls konstant. In der Maschine nimmt aber wegen der stärkeren Ankerrückwirkung das Feld trotzdem ab und die elektromotorische Kraft der Maschine sinkt, wodurch die Akkumulatoren stärker belastet würden. Man muß also auch dann mit einem Regler den Magnetstrom ändern. Genaueres über diesen Zustand der Nebenschlußmaschine, den man auch Maschine mit Fremderregung nennt, soll später im Abschnitt XII gesagt werden.

Als dritte Schaltung führt man bei den elektrischen Gleichstromerzeugern noch die Maschine mit gemischter Schaltung aus. Bei dieser Maschine, die auch Kompoundmaschine heißt, liegen zwei Arten von Wickelungen auf den Magneten, die eine aus wenigen dicken Windungen und die zweite aus vielen dünnen Windungen. Die dünne Wickelung kann nach Fig. 146 an die Klemmen $K_1$, $K_2$ geschaltet werden, an denen der äußere Stromkreis liegt oder nach Fig. 147 direkt an die Bürsten, denn diese sind ja mit den Klemmen $K_2$, $K_3$ verbunden. Beide Schaltungen, die man auch Verbundmaschine mit langem Schluß (Fig. 146) und Verbundmaschine mit kurzem Schluß (Fig. 147) nennt, haben keine Vorzüge vor einander und sind in ihrer Wirkung vollkommen gleich. Wie man aus den Figuren erkennt, ist die Maschine mit gemischter Schaltung eine Vereinigung der beiden bisher besprochenen Schaltungen, der Nebenschluß- und der Hauptstrommaschine. Sie wird daher auch Eigenschaften von beiden Maschinenschaltungen aufweisen. Da bei der Nebenschlußmaschine die Spannung sinkt, wenn die Belastung zunimmt, bei der Hauptstrommaschine aber unter gleichen Umständen die Spannung steigt, so kann man die Maschine mit gemischter Schaltung so ausführen, daß sie bei allen Belastungen mit unveränderter Klemmenspannung arbeitet. Man braucht deshalb eine Maschine mit gemischter Schaltung nicht zu regulieren, wie die Nebenschlußmaschine, wenn man Lampen im äußeren Stromkreis ein- oder ausschaltet. Die Maschinen mit gemischter Schaltung eignen sich aber nur für kleinere Anlagen und können nur schwierig mit Akkumulatoren zusammen arbeiten.

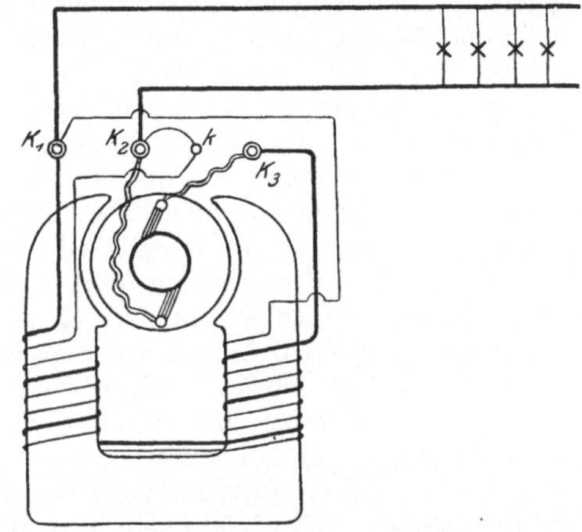

Fig. 146. Maschine mit gemischter Schaltung (Klemmenanschluß).

Will man mit mehreren Maschinen parallel arbeiten, dann muß man sie doch regulieren, indem man zwischen die Klemmen $K_2$, $k$ in den Figuren 146 und 147 einen Regler einschaltet, mit dem man dann die Belastung auf beide Maschinen beliebig verteilen kann und der auch notwendig ist zum Ein- und Ausschalten der Maschinen.

Man wendet daher in größeren Zentralen immer die Nebenschlußmaschine an, in der Schaltung als fremd erregte Maschine, während die Hauptstrommaschine nur für besondere Fälle z. B. Bogenlicht mit hintereinander geschalteten Lampen wie in Fig. 134 und Arbeitsübertragung auf größere Entfernung angewendet werden kann.

In betreff der Größe der Gleichstrommaschinen im allgemeinen muß noch hinzugefügt werden, daß die Maschinen um so kleiner und leichter werden, je schneller sie laufen; denn je schneller sich die Ankerdrähte bewegen, um so weniger Drähte sind auf dem Anker erforderlich, um so kleiner kann also derselbe werden und um so weniger Kraftlinien

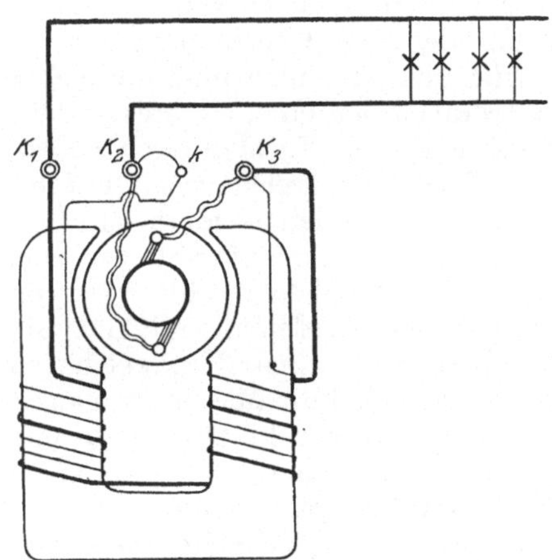

Fig. 147. Maschine mit gemischter Schaltung (Bürstenanschluß).

sind notwendig, um so kleiner werden also die Magnete. Da die Umlaufszahl von den gewöhnlichen Kraftmaschinen, Dampf-, Gas- und Wassermotoren im allgemeinen immer kleiner ist als diejenige von elektrischen Maschinen derselben Leistung, so kann man normal gebaute elektrische Maschinen nicht mit der antreibenden Kraftmaschine direkt kuppeln, sondern muß mit Hilfe eines Riemens eine Übersetzung ins Schnelle herbeiführen. Die normalen Gleichstrommaschinen sind daher Riemenmaschinen nach Fig. 130 und 131 und können für größere Leistungen bis zu etwa 8 Pole erhalten. Eine solche durch Riemen angetriebene Maschine braucht aber mit der Kraftmaschine zusammen einen größeren Raum, als wenn beide Maschinen gekuppelt sind. Wo man also mit dem Raum sparen muß und auch bei größeren Leistungen wendet man die direkt gekuppelten Maschinen nach Fig. 132 und 133 an.

Durch die Elektrotechnik wurden die Maschinenbauer veranlaßt, die Umlaufszahlen ihrer Kraftmaschinen gegen früher zu erhöhen, damit die elektrischen Maschinen direkt gekuppelt werden konnten und nicht gar zu groß ausfielen. Heute ist der umgekehrte Fall eingetreten infolge der immer häufiger werdenden Anwendung der Dampfturbinen, deren Umlaufszahl sehr viel höher ist als die der bisher angewendeten Kraftmaschinen. So macht z. B. eine normale Dampfmaschine für 75 PS etwa 200—250 Umdrehungen in der Minute, dagegen eine Dampfturbine derselben Leistung 3000 Umdrehungen. Eine normale elektrische Maschine für Riemenantrieb, passend zu einer Kraftmaschine von 75 PS wäre eine Maschine für 50 kW, die mit etwa 900 Umdrehungen laufen würde. Man muß also, wenn man Dampfturbinen zum Antrieb von Dynamos benutzen will, durch Riemen oder Zahnräder eine Übersetzung der hohen Umlaufszahl ins Langsamere vornehmen oder man muß die elektrischen Maschinen für höhere Umlaufszahl einrichten. Letzteres ist heute durch die Erfindung der Wendepole und der Kompensationswickelungen möglich geworden. Die Wendepole, welche nicht nur bei den sogenannten Turbodynamos angewendet werden, sondern sehr häufig bei größeren Motoren mit stark veränderlicher Umlaufszahl, wie noch gezeigt werden soll, sind kleine Hilfspole $p$, welche nach Fig. 148 zwischen die Hauptpole $P$ an das Joch angeschraubt werden und mit einer dickdrähtigen Wickelung aus wenigen Windungen versehen sind, welche vom Ankerstrom durchflossen wird. Im übrigen sind die Maschinen ganz normal, wie Fig. 148 zeigt, die eine zweipolige Nebenschlußmaschine mit Wendepolen darstellt. Der Verlauf der Kraftlinien einer Wendepolmaschine ergibt sich aus Fig. 149. Dort sind die Kraftlinien des Hauptfeldes mit $I$, $II$ bezeichnet und die schon in Fig. 138 auf Seite 106 erklärten Querkraftlinien der Windungen unter den Polen mit $3$. Die Wendepole erzeugen nun Kraftlinien, die mit $1$ und $2$ bezeichnet sind und die nach Fig. 148 gerade entgegengesetzt verlaufen, wie die Querkraftlinien $3$, diese demnach aufgehoben werden. Der Hauptzweck der Wendepole ist jedoch ein anderer und wurde schon bei der Erklärung der Stromwendung angedeutet: Sie dienen zur Erzeugung eines magnetischen Feldes an der Stelle, an welcher sich zur

Zeit der Stromwendung die Seiten der durch die Bürsten kurzgeschlossenen Spule befinden. In den Seiten soll eine EMK erzeugt werden, die der Reaktanzspannung gleich, aber ihr entgegengerichtet ist. Da letztere mit der Ankerstromstärke wächst, so muß mit ihr auch das Wendefeld verstärkt, die Wendepole also vom Ankerstrom erregt werden, wie dies aus der Fig. 148 zu ersehen ist.

Um die in Fig. 139 dargestellte Verzerrung des Feldes aufzuheben, dienen die Kompensationswindungen, deren Prinzip aus Fig. 150 erkannt werden kann. Die Pole besitzen Bohrungen, in welchen die Windungen $C$ untergebracht sind, die auch vom Ankerstrom durchflossen werden. Sie sind so geschaltet, daß in ihnen der Strom entgegengesetzt fließt, wie in den vor ihnen liegenden Ankerwindungen zwischen $a\,b$ und $c\,d$. Die Ausführung der Kompensationswickelung geschieht meist nur bei Turbodynamos für Gleichstrom. Diese Maschinen erhalten aber

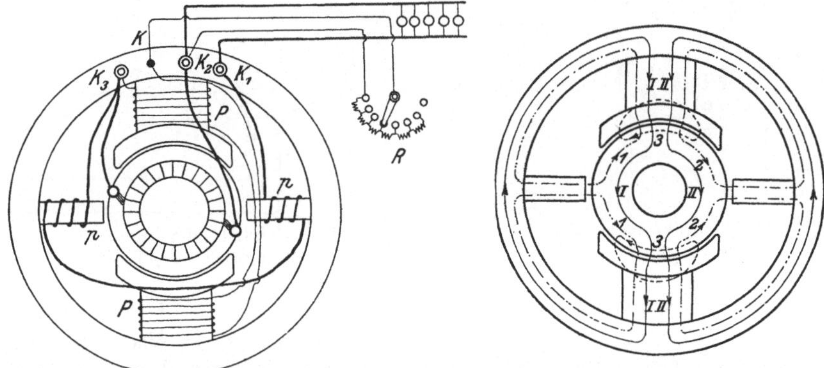

Fig. 148. Nebenschlußmaschine mit Wendepolen.    Fig. 149. Wirkung der Wendepole.

keine gewöhnlichen Magnetsysteme aus massivem Eisen, sondern, wie zuerst Déri angegeben hat, ein aus Blech und mit Nuten versehenes Magnetsystem ohne ausgeprägte Pole nach Fig. 151. Die dort gezeichnete Maschine ist eine vierpolige Nebenschlußdynamo. Die vier Magnetspulen $n$ liegen in etwas größeren Nuten und zwischen ihnen die Kompensationswindungen $C$, die aus Kupferstäben bestehen. Die Zähne, die den Bürsten gegenüber liegen, dienen hierbei gleichzeitig als Wendepole, so daß hier ein für jede Belastung funkenfreier Gang möglich ist. Das Magnetsystem einer derartigen kompensierten Maschine hat Ähnlichkeit mit einem Feld für einen asynchronen Drehfeldmotor, während der Anker in der gewöhnlichen Weise ausgeführt ist. Nur müssen die Anker von Turbodynamos wegen der hohen Umlaufszahl mechanisch viel fester ausgeführt werden und die Wickelungsstäbe oder Spulen müssen viel besser gegen Herausfliegen gesichert werden als bei gewöhnlichen Ankern, wo nach Fig. 112 einfache Drahtbänder $B$ genügen. In Fig. 152 ist ein Anker einer Turbodynamo abgebildet. $A$ ist der Eisenkörper, in dem die Wickelung in teilweise geschlossenen Nuten liegt wie diejenigen im Magnetsystem von Fig. 151. Man schiebt dann Keile von der Seite in die Nut über die Kupferstäbe und sichert die sonst mehr frei auf den Wickelungsträgern (vgl. Fig. 113, dort sind aber die Bandagen auf den Wickelköpfen fortgelassen, die aus einem eben-

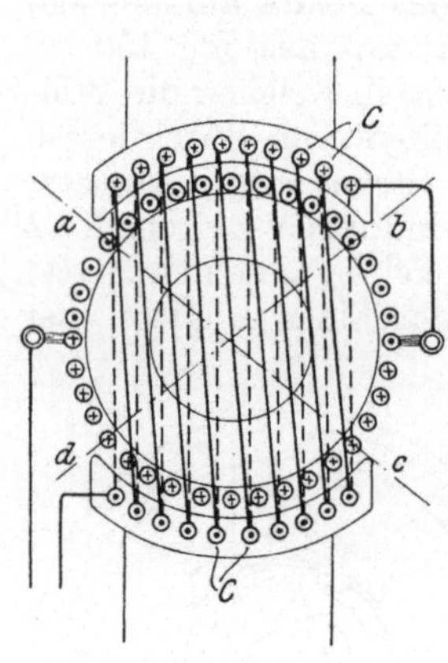

Fig. 150.  Kompensations-
windungen.

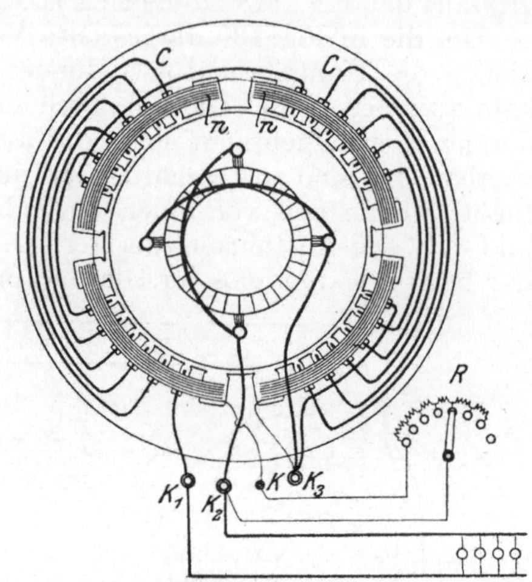

Fig. 151.  Gleichstromturbodynamo mit
Kompensations-Wickelung.

solchen Drahtring bestehen wie die drei Bandagen auf dem Anker) liegenden Wickelungsköpfe durch feste Nickelstahlbüchsen $B$. Die Kollektoren fallen meist sehr lang aus und die Lamellen $K$ müssen deshalb durch mehrere Schrumpfringe $S$ gesichert werden. Ein Turbodynamo wird immer, wie schon Fig. 152 zeigt, viel länger als hoch, weil man eine Vergrößerung des Durchmessers vom Anker möglichst ver-

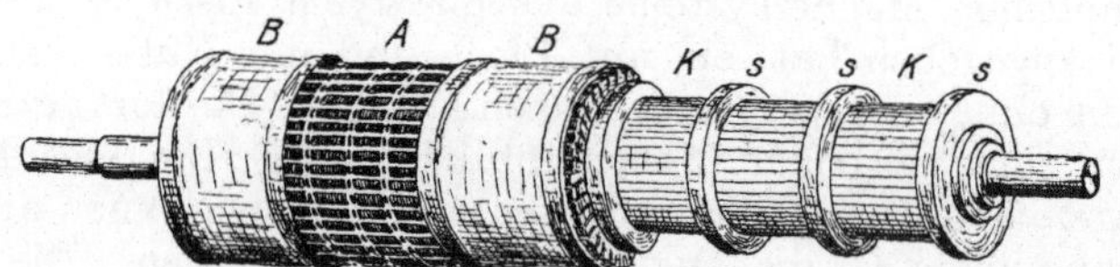

Fig. 152.  Anker einer Gleichstromturbodynamo.

meidet, denn je größer der Durchmesser ist, um so stärker wirkt die Fliehkraft und um so schwieriger wird es, die Wickelung und den Kollektor genügend mechanisch zu sichern. Maschinen von verschiedener Leistung unterscheiden sich also mehr durch ihre Länge wie ihre Höhe. Als Stromabnehmer benutzt man bei Turbodynamos keine Kohlenbürsten, sondern Bürsten aus Kupferblech.

# VI. Stromerzeuger für Wechselstrom, ein- und mehrphasig.

Wie schon im Abschnitt III bei Fig. 53 gezeigt wurde, erhält man durch Drehung einer Drahtschleife vor den Polen eines Magneten eine elektromotorische Kraft, deren Richtung bei einer Umdrehung der Schleife so oft wechselt, wie das Magnetsystem Pole hat. Da man mit wenigstens 80 Wechseln in der Sekunde arbeiten muß, wenn man Glühlicht mit Wechselstrom erzeugen will, wie schon früher erklärt wurde, und weil man aus praktischen Gründen mit der Umlaufszahl nicht zu hoch gehen kann, muß man bei normalen Wechselstrommaschinen immer mehr als zwei Pole anwenden, wie auch schon auf Seite 50 gesagt wurde.

Eine Ausnahme machen Turbodynamos für Wechselstrom, die auch zweipolig ausgeführt werden. Die Wechselstrommaschinen werden, aus später zu erörternden Gründen, sehr häufig für hohe Spannungen ausgeführt. Da man aber Wickelungen mit hoher Spannung dann besser isolieren kann, wenn sie still stehen, so führt man bei Wechselstrom den **Anker mit der Bewickelung ruhend aus,** während das **Magnetrad** mit den **Polen umlaufend** ausgeführt wird. Das Schema einer wirklichen Wechselstrommaschine mit stillstehendem Anker und umlaufendem Magnetrad zeigt Fig. 153. Die Wickelung besteht aus vier Stäben, die mit *1, 2, 3, 4* bezeichnet sind. Diese Stäbe stecken in Löchern des aus Blechen aufgebauten eisernen Ankerkörpers *A*. Wendet man die auf

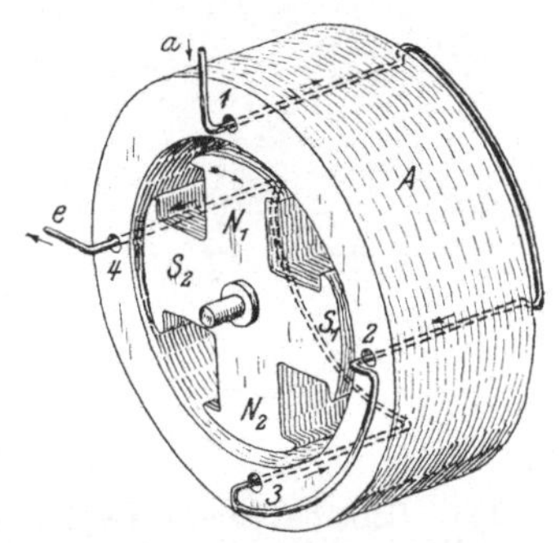

Fig. 153. Schema einer einphasigen Wechselstrommaschine.

Seite 28 gegebene Handregel für den Fall an, daß das Feld sich bewegt, so erhält man bei der augenblicklichen Stellung des Magnetrades in den einzelnen Drähten elektromotorische Kräfte von der Richtung der angezeichneten Pfeile. Hat sich das Magnetrad so weit gedreht, daß der Pol $N_1$ vor dem Draht *2* steht, dann sind in sämtlichen Drähten die elektromotorischen Kräfte umgekehrt gerichtet; steht das Magnetrad mit dem Pol $N_1$ vor Draht *3*, dann haben die elektromotorischen Kräfte wieder die Richtung der gezeichneten Pfeile, und steht es schließlich mit $N_1$ vor Draht *4*, so sind die elektromotorischen Kräfte so gerichtet wie dann, wenn $N_1$ vor Draht *2* steht. Man erhält also für eine Umdrehung des Polrades in diesem Fall eine viermal wechselnde elektromotorische Kraft, und wenn man, wie in der Praxis meist üblich, 100 Wechsel in einer Sekunde erzeugen will, so muß das Polrad mit $\frac{100}{4} = 25$ Umdrehungen in der Sekunde oder mit $25 \cdot 60 = 1500$ Umdrehungen in der Minute umlaufen. Wie auch schon auf Seite 50 gesagt wurde, erhalten die für direkte Kupplung mit Dampf- und anderen Kraftmaschinen bestimmten Wechselstrommaschinen eine große Zahl Pole, bis zu 50 und mehr, weil sie dann sehr langsam laufen.

Man unterscheidet bei Wechselstrommaschinen zwischen ein- und mehrphasigen Maschinen. Hat die Maschine nur eine Wickelung, wie in Fig. 153, dann ist sie einphasig. In Fig. 154 sind zwei Wickelungen auf dem Anker angeordnet: $a_1 e_1$ sind Anfang und Ende der ersten Wickelung und $a_2 e_2$ sind Anfang und Ende der zweiten Wickelung. Man erkennt aus der Figur, daß beide Wickelungen um die halbe Polteilung gegeneinander versetzt sind, denn wenn das Polrad mit den Magnetpolen gerade vor den Drähten der einen Wickelung steht, liegen die Drähte der zweiten Wickelung gerade mitten zwischen den Polen. Demnach ist der Strom in dieser zweiten Wickelung gerade null, wenn er in der ersten einen höchsten Wert hat. Solche zweiphasigen Maschinen

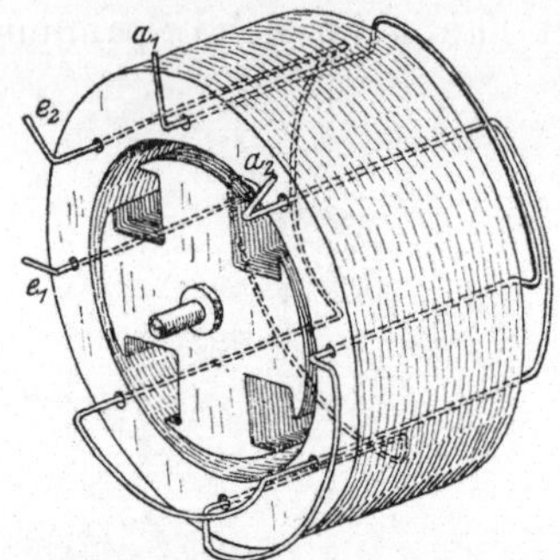

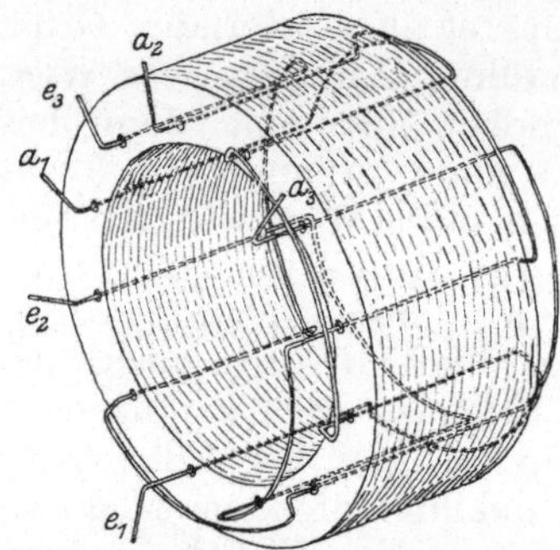

Fig. 154.  Schema einer zweiphasigen
Wechselstrommaschine.

Fig. 155.  Schema der Ankerwickelung
einer dreiphasigen Maschine.

werden aber fast gar nicht angewendet, wohl aber die einphasigen und die dreiphasigen Wechselstromerzeuger. Es soll deshalb auch auf die Zweiphasenmaschinen nicht weiter eingegangen werden und gleich die dreiphasigen Maschinen besprochen werden.

Eine dreiphasige Maschine besitzt drei Wickelungen, die nach Fig. 155 auf dem Anker angeordnet sind. Anfang und Ende der ersten Wickelung sind mit $a_1$ und $e_1$ bezeichnet, desgleichen bedeutet $a_2$ und $e_2$ Anfang und Ende der zweiten und $a_3$ und $e_3$ Anfang und Ende der dritten Wickelung. Die drei Wickelungen sind um $2/3$ der Polteilung gegeneinander versetzt, wie noch besser aus Fig. 156 hervorgeht, wo die Wickelung gerade von vorn gegen die Stirnseite gesehen aufgezeichnet und das Polrad mit dargestellt ist. Da die drei Anfänge $a_1 a_2 a_3$ um $2/3$ der Polteilung gegeneinander versetzt sind, so müssen auch die drei Ströme und ebenso die drei elektromotorischen Kräfte um $2/3$ der Zeitdauer eines Wechsels gegeneinander verschoben sein. Zeichnet man die drei elektromotorischen Kräfte auf, so erhält man Fig. 157, bei der die wagrechte Linie $OP_8$ die Zeit in Sekunden darstellt und angenommen ıst, daß die höchste elektromotorische Kraft in den drei Wickelungen 30 Volt beträgt, daher ist die senkrechte Linie $O\,P_1$ in 30 Teile geteilt, und zwar von $0$ nach oben positiv und von $0$ nach unten negativ. Wenn die Maschine in Fig. 156 in einer Sekunde 100 Wechsel erzeugen soll, dann hat sich ein Wechsel in $^1/_{100}$ Sekunde vollzogen. Da nun bei der

in Fig. 156 gezeichneten Stellung des Polrades in dem Draht $1$ die Spannung den höchsten Wert, also 30 Volt hat, so erhält man Punkt $P_1$. Nach $^1/_{100}$ Sekunde hat die elektromotorische Kraft ihre Richtung gewechselt und besitzt ihren höchsten negativen Wert, man erhält also Punkt $P_5$ und in der Mitte zwischen beiden Werten, bei $^1/_{200}$ Sekunde, ist die Spannung null, dem entspricht der Punkt $P_4$. Von $P_1$ nach $P_4$ nimmt die elektromotorische Kraft ab, wie die Kurve $1$ in

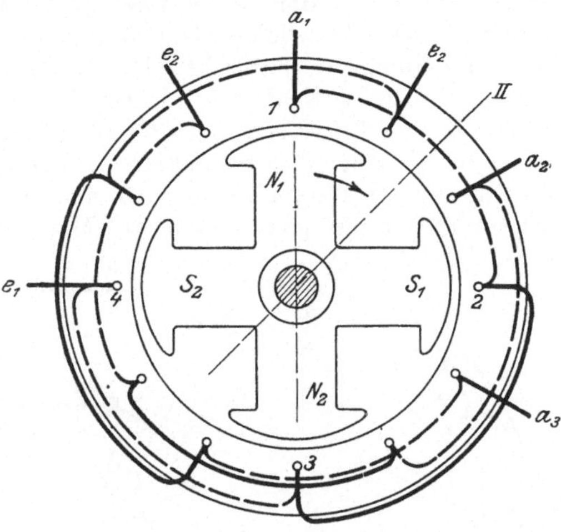


Fig. 156. Schema der Wickelung in Fig. 155.

Fig. 157 zeigt, von $P_4$ nach $P_5$ nimmt sie wieder zu, aber umgekehrt wie vorher; bei $P_5$ hat sie ihren negativen Höchstwert, nimmt von $P_5$ bis $P_6$ allmählich wieder ab, bis sie bei $P_6$ null geworden ist. Dann nimmt sie wieder zu von $P_6$ bis zu einem positiven Höchstwert $P_7$ usw.

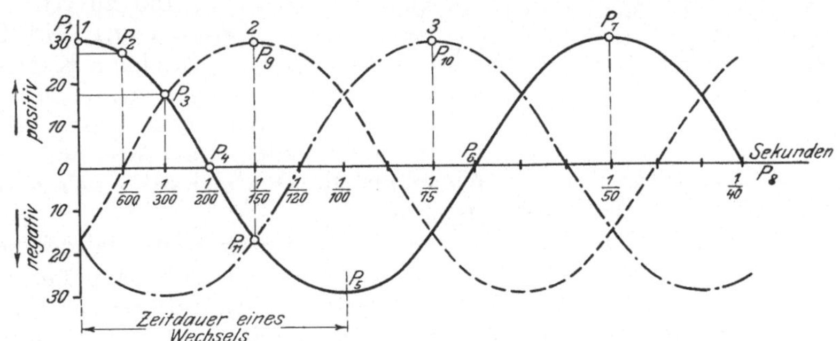


Fig. 157. Verlauf der Ströme in Fig. 156.

Im Augenblick, wo die Spannung im Draht $1$ den Wert $P_1$ hat, steht das Polrad in der gezeichneten Lage, also mit dem Pol $N_1$ gerade vor dem Draht $1$. Hat die Spannung im Draht $1$ den Wert null, entsprechend dem Punkt $P_4$, dann hat sich das Polrad so weit gedreht, daß es mit dem Pol $N_1$ auf der Linie $II$ in Fig. 156 steht. Es liegt dann der Draht $1$ in der Mitte zwischen $N_1$ und $S_2$. Dreht sich das Polrad weiter, dann gelangt $N_1$ vor $a_2$ und man erhält in derjenigen Wickelung, deren Anfang $a_2$ ist, die höchste Spannung von 30 Volt und die Zeit, die verstrichen ist zwischen der Stellung des Poles $N_1$ vor $1$ und $N_1$ vor $a_2$, beträgt $^2/_3$ von $^1/_{100}$ Sekunde, also $^1/_{150}$ Sekunde, demnach entspricht Punkt $P_9$ der augenblicklich im Draht $a_2$ erzeugten elektromotorischen Kraft. Gleichzeitig ist auch der Pol $S_2$ näher an den Draht $1$ herangekommen, es entsteht also in diesem Draht eine umgekehrte elektromotorische Kraft wie im Draht $a_2$ entsprechend dem Wert $P_{11}$ auf der Kurve $1$. Da sich bei weiterer Drehung der Pol $S_2$ dem Draht $1$ immer mehr nähert, so nimmt auch in ihm die Spannung immer mehr zu, während sie in dem Draht $a_3$ immer mehr abnimmt, weil der Pol $S_1$ sich von ihm immer weiter entfernt. Man erkennt aus dem Vorstehenden und aus der Fig. 157, daß die drei Spannungen und demnach auch die drei Ströme, die durch die Maschine in Fig. 155 erzeugt werden, genau so verlaufen, wie schon in Fig. 44 angegeben ist. Wie auch bei dieser Figur schon bewiesen wurde, kann man die drei Wickelungen auf dem Anker in Fig. 155 zu Sternschaltung (Fig. 46)

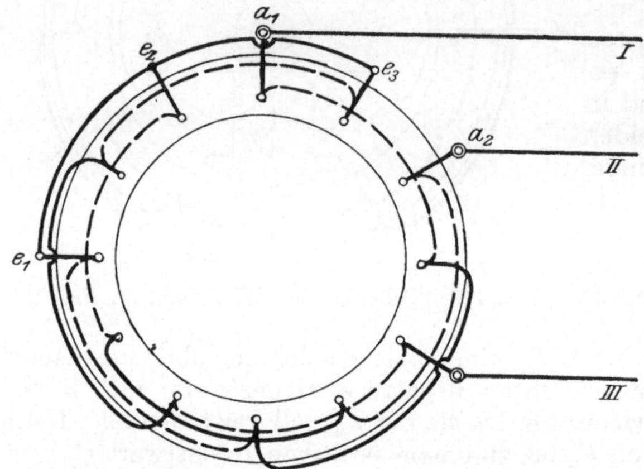

Fig. 158.   Anker in Sternschaltung.

verbinden, indem man die drei Endpunkte $e_1$, $e_2$, $e_3$ zu einem Knotenpunkt vereinigt, während man von den drei Anfängen $a_1$, $a_2$, $a_3$ die drei Leitungen $I$, $II$, $III$ fortführt. Die Sternschaltung erhält dann, auf den Anker in Fig. 156 und 155 angewendet, das Aussehen von Fig. 158, oder führt man die Wickelung in Dreieckschaltung aus (vgl. Fig. 47), so erhält man Fig. 159.

Bei Stromerzeugern wird, wie schon früher gesagt wurde, gewöhnlich Sternschaltung ausgeführt, und zwar deshalb, weil man dann bei ungleichmäßiger Belastung der drei Phasen, die in Elektrizitätswerken mit Lichtbetrieb vorkommt, einen Ausgleich durch die Knotenpunktsleitung herbeiführen kann (vgl. Fig. 239).

Die Vorzüge des Dreiphasenstromes gegenüber der Einphasenmaschine liegen in den Maschinen und in den Leitungen. Zunächst läßt sich die Einphasenmaschine nicht so vollständig bewickeln wie eine Dreiphasenmaschine, weil zwischen zwei Spulen ein freier Raum bleiben muß (vgl. Fig. 172). Dann aber kann man die dreifache Leistung mit nur 3 Drähten anstatt mit 6 fortleiten. Fügt man also zu einem bestehenden Einphasenleitungsnetz nur noch einen Draht hinzu, so läßt sich die dreifache Leistung verteilen, wenn nur noch in der Zentrale eine Dreiphasenmaschine aufgestellt wird. Allerdings müßten natürlich die Kraft-

maschinen, Kessel usw. ebenfalls für die dreifache Leistung vergrößert werden.

Äußerlich unterscheidet man auch bei den Wechselstrommaschinen Feld und Anker. Das Feld oder Magnetsystem ist immer aus weichem Eisen hergestellt, es kommt also in Frage Stahlguß, Flußeisen, Schmiedeisen, seltener auch Gußeisen. Die gewöhn-

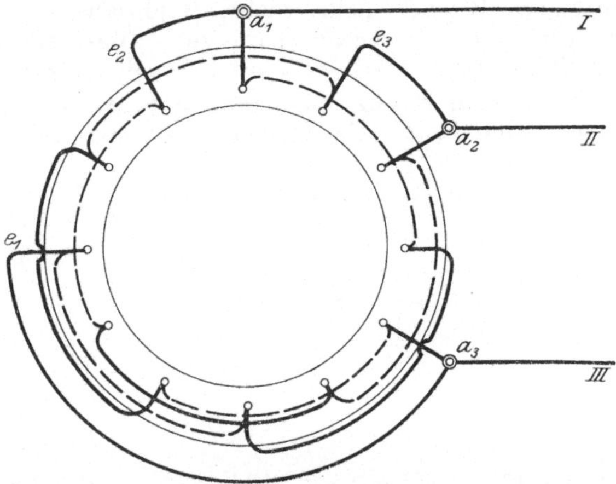

Fig. 159. Anker in Dreieckschaltung.

liche Form des Feldes ist ein Rad mit angesetzten Polen. Bei Einphasenmaschinen muß der Teil des Polrades, der zum Leiten der Kraftlinien dient, ganz aus Eisenblech hergestellt sein, denn bei

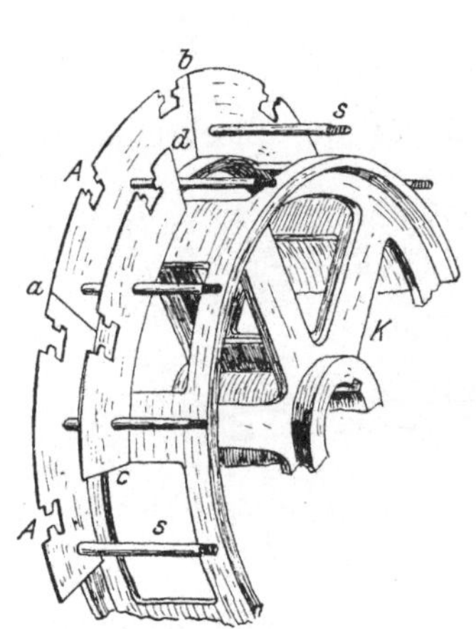

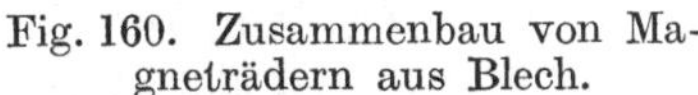

Fig. 160. Zusammenbau von Magneträdern aus Blech.

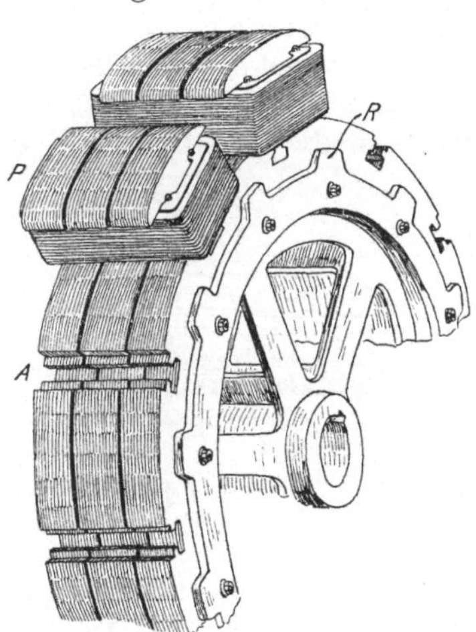

Fig. 161. Magnetrad aus Blech mit Lüftung.

diesen Maschinen erzeugt die Ankerrückwirkung entsprechend den Wechseln des Ankerstromes auch ein schwankendes Rückwirkungsfeld, welches bei massiven Polen und Magneträdern starke Wirbelstrom-

verluste hervorrufen würde. Man baut daher die Magneträder nach
Fig. 160 aus Eisenblech auf. Bei der Größe der Räder kann man
gewöhnlich, wie auch schon bei größeren Gleichstromankern, die
einzelnen Bleche nicht mehr rund aus einem Stück schneiden,
sondern muß sie zusammensetzen. Man stanzt daher Bleche von
der Form $B$ in Fig. 162 aus und setzt diese nach Fig. 160 so auf
die Schrauben $S$ auf, daß die Stoßfugen $a, b$ des ersten Blechringes
gegen diejenigen $c, d$ des nächsten versetzt sind. Zuletzt wird dann mit

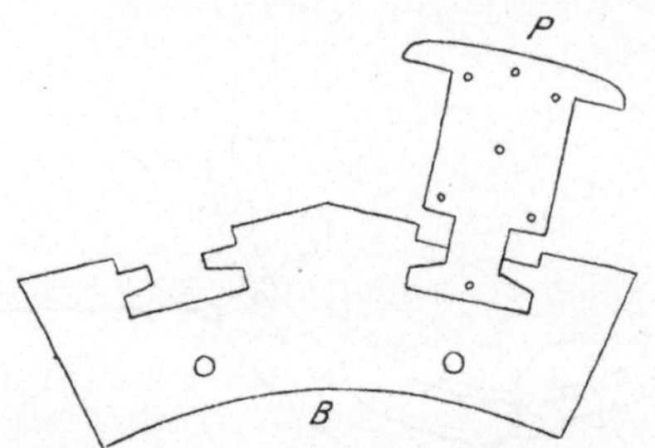

Fig. 162.   Feldblech mit Polblech.

Fig. 163.   Blechpol mit Lüftung.

den Schrauben $S$ ein Preßring $R$ nach Fig. 161 gegen die Bleche ge-
schraubt, die auch, wie schon bei Gleichstromankern gezeigt wurde,
Lüftungsspalte erhalten können zum besseren Ableiten der Wärme.
Es besitzt deshalb der Gußkörper $K$, auf den die Bleche nach Fig. 160
aufgesetzt werden, auf seinem Umfang größere Durchbrechungen.
Die Pole, welche ebenfalls aus Blech hergestellt werden, deren Form
Fig. 162 mit $P$ bezeichnet darstellt, schiebt man mit ihren Füßen
seitlich in die Aussparungen $A$ Fig. 160 und 161 des Blechringes ein,

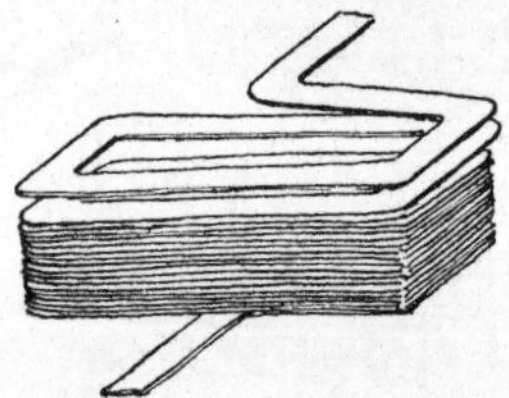

Fig. 164.   Spule aus Flachkupfer.

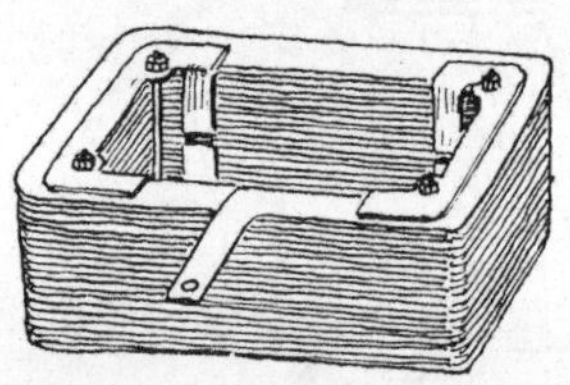

Fig. 165.   Zusammengeschraubte
Spule.

nachdem sie mit der Wickelung versehen sind. Einen zusammengebauten
Pol zeigt Fig. 163. Die Bleche werden dabei durch Nieten zusammengehalten, die quer durch die Bleche führen. Die Wickelung für die
Pole, die Feldspulen, biegt man nach Fig. 164 sehr häufig aus Flachkupfer und legt zur Isolation Papierstreifen zwischen die einzelnen
Lagen, oder man isoliert die einzelnen Lagen voneinander durch Emaille-
lack. Die fertig gebogene Spule wird noch durch Schrauben und Bleche
oder Gußstücke zusammengehalten, wie Fig. 165 zeigt.

Während die Magneträder für Einphasenmaschinen wegen der veränderlichen Ankerrückwirkung aus Blech aufgebaut sein müssen, kann man die **Polräder für Dreiphasenmaschinen** aus massivem Eisen herstellen, denn das Ankerrückwirkungsfeld ist bei der Dreiphasenmaschine ein mit derselben Geschwindigkeit wie das Polrad umlaufendes gleichmäßiges Drehfeld, dessen Stärke sich nicht ändert. Es bleibt also in bezug auf das sich ebenfalls drehende Polrad relativ zu diesem in Ruhe, und im Eisen des Poles können keine Wirbelströme entstehen. Ein derartiges Magnetrad für eine Dreiphasenmaschine zeigt Fig. 166. Es ist ein schwungradartiges Gußstück, auf welches runde oder viereckige Pole $P_1$ mit Schrauben und durch Präzisionsstifte gegen Verdrehung gesichert, befestigt werden. Auf die Pole setzt man die Polschuhe auf, die gewöhnlich, wie die Fig. 166 bei $P_2$ zeigt, aus Blech bestehen und einen schwalbenschwanzförmigen Einsatz aus massivem Eisen besitzen, in den

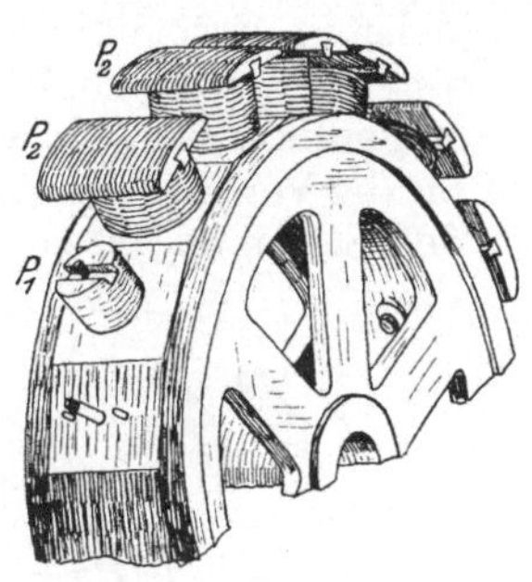

Fig. 166. Polrad aus massivem Eisen für Dreiphasenmaschinen.

die Schraube, die den Pol hält, mit hineingeschraubt wird. Häufig findet man noch an den Polen der Wechselstrommaschinen besondere **Schutzeinrichtungen** gegen das **Pendeln.** Das Pendeln ist eine unangenehme Erscheinung, die beim Zusammenarbeiten mehrerer Maschinen auftreten kann und darin besteht, daß bald die eine und bald wieder die andere Maschine abwechselnd voreilt und zurückbleibt. Die voreilende Maschine liefert dann infolge höherer Spannung einen Strom in die nachgebliebene. Diese letztere läuft also als Motor und wird dadurch beschleunigt, während die Geschwindigkeit der ersteren verzögert wird. Hierdurch vertauschen dann beide Maschinen ihre Rollen, indem jetzt die zweite den Strom in die erste liefert usf. Dieser zwischen den Maschinen hin und her

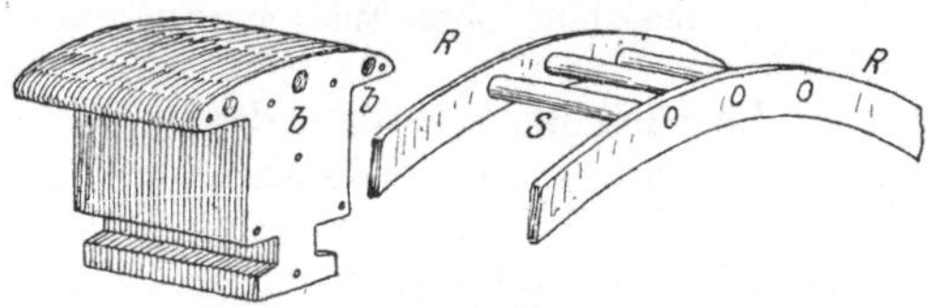

Fig. 167.
Pole mit Kurzschlußstäben gegen das Pendeln.

fließende Strom ist zwar fast wattlos, erhitzt aber unnötigerweise die Maschinen. Das Pendeln rührt hauptsächlich von den Schwungmassen und der Arbeitsweise der Antriebsmaschinen her, und man kann es vermeiden durch besondere Ausführung dieser Maschinen. Außerdem läßt es sich auch durch die Dämpferwickelungen vermeiden, von denen eine in Fig. 167 gezeichnet ist. Die Pole sind dort mit Löchern $b$ versehen. In diese Löcher kommen die blanken Kupferstäbe $S$. Sämtliche Stäbe sind dann durch Kupferringe $R$ miteinander verbunden. Beim Voreilen einer Maschine entstehen in diesen Kurzschluß- oder Dämpferwickelungen wegen ihres kleinen Widerstandes sehr starke Ströme, dadurch wird, ähnlich wie bei der Dämpfung von Meßinstrumenten, das Voreilen vermieden.

Der Anker der Wechsel- und Drehstrommaschinen ist, wie schon gesagt wurde, der feststehende Teil. Der Kern des Ankers muß hier natürlich ebenso wie bei den Ankern der Gleichstrommaschinen zur möglichsten Vermeidung von Wirbelströmen aus Schmiedeisenblechen hergestellt werden, und ebenso muß das Blech wegen der auftretenden Ummagnetisierung sehr weich und leicht magnetisierbar sein. Überhaupt gilt für die Verluste der Wechselstrommaschinen dasselbe, was auch schon auf den Seiten 89, 90 bei den Gleichstrommaschinen gesagt wurde. Der aus Blechen aufgebaute Ankerkern $K$ sitzt, wie Fig. 168 zeigt, in einem aus Gußeisen hergestellten Gehäuse, dessen Form für größere Maschinen in Fig. 169 dargestellt ist. Gehäuse nach Fig. 169 erhalten bis zu 5 m und mehr Höhe, und ihre Form muß deshalb gegen Durchbiegung widerstandsfähig sein. Große Maschinen sind auch immer sehr schmal, wie ebenfalls aus Fig. 169 hervorgeht. Die Bleche des Ankers werden, wie schon bei Gleichstrom

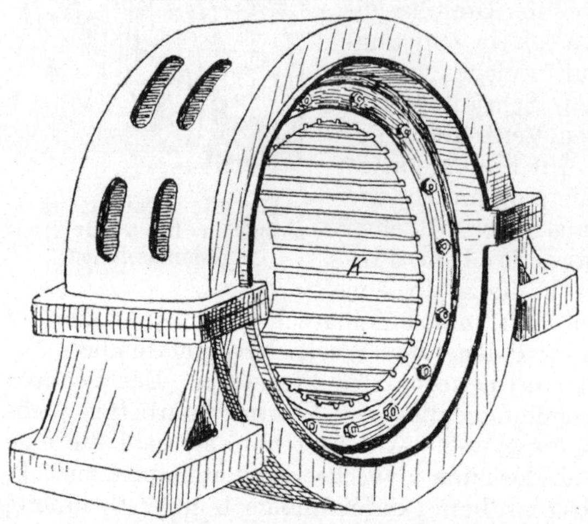


Fig. 168.    Anker einer kleineren Wechselstrommaschine ohne Wickelung.

ankern beschrieben wurde, durch Schrauben und Preßringe im Gehäuse gehalten und können auch mit Lüftungsspalten versehen werden. Es erhalten dann die Gehäuse außen Löcher, wie die Figuren 168 und 169 zeigen.

Die Wickelung der Anker kann als Draht- und als Stabwickelung ausgeführt werden, und die Drahtwickelung läßt sich von Hand oder als Formspulenwickelung ausführen. Die Handwickelung ist bei Wechselstrom heute noch sehr verbreitet. Sie muß angewendet werden bei vollkommen geschlossenen Nuten. Gewöhnlich sind aber die Nuten der Wechselstromanker halbgeschlossen ausgeführt, sie besitzen dann oben einen Schlitz, und durch diesen Schlitz kann man gewöhnlich mit einem einzigen Draht hindurch. Hierauf beruhen dann die Formspulenwickelungen bei Wechselstrom[1]). Die Handwickelung wird durch

---

[1]) Ausführliches über Formspulen bei Wechselstrom bringt das schon erwähnte kleine Buch des Verfassers: „Formspulen-Wickelung für Gleich- und Wechselstrommaschinen" von R. Krause, Verlag von Julius Springer, Berlin.

Fig. 170 erläutert. Diejenigen Nuten, welche zu einer Spule gehören, werden zunächst, nachdem das Isolierrohr hineingeschoben ist, mit ebenso vielen Nadeln $D$ angefüllt, wie die Spule Windungen erhalten soll. Diese Nadeln, welche aus Eisen, oder Messing, oder irgendeinem anderen Metall bestehen, haben genau denselben Durchmesser wie der einzufädelnde Draht der Spule, über seine Isolation gemessen. Man zieht nun der Reihe nach, wie in Fig 170 gezeichnet ist, eine Nadel nach der

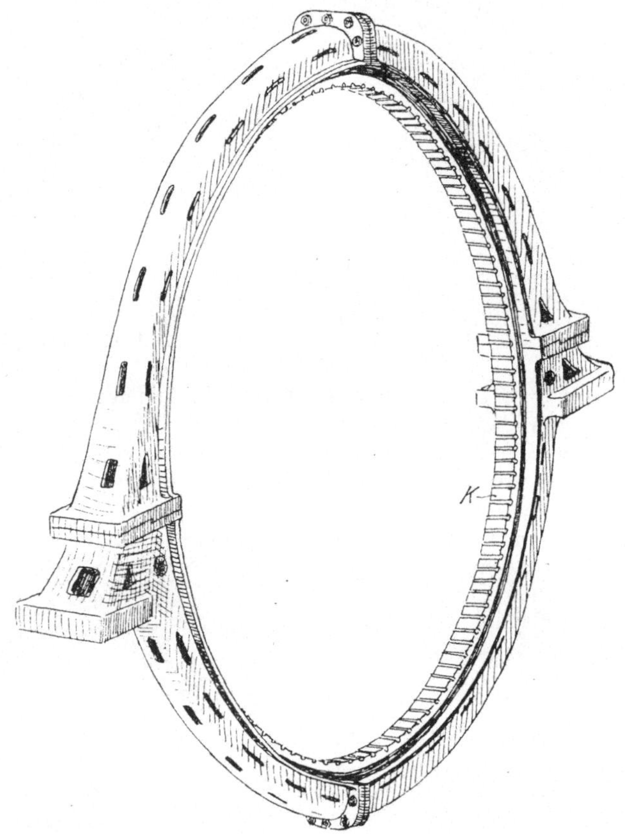

Fig. 169.   Anker einer größeren Wechselstrommaschine ohne Wickelung.

anderen heraus und schiebt den Anfang $a$ des einzufädelnden, isolierten Drahtes hinterher. Der isolierte Kupferdraht für die Spule muß von vornherein so lang abgeschnitten werden, wie es die ganze Spule erfordert, deshalb ist, namentlich zuerst, das Hindurchziehen des langen Drahtstückes ziemlich unbequem, zumal man den Draht möglichst wenig biegen soll, weil er dadurch hart wird, und man außerdem auch seine Umspinnung schonen muß. Damit die Spulen alle gleiches Aussehen und gleiche Länge erhalten, schraubt man auf die Stirnseiten des Ankers

Holzklötze $K_1$, über welche man den Draht biegt, so daß die fertigen Spulen die Form der mit $S_1$ bezeichneten erhalten. Bei einphasigem Wechselstrom biegt man nur solche Spulen. Bei Dreiphasenstrom wird aber die eine Hälfte der Spulen über Klötze von der Form $K_1$ gewickelt, während die andere Hälfte über Klötze von der Form $K_2$ gewickelt wird. Die fertigen Spulen eines dreiphasigen Ankers haben dann die

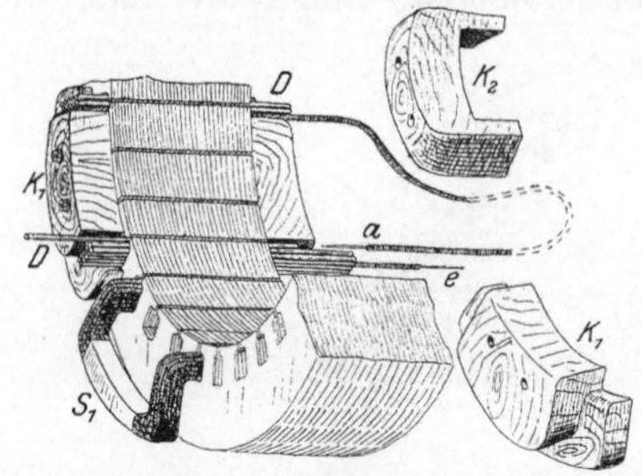

Fig. 170.  Wickeln eines Wechselstrom-
ankers mit der Hand.

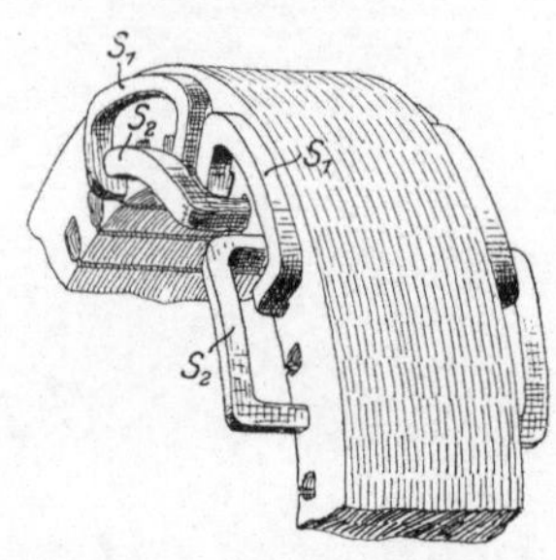

Fig. 171.  Handgewickelte
Dreiphasenstränge.

Form, wie sie Fig. 171 zeigt, und zwar sind $S_1$ diejenigen, welche über die Klötze $K_1$ gewickelt wurden, während $S_2$ über $K_2$ gewickelt war.

Wie schon gesagt wurde, kann man bei Einphasenstrom die Nuten des Ankers, die allerdings der Einfachheit wegen genau wie für Dreiphasenstrom sämtlich in die Bleche eingestanzt werden, nicht alle bewickeln. In Fig. 172 ist eine Einphasenwickelung dargestellt. Man läßt dabei innerhalb der Spulen, die mit $S_1$. $S_2$. $S_3$. $S_4$ bezeichnet

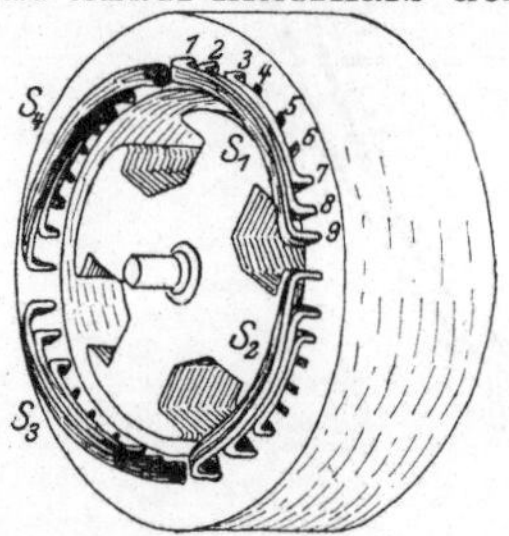

Fig. 172.  Einphasenwickelung.

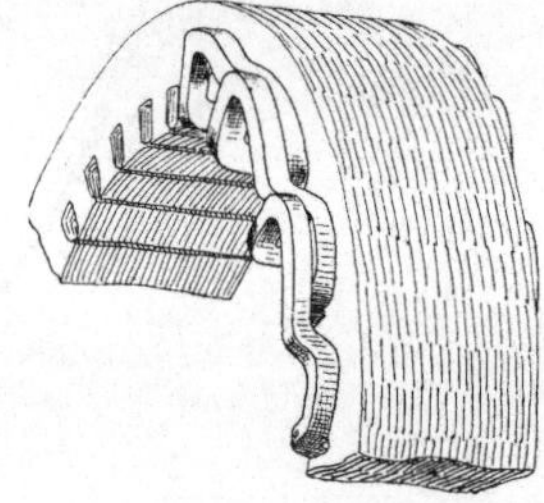

Fig. 173.  Dreiphasenwickelung mit
gleichen Spulen.

sind, einige Löcher oder Nuten, hier 4, 5, 6, unbewickelt. Würde man diese auch noch bewickeln, so würden sich in ihnen die induzierten Spannungen aufheben, sie wären also zwecklos und vergrößerten nur den Ankerwiderstand. Wie auch aus Fig. 172 hervorgeht, verteilt man eine Spule immer auf mehrere Nuten und unterscheidet danach Ein-loch- und Mehrlochwickelungen. In Fig. 172 ist die Wickelung eine Drei-lochwickelung. Die später gezeichneten Wickelungen sind der Einfachheit wegen alle als Einlochwickelungen dargestellt. Während bei der Dreiphasenwicklung nach Fig. 171 zwei verschiedene Spulen vor-

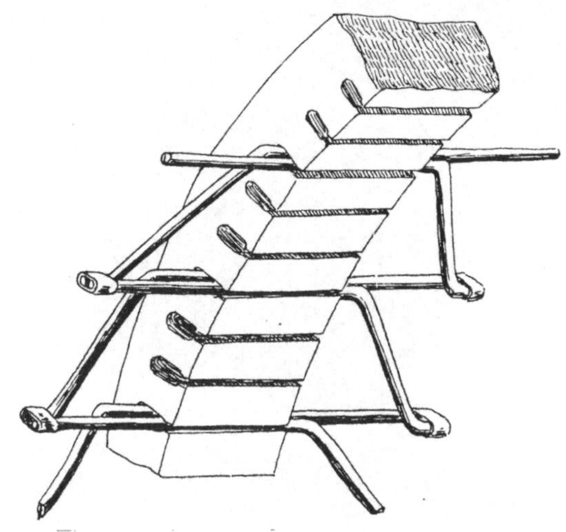

handen sind, kann man aber auch sämtliche Spulen in gleicher Weise ausführen, dann erhalten die Anker das Aussehen nach Fig. 173.

Bei Wechselstrom kommt hauptsächlich Drahtwickelung vor, weil die Maschinen meist höhere Spannungen liefern. Es läßt sich aber bei stärkeren Strömen auch sehr gut Stabwickelung ausführen, wie Fig. 174 zeigt. In Wirklichkeit sind natürlich alle Nuten vollgewickelt. Die einzelnen Stäbe werden zuerst

Fig. 174.   Stabwickelung für Wechselstrom.

gebogen und lassen sich dann abwechselnd von links und rechts in die Nuten einschieben. Darauf werden sie mit den über ihre Köpfe geschobenen Hülsen verlötet.

Wie bei Gleichstrommaschinen kann man auch die Wechselstrommaschinen für Riemenantrieb und für direkte Kuppelung mit der Kraftmaschine ausführen. In Fig. 175 ist eine Riemenmaschine abgebildet, welche mit ihrer Erregermaschine, die den Gleichstrom für das Magnetrad liefert, direkt gekuppelt ist. Das Magnetsystem $G$ der Erregermaschine erhält bei dieser direkten Kuppelung gewöhnlich verhältnismäßig viele Pole, da diese Maschine dann für ihre Leistung sehr langsam läuft. $B$ ist in Fig. 175 der Griff zum Verstellen der Bürsten der Gleichstrommaschine. Hinter dem Lager, an dessen Arme das Magnetsystem $G$ mit Schrauben befestigt ist, sind die Schleifringe sichtbar,

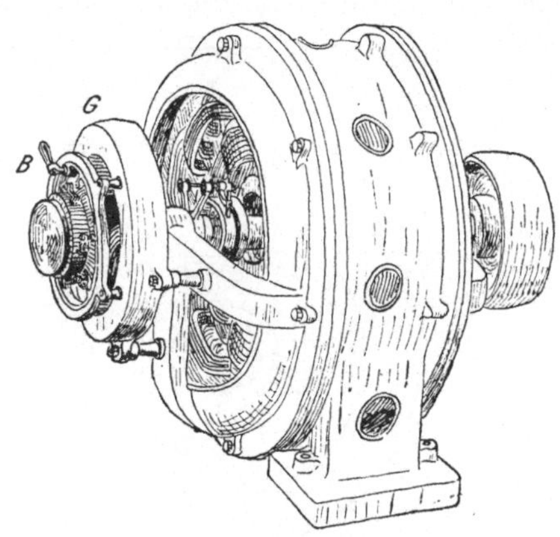

Fig. 175.   Wechselstrommaschine für Riemenbetrieb.

durch welche vermittels der Bürsten der Gleichstrom für die Erregung der Pole der Wechselstrommaschine zugeführt wird. Eine Maschine für direkte Kuppelung zeigt Fig. 176. Sie ist, damit man bei Hochspannung die Wickelung nicht berühren kann, durch Wickelungsschilde und gelochte Bleche abgeschlossen. Nur die Schleifringe für die Zuführung des Gleichstromes zu den Polen liegen zugänglich neben dem Lager.

Die Erregermaschine der Wechselstrommaschinen kann, wie schon bemerkt, direkt gekuppelt werden, wobei sie abnormal ausfällt, oder aber man treibt sie, indem dann eine gewöhnliche Gleichstrommaschine verwendet wird, besonders durch eine kleinere Kraftmaschine an. Die Schaltung der Erregung zeigt Fig. 177. Die Erregermaschine ist mit *EM* bezeichnet, als Nebenschlußmaschine geschaltet und besitzt den Regler $R_1$. Der Strom, den sie liefert, wird, nachdem er einen weiteren Regler $R_2$ durchflossen hat, durch die Wickelung der Pole des Wechselstromgenerators geleitet.

Fig. 176.  Wechselstrommaschine für direkte Kuppelung.

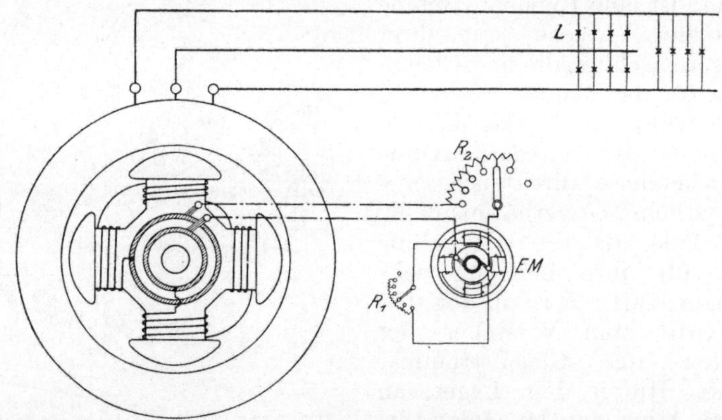

Fig. 177.  Schaltung der Erregung für Wechselstrommaschinen.

Der Wechselstromgenerator kann einphasigen oder mehrphasigen Strom erzeugen, die Schaltung der Erregung bleibt dieselbe.

Wenn im äußeren Stromkreis der Wechselstrommaschinen Lampen, Motoren und andere Verbrauchskörper eingeschaltet sind, also der Anker der großen Maschine Strom liefert, dann tritt auch hier eine Rückwirkung des Ankerstromes auf das Hauptfeld der Maschine ein und es geht die Spannung zurück. Man muß dann mit Hilfe des Reglers $R_2$ die Wechselstrommaschine stärker erregen, während der Regler $R_1$ zum Konstanthalten der Gleichstromspannung dient, denn gewöhnlich betreibt man mit einer Erregermaschine, zu der auch häufig noch eine kleine Akkumulatorenbatterie kommt, mehrere Magneträder, und außerdem wird in großen Wechselstromzentralen der Gleichstrom auch für ver-

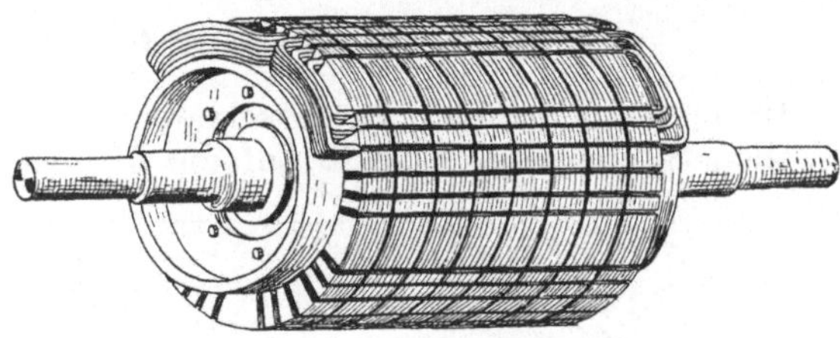

Fig. 178. Polrad für Wechselstrom-Turbogenerator.

schiedene selbsttätige Apparate gebraucht, wie im Abschnitt über elektrische Anlagen noch gezeigt wird.

Während man bei Nebenschluß-Gleichstrommaschinen die Belastung mit Hilfe der Regler beliebig auf die einzelnen Maschinen verteilen kann, wenn mehrere parallel arbeiten, läßt sich dies bei Wechselstrommaschinen nicht mehr mit den Reglern ausführen. Man ändert mit Hilfe der Regler nur die Spannung und ihre Phasenverschiebung, aber um die Leistung der Wechselstrommaschine zu ändern, muß man, wie noch gezeigt wird, den Regulator der antreibenden Kraftmaschinen beeinflussen.

Ebenso wie man die Gleichstrommaschinen mit den sehr rasch laufenden Dampfturbinen kuppelt, führt man auch Wechselstrom-Turbo-Dynamos aus. Solche Maschinen erhalten dann wegen der hohen Umlaufszahl der Dampfturbinen nur sehr wenig Pole. Die Anker machen meist keine Schwierigkeit, wohl aber die Polräder. Sie können nicht mehr in der gewöhnlichen Art mit aufgesetzten Polen ausgeführt werden, weil

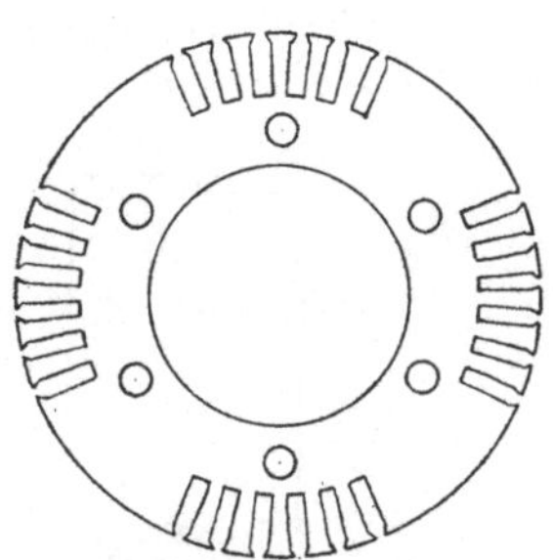

Fig. 179. Feldblech für vierpoliges Magnetrad einer Wechselstromdynamo.

dann die Wickelung abfliegen würde. Man bringt deshalb die Wickelung in Form von unterteilten Spulen in Nuten an und setzt den Eisenkörper der Polräder aus Blechen zusammen. In Fig. 178 ist ein 6 poliges Magnetrad für einen Wechselstrom-Turbogenerator gezeichnet, auf welchem 2 in drei Abteilungen unterteilte Feldspulen liegen, während die übrigen Nuten noch unbewickelt sind. Der Eisenkörper ist mit vielen Lüftungsspalten versehen und die Feldspulen werden durch Bronzekeile, die oben über den Draht in die halbgeschlossenen Nuten seitlich hineingeschoben werden, festgehalten. In Fig. 179

9*

ist ein Blech für den Eisenkörper eines 4 poligen Turbo-Wechselstromgenerators dargestellt. Es werden sogar 2 polige Magneträder für diese Maschinen gebaut, obgleich man für gewöhnliche Maschinen 2 Pole nicht ausführt, da dann ja die Umlaufszahl bei 100 Wechseln 3000 in der Minute betragen muß.

# VII. Motoren für Gleichstrom.

Im ersten Abschnitt wurde schon unter den Wirkungen des elektrischen Stromes der Einfluß auf die Magnetnadel erwähnt, der um-

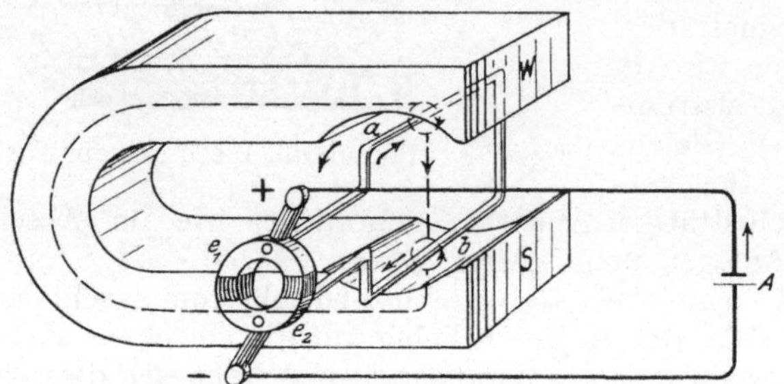

Fig. 180.　Schema des Gleichstrommotors.

gekehrte Fall, feststehende Pole und beweglich gelagerter Strom, ist das Prinzip des Gleichstrommotors. In Fig. 180 ist schematisch ein Gleichstrommotor gezeichnet. Zwischen den Polen $N$ und $S$ eines Magneten befindet sich genau wie in Fig. 54 eine Drahtschleife. Nur wird in Fig. 180 durch eine fremde Stromquelle, z. B. einen Akkumulator $A$ oder einen Generator, ein Strom zu den Bürsten + — eingeleitet. Steht die Drahtschleife so, wie in Fig. 180 gezeichnet ist, dann erhält sie durch die Bürste + und die Lamelle $e_1$ des Kollektors einen Strom von der Pfeilrichtung, und nach der Korkzieherregel (Seite 24) entsteht um die Drähte $a$ und $b$ ein Kraftlinienfeld von der Form der punktierten Kreise. In Fig. 181 ist deutlicher zu erkennen, daß an den Kanten $B$, $B_1$ das kreisförmige Feld des Stromes in der Schleife und das Hauptfeld des Magnets gleiche

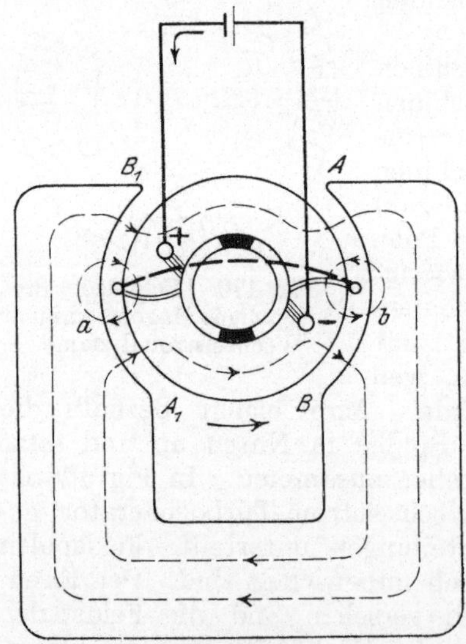

Fig. 181.　Darstellung der Kraftlinien in Fig. 180.

Richtung haben und sich verstärken, während an den Kanten $A$, $A_1$ die beiden Felder entgegengesetzt verlaufen und sich daher aufheben. Man erhält deshalb genau so, wie schon in Fig. 138 und 139 dargestellt ist, an den Kanten $B$ und $B_1$ der Pole eine Verstärkung des Magnetfeldes und an den Kanten $A$ und $A_1$ eine Schwächung. Hierdurch kommt eine Drehung des Ankers in der Pfeilrichtung zustande, wie noch genauer bei Fig. 182, 183, 184 und 185 gezeigt ist. In Fig. 182 liegt ein Strom, der nach hinten fließt, vor einem Nordpol $N$. Wie die obere Hälfte der Fig. 182 zeigt, sind das kreisförmige Stromfeld und das Hauptfeld rechts vom Draht gleichgerichtet und verstärken sich, wie die untere Hälfte derselben Figur zeigt, rechts vom Draht, während links vom Draht die Kraftlinien entgegengesetzt verlaufen und sich schwächen. Es erfährt deshalb der Draht eine Kraftwirkung in der Richtung $K_1$, denn dadurch, daß er in dieser Richtung aus dem Felde herausbewegt wird, wird die Störung des Feldes beseitigt. Aus

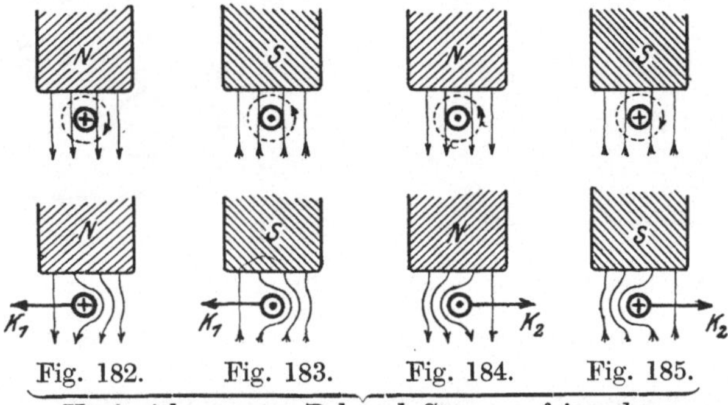

Fig. 182.      Fig. 183.      Fig. 184.      Fig. 185.

Kraftwirkung von Pol und Strom aufeinander.

Fig. 183 geht dann hervor, daß ein Strom von umgekehrter Richtung, der vor einem ebenfalls entgegengesetzten Pol $S$ steht, wieder eine Kraft $K_1$ von derselben Richtung erfährt wie in Fig. 182. Soll die Kraftwirkung auf den Draht entgegengesetzt erfolgen, wie in Fig. 182 und 183, so muß man entweder nur den Strom oder nur den Pol umkehren. In Fig. 184 ist der Pol derselbe wie in Fig. 182, aber da der Strom in beiden Figuren entgegengesetzt fließt, so erfährt der Draht in Fig. 184 eine entgegengesetzte Kraftwirkung $K_2$ wie der Draht in Fig. 182. In Fig. 185 ist der Strom von derselben Richtung wie in Fig. 182, aber da der Pol in beiden Figuren entgegengesetzt ist, sind auch hier die Kräfte entgegengesetzt. Aus dem Vergleich der Figuren 182 und 183 ergibt sich für einen Elektromotor, daß das Umschalten der Zuleitungen keine Änderung der Drehrichtung des Ankers herbeiführen kann, denn dadurch schaltet man, wie aus den Figuren 186 und 187 hervorgeht, immer den Pol und den Ankerstrom gleichzeitig um, indem beim Anschluß der $+$ Zuleitung an die Klemme $A$ der Strom in der Pfeilrichtung $1$ durch Anker und Magnete fließt, während er in beiden Teilen umgekehrt fließt, wenn man die $+$ Leitung an die Klemme $B$

anschließt. Sollen daher die Motoren (Nebenschluß) Fig. 188 und 189 und Fig. 191 (Hauptstrom), wenn sie beim ersten Ingangsetzen verkehrt herumlaufen, in ihrer Drehrichtung umgekehrt werden, so braucht man nur die Drähte $d_1$ und $d_2$ miteinander zu vertauschen. Dadurch schaltet man den Strom in der Magnetwickelung um, während er im Anker dieselbe Richtung behält und deshalb wird nach Fig. 182 und 185 die Drehrichtung umgekehrt. Ebenso könnte man auch den Strom in der Magnetwickelung unverändert lassen und nur den Strom im Anker umkehren. Dies geschieht gewöhnlich bei Motoren, deren Drehrichtung bald links, bald rechts herum sein muß (vgl. die Figuren 192 und 193).

Um einen Elektromotor in Betrieb zu setzen, muß man einen Anlaßwiderstand oder kurz Anlasser verwenden. Zur Erklärung desselben diene folgende Überlegung: Der Widerstand der Ankerwickelung einer elektrischen Maschine, gleichgültig ob Motor oder Generator, ist stets sehr klein, z. B. beträgt er für einen Motor von 10 PS für 220 Volt etwa 0,1 Ohm, und die normale Stromstärke für diesen Motor würde

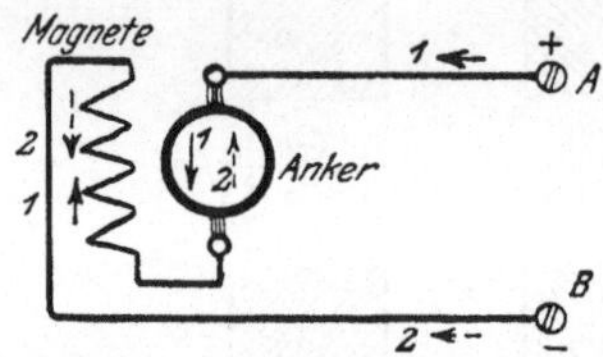


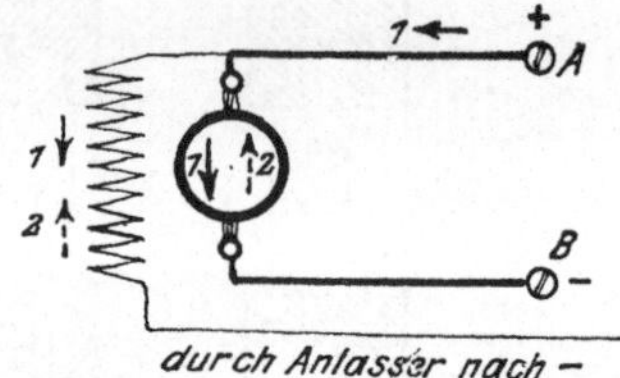


Fig. 186. Umschalten der Zuleitungen bewirkt keine Änderung der Drehrichtung (Hauptstrommotor).

Fig. 187. Umschalten der Zuleitungen bewirkt keine Änderung der Drehrichtung (Nebenschlußmotor).

etwa 42 Ampere betragen. Schaltet man nun an den Anker eines solchen Motors ohne weiteres 220 Volt, so erhält man nach dem Ohmschen Gesetz einen Strom von $J = \dfrac{220}{0,1} = 2200$ Ampere, anstatt 42 Ampere; der Anker würde also verbrennen. Um dies zu vermeiden, müssen wir einen abstufbaren Widerstand $W$, den Anlasser nach Fig. 188 vor den Anker schalten. In Fig. 188 ist ein Nebenschlußmotor gezeichnet. Man führt im allgemeinen Nebenschluß- und Hauptstrommotoren aus, deren Schaltung ebenso ist wie die entsprechende der Generatoren.

Der in Fig. 188 gezeichnete Anlasser besitzt eine Kurbel $K$, die über die Kontakte 1 bis 5 hinweggedreht werden kann. Steht diese Kurbel auf den schwarzen Schienen, dann ist der Motor ausgeschaltet. Will man ihn anlassen, so dreht man die Kurbel langsam vom Kontakt 1 bis auf den letzten Kontakt 5 (natürlich kann die Zahl der Kontakte auch eine andere sein). Hierbei gelangt die Kurbel zuerst auf die Schiene, so daß ein Strom von + durch die Schiene nach $k$, durch die Magnetwickelung hindurch nach $K_2$ und − fließen kann; es werden also zunächst die Magnete sogleich voll erregt. Kommt dann die Kurbel auf den Kontakt 1, so fließt von + ein zweiter Strom durch die Kurbel nach 1, durch den ganzen Widerstand $W$ bis 5 nach $k_2$, durch den Anker nach $K_2$ und —. Da die Magnete schon erregt sind, so wird der Anker, falls der Widerstand $W$ so berechnet ist, daß der Ankerstrom etwas stärker ist als der normale Strom (in unserem Falle vielleicht 50 Ampere anstatt 42), sich langsam drehen. Bei diesem langsamen Drehen entsteht aber in der Wickelung des Ankers eine elektromotorische Kraft, denn immer, wenn sich Leiter in einem Kraftlinienfeld bewegen, erhalten wir in den Leitern elektromotorische Kräfte, also auch hier. Um die Richtung dieser elektromotorischen Kraft zu bestimmen, wenden wir die Handregel (S. 28) an. Danach erhalten wir in Fig. 181, z. B. im Draht $a$, eine elektromotorische Kraft, die von hinten nach vorn gerichtet ist, also gerade entgegengesetzt wie der Strom, den diejenige Spannung durch den Anker treibt, welche an die Klemmen des Motors angeschlossen

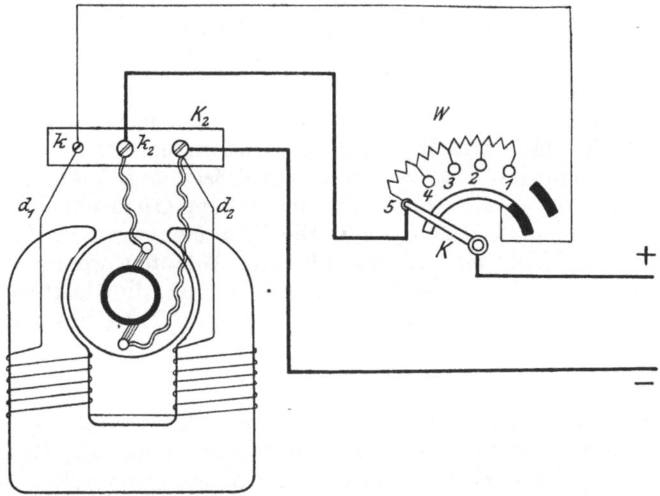

Fig. 188.  Älterer Anlasser für Nebenschlußmotoren.

ist. Man nennt deshalb diese elektromotorische Kraft „Gegenelektromotorische“. Der Strom, der durch den Anker fließt, wird, sobald also der Anker läuft, durch eine Spannung hervorgerufen, die man erhält, wenn man von der zugeführten Klemmenspannung die Gegenelektromotorische im Anker abzieht. Die Gegenelektromotorische entsteht durch die Drehung. Wenn der Anker stillsteht, ist sie nicht vorhanden. Es wird deshalb die Geschwindigkeit des Ankers so lange steigen, bis eine Gegenelektromotorische in ihm entsteht, die den normalen Strom hindurchläßt. Man kann leicht durch eine Rechnung den Vorgang verfolgen. Der schon besprochene Motor soll also mit 50 Ampere anlaufen, während er normal mit 42 Ampere läuft. Würde man ihm nur 42 Ampere zuführen, so könnte er nicht in Gang kommen, dazu muß er beschleunigt werden und deshalb immer einen stärkeren Strom zum Anlaufen erhalten. Der Anlaufstrom richtet sich nach der Arbeitsweise des Motors. Treibt derselbe z. B. eine große Plandrehbank, so braucht er, weil schwere Massen in Gang zu setzen sind, einen viel stärkeren Anlaufstrom, als wenn er nur eine Pumpe antreibt. Ein Straßenbahnmotor braucht zum Anfahren gewöhnlich dreimal mehr Strom, wie wenn der Wagen fährt. Man erkennt hieraus schon, daß die Berechnung eines Anlassers, seiner Stufung und Stufenzahl aus der Anlaufstromstärke des Motors folgt und sich alles nach den Betriebsverhältnissen des Motors richtet. Ein und derselbe Motor, z. B. ein Motor von 5 PS muß also je nach seinen Betriebsverhältnissen ganz verschiedene Anlasser haben[1]). Damit der von uns gewählte Motor 50 Ampere Anlaufstrom erhält, muß man bei 220 Volt zugeführter Klemmenspannung und 0,1 Ohm Ankerwiderstand einen Widerstand $W$ im Anlasser haben von

$$W = \frac{220}{50} - 0,1 = 4,3 \text{ Ohm.}$$

Der Motor beginnt dann sich zu drehen, wodurch die Gegenelektromotorische in ihm entsteht. Damit nun der normale Strom von 42 Ampere durch den Motor fließt, muß eine Spannung wirken von $42 \cdot 4,4 = 185$ Volt, denn der Widerstand von Anlasser und Anker zusammen beträgt $4,3 + 0,1 = 4,4$ Ohm, und nach dem Ohmschen Gesetz ist Spannung = Strom × Widerstand. Die Klemmenspannung des Motors beträgt aber 220 Volt, es wird deshalb beim Anlaufen, wenn die Kurbel des Anlassers auf den ersten Kontakt gedreht ist, die Geschwindigkeit des Ankers so lange zunehmen, bis eine Gegenelektromotorische entsteht von

$$220 - 185 = 35 \text{ Volt.}$$

Sobald diese Gegenelektromotorische entsteht, nimmt die Umlaufszahl des Motors nicht weiter zu, und man muß die Kurbel des Anlassers auf den nächsten Kontakt 2 drehen. Dadurch verkleinert man den vorgeschalteten Widerstand, indem man den Teil des Anlassers, der zwischen die Kontakte 1 und 2 angeschlossen ist, abschaltet. Der Anker hat vom ersten Kontakt her eine Gegenelektromotorische von 35 Volt; da aber jetzt der Widerstand kleiner geworden ist, so entsteht zunächst beim Auftreffen der Kurbel auf Kontakt 2 wieder ein stärkerer Strom und die Geschwindigkeit des Motors nimmt weiter zu, bis jetzt eine höhere Gegenelektromotorische entwickelt ist, durch deren Einfluß der Strom wieder auf 42 Ampere heruntergeht. Das Anlassen geschieht also durch allmähliches Abschalten der Widerstandsstufen des Anlassers, wodurch die Geschwindigkeit des Motors allmählich zunimmt, bis schließlich auf dem letzten Kontakt 5 die normale Umdrehungszahl des Motors erreicht ist. Jetzt kann natürlich, obgleich die volle Spannung von 220 Volt an den Motor ohne Widerstand $W$ angeschlossen ist, nicht mehr ein zu starker Strom entstehen,

---

[1]) Über die Berechnung der Anlasser belehrt das kleine Buch des Verfassers: „Anlasser und Regler", zweite Auflage, von R. Krause, Verlag von Julius Springer, Berlin.

weil der Anker läuft und in ihm die Gegenelektromotorische vorhanden ist. Diese ist jetzt natürlich viel höher, als für den Kontakt *1* ausgerechnet wurde, denn der Widerstand ist nur noch der kleine Ankerwiderstand von 0,1 Ohm, und damit durch diesen 42 Ampere gehen, ist eine Spannung nötig von $42 \times 0,1 = 4,2$ Volt: die Gegenelektromotorische muß deshalb betragen:

$$220 - 4,2 = 215,8 \text{ Volt.}$$

Wir wollen nun untersuchen, wie sich der Nebenschlußmotor im Betriebe verhält. Wird er stärker belastet, so muß er, damit er stärker durchzieht, mehr Strom erhalten. Das kann er nur, wenn seine Gegenelektromotorische abnimmt; diese hängt aber ab von der Stärke des Feldes und der Umdrehungsgeschwindigkeit. Das Feld des Nebenschlußmotors ist immer von derselben Stärke, denn der Magnetstrom, der das Feld erzeugt, wird durch die konstante Klemmenspannung erzeugt, und die Schwächung durch die Ankerrückwirkung ist nur sehr gering, wie auch bei den Generatoren. Damit also bei stärkerer Belastung die Gegenelektromotorische abnimmt, muß der Motor etwas langsamer laufen. Um zu erkennen, wieweit seine Umlaufszahl abnimmt, rechnet man am besten wieder. Die normale Umlaufszahl des Motors sei 1000 in der Minute. Der Motor werde nun so stark belastet, daß er 60 Ampere erhalten muß. Die wirksame Spannung muß dann betragen: $60 \cdot 0,1 = 6$ Volt und seine Gegenelektromotorische wird $220 - 6 = 214$ Volt. Bei konstantem Magnetfeld müssen sich die gegenelektromotorischen Kräfte verhalten wie die Umlaufszahlen, und da bei 1000 Umdrehungen eine Gegenelektromotorische von 215,8 Volt vorhanden war, so sind jetzt $1000 \dfrac{214}{215,8} = 993$ Umdrehungen vorhanden. Die Umdrehungszahl hat also bei der Belastungszunahme von 42 auf 60 Ampere um 7 Umdrehungen oder 0,7% abgenommen. In Wirklichkeit wird sie sogar noch weniger abnehmen, denn bei stärkerem Strom nimmt auch die Feldschwächung durch die Rückwirkung des Ankerstromes zu, und wenn das Feld etwas schwächer wird, muß sich der Anker, obgleich er eine geringere Gegenelektromotorische entwickeln muß, etwas schneller drehen, als wenn das Feld konstant ist. Man kann hieraus erkennen, daß der Nebenschlußmotor bei Belastungsänderungen seine Umdrehungszahl unwesentlich oder gar nicht ändert.

Bezüglich der Anlasser der Nebenschlußmotoren ist noch zu bemerken, daß die Schaltung in Fig. 188 veraltet ist. Eine neuere Schaltung zeigt Fig. 189. Es sind aber bei diesem Anlasser zugleich noch einige Schutzeinrichtungen angebracht, die ebenfalls erklärt werden sollen. Der Widerstand des Anlassers besteht aus Drahtspiralen, die aber so dünn sind, daß sie den Strom nur in der kurzen Zeit, in der der Motor anläuft, also etwa 30 Sekunden, aushalten können. Man darf deshalb den Anlasser nur zum Einschalten benutzen und nicht die Kurbel auf einem der Zwischenkontakte dauernd stehen lassen. Sie darf nur in der ausgeschalteten oder in der eingeschalteten Lage (auf Kontakt *5*

in Fig. 188 und Kontakt *4* in Fig. 189) dauernd stehen, die Zwischenkontakte sind nur vorübergehend zu benutzen. Da aber die Motoren
auch von unkundigen Leuten bedient werden müssen, muß man die
Anlaßvorrichtungen so ausführen, daß Irrtümer ausgeschlossen sind.
Durch Anordnung einer Feder *f* in Fig. 189 wird zunächst erreicht,
daß die Kurbel immer selbsttätig auf „ausgeschaltet" gezogen wird,
wenn man sie stehen läßt, bevor sie auf den letzten Kontakt *4* gedreht
ist: es können also die Widerstandsspiralen dadurch, daß infolge Stehenlassens der Kurbel auf einem Zwischenkontakt dauernd Strom hindurchgeht, nicht mehr verbrennen. Damit die Kurbel auf dem letzten Kontakt *4* nicht durch die Feder wieder zurückgezogen werden kann, bringt
man einen kleinen Magnet *m* dort an, der die Kurbel festhält. Dieser

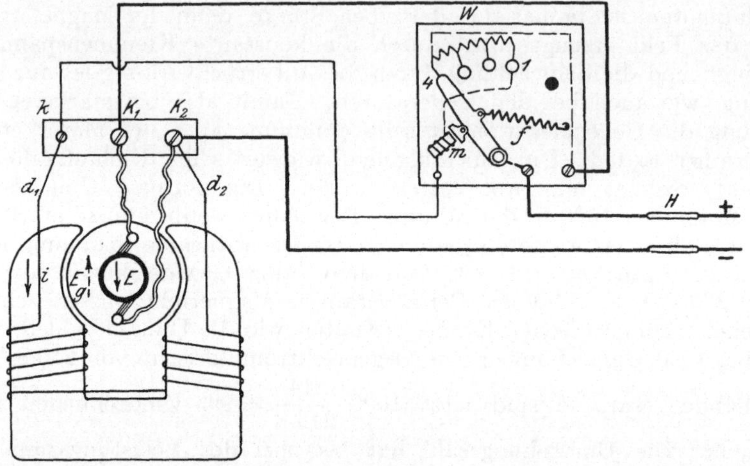

Fig. 189. Nebenschlußmotor mit Anlasser für Nullstromausschaltung.

Magnet ist mit der Magnetwickelung des Motors hintereinander geschaltet; er kann also nur dann die Kurbel festhalten, wenn die Magnete
des Motors erregt sind. Schaltet man z. B. mit dem Hauptschalter *H*
aus, so verliert der Motor seinen Strom und der kleine Magnet *m* demnach
auch; es schaltet sich dann der Anlasser von selbst aus; was bei der
Schaltung in Fig. 188 nicht eintritt. Würde man dort mit dem Hauptschalter die Zuleitungen abschalten und vergessen, die Kurbel des
Anlassers zurückzudrehen, so erhielte man beim neuen Einschalten
mit dem Hauptschalter, wie schon auf Seite 134 gezeigt wurde, einen
viel zu starken Strom, weil man dann so einschaltet, als ob kein Anlasser vorhanden wäre. Ferner ist die Schaltung in Fig. 189 noch von
Vorteil gegenüber der in Fig. 188, weil sie funkenfreies Ausschalten des
Motors bewirkt. Schaltet man in Fig. 188 aus, dann entsteht beim Abgleiten der Kurbel von der Schiene ein starkes Feuer, welches dadurch
zustande kommt, daß das Kraftlinienfeld der Maschine verschwindet
und hierbei eine Extraspannung entsteht (vgl. Seite 29). Dieses Feuer

zerstört erstens nach und nach die Schiene des Anlassers, wenn man nicht Hilfskontakte aus Kohle anwendet, und dann kann, wie auch schon früher erklärt wurde, durch die Extraspannung die Isolierung der Magnetwickelung durchschlagen werden (vgl. Seite 31). Alles dies ist unmöglich bei der Schaltung nach Fig. 189. Das Ausschalten muß hier immer mit dem Schalter $H$ besorgt werden, weil man die Kurbel des Anlassers nur sehr schwer von dem Magnet $m$ losreißen kann. Durch das Ausschalten verschwindet die zugeführte Spannung $E$. Der Motor läuft aber noch nach dem Ausschalten infolge des Schwunges, den sein Anker besitzt, kurze Zeit nach, und dabei verschwindet sein Magnetfeld nur langsam, ganz unabhängig von der Geschwindigkeit des Ausschaltens, denn im ersten Augenblick nach dem Ausschalten ist noch die Gegenelektromotorische $E_g$, die ja kaum von der zugeführten Spannung $E$ abweicht, im Anker wirksam. Da die Magnetwickelung durch ihren Anschluß an Kontakt $1$ des Anlassers immer mit dem Anker verbunden ist, so treibt die Gegenelektromotorische einen Strom $i$ durch die Magnetwickelung von derselben Richtung und fast genau der Stärke als vorher die zugeführte Spannung $E$. In dem Maße, wie die Tourenzahl des Motors abnimmt, nimmt dann auch der Magnetstrom $i$ ab, weil die Gegenelektromotorische $E_g$ entsprechend der abnehmenden Tourenzahl immer schwächer wird. Schließlich kann der Magnet $m$, dessen Wickelung ja auch von dem Magnetstrom $i$ durchflossen wird, die Kurbel nicht mehr halten, und die Feder $f$ zieht die Kurbel in die ausgeschaltete Stellung. Aber auch dann ist die Verbindung zwischen Anker- und Magnetwickelung nicht unterbrochen, und es kann der Magnetstrom bei der Schaltung nach Fig. 189 gar nicht plötzlich unterbrochen werden, das Kraftlinienfeld des Motors verschwindet immer nur ganz allmählich, so daß die gefährliche Extraspannung nicht auftreten kann. Es ist also ein Anlasser nach dem Schema Fig. 189, der außerdem noch mit S c h u t z g e g e n Ü b e r l a s t u n g des Motors und mit Vorrichtungen zum langsamen Einschalten versehen werden kann, geeignet, von ganz unkundigen Leuten bedient zu werden; eine Bedingung, die der Konstrukteur von Anlassern unbedingt erfüllen muß, da die Lebensdauer des Motors gerade vom Anlasser und seiner Bedienung sehr abhängig ist. Bei dem Schema in Fig. 189 ist dann, wenn die Kurbel auf dem Betriebskontakt $4$ steht, der ganze Widerstand $W$ des Anlassers vor die Magnetwickelung geschaltet. Da aber der Anlaßwiderstand nur klein ist gegen den Magnetwiderstand, so ist die Schaltung ohne Nachteil.

Die Ausführung des eben erläuterten Anlassers zeigt Fig. 190. Man unterscheidet bei den Anlassern immer zwei Teile, das Gehäuse mit dem Widerstand und die Platte mit Schalthebel und Kontakten. Gewöhnlich sind beide Teile wie in Fig. 190 zusammengeschraubt, indem die Kontaktplatte der Deckel für den aus Flacheisen und gelochtem Blech oder aus Gußeisen hergestellten Kasten ist, in welchem die Widerstandsspiralen untergebracht sind. Auf der Kontaktplatte sind die Anschlußklemmen $A$, $B$, $C$ angebracht, $A$ für die Leitung, $B$ für den Anker und $C$ für die Magnetwickelung. Die Anlaufkontakte sind $1$,

*2, 3, 4,* der Kontakt *5* ist der Dauer- oder Betriebskontakt. Der Null-
strommagnet *m*, dessen Namen schon sagt, daß er ausschaltet, wenn
er ohne Strom ist, hält die Kurbel mit Hilfe des Ankers *a* auf Kontakt *5*
fest. Die Ausschaltfeder ist *f*. Damit die
Kurbel beim Ausschalten durch die Feder
keinen zu starken Stoß erhält, setzt
man einen Gummipuffer *P* auf die Platte,
die aus Schiefer oder Marmor besteht.

Etwas einfacher noch ist die Schaltung
zum **Anlassen der Hauptstrommotoren.** Sie ist in Fig. 191 dargestellt
und bedarf nach dem bisher Gesagten
keiner weiteren Erläuterung. Beim Ausschalten eines Hauptstrommotors kann
keine so hohe Extraspannung entstehen,
weil seine Magnete viel weniger Windungen besitzen als die eines Nebenschlußmotors; man braucht daher auch nicht
derartige Schutzvorrichtungen anzuwenden

Fig. 190. Ausführung eines Anlassers nach Schaltung Fig. 189.

wie bei diesem.

Im Betrieb verhält sich der **Hauptstrommotor** ganz anders wie der Neben-
schlußmotor. Selbstverständlich entsteht auch im Anker des Hauptstrommotors eine gegenelektromotorische Kraft. Wenn aber beim
Nebenschlußmotor das Magnetfeld unabhängig von der Belastung
konstant bleibt, so hängt es beim Hauptstrommotor von der Belastung

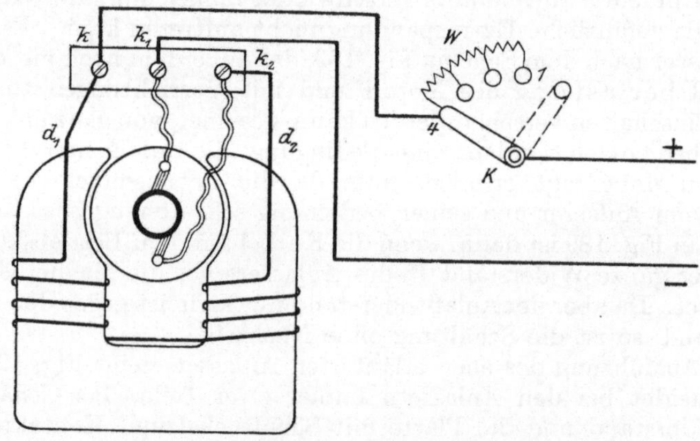

Fig. 191.  Hauptstrommotor mit Anlasser.

ab, denn der Strom, der im Anker fließt, fließt auch durch die Magnetwickelung, da Anker und Magnetspulen hintereinander geschaltet sind.
Es ist demnach bei starker Belastung des Motors auch ein starkes Kraftlinienfeld vorhanden, und die Umlaufszeit des Motors ist dann klein,

denn bei einem starken Magnetfeld gehört zur Erzeugung der erforderlichen, nur wenig von der Betriebsspannung verschiedenen Gegenelektromotorischen, eine geringe Umlaufszahl. Ist dagegen der Hauptstrommotor nur wenig belastet, so läuft er schnell, denn er hat dann nur schwachen Strom und demnach nur ein schwaches Feld und muß deshalb schnell laufen, damit er die Gegenelektromotorische erzeugen kann. Der Hauptstrommotor läuft also bei starker Belastung langsam und bei schwacher Belastung schnell.

Aus dem Verhalten der Motoren bei Belastung ergibt sich auch ihre Verwendung. Der Nebenschlußmotor wird zum Antrieb von Werkzeugmaschinen, Drehbänken, Hobelmaschinen, Sägen und allgemein auch dort verwendet, wo häufige und plötzliche Änderungen in der Belastung auftreten können und sich trotzdem die Tourenzahl nicht ändern darf. Der Hauptstrommotor wird zum Antrieb von Pumpen und Ventilatoren benutzt, bei denen die Belastung sich nicht ändert, oder als Motor zum Heben von Lasten und als Straßenbahnmotor. In den beiden letzten Fällen paßt er seine Geschwindigkeit der Belastung an, indem er als Hubmotor den leeren Kranhaken schnell bewegt die schwere Last dagegen langsam hebt und beim Straßenbahnwagen zum Anfahren mit großer Zugkraft langsam anläuft, während er den in Gang gesetzten Wagen schnell befördert.

In den letzten Fällen muß man auch immer die Drehrichtung des Motors umkehren können. Wie schon auf Seite 134 und bei den Figuren 186 und 187 gezeigt wurde, muß man zum Vorwärts- und Rückwärtslaufen eines Motors immer nur entweder den Strom im Anker oder nur den Strom in der Magnetwickelung umkehren. Gewöhnlich schaltet man die Drehrichtung mit Wendeanlassern um, oder mit den später im Abschnitt XII beschriebenen Schaltwalzen, und zwar wird, wie auch schon gesagt wurde, in den Fällen, wo der Motor bald links, bald rechts herum laufen muß, immer nur der Ankerstrom umgeschaltet und der Strom in der Magnetwickelung beibehalten, weil in letzterer das Umschalten wegen der auftretenden Extraspannung schwieriger ist, die im Anker weit weniger stark wird, weil derselbe immer weniger Drähte besitzt. In Fig. 192 ist das Schema eines Wendeanlassers für Hauptstrommotoren gezeichnet, welches ebenso wie das Schema für Nebenschlußmotoren in Fig. 193 teilweise einer Ausführung der Firma Klöckner in Köln a. Rh. entspricht, die hauptsächlich Anlasser und Schaltwalzen baut. In Fig. 192 steht die dreiteilige Kurbel mit der Feder $F_1$ während des Betriebes entweder auf $a$ oder auf $b$, und dementsprechend läuft der Motor entweder links oder rechts herum. Es sei die Kurbel mit der Feder $F_1$ auf $a$ gestellt, dann ist der Stromlauf folgender: $+$, Schiene $1$, Feder $F_2$, Feder $F_1$, $a$, $b$, $II$, Anker, $I$, Schiene $3$, Feder $F_3$, Schiene $2$, Magnete, $-$. Verfolgt man den Stromlauf, wenn die Kurbel nach rechts gedreht ist, $F_1$ also auf $b$ steht, dann erkennt man, daß die Stromrichtung im Anker umgekehrt, in der Magnetwickelung aber noch dieselbe wie vorhin ist, nämlich: $+$, Schiene $1$, Feder $F_3$, Schiene $3$, $I$, Anker, $II$, $b$, Feder $F_1$, Feder $F_2$, Schiene $2$, Magnete, $-$.

Die drei Federn $F_1$, $F_2$, $F_3$ sind von der Kurbel isoliert und $F_1$ ist mit $F_2$ leitend verbunden. Man kann auch $F_1$ und $F_2$ unisoliert auf die Kurbel setzen, welche dann als Verbindung zwischen diesen beiden Federn dient, die Feder $F_3$ muß aber immer isoliert aufgesetzt werden.

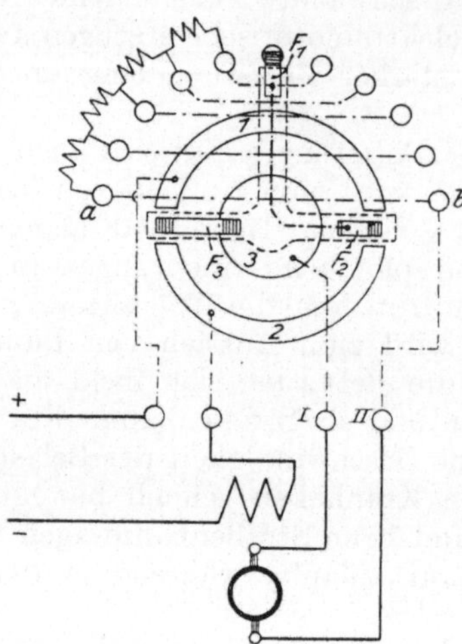

Fig. 192. Wendeanlasser für Hauptstrommotoren.

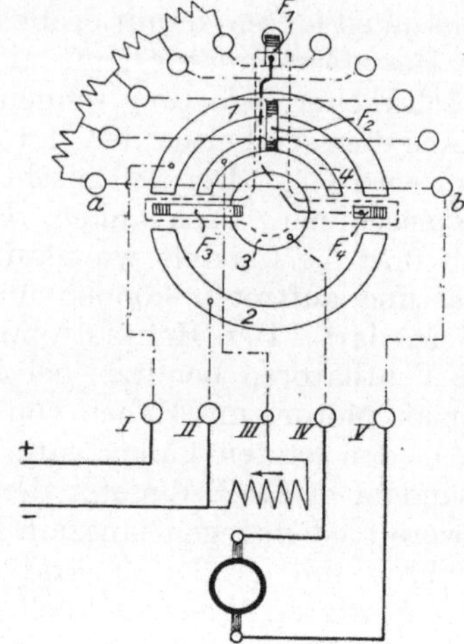

Fig. 193. Wendeanlasser für Nebenschlußmotoren.

Die Schaltung des Wendeanlassers für Nebenschlußmotoren zeigt Fig. 193.

Steht die Kurbel nach links, also $F_1$ auf $a$, dann ist der Stromlauf folgender:

$$+,\ I,\ 1 \left\{ \begin{array}{l} F_4,\ F_1,\ a,\ b,\ V,\ \text{Anker},\ IV,\ 3,\ F_3,\ 2,\ II, \\ F_2,\ 4,\ III,\ \text{Magnetwickelung} \end{array} \right\} \ -\,;$$

bei Schiene $1$ tritt die Abzweigung in die Nebenschlußwickelung ein, in welcher der Strom immer dieselbe Richtung beibehält, wie der Stromlauf für die Kurbelstellung nach rechts, also $F_1$ auf $b$ zeigt:

$$+,\ I,\ 1 \left\{ \begin{array}{l} F_3,\ 3,\ IV,\ \text{Anker},\ V,\ b,\ F_1,\ F_4,\ 2,\ II, \\ F_2,\ 4,\ III,\ \text{Magnetwickelung} \end{array} \right\} \ -\,.$$

Für besondere Fälle verwendet man auch Motoren mit gemischter Schaltung oder Kompoundwickelung. Es erhält dann der Motor, wie schon bei der Fig. 146 und 147 dargestellt ist, über seine Nebenschlußwickelung noch eine Hauptstromwickelung. Diese in Fig. 194 mit $w_H$ bezeichnete Wickelung wird aber nur beim Anlauf benutzt, denn im Betriebe arbeitet der Motor als Nebenschlußmotor. Die Hauptstromwickelung befähigt ihn, mit starker Zugkraft anzulaufen, man benutzt daher einen solchen Motor in Fällen, wo sehr schwere Massen beim Anlauf in Gang zu setzen sind. In der Betriebsstellung des Anlassers ist aber die Kompoundwickelung $w_H$ kurzgeschlossen, sie braucht deshalb auch nicht aus sehr starkem Draht zu bestehen, da sie nur in der kurzen Anlaufszeit Strom erhält.

Das Äußere der Motoren weicht im allgemeinen von dem der Generatoren nicht viel ab. Gewöhnlich kommen als Motoren die für Riemenbetrieb bezeichneten Maschinen nach Fig. 130 und 131 mehr in Frage als die langsamlaufenden Maschinen. Für besondere Zwecke werden allerdings die Motoren in ganz anderer Form ausgeführt. So stellt man vollkommen geschlossene Motoren her, die staubsicher abgeschlossen sind für

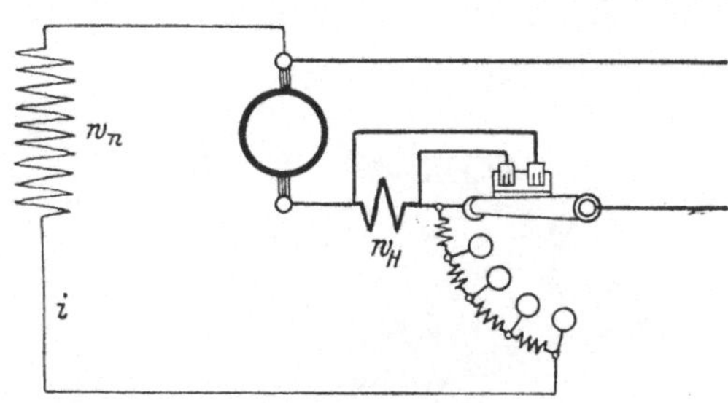

Fig. 194.   Anlasser für Motor mit Kompoundwickelung zum Anlauf.

Gießereien, ferner wasserdicht geschlossene, die mit der Pumpe gekuppelt ganz unter Wasser arbeiten können, und solche, die außer der staubsicheren und teilweise wasserdichten Kapselung auch noch auf sehr beschränktem Raum unterzubringen sind, wie die Motoren für Straßenbahnen. Für diese Zwecke müssen die Motoren dann trotz staubsicherer und teilweise wasserdichter Einkapselung doch wieder gut gelüftet sein, damit sie ihre Wärme gut abgeben können. Es treten also bei der Konstruktion dieser Motoren allerlei Schwierigkeiten auf, die der moderne Elektromaschinenbau aber gelöst hat. In Fig. 195 ist ein Straßenbahnmotor dargestellt, oben geschlossen, unten aufgeklappt. In der oberen Hälfte des Gehäuses ist der Anker

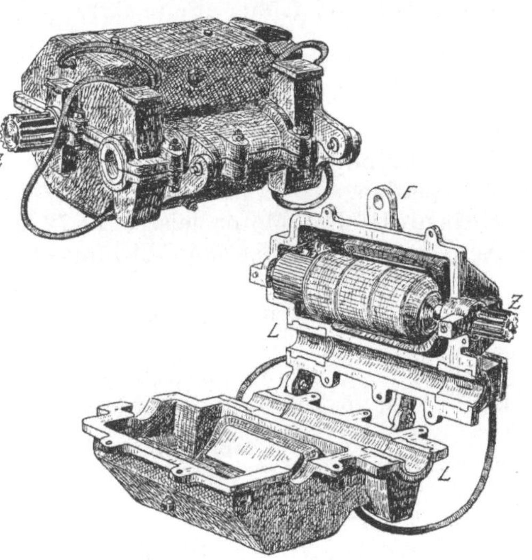

Fig. 195.   Straßenbahn-Motor.

sichtbar, in der unteren erkennt man einen der vier Pole. Der Motor treibt die Laufachse des Wagens durch Zahnräder $Z$ an und wird nach Fig. 196 so aufgehängt, daß die Laufradachse durch die Lagerung $L$ hindurchgeht, während er mit dem Flansch $F$ federnd am Untergestell befestigt ist.

Die Verluste, welche in den Motoren auftreten, sind dieselben wie für Generatoren, es genügt also das auf Seite 90 Gesagte darüber nachzulesen. Nur sind beim Motor zugeführte und abgegebene Leistung umgekehrt wie beim Generator. Während Generatoren mechanische Leistung zugeführt bekommen und Watt abgeben, geben die Motoren

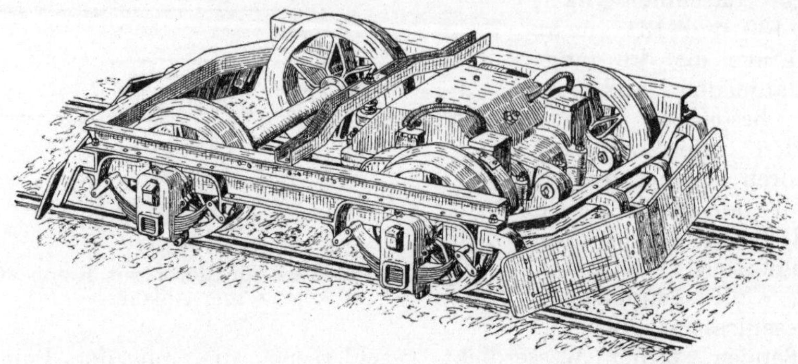

Fig. 196.  Untergestell für Straßenbahnwagen mit eingebautem Motor.

mechanische Leistung ab und erhalten Watt zugeführt. Es gilt daher die Gleichung von früher (Seite 92)

$$\text{Wirkungsgrad} = \frac{\text{abgegebene Leistung}}{\text{zugeführte Leistung}}$$

auch sinngemäß für einen Motor.

Die Anwendung der Gleichung möge auch durch einige Beispiele erklärt werden.

Beispiel: Ein Motor leistet 14,72 kW und erhält bei 500 Volt 32 Ampere, wie groß ist sein Wirkungsgrad?

$$\text{Wirkungsgrad} = \frac{14\,720}{500 \cdot 32} = 0,92\,.$$

Beispiel: Ein Motor hat einen Wirkungsgrad von 0,89 und leistet 11 kW. Er ist an 220 Volt angeschlossen, mit welchem Strom arbeitet er?

$$\text{Zugeführte Watt} = \frac{\text{abgegebene Watt}}{\text{Wirkungsgrad}} = \frac{11\,000}{0,89} = 12\,400 \text{ Watt,}$$

folglich ist der Strom

$$J = \frac{12\,400}{220} = 56,5 \text{ Ampere.}$$

Beispiel: Ein Motor mit dem Wirkungsgrad 0,88 erhält 60 Ampere bei 120 Volt. Wieviel leistet er in kW, in PS?

Abgegebene Leistung = zugeführte Watt × Wirkungsgrad =

$$60 \cdot 120 \cdot 0,88 = 6340 \text{ Watt} = 6,34 \text{ kW, d. i. } \frac{6340}{736} = 8,6 \text{ PS.}$$

Beispiel: Ein Motor mit dem Wirkungsgrad 0,87 leistet 15 PS. Wie teuer wird der Betrieb in einer Stunde, wenn die elektrische Energie mit 50 Pfennigen für 1 Kilowattstunde zu bezahlen ist?

$$\text{Zugeführte Watt} = \frac{15 \cdot 736}{0,87} = 12\,700 \text{ Watt oder } 12,7 \text{ kW, folglich}$$

kostet der Betrieb in einer Stunde $12,7 \times 50 = 635$ Pfg. oder 6,35 Mk.

Beispiel: Ein Motor für eine Hauswasserpumpe wird täglich $^1/_2$ Stunde im Durchschnitt benutzt. Sein Wirkungsgrad ist 0,82 und seine Leistung 0,5 PS. Die Kosten für die elektrische Energie betragen 80 Pfg. für eine Kilowattstunde, wie teuer wird der Betrieb im Jahr?

$$\text{Zugeführte Watt} = \frac{0,5 \cdot 736}{0,82} = 449 \text{ Watt. Bei } 360 \text{ Tagen tägl. } ^1/_2 \text{ Stunde}$$

betragen die verbrauchten Wattstunden $449 \cdot 360 \cdot {}^1/_2 = 80\,800$ Wattstunden oder 80,8 Kilowattstunden. Der Betrieb kostet also im Jahr $80,8 \cdot 80 = 6464$ Pfg. oder 64,64 Mk.

Über die Regelung der Umlaufszahl der Gleichstrommotoren muß noch bemerkt werden, daß durch Vorschalten von Widerstand vor den Anker der Motor langsam läuft. Diese Methode ist aber teuer, da der Zähler vor dem Motor die volle Energie zählt, aber der Motor nur einen Teil umsetzt; sie wird nur bei kleinen Motoren angewendet. Sonst ändert man die Umlaufszahl dadurch, daß man die Feldstärke, also den Magnetismus schwächt,

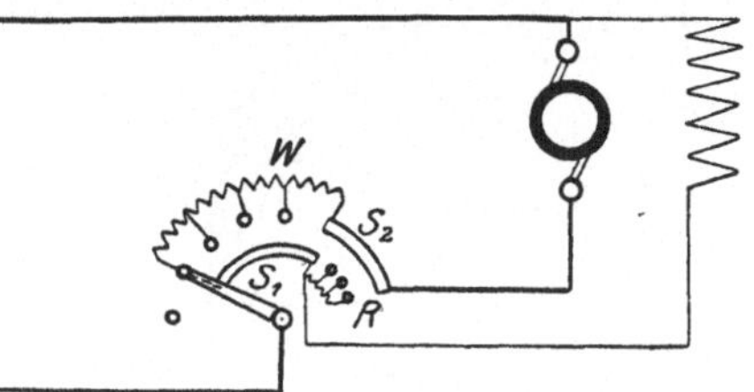

Fig. 197. Anlasser mit Tourenregelung.

beim Nebenschlußmotor dadurch, daß man in den Magnetstromkreis einen Widerstand einschaltet, beim Hauptstrommotor durch Parallelschalten eines Widerstandes zur Feldwickelung. Wird der Magnetismus schwächer, dann muß der Motor, um die erforderliche Gegenelektromotorische zu erzeugen, entsprechend schneller laufen.

Gewöhnlich führt man den Anlasser bei Nebenschlußmotoren gleich zum Regeln der Umlaufszahl aus, indem man, wie Fig. 197 zeigt, bei $W$ den Anlasser anordnet. Dreht man, nachdem der Motor beim Auftreffen der Kurbel auf die Schiene $S_2$ richtig läuft, den Hebel noch weiter, auf die Kontakte $R$, so schaltet man Widerstand in den Magnetstromkreis und der Motor läuft schneller. Bei gewöhnlichen Motoren kann hierdurch eine Zunahme der Umdrehungszahl um etwa $15\%$ erzielt werden. Bei weiterer Schwächung des Feldes würde zwar der Motor noch schneller laufen, aber am Kollektor Funkenbildung entstehen. Versieht man dagegen den Motor mit Wendepolen (vgl. Fig. 148), so kann die Umdrehungszahl nahezu unbegrenzt gesteigert werden. Die Grenze wird erreicht durch einen unruhigen Lauf des Motors infolge nicht genügender Ausgleichung des bewegten Ankers und die Festigkeit des Ankers gegenüber der Zentrifugalkraft.

# VIII. Motoren für Wechselstrom.

Ebenso wie man die Gleichstrom-Generatoren als Motoren arbeiten lassen kann, wenn man ihnen aus einer Stromquelle Strom zuführt, kann man auch die Wechselstrom-Generatoren, die in Abschnitt VI beschrieben wurden, als Motoren benutzen. Derartige als Motoren benutzte, wie die Generatoren ausgeführte Wechselstrommaschinen nennt man Synchron-Motoren. Der Ausdruck synchron bedeutet soviel wie im Takt arbeiten, es muß nämlich die Umlaufszahl des synchronen Motors in ganz bestimmten Verhältnissen zu den Stromwechseln stehen, wie aus der Wirkungsweise der Maschinen hervorgeht, die nach Fig. 198 geschaltet werden. Für unsere Betrachtung ist es nun ganz gleichgültig, ob die Maschinen einphasig oder mehrphasig sind. In Fig. 198 ist einphasiger Wechselstrom angenommen. Bei der gezeichneten Drehrichtung

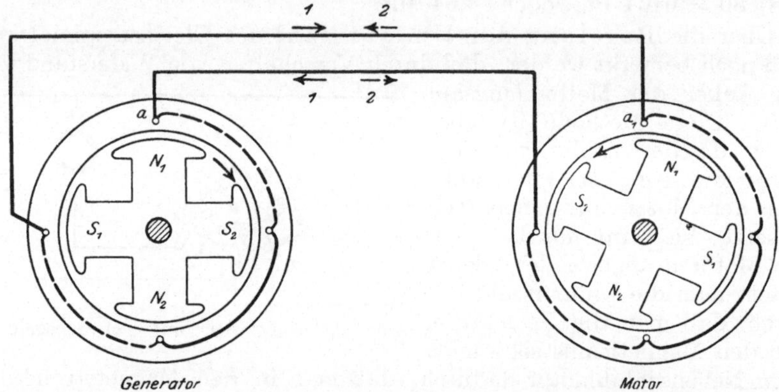


Fig. 198. Arbeitsübertragung zwischen Synchronmaschinen.

des Stromerzeugers (Generators) entsteht augenblicklich (vgl. S. 49) in dem Draht *a* des Generators eine nach hinten gerichtete elektromotorische Kraft, folglich hat der Strom die Richtung des Pfeiles *1*. Wegen der Phasenverschiebung zwischen elektromotorischer Kraft und Strom entsteht aber der Strom erst später als die elektromotorische Kraft, so daß sich das Polrad schon etwas weiter gedreht haben muß, als gezeichnet ist. Leitet man nun den Wechselstrom in den Motor ein, welcher in diesem Falle genau so ausgeführt ist wie der Generator, so üben die Magnetpole des Polrandes und die stromdurchflossenen Ankerdrähte eine Kraft aufeinander aus, wie schon mit den Figuren 182 und 185 erklärt wurde. Dort waren aber die Drähte beweglich auf dem Anker, hier steht der Anker fest und die Pole drehen sich, daher soll zur Erklärung die Fig. 199 benutzt werden. In Fig. 199, I möge der Strom im Draht nach hinten fließen, das Kreisfeld des Stromes und die Kraftlinien des Poles *N* sind dann links vom Draht gleichgerichtet und verstärken sich, rechts vom Draht schwächen sie sich. Das infolge der gegenseitigen Beeinflussung beider Felder entstehende wirkliche Feld besitzt demnach das Aussehen von Fig. 199, II. Da aber die Kraftlinien bestrebt sind, die ungleichmäßige Verteilung wieder gleichförmig zu gestalten, so muß entweder der Draht in der Richtung *2* oder der Pol in der Richtung *1* ausweichen, und bei der synchronen Maschine sind die Pole beweglich, so daß sich danach aus Fig. 199 für den Motor in Fig. 198 die eingezeichnete Drehrichtung (entgegen dem gewöhnlichen Uhrzeigersinn) ergibt. Man erkennt aber auch, daß der Pol $S_1$ in Fig. 198 ebenso rasch an die Stelle von $N_1$ getreten sein muß, wie der Strom in dem Anker des Motors seine Richtung wechselt, daß also bei jedem

Stromwechsel das Polrad sich um einen Pol weiter gedreht haben muß. Hieraus ist zunächst zu ersehen, daß der stillstehende Synchron-Motor nicht von selbst anlaufen kann und weiter, daß ein im Betriebe befindlicher Motor nicht überlastet werden darf, denn dadurch würde er beginnen, langsamer zu

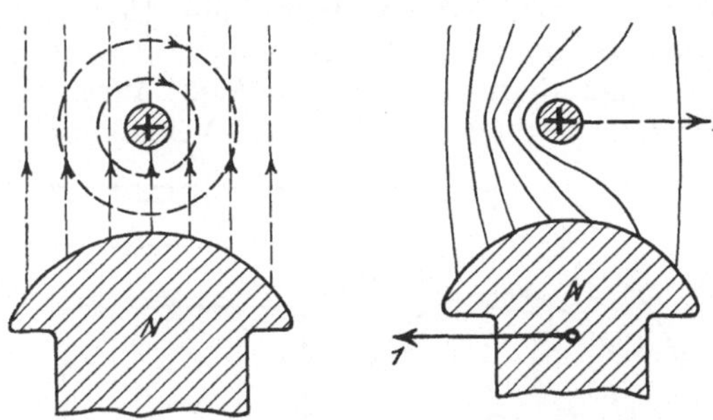

Fig. 199.  Kraftwirkung von Pol und Strom aufeinander.

laufen und wenn die Pole noch nicht vor die nächsten Drähte gekommen sind und der Strom schon gewechselt hat, erhalten sie von den alten Drähten her einen umgekehrt wirkenden Antrieb und dadurch bleibt das Polrad stehen. Man nennt diesen Vorgang: der Motor fällt aus dem Tritt.

Da die Motoren nicht von selbst anlaufen, so muß man sie, bevor man den Ankerstrom einschaltet, zunächst künstlich auf die erforderliche synchrone Umlaufszahl bringen. Es kann dies durch die Erregermaschine geschehen, wenn dieselbe mit dem Wechselstrommotor direkt gekuppelt ist. Die Erregermaschine läuft dann, von einer ebenfalls notwendigen Akkumulatorenbatterie betrieben, als Motor und dreht das leerlaufende Polrad an. Es können also Synchronmotoren nur dort verwendet werden, wo eine Akkumulatorenbatterie die direkt gekuppelte Erregermaschine, oder auch bei Synchron-Umformern für Bahnanlagen, die direkt gekuppelte Gleichstromdynamo speisen kann. Solche Synchron-Umformer dienen dann zum Umformen des hochgespannten Wechselstromes, der von der Zentrale durch eine Fernleitung dem Synchronmotor zugeführt wird, in Gleichstrom für Straßenbahnbetrieb. Das Verwendungsgebiet der Synchronmotoren ist hiernach nur sehr beschränkt und nur für große Leistungen möglich. Es genügt aber beim Anlassen nicht, dem Polrad die synchrone Umlaufszahl zu erteilen, sondern es muß auch der Pol zu dem Strom im Draht passen. Es ist daher für den Maschinisten noch ein besonderer Apparat notwendig, der anzeigt, wann die Stellung des Polrades und seine Umlaufszahl die richtige zum Einschalten des Stromes vom Generator aus ist. Solch ein Apparat heißt Synchronismusanzeiger, seine Wirkungsweise soll später im Abschnitt XII beschrieben werden. In Fig. 200 ist der Vollständigkeit wegen auch noch eine Arbeitsübertragung zwischen zwei dreiphasigen Maschinen gezeichnet, deren Wickelung nach Fig. 158 oder 159 ausgeführt sein kann. Die Wirkungsweise des synchronen Dreiphasenmotors ist natürlich genau dieselbe wie die des synchronen Einphasenmotors. In den Figuren 198 und 200 ist stets das Polrad des Motors noch vor dem Draht befindlich gezeichnet, während das Polrad des Generators sich schon gerade unter einem Draht befindet. Es steht z. B. in Fig. 198 der Pol $N_1$ des Generators gerade unter dem Draht $a$, während der Pol $N_1$ des Motors noch vor dem Draht $a_1$ steht. Diese Verdrehung der Polräder gegeneinander

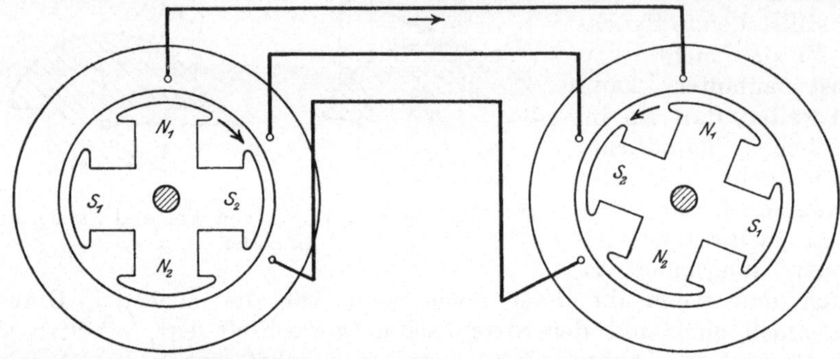

Fig. 200.   Arbeitsübertragung zwischen Synchronmaschinen, dreiphasig.

rührt von der Phasenverschiebung zwischen Strom und elektromotorischer Kraft her. Der Generator erzeugt die elektromotorische Kraft, die früher da sein muß als der Strom, der im Motor wirken soll.

Aus dem vorstehend erwähnten Umstand, daß das Polrad sich so schnell (synchron) drehen muß, daß es sich gerade um die Polteilung verschoben hat, wenn der Strom seine Richtung wechselt, ergibt sich, daß ein Synchronmotor genau dieselbe Umlaufszahl haben muß wie der Generator, der ihm den Strom liefert, wenn beide Maschinen gleichviel Pole haben. Hat der Motor weniger Pole, so läuft er schneller als der Generator. Nehmen wir einen Generator an, der 80 Stromwechsel in der Sekunde erzeugt, so muß sich dessen Polrad bei 8 Polen in jeder Sekunde 10 mal herumdrehen, die minutliche Umlaufszahl des Generators wird also $10 \times 60 = 600$. Der Synchronmotor, welcher durch den Strom dieses Generators betrieben wird, möge nur 6 Pole besitzen. Da der Strom 80 mal in der Sekunde wechselt, so muß das Polrad des Motors sich um $^1/_6$ seines Umfanges (Polteilung) in $^1/_{80}$ Sekunde gedreht haben, also in einer Sekunde $\dfrac{80}{6}$ und in der Minute $\dfrac{80 \cdot 60}{6} = 800$ Umdrehungen machen.

Die Synchronmotoren können wegen ihrer Umständlichkeit, wie schon bemerkt wurde, nur für große Leistungen in Anwendung kommen. Für den Antrieb von Werkzeugmaschinen, Pumpen und dergleichen, also für kleinere und mittlere Leistungen und vor allen Dingen auch dann, wenn die Maschinen häufig ein- und ausgeschaltet werden müssen,

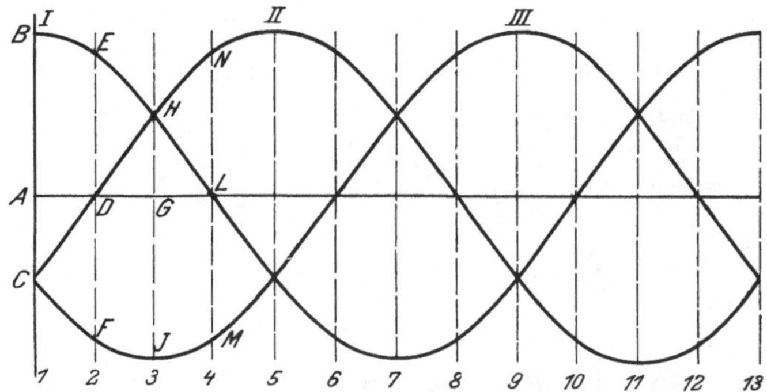

Fig. 201. Drei um 120° verschobene Ströme.

kann man keine Synchronmotoren anwenden. Hierfür sind die asynchronen Motoren geeignet, die aber außerdem, wie sogleich bemerkt werden muß, auch für sehr große Leistungen ohne weiteres brauchbar sind und auch fast ausschließlich angewendet werden, wenn man nicht Kollektormotoren, die noch erklärt werden sollen, benutzen muß.

Die asynchronen Motoren haben vor den synchronen die Vorzüge, daß sie ohne besondere Schwierigkeit anlaufen, keine Erregermaschine nötig haben und bei Überlastung nicht so leicht stehen bleiben.

Die einfachsten asynchronen Motoren sind diejenigen, die durch zweiphasigen oder dreiphasigen Wechselstrom betrieben werden und die man kurzweg meist als Drehstrommotoren, richtiger Drehfeldmotoren bezeichnet. Zur Erklärung ihrer Wirkungsweise muß zunächst die Entstehung des Drehfeldes erklärt werden. Dazu dienen die Figuren 201, 202 und 203.

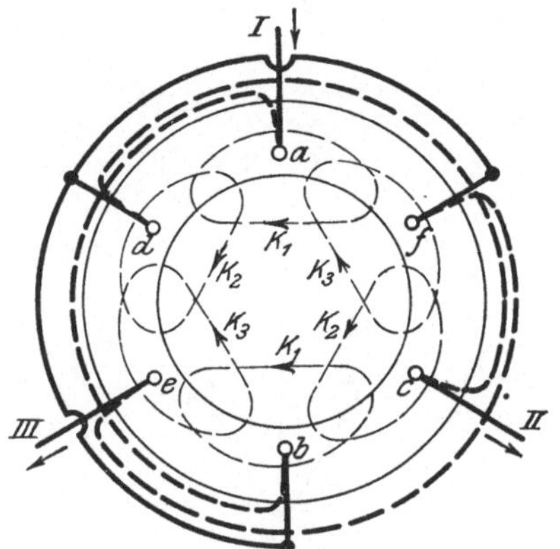

Fig. 202. Entstehung der einzelnen Felder in zweipoliger Dreiphasenwickelung.

In Fig. 201 sind zunächst noch einmal drei um 120° in der Phase verschobene Ströme (vgl. Seite 44) dargestellt und in Fig. 202 ist die Feldwickelung oder Ständerwickelung (auch Statorwickelung) eines Drehfeldmotors gezeichnet, welche aber genau so ausgeführt wird wie die Ankerwickelung einer Dreiphasenmaschine, also wie Fig. 155 zeigt.

Greifen wir nun den in Fig. 201 mit *1* bezeichneten Augenblick heraus. Der Strom *I* soll in den in Fig. 202 mit *I* bezeichneten Draht eintreten, dann würde in dem Draht *a* der Strom von vorn nach hinten fließen und in dem mit ihm verbundenen Draht *b* wieder von hinten nach vorn. Nach der Korkzieherregel (Seite 24) bildet sich um beide Drähte ein

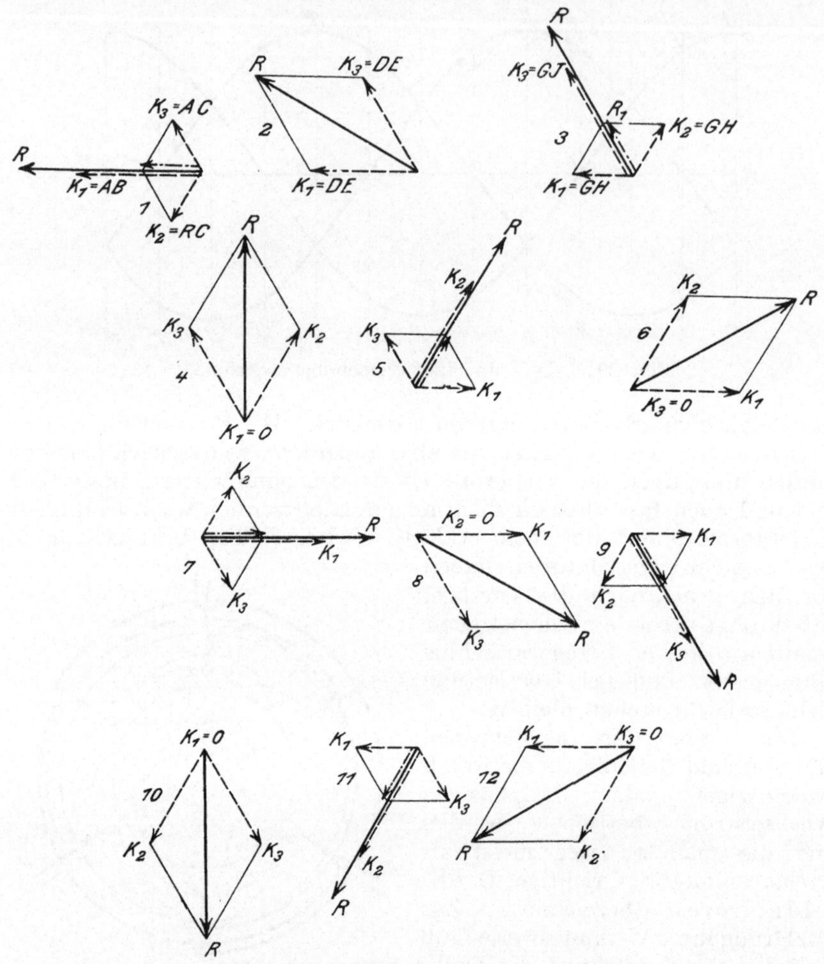

Fig. 203. Entstehung des Drehfeldes.

Feld $K_1$. Der Strom *II* hat, wie aus Fig. 201 hervorgeht, ebenso wie der Strom *III* in dem Augenblick *1* entgegengesetzte Richtung wie *I*, folglich wird in Fig. 202 im Draht *c* und im Draht *e* der Strom von hinten nach vorn fließen und in den beiden Drähten *d* und *f* wieder von vorn nach hinten. Es entstehen dann um die Drähte *c* und *d* die Kraftlinien $K_2$ und um die Drähte *e* und *f* die Kraftlinien $K_3$. Selbstverständlich können nicht diese drei Felder für sich bestehen, sondern sie setzen sich zusammen zu einem einzigen resultierenden Feld, dessen Stärke und Richtung von Stärke und Richtung der Einzelfelder abhängt. Nun ändert sich Stärke und Richtung der Felder genau so wie die Stromstärke in den Drähten, folglich kann man die Kurven in Fig. 201 auch als Kurven der drei Felder auffassen. Faßt man die beiden in Fig. 202 gezeichneten Kraftlinienkreise $K_1$ zu einem einzigen zusammen und zeichnet es in Fig. 203 ein, indem man seine Richtung aus Fig. 202 und seine Stärke aus Fig. 201 entnimmt, so ist im Augenblick $1$ die Stärke des Feldes $K_1 = AB$, die Felder $K_2$ und $K_3$ sind beide gleich $AC$ (in Fig. 203, 1 steht $K_2 = RC$ statt $AC$). Man setzt nun zunächst die Felder $K_2$ und $K_3$ zusammen zu dem resultierenden Feld $R_1$. Dieses fällt in eine Richtung mit dem Felde $K_1$, folglich ist das wirksame Feld $R = K_1 + R_1$ vorhanden. Im Augenblick $2$ der Fig. 201 ist das Feld $II$ null, $K_1 = DE$ und $K_3 = DF$, man erhält demnach in Fig. 203, 2 aus $K_1$ und $K_3$ das wirksame Feld $R$. Im Augenblick $3$ der Fig. 201 ist $K_1 = GH$, $K_2 = GH$ und $K_3 = GI$. Da aber $K_2$ nach oben liegt, demnach positiv geworden ist, kann man die Richtung von $K_2$ in Fig. 203, 3 entgegengesetzt auftragen wie in Fig. 203, 1. Es setzt sich zunächst aus $K_2$ und $K_1$ das resultierende Feld $R_1$ zusammen, welches zu $K_3$ addiert wird und dann das wirksame Feld $R$ bildet. Führt man die Konstruktion in der angegebenen Weise nacheinander für die Augenblicke 1, 2, 3 bis 12 durch, so erhält man, wie in Fig. 203 zu erkennen ist, ein wirksames Feld $R$ von stets derselben Stärke, dessen Lage aber fortwährend wechselt, und zwar führt es eine drehende Bewegung aus und heißt deshalb Drehfeld. Für den Augenblick 13 der Fig. 201 würde man wieder dasselbe Bild erhalten wie für Punkt 1. Nun liegen aber die Punkte 1 und 13 um 2 Stromwechsel voneinander entfernt, es hat sich also bei der Wickelung nach Fig. 202 das Feld nach 2 Stromwechseln einmal herumgedreht. Es läßt sich hiernach leicht ausrechnen, wie groß die Umlaufsgeschwindigkeit des Feldes in der Minute ist. Es sei z. B. die Zahl der Stromwechsel in der Sekunde 100, dann würde das Drehfeld also in der Sekunde 50 Umdrehungen und in der Minute $50 \cdot 60 = 3000$ Umdrehungen machen. Diese hohe Zahl wendet man in der Praxis bei gewöhnlichen Motoren nicht an und um sie zu erniedrigen, macht man die Wickelungen nicht zweipolig, sondern stets mehrpolig und führt auch ganz kleine Drehfeldmotoren schon mit vier Polen aus. Die Wickelung in Fig. 202 ist eine zweipolige, weil das wirksame Feld nach Fig. 204 denselben Verlauf zeigt wie bei

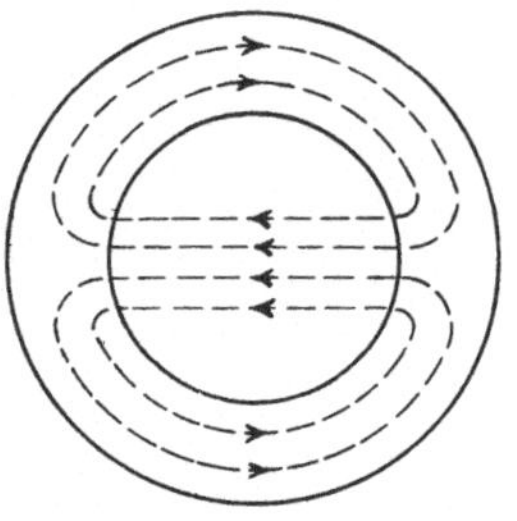

Fig. 204. Zweipoliges Feld.

einem zweipoligen Magnetrad. Eine vierpolige Wickelung zeigt Fig. 205, deren wirksames Feld die Form nach Fig. 206 besitzt, weil sich die Felder $K_1$, $K_2$, $K_3$ in Fig. 205 in dieser Weise zusammensetzen. Wie man aus Fig. 207 erkennt, dreht sich auch das vierpolige Feld. In

Fig. 207 entspricht *1* dem Augenblick *1* in Fig. 201, während *3* dem Augenblick *3* und *5* dem Augenblick *5* entspricht. Im Augenblick *3*

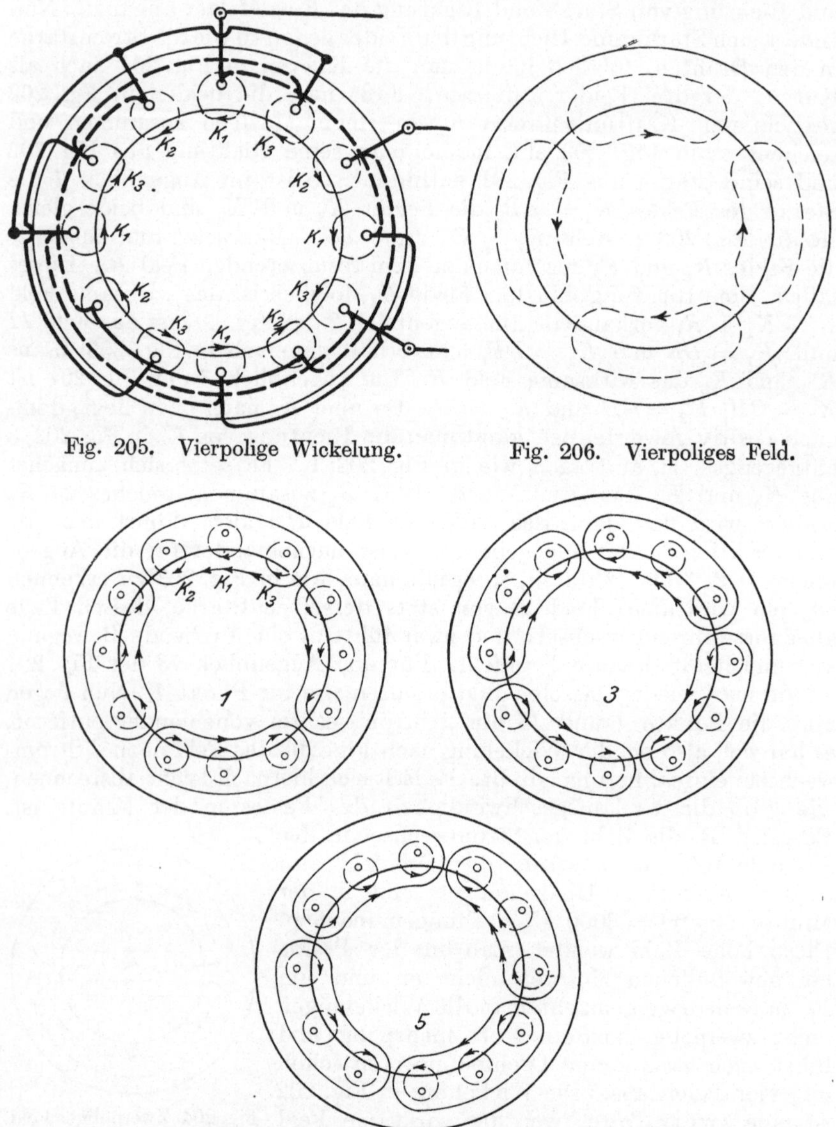

Fig. 205.  Vierpolige Wickelung.          Fig. 206.  Vierpoliges Feld.

Fig. 207.  Drehung eines vierpoligen Feldes.

hat sich das Feld $K_2$ umgekehrt, im Augenblick *5* das Feld $K_1$ ebenfalls. Berücksichtigt man dies in der Weise, wie Fig. 207 zeigt, so erkennt man, daß das wirksame resultierende Feld sich ebenfalls dreht. Auch seine Umlaufsgeschwindigkeit erkennt man aus Fig. 207, denn wenn man die Aufzeichnung in der dort angefangenen Weise fortsetzt, so hat sich das Feld beim Augenblick *7* um 90° gegen die Lage bei *1* verschoben, demnach beim Augenblick *13* um 180°, es führt also bei zwei Stromwechseln eine halbe Umdrehung aus und bei einer vierpoligen Wickelung wird daher das Feld nur noch halb so schnell umlaufen wie bei einer zweipoligen, bei einer sechspoligen nur noch $^1/_3$ so schnell usw.

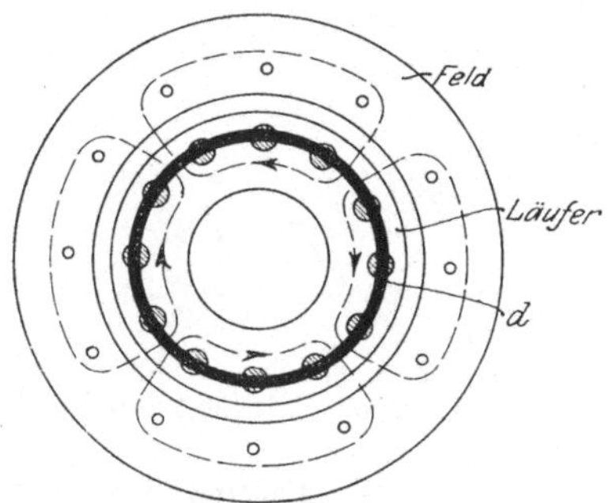

Fig. 208. Schema des Kurzschlußläufers im Drehfeld.

Die Verwendung des Drehfeldes bei den asynchronen Drehfeldmotoren ist mit der Fig. 208 erläutert. Im Innern der Bohrung des Ständers oder Feldes befindet sich der Läufer, der nach Fig. 209 aus Eisenblechen $E$ zusammengesetzt ist, die mit Löchern versehen sind. In den Löchern liegen blanke Kupferstäbe, deren auf beiden Seiten herausragende Enden $a$ durch Kupferringe $R$ verbunden sind. Die Wickelung eines solchen Läufers heißt Kurzschluß- oder auch Käfigwicklung. Betrachten wir nun die Wirkung des Drehfeldes auf einen solchen Läufer.

Schaltet man in der Feldwickelung den dreiphasigen Strom ein, so dreht sich das Drehfeld und seine Kraftlinien schneiden die Kupferstäbe des vorläufig noch stillstehenden Läufers. Wo aber Drähte und

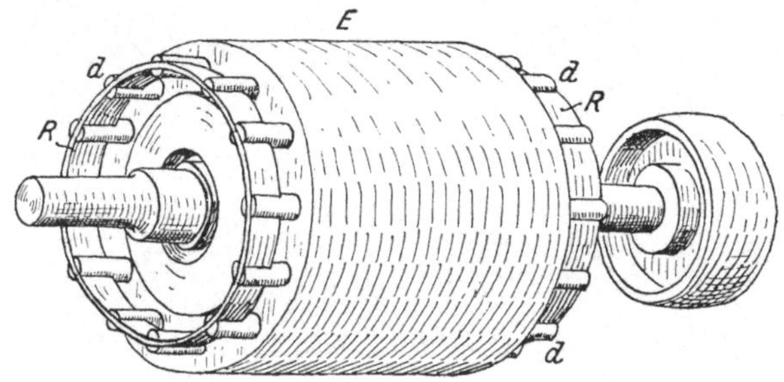

Fig. 209. Kurzschlußläufer mit Käfigwickelung.

Kraftlinien sich schneiden, da entstehen in den Drähten elektromotorische Kräfte. Der Leitungswiderstand der dicken Kupferstäbe mit den Kurzschlußringen $R$ ist aber sehr gering, so daß starke Ströme in der Käfigwickelung entstehen. Da aber auf Ströme in einem Magnetfeld Kräfte ausgeübt werden (vgl. Fig. 199 und 182—185), so wird der Läufer anfangen, sich zu drehen. Um die Richtung seiner Drehung zu bestimmen, zeichnen wir in Fig. 210 I die Felder auf, die z. B. in Fig. 208

links oben bei dem dort vorhandenen Läuferdraht entstehen. Das Drehfeld $R$ hat die Richtung *1*, wie schon gezeigt wurde. In dem Stab des Läufers wird dann nach der Handregel (Seite 28) eine elektromotorische Kraft von vorn nach hinten entstehen, folglich ist auch der Strom in dem Stab von vorn nach hinten gerichtet und erzeugt nach der Korkzieherregel (Seite 24) das kreisförmige Feld.

Beide Felder sind unter dem Draht gleichgerichtet und über ihm entgegengesetzt. Es entsteht daher die Feldverschiebung nach Fig. 210 II, durch welche der

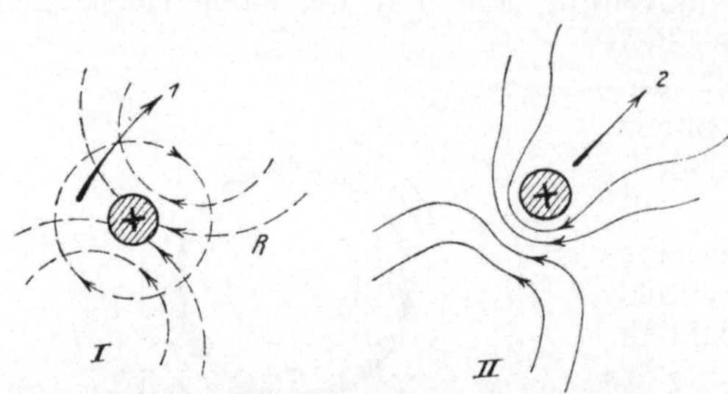

Fig. 210. Läuferstrom im Drehfeld.

Draht in der Richtung *2* fortgedrängt wird. Die Drehrichtung des Läufers ist also dieselbe wie diejenige des Drehfeldes.

Hieraus folgt weiter: **Will man die Umlaufsrichtung eines Drehfeldmotors umkehren, so muß man das Drehfeld umgekehrt laufen lassen.** Zu diesem Zweck braucht man nur von den drei Zuleitungen zum Feld zwei zu vertauschen, wie Fig. 211 zeigt, es läuft dann das Drehfeld und mit ihm der Läufer umgekehrt. Vertauscht man z. B. in Fig. 205 die Zuleitungen zu $I$ und $II$, so würden

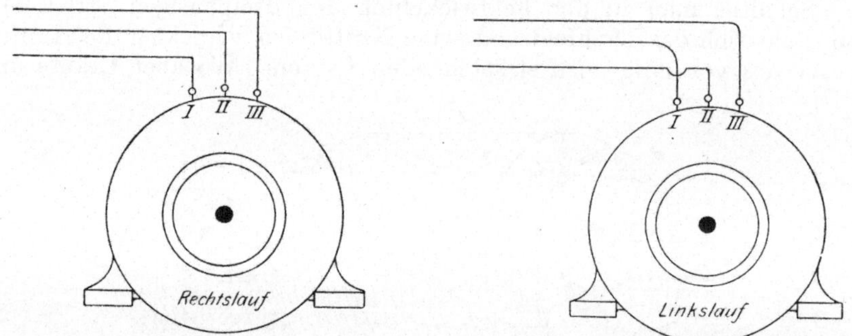


Fig. 211. Umschaltung der Drehrichtung bei asynchronen Dreiphasenmotoren.

die Felder $K_1$ und $K_2$ ebenfalls vertauscht und die drei in Fig. 207 dargestellten Lagen des Drehfeldes würden sich verwandeln in diejenigen von Fig. 212, woraus man erkennt, daß sich jetzt das Feld entgegengesetzt umdreht wie vorher. Dasselbe würde man natürlich auch erreicht haben durch Vertauschen der Leitungen $II$ und $III$ oder $I$ und $III$.

Wenden wir uns nun wieder zu der Fig. 208, um die Arbeitsweise des asynchronen Motors zu betrachten. Es war gezeigt, daß ein solcher Motor mit Kutzschlußläufer beim Einschalten des dreiphasigen Feldstromes zu laufen beginnt. Nehmen wir an, der Motor habe wenig Arbeit zu leisten, dann kann auch die Kraft, die auf die Drähte des Läufers ausgeübt wird, klein sein. Diese Kraft hängt aber ab von der Stärke des Feldes und der Stärke des Stromes im Draht, wird eines oder beides größer, so wird auch die Kraft größer und umgekehrt. Das Feld behält im wesentlichen aber immer dieselbe Stärke, folglich braucht bei schwacher Belastung des Motors in seinen Läuferstäben auch nur ein schwacher Strom zu entstehen, es braucht also nur eine schwache elektromotorische Kraft in den Stäben des Läufers erzeugt zu werden. Die elektrische Kraft hängt aber ab von der Geschwindigkeit, mit der Stäbe und Kraft-

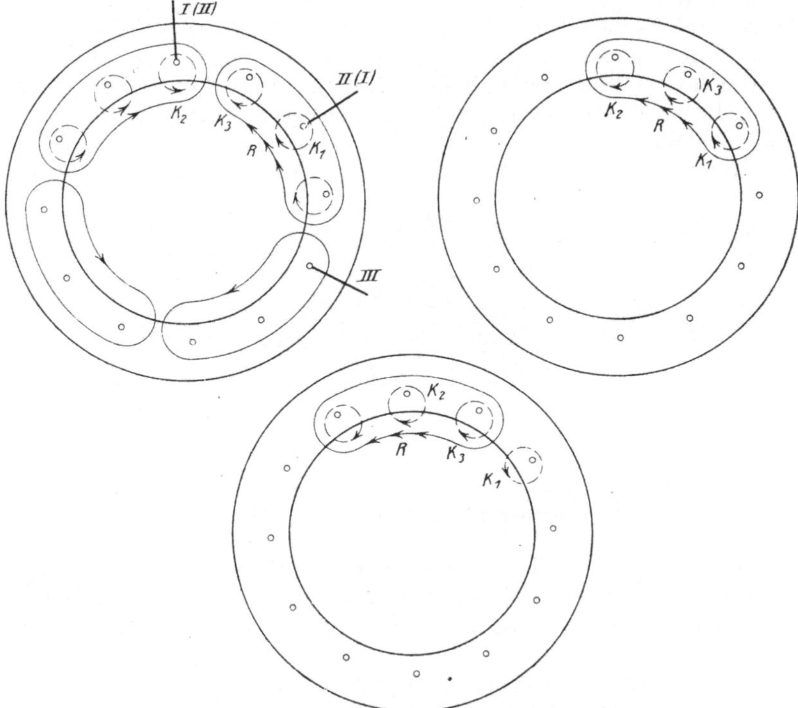

Fig. 212. Umkehrung des Feldes in Fig. 207.

linien sich, schneiden und diese ist offenbar dann am größten, wenn der Läufer noch stillsteht; je schneller er aber läuft, um so kleiner wird diese Kraftlinienschnitt-Geschwindigkeit. Denkt man sich den Läufer ebenso schnell gedreht, wie das Drehfeld umläuft, dann würden Kraftlinien und Drähte sich gar nicht schneiden und es könnte kein Strom in den Läuferstäben entstehen. Dann würde aber keine drehende Kraft auf den Läufer wirken, folglich muß der Läufer immer etwas langsamer laufen als das Drehfeld. Da aber der Widerstand des Läufers absichtlich durch Anwendung von dicken Stäben und breiten Verbindungsringen möglichst klein gehalten wird, so gehört immer nur eine geringe elektromotorische Kraft dazu, um trotzdem einen starken Strom im Läufer zu erzeugen, es braucht also der Läufer nur ganz wenig hinter der Umlaufszahl des Drehfeldes zurückzubleiben, damit in ihm eine genügende elektromotorische Kraft erzeugt wird. Wird dann der Motor stärker belastet, so muß ein stärkerer Strom im Läufer entstehen und der Läufer muß weiter hinter der Umlaufszahl des Drehfeldes zurückbleiben, aber bei dem kleinen Widerstand der Läuferwickelung genügt schon ein ganz geringes weiteres Zurückbleiben, so daß selbst bei voller Belastung der Läufer nur wenig langsamer zu laufen braucht als bei Leerlauf, und zwar ist der Unterschied in der Leerlaufs- und Vollast-Umdrehungszahl um so kleiner, je kleiner der Widerstand der Läuferwickelung ist, und das ist bei größeren Motoren wieder in höherem Maße der Fall als bei kleineren. Soll der Unterschied zwischen Leerlaufsgeschwindigkeit und Vollastgeschwindigkeit möglichst klein bleiben, dann führt man die Läuferwickelung mit möglichst kleinem Widerstand aus, dann verhält sich der asynchrone Drehfeld-

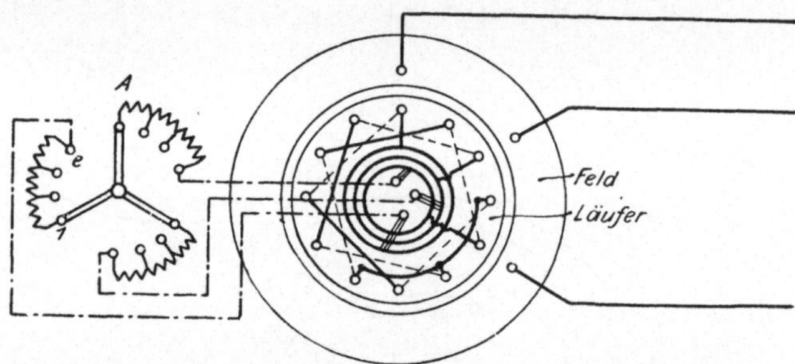


Fig. 213. Asynchroner Drehfeldmotor mit Schleifringanker.

motor ähnlich wie der Gleichstrom-Nebenschlußmotor, der allerdings so gebaut werden kann, daß er bei allen Belastungen mit genau derselben Geschwindigkeit läuft, was beim asynchronen Motor nicht möglich ist.

Asynchrone Drehfeldmotoren mit einem Käfigläufer nach Fig. 209 würden bei größeren Leistungen wegen des außerordentlich kleinen Widerstandes in der Läuferwickelung während des ersten Anlaufens, wenn der Läufer noch stillsteht, wegen der hohen Kraftlinienschnittgeschwindigkeit so hohe Stromstärken erhalten, daß die Wickelung gefährdet wäre, und außerdem kann ein solcher Motor, da diese gewaltigen Läuferströme eine sehr starke Schwächung des Feldes bewirken, nicht anlaufen. Man muß deshalb bei größeren Motoren während des Anlaufes den Widerstand der Läuferwickelung künstlich vergrößern. Dies geschieht, indem man den Läufer mit einer Draht- oder Stabwickelung versieht, die dreiphasig gewickelt und in Sternschaltung verbunden ist. Das Schema eines solchen Motors zeigt Fig. 213. Die drei Wickelungsanfänge führen zu je einem Schleifring, auf dem Bürsten aufliegen, durch welche der Läufer mit einem dreiteiligen Anlasser A verbunden ist, durch den beim Anlaufen der Läuferwiderstand so weit vergrößert wird, daß der Läuferstrom keinen zu hohen Wert annehmen kann und seine Rückwirkung das Feld nur noch so wenig schwächt, daß der Motor anläuft. Beginnt der Motor zu laufen, so dreht man allmählich die dreiteilige Kurbel des Anlassers von dem Kontakt *1* nach dem Kontakt *e*. In dieser letzten Stellung der Kurbel ist aller Widerstand des Anlassers ausgeschaltet und die Läuferwickelung ist kurzgeschlossen. Es wirkt jetzt ein solcher Motor ebenso wie einer mit Käfiganker. Gewöhnlich versieht man aber die Schleifringanker noch mit Kurzschluß- und Bürstenabhebevorrichtung, weil der Widerstand der Bürsten und der Leitungen bis zum Anlasser zweckmäßig im Betrieb noch vermieden wird. Zu diesem Zweck versieht man den Motor mit einem Hebel, durch dessen Bewegung zuerst die drei Schleifringe direkt verbunden werden und weiter die Bürsten, die dann ja überflüssig sind, abgehoben werden, damit sie sich nicht unnötig abnutzen und zwecklos Reibung veranlassen. Durch diese Einrichtung wird der Motor aber schon ziemlich kompliziert und es erfordert seine Bedienung mehr Aufmerksamkeit, denn man muß beim Anlassen zuerst den dreipoligen Schalter im Feldstromkreis einschalten, darauf den Anlasser eindrehen und zuletzt die Kurzschließung und Bürstenabhebung bewirken, während beim Stillsetzen umgekehrt vorzugehen ist. Da auch die Elektrizitätswerke gewöhnlich vorschreiben, daß Motoren von 5 PS ab schon Schleifringanker erhalten sollen, damit kein plötzlicher Stromstoß beim Anlassen, der zu Lichtschwankungen in der Nachbarschaft des Motors führt, auftritt, so hat man versucht, den Kurzschlußmotor, der sonst sehr gute Betriebseigenschaften hat, da er ohne Schwierigkeit anläuft und meist die dreifache Überlastung aushalten kann, natürlich nur auf ganz kurze Zeit, einfacher zu gestalten. Zur Vermeidung des plötzlichen Stromstoßes benutzt man den **Stern-Dreieckschalter**, das ist ein Umschalter, der die Ständerwickelung beim Anlassen in Stern, beim Gange in Dreieck zu schalten gestattet. Der Motor besitzt dabei einen gewöhnlichen Kurzschlußläufer mit Käfigwickelung. Bei der Sternschaltung des Feldes kann, da immer auf eine Wickelung die Spannung $\dfrac{e}{\sqrt{3}}$ wirkt, nicht ein so hoher Strom entstehen wie bei Dreieckschaltung, wo dann auf jede der drei Feldwickelungen die volle Spannung *e* wirkt. Hier muß noch bemerkt werden, daß der Strom im Feld dem Strom im Läufer entspricht, indem bei starkem Läuferstrom auch im Feld ein starker Strom zugeführt wird, wie schon Seite 61 beim Prinzip des Transformators erklärt wurde. Für größere Leistungen kann man aber die Sterndreieckschaltung auch nicht verwenden, da nur der plötzliche Stromstoß beim Einschalten gemildert wird, aber die Rückwirkung der starken Läuferströme auf das Feld beim Einschalten nicht vermieden wird. Man verwendet daher einfache Motoren mit Kurzschlußläufer, die nur mit dem dreipoligen Zuleitungsschalter für das Feld eingeschaltet werden bis zu etwa 2 PS, dann Motoren mit Kurzschlußläufer, aber mit Sterndreieckschalter im Feld bis zu etwa 5 PS und von da ab Motoren mit Schleif-

ringanker. Die einzelnen Elektrizitätswerke weichen aber in ihren
Vorschriften darüber etwas voneinander ab. Die Vorschriften haben
natürlich nur den Zweck, die Lichtschwankungen zu vermeiden, denn
anlaufen tun die Motoren nicht nach Vorschrift, sondern nach ihrem
Strom.

Um die Nachteile des komplizierten Anlassens auch bei größeren
Motoren zu vermeiden, führt die Firma Paul Dassenoy in Metz einen
sehr hübschen Gedanken aus, der durch Fig. 214 näher erläutert ist.
Der Motor besitzt einen Kurzschlußläufer $L$, welcher mit Käfigwickelung
nach Fig. 209 versehen ist. Neben diesem Läufer sind zwei massive
Eisenkörper $E$, voneinander durch einen Luftspalt getrennt angeordnet
und das Ganze, also die Teile $E$ und der Läufer $L$ verschiebbar auf der
Welle befestigt. In Fig. 214
bedeutet $F$ den Eisenkörper
des Feldes, welches ge-
schnitten und ohne Wicke-
lung aufgezeichnet wurde,
um den drehbaren Teil des
Motors zeigen zu können.
Beim Anlauf steht der
Läufer in der gezeichneten
Lage, so daß also die Kraftlinien des Drehfeldes sich
durch die eisernen Körper $E$
drehen und da diese massiv
sind, entstehen in ihnen

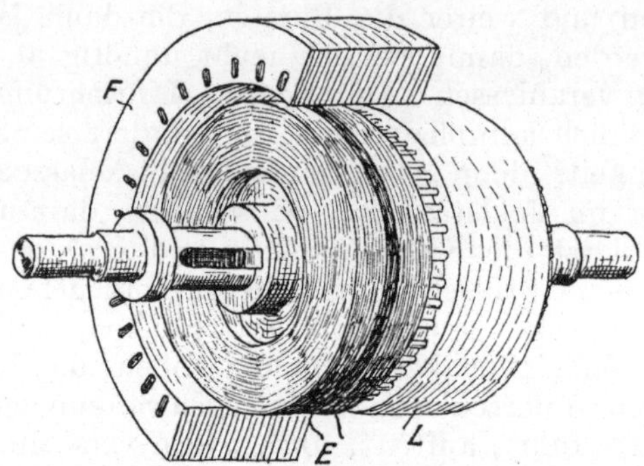

Fig. 214.   Motor von Dassenoy.

starke Ströme. Die Einwirkung des Feldes auf diese Ströme bewirkt
eine Drehung und nun verschiebt man allmählich den ganzen Läufer,
wodurch die Eisenkörper $E$ herausbewegt werden und der Kurzschlußläufer $L$ an ihre Stelle tritt. Das Verschieben des Läufers auf
der Welle geschieht mit einem am Lager des Motors angebrachten
Handrad. Da hier der Kurzschlußläufer schon mit der Geschwindigkeit,
die ihm die Eisenkörper $E$ erteilen, in das Drehfeld hineingelangt, können
nicht mehr so starke Anlaufströme entstehen wie bei gewöhnlichen
Kurzschlußläufern und es kann der einfache Käfiganker ohne Schleifringe auch für größere Leistungen benutzt werden. Man muß allerdings
neben dem Käfiganker noch die Eisenkörper $E$ anordnen und den Motor
etwas breiter bauen an seinen Lagern, damit die Verschiebung ausführbar ist. Jedoch spart man dafür auch wieder den Platz für die Schleifringe.

Man baut aber nicht nur für Dreiphasenstrom, sondern auch für
Einphasenstrom ähnliche asynchrone Motoren. Diese Einphasen-
Asynchronmotoren können aber nicht von selbst anlaufen, weil
man bei einem einphasigen Wechselstrom kein Drehfeld, sondern nur
ein Wechselfeld erhält. Die Motoren erhalten daher zum Anlaufen,
welches aber nur ohne Belastung geschehen kann, eine Hilfswickelung,
die im normalen Betrieb ausgeschaltet wird. Der Läufer eines asyn-

chronen Einphasenmotors kann genau so ausgeführt werden wie der eines dreiphasigen, also als Käfiganker (Fig. 209) oder als dreiphasige Läufer mit Schleifringen und Anlasser nach Fig. 213.

· Die Wirkungsweise eines asynchronen Einphasenmotors soll mit Fig. 215 erläutert werden. Man erkennt aus dieser Figur, daß das Feld des Motors zwei Wickelungen besitzt, eine Hauptwickelung, welche stark gezeichnet ist und eine nur zum Anlaufen bestimmte Hilfswickelung $H$, welche aus dünnem Draht hergestellt ist und deshalb nur während der kurzen Zeit des Anlaufens eingeschaltet werden darf, wenn sie nicht verbrennen soll. Dadurch, daß in den Stromkreis dieser Hilfswickelung eine Drosselspule $D$ eingeschaltet ist, erfährt der ·Strom in der Hilfswickelung eine

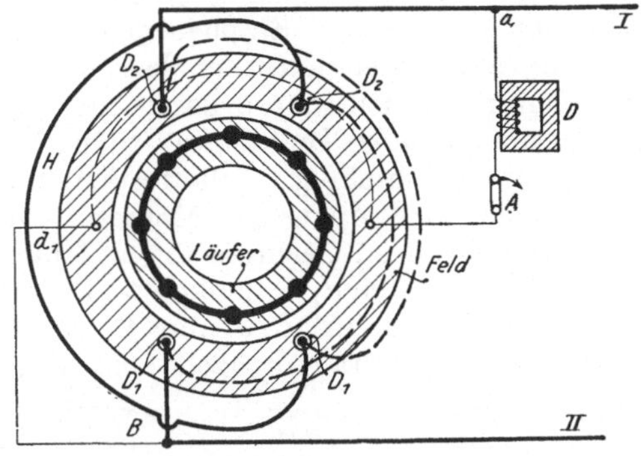



Fig. 215.   Asynchroner Einphasenmotor.

Phasenverschiebung gegen den Strom in der Hauptwickelung. In Fig. 216 sind die beiden Ströme gezeichnet. $J$ ist der Strom in der Hauptwickelung, $i$ derjenige in der Hilfswickelung. Die Entstehung des durch diese beiden Ströme hervorgerufenen Drehfeldes ist mit Hilfe der Figuren 216 und 217 erklärt. In Fig. 216 ist zu der Zeit, die dem Punkt 1 entspricht, der Strom in der Hilfswickelung null, folglich wirkt nur die Hauptwickelung mit den Drähten $D_1$, $D_1$, $D_2$, $D_2$ und das Feld hat die Richtung $R$, Fig. 217, 1. Im Augenblick 2 ist der Strom $J$ null, es wirkt also nur die Hilfswickelung. Der Strom im Draht $d_1$ muß aber, da dieser mit $D_1$ nach Fig. 215 verbunden ist, so gerichtet sein wie vorher der Strom $J$ in $D_1$, weil in Fig. 216 im Augenblick 1 der Strom $J$ nach oben also positiv gerichtet ist und im Augenblick 2 $i$ ebenfalls positiv ist. Folglich hat das

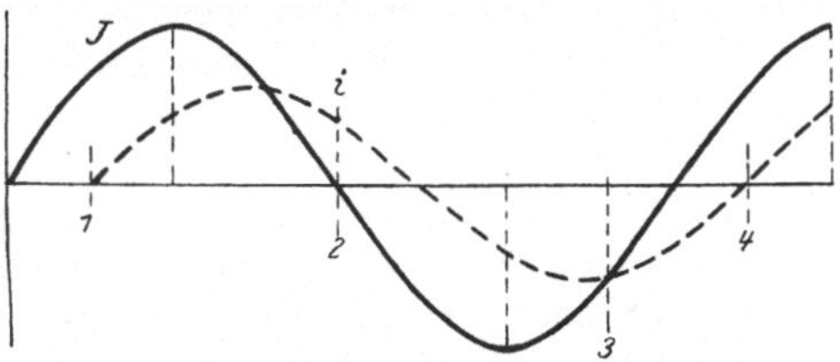



Fig. 216.   Verschiebung der Ströme in beiden Wickelungen nacheinander.

Feld die in Fig. 217, 2 bezeichnete Richtung $R$. Die Stärke dieses Feldes ist aber schwächer als die des Feldes im Augenblick 1, weil die Hilfswickelung weniger Windungen besitzt, es bleibt also die Stärke des Drehfeldes hier nicht immer dieselbe, sondern schwankt. Im Augenblick 3 sind $J$ und $i$ umgekehrt wie vorher und wir erhalten aus beiden Feldern das resultierende Feld $R$, für Augenblick 4 würde man wieder dieselbe Figur erhalten wie für Augenblick 1.

Da in Fig. 216 die Punkte *1, 2, 3* genau gleichen Abstand voneinander haben, trotzdem aber, wie aus Fig. 217 zu ersehen ist, das Feld *R* sich aus der Lage *1* in die Lage *2* viel stärker verdreht hat als aus der Lage *2* in die Lage *3* und von Lage *3* in die dem Augenblick *4* entsprechende Lage *1* sich wieder sehr stark verdrehen muß, erkennt man, daß dieses Drehfeld nicht nur seine Stärke wechselt, sondern während einer Umdrehung auch seine Geschwindigkeit verändert. Hieraus ergibt sich, daß der asynchrone Einphasenmotor nur mit sehr schwacher Belastung, am besten natürlich leer, anlaufen kann, denn die Wirkung dieses mit der Hilfsphase entstandenen, schwankenden und unregelmäßig umlaufenden Drehfeldes ist längst nicht so stark wie die Wirkung des ganz gleichmäßig umlaufenden und fortwährend gleichstarken Drehfeldes bei dreiphasigen Motoren. Aus Fig. 217 erkennt man, daß das Drehfeld *R* entgegengesetzt umlaufen wird, wenn man den Strom in den Hilfsdrähten $d_1$, $d_1$ umkehrt. Dies läßt sich nach Fig. 215 dadurch erreichen, daß man dort $d_1$ mit Punkt *a* anstatt mit *B* verbindet und gleichzeitig den Draht *a* nach Leitung *II* herüberlegt. Es läuft dann

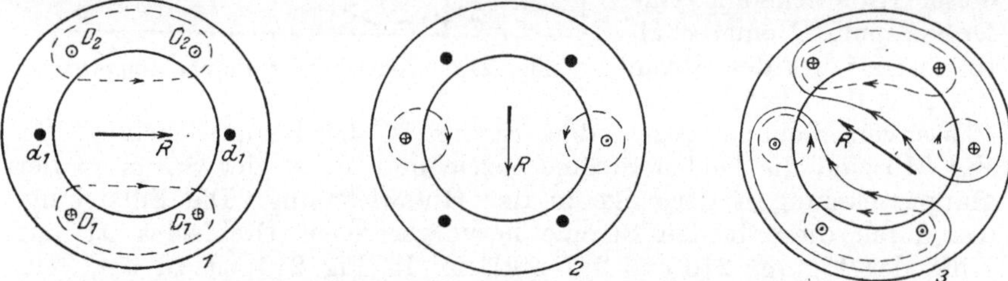

Fig. 217. Entstehung des Drehfeldes im asynchronen Einphasenmotor.

das Drehfeld entgegengesetzt um und der Läufer des Motors wird natürlich ebenfalls entgegengesetzt umlaufen, denn die Drehung des Läufers kommt auch hier durch die Einwirkung des Drehfeldes auf den Läuferstrom nach Fig. 210 zustande.

Sobald der Läufer aber in Gang gesetzt ist und eine bestimmte Geschwindigkeit erreicht hat, kann die Hilfswickelung abgeschaltet werden; es bleibt dann der Läufer in Bewegung und er kann auch belastet werden, darf allerdings nicht zu stark überlastet werden; es eignen sich also diese Motoren schlecht zum Betrieb von Hebezeugen und Fahrzeugen, und man verwendet in solchen Fällen die noch zu besprechenden Kollektormotoren. Das Ausschalten der Hilfsphase geschieht nach Fig. 215 mit dem Schalter *A*.

Wir haben uns nun noch darüber Rechenschaft abzulegen, warum der einmal in Gang gebrachte Läufer ohne Hilfsphase nur mit der Hauptwickelung des Feldes weiter läuft und benutzen dazu die Fig. 218, wo bei *I* der Augenblick gezeichnet ist, in welchem das Wechselfeld sich entwickelt. Es entsteht aus den Drähten $D_2$, $D_2$ und $D_1$, $D_1$ heraus, und die Kraftlinien, die als ausgezogene Linien dargestellt sind, schneiden dabei die Läuferdrähte *1, 2, 3, 4* und *5, 6, 7, 8* in der Richtung der

Pfeile, also auf den Mittelpunkt des Läufers zu. Stände der Läufer still, so würde das Feld der Läuferströme, welches punktiert gezeichnet ist, gerade entgegengesetzt verlaufen, und es könnte die Verschiebung des Feldes, die in Fig. 210 dargestellt ist, welche die Drehung bewirkt, nicht eintreten. Nun braucht aber das Feld zu seiner Entstehung Zeit und ebenfalls der Strom in den Läuferdrähten. Wenn sich der Läufer so schnell dreht, daß die Drähte *1, 2, 3, 4* in die in Fig. 218 bei *II* dargestellte Lage gelangt sind, während noch Strom in ihnen fließt, und gleichzeitig das Feld sich voll entwickelt hat, wie gezeichnet ist, so tritt die bei Fig. 210 erklärte Verschiebung des Feldes ein, die eine Drehung des Läufers bewirkt. Dreht sich der Läufer aus der Lage *II* weiter, so verschwindet das Feld wieder; dabei werden die Drähte *1, 2, 3, 4*, die fast in die Lage gekommen sind, die in Fig. 218 I die Drähte *5, 6, 7, 8* haben, wieder denselben Strom erhalten wie vorher, also die Drehung wird in demselben Sinne fortgesetzt. Das Feld verschwindet und entsteht umgekehrt wieder, weil sich jetzt der Strom in den Drähten

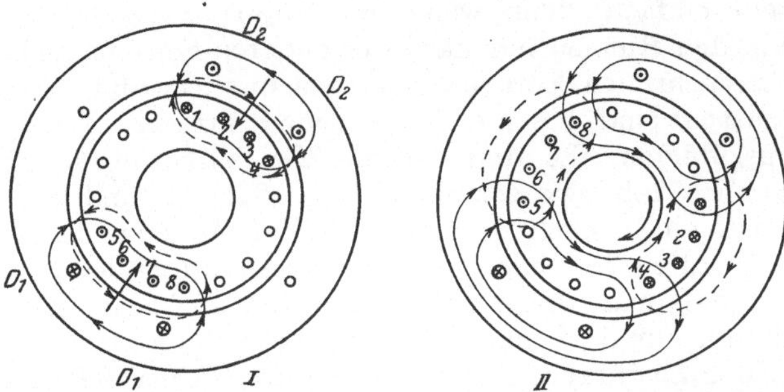

Fig. 218. Läufer des Einphasenmotors im Wechselfeld.

$D_1$, $D_1$ und $D_2$, $D_2$ umgekehrt hat. Mittlerweile sind aber die Läuferdrähte *1, 2, 3, 4* vollständig in die Lage der Drähte *5, 6, 7, 8* der Fig. 218 II hineingelangt; sie werden also durch das Entstehen des umgekehrten Feldes auch einen umgekehrten Strom erhalten, der noch in ihnen fließt, wenn sie sich in die Lage der Drähte *5, 6, 7, 8* der Fig. 218 II gedreht haben; da aber das Feld auch die umgekehrte Richtung hat, ist die Richtung der dem Läufer erteilten Drehung dieselbe wie vorher und es bleibt der Läufer auch bei dem einfachen Wechselfeld im Gang, wenn man ihn vorher mit der Hilfsphase andrehte.

Man erkennt aus der eben beschriebenen Wirkungsweise, daß auf den Läufer dann die stärkste Kraft ausgeübt wird, wenn die Feldverschiebung, durch welche die Drehung hervorgerufen wird, voll eintreten kann, d. h. wenn er sich so schnell dreht, daß die Drähte *1, 2, 3, 4* in die Lage der Fig. 218 II gelangt sind, während das Hauptfeld seine stärkste Einwirkung besitzt; wenn also der Strom im Feld von null bis zu seinem Höchstwert gestiegen ist, muß auch der Läufer bei der zweipoligen Wickelung in den Figuren 215 und 218 eine Vierteldrehung vollführt haben; demnach wird während zweier Stromwechsel der Läufer bei einer zweipoligen Wickelung eine volle Umdrehung machen müssen, wenn er die stärkste mögliche Leistung abgeben soll. Aber auch, wenn er etwas weniger schnell läuft, so daß die Drähte des Läufers nur zum Teil die erwähnten Stellungen erreichen, während das Hauptfeld voll entwickelt ist, wird noch eine Kraft auf die Läuferdrähte ausgeübt; allerdings darf die Geschwindigkeit des Läufers nicht unter eine bestimmte Grenze sinken, sonst bleibt er stehen. Es ist die Umlaufszahl des asynchronen Einphasenmotors demnach in ähnlicher Weise von der Wechselzahl des Stromes abhängig wie beim asynchronen Dreiphasenmotor, d. h. er würde bei einer zweipoligen Wickelung und zwei Stromwechseln ungefähr 1 Umdrehung ausführen, bei 4 Polen aber nur $^1/_2$ Umdrehung usw.

Die einphasigen asynchronen Motoren können bei ganz kleinen Leistungen auch ohne Hilfsphase leer anlaufen. Man muß dann, damit der Läufer in Gang kommt, am Riemen ziehen, dann läuft nach einigen Zügen der Motor allein weiter. Auch ist hierbei das Wenden der Drehrichtung sehr einfach, denn wenn der Motor umgekehrt laufen soll, braucht man den Riemen nur nach der anderen Seite zu ziehen.

Da die asynchronen Einphasenmotoren nur leer anlaufen und auch wenig überlastbar sind, hat man schon sehr frühzeitig versucht, bessere Motoren auszubilden. Es sind das die Kollektormotoren, welche darauf beruhen, daß, wie schon bei Fig. 182, 183 und Fig. 186, 187 dargestellt ist, ein Umkehren von Feld und Ankerstrom gleichzeitig, also ein Umschalten der Zuleitungen keine Änderung der Drehrichtung bewirkt und daß man daher solche Motoren auch mit Wechselstrom betreiben kann, nur darf man dann das Magnetgestell nicht mehr aus massivem Eisen ausführen, sondern wegen des Wechselfeldes aus Blech. Besondere Schwierigkeiten machte früher auch der Kollektor, da zwischen ihm und den Bürsten leicht sehr heftiges Feuer auftrat. Man ließ deshalb diese Kollektormotoren früher nur in der Schaltung als Hauptstrommotoren (vgl. Fig. 186) anlaufen. Nach dem Anlauf wurde dann der Motor umgeschaltet, wobei die Ankerwickelung kurz geschlossen und dann die Bürsten abgehoben wurden. Der Motor arbeitete dann im Betriebe wie der vorhin erklärte Einphasen-Asynchronmotor mit Kurzschlußläufer im Wechselfeld. Die Schwierigkeiten bezüglich der Funkenbildung am Kollektor sind aber durch die Erfindung der Wendepole (Fig. 148, 149) und die Ausgleichs- oder Kompensationswickelung Fig. 150, 151 beseitigt, und man kann heute die Kollektormotoren ohne weiteres mit ihrem Kollektor arbeiten lassen. Gewöhnlich besitzen aber diese Motoren, ähnlich wie der Déri-Generator (Fig. 151), keine ausgeprägten Pole, nur für große Lokomotivmotoren, wie sie heute für Vollbahnen mit elektrischem Betriebe benutzt werden, führt man die Einphasenkollektormotoren mit ausgeprägten Polen und Wendepolen aus, natürlich das Magnetsystem ebenso wie den Anker aus Blech. Die ausgeprägten Pole sind aber nur bei den im Betriebe üblichen sehr niedrigen Stromwechseln (etwa 30 und weniger) zweckmäßig. Motoren, die in den gewöhnlichen Anlagen mit Kraft- und Lichtbetrieb arbeiten, erhalten keine ausgeprägten Pole und werden dann mit Kompensationswickelung versehen.

In Fig. 219 ist ein als Reihenschluß- oder Hauptstrommotor geschalteter Kollektormotor dargestellt. Der Anker ist ein Gleichstromanker mit Kollektor, die Feldwickelung $H$ ist vierpolig und mit Anker-

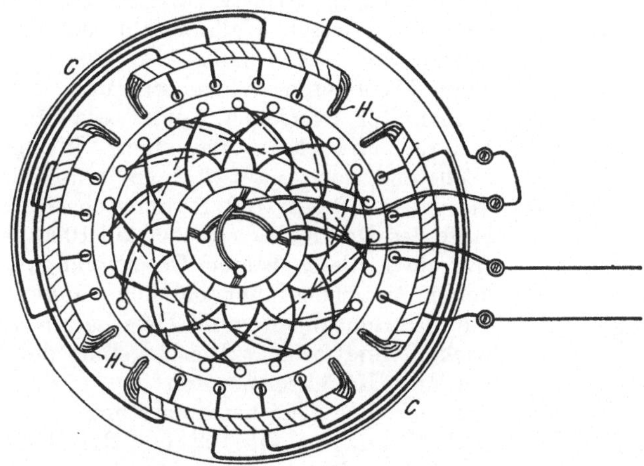

Fig. 219. Einphasiger Wechselstrom-Reihenschlußmotor.

und Kompensationswickelung $C$ hintereinander geschaltet, wie noch einmal schematisch in Fig. 220 gezeichnet ist. Man braucht aber die Kompensationswickelung nicht mit der Feldwickelung hintereinander zu schalten, da sie durch das Wechselfeld doch induziert wird und kann sie auch, wie Fig. 221 zeigt, einfach kurz schließen. Die Wirkungsweise des Motors wird dadurch nicht geändert und der einphasige

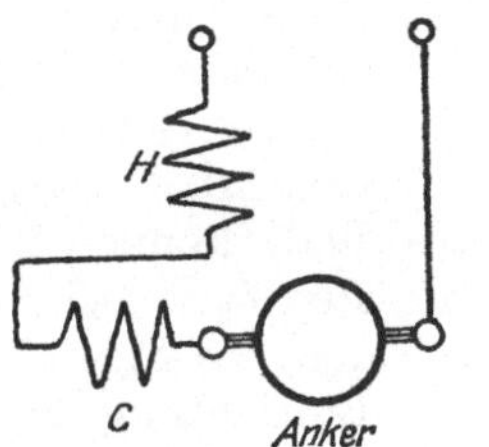


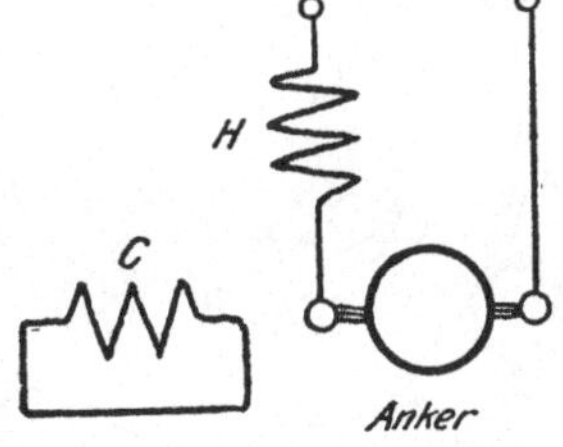


Fig. 220. Schaltung des Motors in Fig. 219.

Fig. 221. Einphasiger Wechselstrom-Reihenschlußmotor mit kurzgeschlossener Kompensationswickelung.

Wechselstrom-Reihenschlußmotor verhält sich im Betriebe ähnlich wie der Gleichstrom-Hauptstrommotor (Fig. 191), er läuft bei schwacher Belastung rasch, geht bei Leerlauf durch und läuft bei starker Last langsam. Er ist deshalb auch besonders gut geeignet für Hebezeuge und Eisenbahnen.

Ein besonderer Vorzug der Kollektormotoren ist auch ihre einfache Tourenregelung. Will man bei einem asynchronen Motor, sowohl dreiphasigem als einphasigem, die Umlaufszahl ändern, so kann das zweckmäßig nur durch Ändern der Polzahl geschehen, denn der Läufer dreht sich ja fast mit derselben Geschwindigkeit wie das Drehfeld, und dessen Umlaufszahl hängt von der Polzahl ab. Man muß also die Motoren mit einer besonderen Wickelung und mit einem Umschalter versehen, um die Polzahl zu ändern und kann bei einem kleinen Motor höchstens von 4 auf 6 Pole umschalten, wodurch man bei 100 Stromwechseln die Umläufe des Drehfeldes von 1500 auf 1000 verändert. Zwischen diesen beiden Geschwindigkeiten sind keine Zwischenstufen möglich, außerdem sind die Einrichtungen zum Umschalten sehr verwickelt und teuer. Die Regelung der Umläufe bei den Kollektormotoren ist ebenso einfach wie bei den Gleichstrommotoren, es braucht deshalb nur auf Fig. 197 und die Bemerkungen auf Seite 145 verwiesen zu werden.

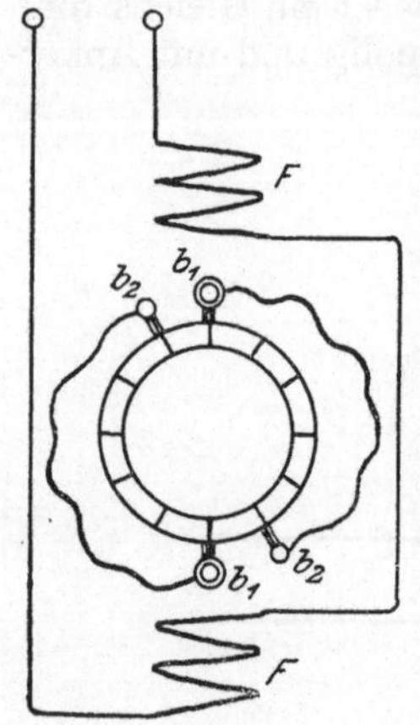

Fig. 222. Schaltung des einphasigen Repulsionsmotors.

Während der Motor in Fig. 219 mit Reihenschlußschaltung ausgeführt ist, zeigt Fig. 222 den sogenannten Repulsionsmotor. Bei diesen Motoren ist der Anker unabhängig vom Feldstrom dadurch, daß die Bürsten kurz geschlossen sind. In Fig. 222 sind $F$ die Feldspulen; während auf dem Kollektor die beiden Bürsten $b_1$ feststehend angeordnet sind, können die Bürsten $b_2$ verschoben werden. In Fig. 223 ist die Einrichtung zum Bürstenverschieben deutlicher. Dort sind $F$ die Feldspulen, in zweipoliger Wickelung. Die verschiebbaren Bürsten $b_2$ sitzen an einem Ring

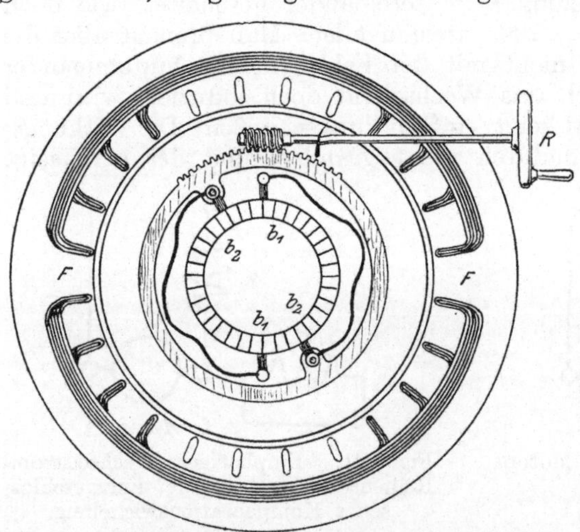

Fig. 223. Tourenregelung durch Bürstenverschiebung beim Repulsionsmotor.

mit Zahnkranz, der durch ein Handrad $R$ gedreht werden kann. Durch das Verdrehen der Bürsten schaltet man mehr oder weniger Drähte des Ankers miteinander kurz und kann dadurch sowohl den

Motor anlassen als auch seine Umlaufzahl ändern. Außerdem ist beim Repulsionsmotor der Anker unabhängig vom Feld, was bei Hochspannung einen besonderen Transformator überflüssig macht, der aber beim Reihenschlußmotor, um die Hochspannung nicht am Kollektor zu haben, vor den Motor geschaltet werden muß.

Auch für Dreiphasenstrom können Kollektormotoren benutzt werden. Da aber der schon beschriebene asynchrone Drehfeldmotor für Dreiphasenstrom ziemlich einfach ist und gute Betriebseigenschaften hat, verwendet man bei Dreiphasenstrom die Kollektormotoren nur, wenn die Tourenzahl auf einfache Weise geändert werden soll. Wie schon erwähnt, ist dies bei den asynchronen Motoren nur durch Ändern der Polzahl auf umständliche Weise ausführbar, bei Motoren mit Schleifringanker nach Fig. 213 allerdings auch mit Hilfe des Anlassers $A$, den man dann für dauernde Belastung einrichtet und den Widerstand zum Teil eingeschaltet läßt. Diese Tourenregelung ermög-

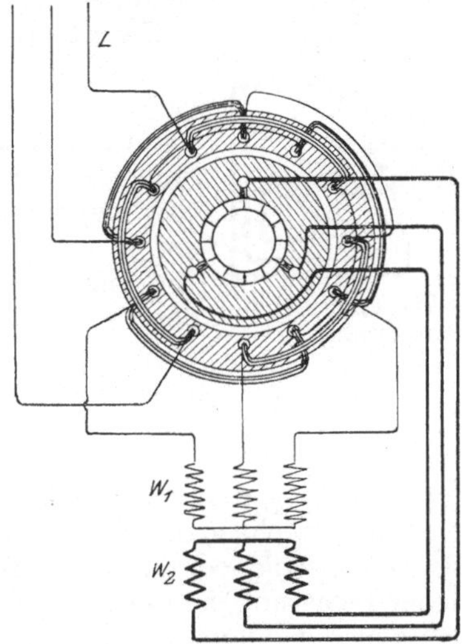

Fig. 225. Dreiphasenreihenschlußmotor mit Zwischentransformator.

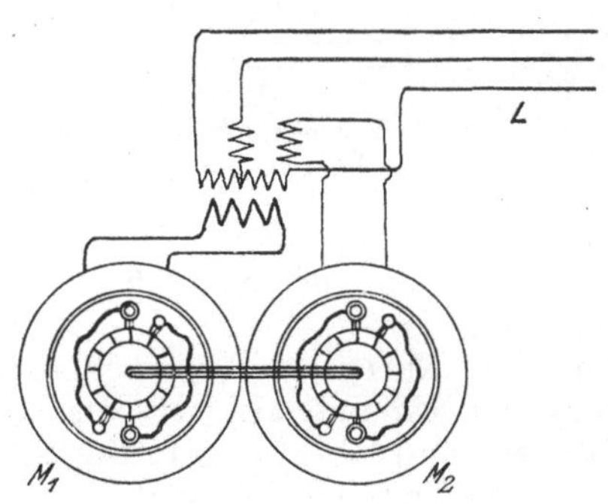

Fig. 224. Doppelrepulsionsmotor von Brown & Boveri.

licht zwar mehr Geschwindigkeitsstufen wie die Polumschaltung, ist aber mit großen Verlusten verbunden, indem nur ein Teil des auf den Läufer übertragenen Effektes in mechanische Leistung umgesetzt wird, während der andere Teil im Anlasser nutzlos in Wärme verwandelt wird. Man wendet daher diese Tourenregelung kaum an und benutzt für solche Fälle Kollektormotoren, die man auch ähnlich wie bei einphasigem Strom als Repulsionsmotoren, als Reihenschlußmotoren und als Nebenschlußmotoren ausführt. In Fig. 224 ist der Doppelrepulsionsmotor von Brown, Boveri u. Cie. dargestellt, der aus zwei gekuppelten Motoren $M_1$, $M_2$ besteht, denen dreiphasiger Strom durch die Leitung $L$ zugeführt wird, während jeder der beiden Motoren durch den vorgeschalteten Transformator, der in sogenannter Scottscher Schaltung ausgeführt ist, einphasigen Wechselstrom erhält. Im übrigen gilt dann für jeden einzelnen der beiden Motoren dasselbe wie für den schon behandelten Einphasen-Repulsionsmotor. Die Betriebseigenschaften des Repulsionsmotors sind ähnliche wie beim Reihenschlußmotor, der in Fig. 225 gezeichnet ist.

Der schematisch dargestellte Motor ist mit vierpoliger Feldwickelung gezeichnet und würde durch die Zuleitung $L$ Hochspannung in die Feldwickelung erhalten. Anker und Feld sind hintereinander, aber unter Zwischenschaltung eines Zwischentransformators, der die Hochspannung in der Wickelung $W_1$ umsetzt in Niederspannung, die aus der Wickelung $W_2$ in den Anker geführt wird, denn dem Kollektor kann man nicht gut Hochspannung zuführen. Will man auch dem Feld keine Hochspannung zuführen, so wendet man die Schaltung nach Fig. 226 an, wo der Transformator vor den Motor geschaltet ist.

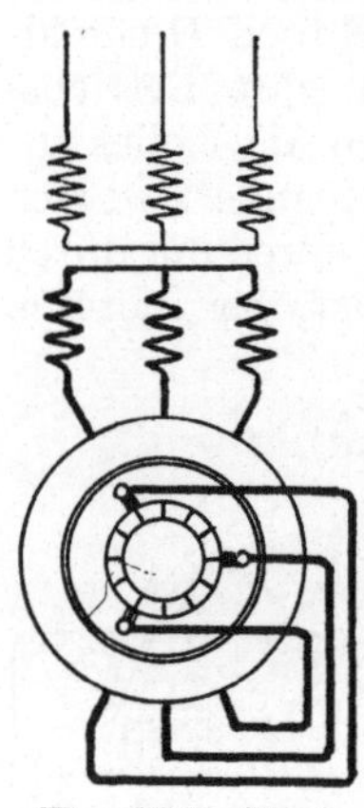

Fig. 226. Dreiphasenreihenschlußmotor mit Vordertransformator.

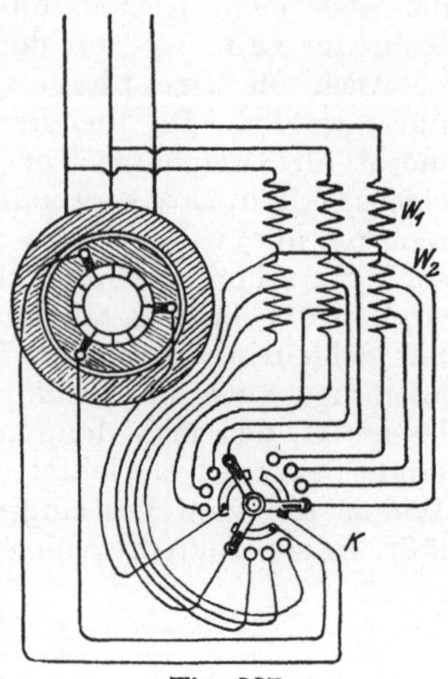

Fig. 227.
Dreiphasennebenschlußmotor von Winter und Eichberg.

Ein dreiphasiger Kollektormotor mit Nebenschlußeigenschaften, also mit wenig oder kleiner Änderung der Umlaufszahl bei verschiedener Belastung, ist der Motor von Winter und Eichberg in Fig. 227, der von der Allgemeinen Elektrizitätsgesellschaft gebaut wird. Damit auch hier der Anker nicht Hochspannung erhält, ist der Regeltransformator vorgeschaltet, während das Feld direkte Stromzuführung besitzt. Die Wickelung $W_1$ des Regeltransformators liegt immer im Betriebe vor dem Anker, dessen Anlassen mit der dreifachen Kurbel $K$ erfolgt, während der scheinbare Widerstand der Wickelung $W_2$ verändert werden kann, um den Anker anzulassen.

# IX. Umformer und Spannungswandler (Transformatoren).

Häufig ist bei elektrischen Anlagen die Anwendung einer hohen Spannung geboten, nämlich dann, wenn die Erzeugerstation und der Verbrauchsort weit voneinander entfernt sind, wie bei Ausnützung einer ungünstig gelegenen Wasserkraft oder eines Braunkohlenlagers usw. Nehmen wir z. B. an, es sollen 100 PS auf 2 km fortgeleitet werden, so wird man dazu kaum einen dickeren Draht als von etwa 8 mm Durchmesser verwenden, denn bei ausgedehnten Anlagen sind immer die Kosten für die Leitungen die höchsten der Anlage, sie sind stets größer als die Kosten für die Maschinen. Ein Draht von 8 mm Durchmesser hat 50 qmm Querschnitt, und nach den Sicherheitsvorschriften des Verbandes deutscher Elektrotechniker darf man durch diesen Querschnitt 160 Ampere hindurchleiten. Da nun 736 Watt $= 1$ PS sind, so sind 100 PS $= 73\,600 = e\,J$ Watt und bei $J = 160$ Ampere wird die Spannung $e = \dfrac{73\,600}{160} = 460$ Volt. Beträgt aber die Entfernung der Übertragung 2 km, so muß die Leitung, weil Hin- und Rückleitung erforderlich sind, 4000 m lang sein und ihr Widerstand wird nach Formel 2 $w = \dfrac{0{,}0174 \cdot 4000}{50} = 1{,}39\ \Omega$, es wird demnach zum Hindurchleiten des Stromes von 160 Ampere für die Leitung eine Spannung verbraucht von $1{,}39 \cdot 160 = 222$ Volt, d. h. die Anlage ist unmöglich. Man darf höchstens 10% Spannungsverlust in solchen Leitungen zulassen, und dafür würde sich im vorliegenden Fall folgendes ergeben: Bei 10% Spannungsverlust und 73 600 Watt beträgt der Wattverlust in der Leitung 10% von $73\,600 = 7360$ Watt. Der Wattverlust ist aber nach Formel 5 gleich $J^2\,w$, also gilt die Gl. $J^2\,w = 7360$, woraus

$$J = \sqrt{\frac{7360}{1{,}39}} = 73 \text{ Ampere folgt. Aus der Leistung } e\,J = 73\,600 \text{ folgt:}$$

$$e = \frac{73\,600}{73} = 1010 \text{ Volt.}$$

Man muß also bei längeren Leitungen immer mit schwächeren Strömen arbeiten, als man sie nach den Sicherheitsvorschriften durch die Leitungen fortleiten darf, damit kein zu großer Spannungsverbrauch für die Leitung nötig ist, sonst ist die Anlage wirtschaftlich nicht möglich. Je länger eine Leitung und je ausgedehnter eine Anlage ist, um so höher wählt man die Spannung und in den letzten Jahren ist man infolge der Verbesserungen der Apparate und der Erfahrungen mit Hochspannung allmählich zu ganz außerordentlich hohen Betriebsspannungen übergegangen, wodurch es möglich ist, Überlandzentralen einzurichten, die gleichzeitig eine ganze Anzahl Ortschaften mit elektrischer Energie versorgen. Bei der ersten elektrischen Arbeitsübertragung zwischen Lauffen am Neckar und Frankfurt a. M. im Jahre 1890 bei Gelegenheit der schon mehrfach erwähnten Frankfurter elektrotechnischen Ausstellung betrug die Entfernung zwischen Erzeugerort und Verbrauchsort 175 km und die Spannung war 8500 Volt. Bald darauf entstanden zuerst in Amerika, dann in Oberitalien Anlagen zur Ausnutzung von Wasserkräften, die mit viel höheren Spannungen arbeiteten. Die höchste Spannung in Europa besitzt zur Zeit das Elektrizitätswerk der A.-G. Lauchhammer, Lauchhammer—Gröditz—Riesa—Gröba, welches auf einen Umkreis von 50 km eine Leistung von 20 000 Kilowatt auf eine ganze Anzahl Gemeinden verteilt, wobei es mit 110 000 Volt arbeitet. Schon vorher sind Anlagen mit 60 000 Volt und 80 000 Volt in Oberitalien und auch in Deutschland ausgeführt worden, in Amerika hat man allerdings auch schon Spannungen über 100 000 Volt.

Derartig hohe Spannungen sind aber, wenn die elektrische Energie am Verbrauchsort für Licht und andere Zwecke bei vielen Abnehmern verteilt werden soll, viel zu gefährlich, denn sie sind unbedingt tödlich, und man muß dann in den Verbrauchsorten Spannungswandler aufstellen, welche die Hochspannung in ungefährliche Niederspannung verwandeln. Außerdem kann es vorkommen, daß die Stromart nicht verwendet werden kann, z. B. muß man, während die Übertragung mit Wechselstrom geschieht, am Verbrauchsort Gleichstrom haben, wenn man dort Akkumulatoren benutzen will, oder wenn man Straßenbahnbetrieb hat, der ja gewöhnlich noch mit Gleichstrom durchgeführt wird. Das **Umwandeln der Stromart** aus Wechselstrom in Gleichstrom besorgen sogenannte Umformer.

Man unterscheidet **Drehformer** und ruhende Umformer. Letztere sind die nur für Wechselstrom anwendbaren Transformatoren, deren Prinzip schon früher bei Fig. 64 erklärt wurde. Die Drehumformer werden nur angewendet, wenn man Wechselstrom in Gleichstrom oder umgekehrt verwandeln will, und es können entweder zwei gekuppelte Maschinen sein, von denen eine als Motor läuft und die andere, die die zu liefernde Stromart erzeugt, antreibt oder auch nur eine einzige Maschine, ein sogenannter **Einanker-Umformer**, dessen Anker auf einer Seite Schleifringe, auf

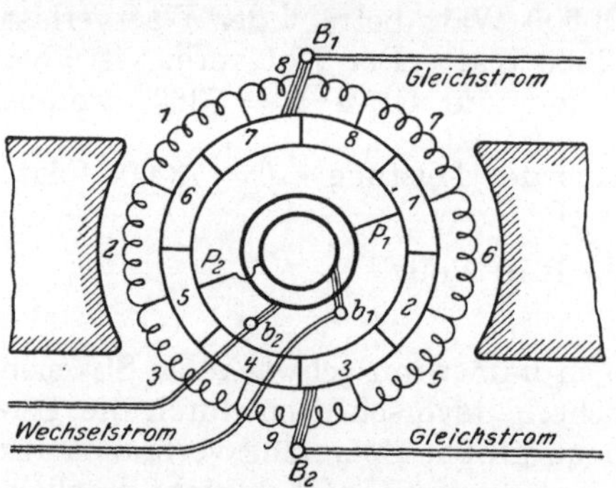


Fig. 228.   Schema des Einanker-Umformers.

der anderen einen Kollektor besitzt, während das Magnetsystem ein gewöhnliches Gleichstrommagnetgestell ist. Diejenigen Umformer, welche aus zwei gekuppelten Maschinen bestehen, brauchen wir nicht weiter zu behandeln, wohl aber wollen wir uns noch mit den Einanker-Umformern befassen. In Fig. 228 ist im Schema solch ein Anker gezeichnet, dessen Wickelung nach Fig. 137 ausgeführt sein würde, nur sind zwei einander gegenüberliegende Kollektorlamellen mit Schleifringen verbunden, auf denen die Bürsten $b_1$, $b_2$ aufliegen. Leitet man zu den Bürsten $B_1$, $B_2$ Gleichstrom ein, so erhält man aus den Bürsten $b_1$, $b_2$ einen Wechselstrom, wie man sich leicht klar machen kann. Denkt man sich in Fig. 228 die Lamelle *1* unter der Bürste $B_1$, dann steht Lamelle *5* unter der Bürste $B_2$. Es würde dann von $B_1$ aus der Strom durch Lamelle *1* über $P_1$ und den Schleifring durch $b_1$ in die Wechselstromleitung fließen, aus dieser zurück durch $b_2$ über $P_2$ durch *5* und $B_2$ wieder in die Gleichstromleitung. Denken wir uns jetzt den

Anker um eine halbe Umdrehung verschoben, dann steht Lamelle *1* unter $B_2$ und Lamelle *5* unter $B_1$; wie man erkennt, würde jetzt in der Wechselstromleitung der Strom umgekehrte Richtung haben.

Nun kann man aber nicht nur einphasigen Wechselstrom aus solch einer Maschine entnehmen, sondern auch dreiphasigen; man würde dann nur drei Schleifringe anwenden und an drei um 120° gegeneinander versetzten Lamellen diese Schleifringe anschließen.

In Fig. 228 ist der Umformer zweipolig, man führt diese Maschinen aber gewöhnlich mit mehr wie zwei Polen aus, da sie bei 100 Stromwechseln zu schnell laufen müßten, wie ja schon mehrfach erklärt wurde. Während bei der vorhin gegebenen Erläuterung angenommen wurde, daß der Umformer von der Gleichstromseite aus als Motor läuft, kann man ihn auch von der Wechselstromseite als Motor laufen lassen, er verwandelt dann den Wechselstrom in Gleichstrom, was z. B. in Wechselstromzentralen geschieht, wo man Akkumulatoren aufstellen will. Da diese nur mit Gleichstrom geladen werden können, stellt man Einankerumformer auf. Diese verwandeln Wechselstrom in Gleichstrom, womit die Akkumulatoren geladen werden. Beim Entladen der Akkumulatoren betreibt man die Umformer wieder umgekehrt, indem man sie von der Batterie aus mit Gleichstrom antreibt, den sie dann mit ihren Kollektoren in Wechselstrom umschalten. Der Wechselstrom wird im Netz verteilt. Auf diese Weise kann man auch Akkumulatoren in Wechselstromanlagen benutzen. Laufen die Einankerumformer von der Wechselstromseite als Motoren, so müssen sie als Synchronmotoren arbeiten, man muß sie daher beim Anlassen von der Akkumulatorenbatterie aus auf die der Wechselzahl des Wechselstromes entsprechende Umlaufszahl bringen und braucht die noch zu besprechenden sogenannten Synchronismusanzeiger.

Da der Wechselstrom immer nur dann denselben Wert erreicht wie der Gleichstrom, wenn gerade die Lamellen mit den Schleifringanschlüssen unter den Gleichstrombürsten stehen, so ist der Effektivwert des Wechselstromes kleiner, und zwar liefern solche Einankerumformer ungefähr bei einphasigem Wechselstrom eine Wechselstromspannung von $0{,}707 \times$ der Gleichstromspannung, und bei dreiphasigem Wechselstrom ist die Spannung des Wechselstromes $0{,}612 \times$ der Gleichstromspannung. Würde also solch ein Einankerumformer 500 Volt Gleichstrom erhalten, so verwandelte er denselben in $500 \cdot 0{,}707 = 353$ Volt einphasigen Wechselstrom und in $500 \cdot 0{,}612 = 306$ Volt dreiphasigen Wechselstrom.

Das Aussehen eines Einankerumformers geht aus Fig. 229 hervor. Auf der einen Seite des Ankers bei $K$ ist der Kollektor, während auf der anderen Seite bei $S$ die Schleifringe für den Wechselstrom liegen. Da die Einankerumformer wegen des Kollektors und der bei Gleichstrom gewöhnlich nicht so hohen Spannung im Vergleich zu den Wechselstrommaschinen, die meist höhere Spannung erzeugen, verhältnismäßig stärkere Ströme liefern, sind für die Schleifringe meist viele Bürsten notwendig, die an einem besonderen Träger sitzen, der auf der Grundplatte der Maschine festgeschraubt ist.

Da man mit den Einankerumformern nicht die Spannung umformen, sondern nur die Stromart ändern kann, sind sie nicht geeignet, um Hochspannung in Niederspannung oder umgekehrt zu verwandeln. Wenn dabei gleichzeitig die Stromart geändert werden soll, z.B. Hochspannungswechselstrom in niedrig gespannten Gleichstrom, so muß man in die Hochspannungsleitung vor die Schleifringseite des Umformers einen Transformator schalten, der die Hochspannung in die entsprechende Wechselstrom-Niederspannung verwandelt und diese formt dann der Einankerumformer in Gleichstrom um, oder aber, man nimmt an Stelle des Einankerumformers einen Motor-Generator, also zwei gekuppelte Maschinen, einen Hochspannungsmotor gekuppelt mit einem Gleichstromgenerator. Weniger Verluste treten bei der ersten Umformung, Einankerumformer mit Transformator auf, weil ein Transformator immer geringere Verluste hat als eine Maschine. Aus diesem Grunde verwendet man auch dann, wenn nur Wechselstrom verwandelt werden soll, ruhende Transformatoren, deren Prinzip schon in Fig. 64 erklärt wurde. Da ein solcher ruhender Transformator keine beweg-

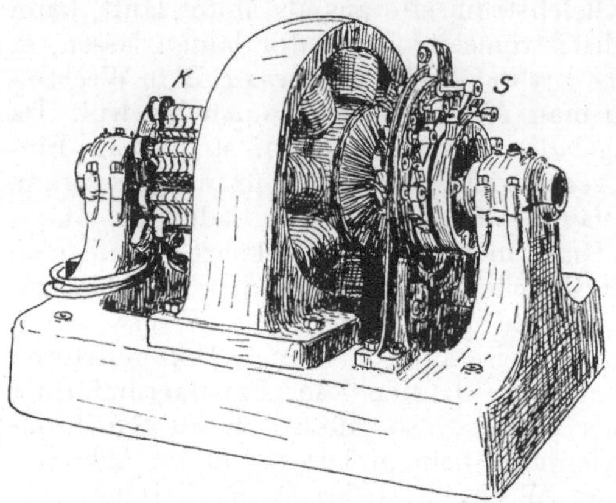

Fig. 229. Einanker-Umformer.

lichen Teile hat, so besitzt er nur Verluste im Eisen und in der Wickelung. Die bei Maschinen noch außerdem auftretenden Reibungsverluste fallen fort, es treten also bei einem ruhenden Transformator nur Ummagnetisierungs- und Wirbelstromverluste im Eisen auf (vgl. Seite 91) und in der Wickelung Stromwärmeverluste. Große Transformatoren lassen sich wirtschaftlich mit sehr hohen Wirkungsgraden ausführen, die bis zu 0,97 betragen können, während bei Maschinen von gleicher Leistung der Wirkungsgrad etwa 0,92 beträgt. Eine kurze Rechnung zeigt nun, daß, wie schon behauptet wurde, ein Einankerumformer mit Transformator weniger Verluste besitzt als ein Motorgenerator. Es mögen 12 000 Watt einphasiger Wechselstrom von 2000 Volt in Gleichstrom von 500 Volt umgewandelt werden, die Maschinen haben jede einen Wirkungsgrad von 0,92 und der Transformator 0,97. Bei Verwendung des Transformators mit Einankerumformer muß zunächst der Transformator den Wechselstrom von 2000 Volt umwandeln in $500 \cdot 0{,}707 = 353$ Volt, dabei erhält der Transformator 12 000 Watt zugeführt und gibt ab $12\,000 \cdot 0{,}97 = 11\,620$ Watt. Diese Watt setzt der Einankerumformer weiter um in Gleichstrom von 500 Volt. Dabei beträgt dann die vom Einanker abgegebene

Leistung $11\,620 \cdot 0{,}92 = 10\,680$ Watt. Wird ein Motorgenerator benutzt, so ist die abgegebene Wattleistung des Hochspannungsmotors $12\,000 \cdot 0{,}92$ und weiter die abgegebene Wattleistung des Gleichstromgenerators $(12\,000 \cdot 0{,}92) \cdot 0{,}92 = 10\,140$ Watt, es gehen dabei also 540 Watt mehr verloren wie beim Einankerumformer mit Transformator.

Wie schon früher bei Fig. 64 erklärt wurde, besitzen die ruhenden Transformatoren einen **Eisenkörper**, der aus Blechen aufgebaut ist und auf dem die Spulen der Wickelung angebracht sind. Der Eisenkörper wird durch Schrauben und

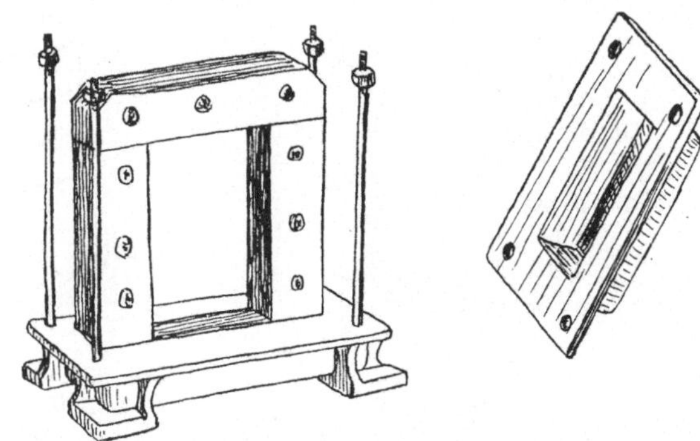

Fig. 230.   Eisenkörper eines einphasigen Wechselstromtransformators.

Gußstücke zusammengehalten, wie die Figuren 230 und 232 zeigen. In Fig. 230 sind die Spulen noch nicht auf den Eisenkörper aufgesetzt, in Fig. 232 sind sie nur auf dem einen Schenkel gezeichnet. Nach dem Aufsetzen der Spulen werden die Transformatoren von außen noch mit einem Mantel aus gelochtem Blech umgeben, damit eine Berührung der Hochspannungswickelung unmöglich ist. Größere Transformatoren setzt man in Blechkessel, die mit Öl gefüllt sind, wie in Fig. 235. Die Anordnung der **Spulen** zeigt

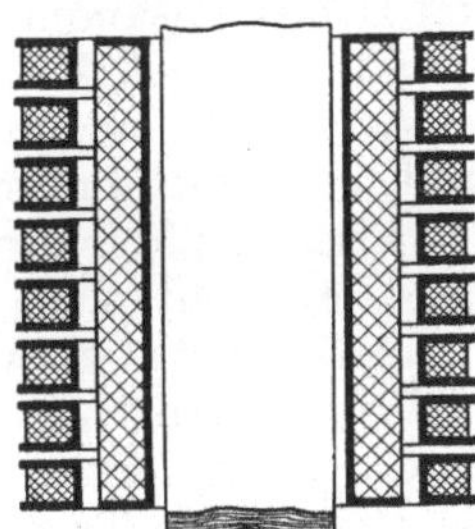

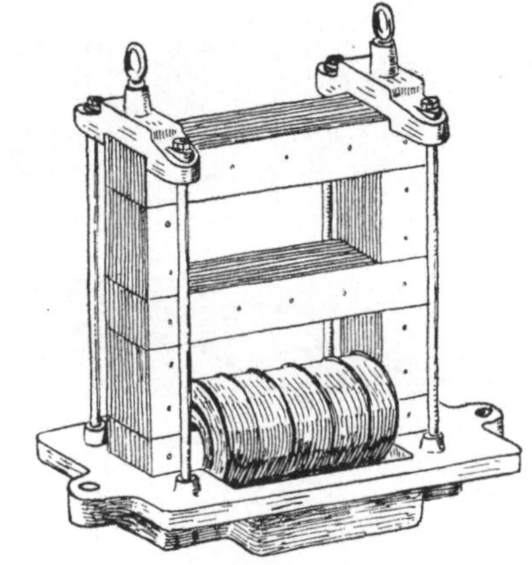

Fig. 231.  Anordnung der Spulen beim Transformator.

Fig. 232.  Dreiphasentransformator mit übereinander liegenden Kernen.

Fig. 231.  Die Spule der Niederspannungswickelung, die aus dickem Draht oder Kupferband besteht, liegt gewöhnlich gleich über dem Eisenkern und außen über ihr liegt die Hochspannungswickelung, die aus vielen einzelnen Spulen besteht, damit die Gefahr des Durchschlags der Isolation verringert wird und gleichzeitig ein Auswechseln schadhafter Spulen einfacher möglich ist. Als Isolation verwendet man meist Mikanit und Lack und außerdem, wie schon bemerkt wurde, Öl.

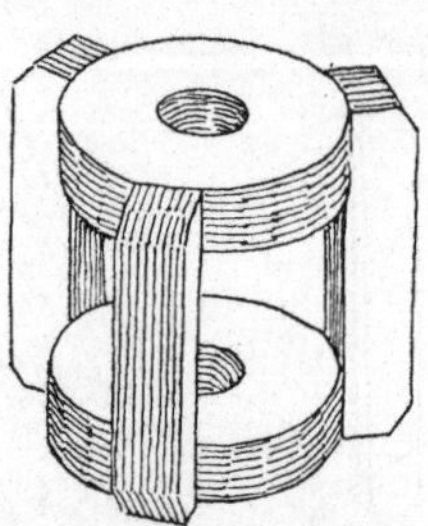

Fig. 233. Dreiphasentransformator-Eisenkörper.

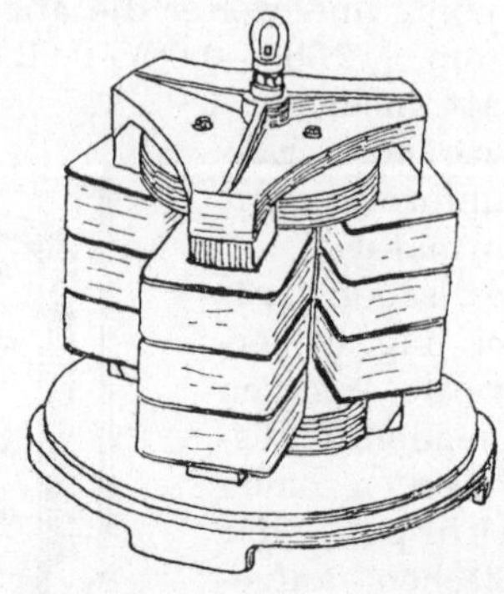

Fig. 234. Transformator nach Fig. 233 bewickelt und zusammengeschraubt ohne Schutzmantel.

Während die Fig. 230 den Eisenkörper eines einphasigen Transformators zeigt, ist in den Figuren 232 und 233 der Eisenkörper für einen dreiphasigen Transformator dargestellt. Die Ausführungen sind bei dreiphasigem Strom verschieden, indem nach Fig. 232 die Blechkerne übereinander liegen können oder nach Fig. 233 nebeneinander im Kreise stehen können. Jedesmal werden die Eisenbleche an den Stoßstellen, wo die Pakete aneinander liegen, durch Gußstücke und Bolzen zusammengedrückt, wie auch Fig. 234 zeigt, damit an diesen Stellen kein Luftspalt im Eisenweg der Kraftlinien entsteht und das Feld möglichst stark wird.

Wie schon bemerkt wurde, setzt man, namentlich große Transformatoren und solche für hohe Spannungen, meist in Blechkessel, die mit

Fig. 235. Aufstellung von größeren Öltransformatoren.

Öl gefüllt sind, weil Öl ein sehr gutes Isoliermittel ist. In Fig. 235 sind zwei solche Öl-Transformatoren aufgestellt. Sie besitzen unten einen Ablaufhahn zum Entleeren der Kessel und oben einen Ölstandszeiger. Da an den Hochspannungsspulen der Transformatoren leicht

Schäden auftreten können, trifft man bei der Aufstellung stets bequeme Einrichtungen, um die Transformatoren leicht zum Ausbessern des Schadens in die Werkstatt befördern zu können. Gewöhnlich stellt man sie fahrbar auf Rädern und Schienen auf, wie Fig. 235 zeigt, und kann sie dann leicht auf einen kleinen Wagen schieben, mit dem sie dann in den Reparaturraum gefahren werden.

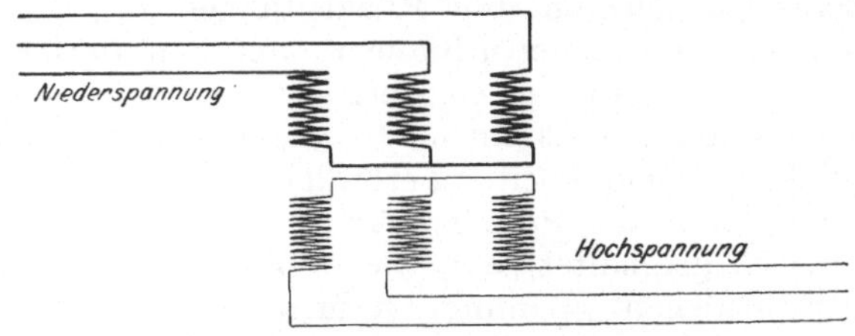


Fig. 236. Dreiphasiger Transformator mit beiden Wickelungen in Sternschaltung.

Die Wickelung der dreiphasigen Transformatoren kann in Stern oder in Dreieck geschaltet werden. Es können auch beide Wickelungen, Hoch- und Niederspannungswickelung, verschieden geschaltet werden, die eine Wickelung

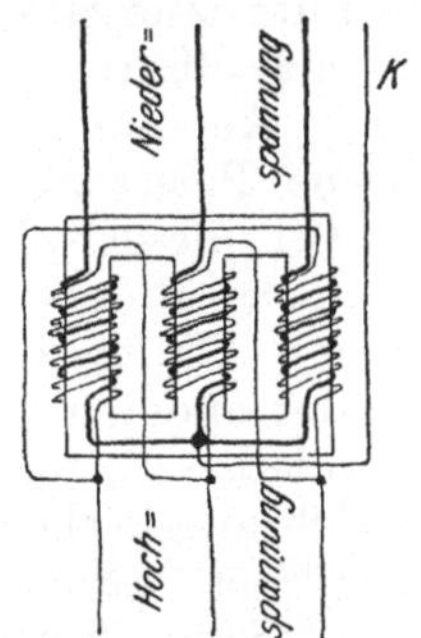


Fig. 237. Beide Wickelungen in Sternschaltung.

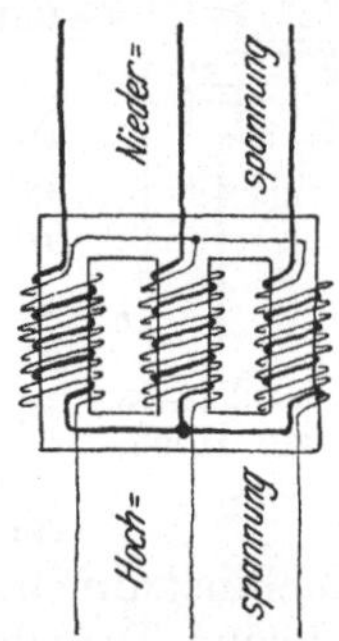


Fig. 238. Niederspannung, Stern mit Knotenpunktleitung, Hochspannung, Dreieck.

im Dreieck, die andere in Stern. In Fig. 236 sind beide Wickelungen in Stern geschaltet, ebenso wie in Fig. 237, welche der wirklichen Ausführung eines Transformators mehr entspricht. Gewöhnlich be-

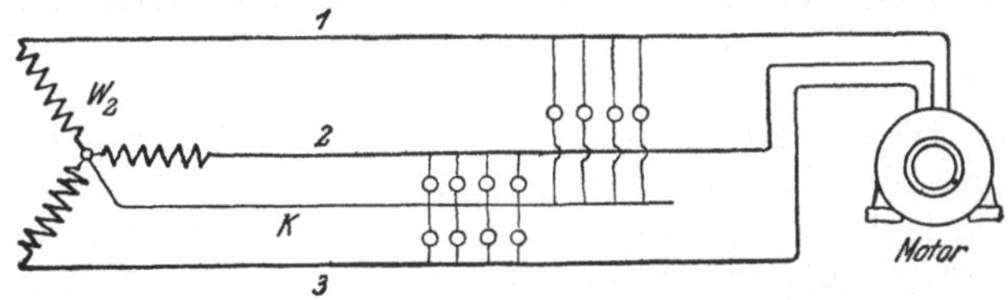


Fig. 239. Lampen und Motoren bei Sternschaltung und Knotenpunktleitung.

nutzt man aber bei Sternschaltung eine Knotenpunktsleitung $K$ Fig. 239 zum Ausgleich ungleicher Belastung, denn man kann die Lampen nur zwischen je 2 Phasenleitungen schalten und wenn dann nicht immer in den drei Gruppen genau gleichviel Lampen brennen, würde die Summe der Ströme nicht mehr Null sein und man muß zum Ausgleich die Knotenpunktsleitung benutzen, die nach Fig. 45 aus den zusammengelegten drei Rückleitungen *IV*, *V* und *VI* besteht, aber nur sehr dünn zu sein braucht, weil man die Lampen nach Möglichkeit so verteilt, daß keine großen Unterschiede in der Belastung der drei Phasen auftreten können. Bei dieser Schaltung, die nur für die Lampen die Knotenpunktsleitung erfordert, aber nicht für Motoren, wie Fig. 239 zeigt, muß die Primärwicklung, welche die Hochspannung führt, in Dreieck geschaltet sein, wie in Fig. 238 gezeichnet ist, weil sonst die verschiedenen Spannungsverluste in der Niederspannungswicklung,

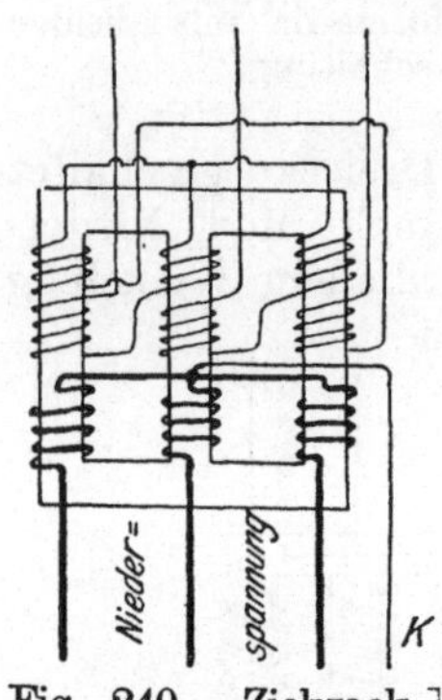


Fig. 240.. Zickzack-schaltung der Hochspannung.

die auf die Hochspannung zurückwirken, sich in dieser nicht ausgleichen können. Es wird aber durch die Dreieckschaltung die Isolation der Hochspannungsspulen stärker beansprucht als bei Sternschaltung, und um deshalb bei höheren Spannungen doch Sternschaltung anwenden zu können, wird vielfach die sogenannte Zickzackschaltung in der Primärwicklung ausgeführt, wenn die Niederspannungswicklung Knotenpunktsleitung besitzt und dort ungleiche Belastung der drei Phasen auftreten kann. Bei dieser **Zickzackschaltung** wird jede Hochspannungsphase in zwei Teile geteilt und die Hälfte der ersten Phase nach Fig. 240 mit der anderen Hälfte der nächsten Phase hintereinandergeschaltet, wodurch die Ungleichmäßigkeiten sich ausgleichen[1]).

Für Meßinstrumente in Hochspannungsanlagen verwendet man ebenfalls kleine Transformatoren, wie schon auf Seite 76 erwähnt ist und wie sie auch in den Figuren 88, 89a und 90 dargestellt sind.

Eine auf ganz anderem Prinzip wie die bisher besprochenen Umformer und Spannungswandler beruhende Art von Stromwandlern sind die **Quecksilbergleichrichter.** Sie dienen zum Umwandeln von Wechselstrom in Gleichstrom und kommen überall da in Frage, wo man auf geringe Wartung und Abnützung, hohen Wirkungsgrad, Geräuschlosigkeit, einfache Inbetriebsetzung und große Überlastungsfähigkeit hohen Wert legt. Sie dienen beispielsweise zum Laden von Akkumulatoren eines Elektromobils, zum Betriebe von Projektionslampen in Wechselstromnetzen, die für Kinematographen usw. mit Gleichstrom betrieben werden müssen. Die Spannungen für welche diese Gleichrichter ausgeführt sind, betragen 30—4000 Volt Gleichstrom. Das Prinzip ist folgendes: Zwischen einer Graphit- oder auch Eisen- und einer Quecksilberelektrode, die in einem hoch luftleergemachten Glaskörper eingeschlossen sind, kommt nur dann ein Strom zustande,

---

[1]) Anstatt die Hochspannungswicklung in Zickzack und die Niederspannung in gewöhnlicher Sternschaltung auszuführen, kann man es auch umgekehrt machen, was das häufigere ist.

wenn die Graphitelektrode positiv und die Quecksilberelektrode negativ ist. Eine Erklärung der Erscheinung folgt im Abschnitt XIII, Seite 261. Das Aussehen eines Glasgleichrichters zeigt Fig. 241. $A$ sind die Graphit- oder Eisenelektroden, welche nur Anoden sein können, und die immer zu zweien ausgeführt werden, $B$ ist die Quecksilberelektrode, die stets als Kathode arbeitet, neben ihr ist noch eine kleine Hilfselektrode $b$ zum Anlassen der Vorrichtung vorhanden. Die Schaltung des Apparates geht aus Fig. 242 hervor. Der Wechselstrom wird durch einen Transformator geleitet, der nur eine Wicklung besitzt, was aber nicht Bedingung ist. Je nach der gewünschten Gleichstromspannung schließt man den Gleichrichter nur an einen Teil der Windungen an und entnimmt die eine Gleichstromleitung, die zum Schutz gegen Wechselstrom mit einer Drosselspule $J$ versehen ist, aus der Mitte $2$ des Transformators, während die beiden Anoden $A$ und $A_1$ an die Punkte $1$ und $3$ angeschlossen

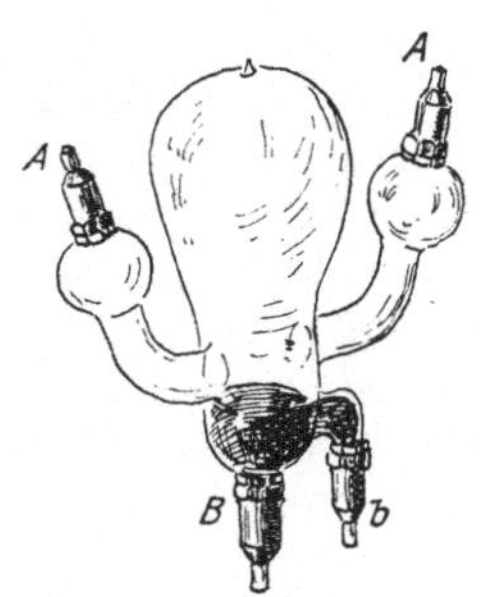

Fig. 241. Quecksilberdampfgleichrichter.

sind. Es übernimmt nun für zwei aufeinanderfolgende Stromwechsel jedesmal abwechselnd die eine Anode $A$ und dann die andere $A_1$ die Zuleitung in den Gleichrichter, so daß auch die negativen Wechsel ausgenutzt werden.

Um einen Quecksilberdampfgleichrichter in Gang zu setzen, muß er so weit gekippt werden, bis das Quecksilber aus der Hilfselektrode $b$ zur Elektrode $B$ fließt, wobei der Schalter $S$ zu schließen ist. Nachdem das Quecksilber die Verbindung hergestellt hat, wird der Apparat wieder gerade gerichtet, das Quecksilber fließt zurück, zerreißt, und es entsteht der das Quecksilber verdampfende Lichtbogen, der dann bestehen bleibt und mit den leitenden Dämpfen den Glaskörper füllt.

Für dreiphasigen Wechselstrom erhält der Gleichrichter drei Anoden. Der Transformator ist mit einer Sternschaltung ausgeführt, aus dem Knotenpunkt führt die eine Gleichstromleitung mit der Induktionsspule, während die dritte Anode an einen Teil der Windungen der dritten Phase

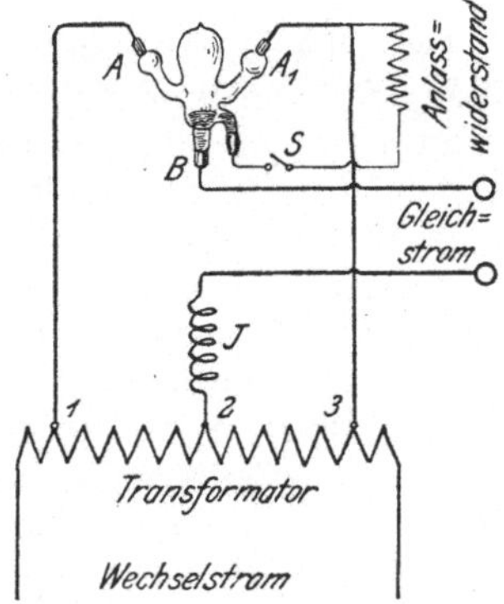


Fig. 242. Schaltung des Quecksilberdampfgleichrichters.

angeschlossen ist, vgl. das Schaltungsschema Fig. 340, Seite 235.

Diese aus Glas hergestellten Gleichrichter gestatten Ströme bis 40 Ampere zu entnehmen[1]), während die Spannung nahezu beliebig hoch sein

---

[1]) Nach F. Kleeberg, ETZ 1920, Seite 197, kann man den neueren Glasgleichrichtern mit künstlicher Kühlung bis 100 Ampere entnehmen.

darf, ja der Wirkungsgrad wächst mit der Spannung, da er nur von dem Spannungsverlust im Lichtbogen abhängt und dieser, unabhängig von der Stromstärke, etwa 13—20 Volt beträgt. So ist z. B. bei einem Gleichrichter von 60 Volt Verbrauchsspannung der Wirkungsgrad 0,75 gemessen worden, bei 1000 Volt dagegen 0,96. Will man bei gegebener Spannung die Leistung erhöhen, so kann man dies durch Parallelschalten mehrerer Glaskolben.

Wegen der Zerbrechlichkeit des Glases machte sich jedoch für größere Leistungen eine Abneigung gegen die Glasgleichrichter bemerkbar, so daß man dazu überging, Großgleichrichter aus Eisen herzustellen. Die Schwierigkeiten, die zu überwinden waren, betrafen die Kühlung und die Dichtung. Wenn auch die letztere einwandfrei gelöst ist, so bedarf man immer noch einer guten Ölluftpumpe, um während des Betriebes das erforderliche Vakuum aufrechtzuerhalten. Allerdings ist, nach den Angaben der Firma Brown, Boveri & Cie., die derartige Gleichrichter baut, das Mitlaufen der Pumpe nur für die erste Betriebszeit erforderlich. Nach einigen Monaten Betriebsdauer sind sämtliche Restgase aus den Gefäßen entfernt, so daß ein längerer Betrieb ohne Luftpumpen möglich ist. Die Zündung erfolgt durch eine Hilfselektrode, die durch eine Spule gehoben und gesenkt werden kann.

Die genannte Firma baut zur Zeit zwei normale Typen, eine für 250 Ampere und eine für 500 Ampere, bis zu 1000 Volt Spannung.

Auch die Allgemeine Elektrizitätsgesellschaft in Berlin befaßt sich mit dem Bau von Gleichrichtern und zeigt die Fig. 243 einen solchen für 100 kW.

Der Gleichrichter besteht im wesentlichen aus einem zylindrischen Eisengefäß von rund 1 m Höhe und 415 mm Durchmesser. Der Zylinder ist unten vollständig geschlossen, während der obere Deckel einen topfartigen Einsatz von 800 mm Tiefe und 300 mm Durchmesser trägt. Er wirkt bis auf den Boden des Einsatzes als Kondensraum; der etwa 55 l fassende Einsatz ist nach oben offen und enthält Kühlwasser, dessen Verdampfungswärme benutzt wird, um die Wirkung des Kondensraums noch weiter zu erhöhen. Bei permanentem Betrieb ist die Auffüllung dieses Wassertopfes in 24 Stunden einmal erforderlich. Die Allgemeine Elektrizitäts-Gesellschaft erblickt in dieser Art der künstlichen Kühlung einen erheblichen Fortschritt gegenüber zirkulierendem Wasser, das eine ständige Überwachung notwendig macht, weil bei einem auch nur vorübergehenden Ausbleiben des frischen Zuflusses das Funktionieren der Anlage gefährdet wäre. Am unteren Teil des Zylinders sind seitlich drei Eisenrohre angeschweißt, die anfangs radial nach oben verlaufen und dann in eine Richtung parallel zur Zylinderachse umbiegen. Durch die Enden der drei Eisenrohre sind die Eisenanoden isoliert und luftdicht eingeführt. Die Isolation erfolgt auf der unteren Seite durch einen Porzellanzylinder, auf der oberen Seite durch eine Zwischenlage von Asbest und Glimmer. Zwischen der Isolation liegt die Anode auf etwa 2 cm Länge zutage. Die Abdichtung gegen den

Luftdruck erfolgt durch Bleiringe. Die Quecksilberkathode ist in den Boden des zylindrischen Gefäßes eingesetzt; die Durchführung ist im Prinzip ebenso gebaut wie bei den Anoden.

Die Zündanode ist an einer schrägliegenden drehbaren Achse befestigt, die von Hand betätigt wird. Natürlich können ebensogut Vor-Vorrichtungen zur automatischen Betätigung der Zündanode getroffen werden. Den entstehenden Lichtbogen kann man durch ein kleines Fensterchen in dem Eisenzylinder beobachten, das mit Glimmer abgedichtet ist.

Auf Grund der bisherigen Erfahrungen kann gesagt werden, daß die Anwendung des Gleichrichters hauptsächlich dort am Platze ist, wo ein bestehendes Gleichstromnetz an ein wirtschaftlicher arbeitendes Wechselstromnetz angeschlossen werden soll. Das Laden von Akkumulatoren durch den Gleichrichter gestaltet sich ganz besonders einfach. Die geringen Ansprüche an Wartung ermöglichen es vielfach, die Ladung während der Nacht, ohne Aufsicht vorzunehmen. Die Eigenschaft des Gleichrichters zu erlöschen und daher aus dem Betrieb zu kommen, sobald der entnommene Strom zur Aufrechterhaltung des Lichtbogens nicht mehr ausreicht, kann dazu benutzt werden, mit einfachen Mitteln eine selbsttätige Ausschaltung nach vollendeter Ladung zu erzielen.

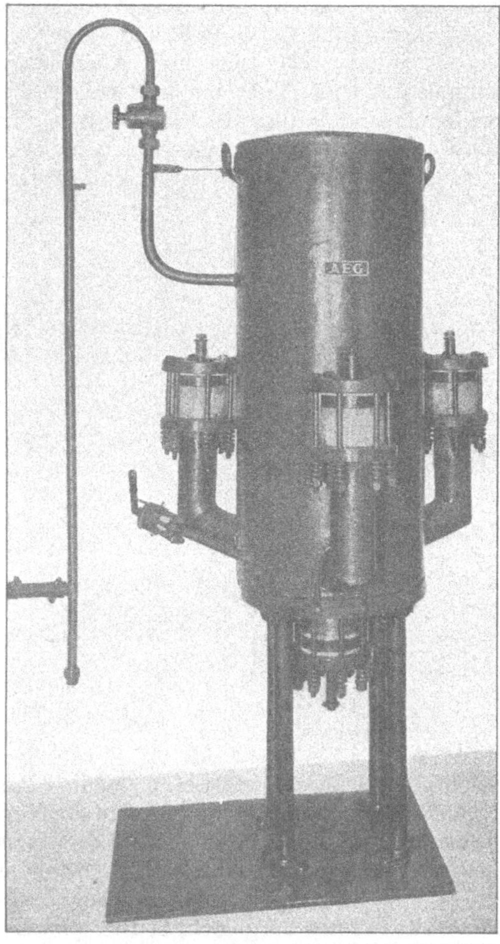


Fig. 243. A.E.G.-Großgleichrichter Modell 3 (1913).

Als aussichtsreichstes Gebiet ist jedoch dasjenige der elektrischen Zugbeförderung zu nennen, wobei die Frage, ob der Gleichrichter besser auf der Lokomotive oder in Unterstationen aufgenommen wird, wohl zugunsten der Unterstationen beantwortet werden dürfte.

# X. Schalter, Sicherungen und Schutzvorrichtungen gegen Überstrom und Überspannungen nebst Isolatoren.

Die Schalter dienen zum Ein- und Ausschalten eines Stromes und werden sowohl in der Maschinenstation als auch in den sogenannten Installationsanlagen bei den Abnehmern der elektrischen Energie verwendet. Im letzten Fall sind es gewöhnlich die bekannten kleinen Dosenschalter zum Ein- und Ausschalten des elektrischen Lichtes, anf die wir nicht näher eingehen wollen. Die Schalter in den Maschinenstationen sind immer für viel stärkere Ströme und häufig mit allerlei Schutzeinrichtungen gegen den beim Ausschalten entstehenden Öffnungslichtbogen ausgerüstet. Man unterscheidet einfache Hebelaus-

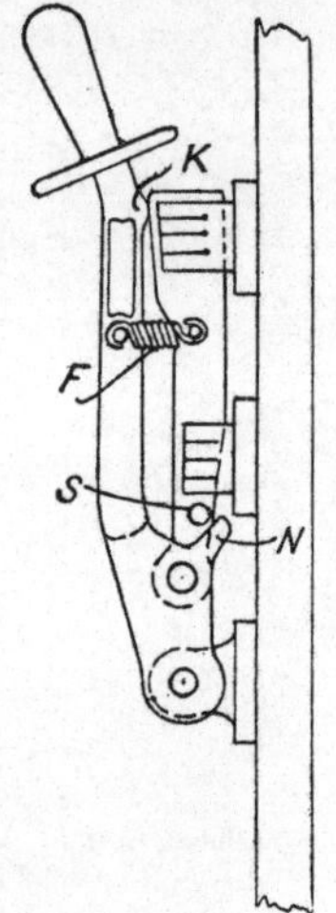

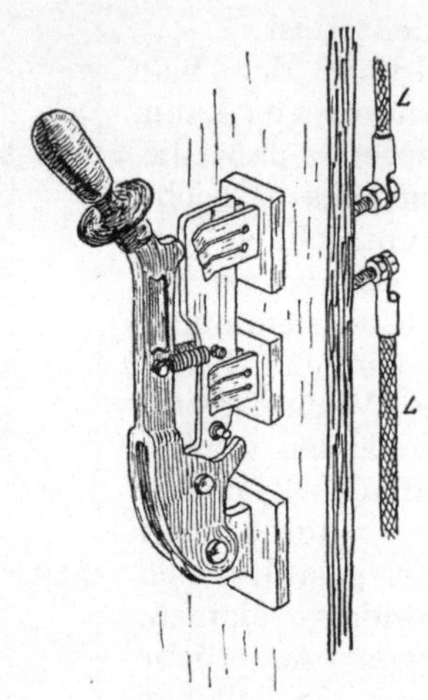

Fig. 244.   Hebelschalter
mit Momentausschaltung.

Fig. 245.   Bild des Schalters nach
Fig. 244.

schalter und Momentschalter. Da die einfachen Hebelschalter ähnliche Kontakte besitzen wie die Momentschalter, nur fällt bei ihnen die Einrichtung zum plötzlichen Ausschalten fort, so sollen sie nicht weiter beschrieben werden und gleich die Momentschalter erklärt werden.

In Fig. 244 ist ein gewöhnlicher Hebelschalter mit Momentausschaltung dargestellt. Die plötzliche, schnelle Unterbrechung des Schalters tritt ganz unabhängig von der sonstigen Bewegung des Schalthebels ein, und die Wirkungsweise ist folgende: Beim Bewegen des Griffes nach links wird zunächst die Feder $F$ gespannt und dann die Nase $N$ gegen den Stift $S$ des Schalthebels gedrückt. Bei weiterer Bewegung nach links drückt dann die Nase $N$ das Schaltmesser aus seinen Klemmkontakten so weit heraus, bis die Reibung zwischen Messer und Kontakten durch die gespannte Feder überwunden werden kann und durch Zusammenziehen der Feder plötzlich das Messer aus den Kontakten herausgerissen wird. Dabei wird aber das Schaltmesser gleich so weit herausgeschnellt, daß es bis gegen die Knagge $K$ des Hebels stößt. Dieses Herausschnellen des Schaltmessers geschieht also unabhängig von der Bewegung des Griffes und auch dann, wenn dieser ängstlich und zaghaft bewegt würde, unterbricht doch die gespannte Feder ganz plötzlich. Denselben Schalter, der in Fig. 244 schematisch dargestellt ist, zeigt Fig. 245 im Bild. Man erkennt dort, daß die Feder doppelt ausgeführt ist, und daß die Leitungen $L$ auf der Rückseite angeschlossen werden.

Hebelschalter der beschriebenen Art können für sehr starke Ströme nicht mehr gut benutzt werden, da die Berührungsflächen zwischen Kontakten und Schaltmesser zu klein sind. Man wendet daher bei stärkeren Strömen Kontakte aus Blattkupferfedern an, die durch **Kniehebel** gegen die Anschlußkontakte der Leitungen gedrückt werden. In Fig. 246 ist solch ein Schalter, der auch mit Momentauslösung ausgeführt wird, dargestellt. Die Blattkupferfeder $K$ ist an einem um $d$ drehbaren Hebel befestigt. Der Drehpunkt für den Griff $H$ ist bei $a$. Der Hebel des Griffes besitzt zwei Anschläge *1* und *2* und ist durch Federn, welche die Momentausschaltung bewirken mit dem Hebel der Kupferfeder verbunden. Außerdem

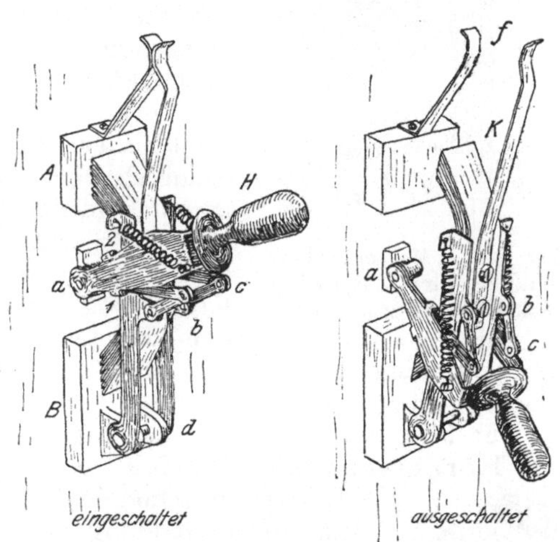


Fig. 246. Kniehebelmomentschalter.

besteht zwischen dem Drehpunkt $a$ und dem Hebel der Kupferfeder eine Verbindung durch Kniehebel, deren Gelenke bei $c$ und $b$ liegen. $A$ und $B$ sind die Anschlußkontakte für die Leitungen, die rückwärts angeschraubt werden, und $f$ ist ein Hilfskontakt, der derartig federnd eingerichtet ist, daß er sich erst öffnet, wenn die große Kontaktfeder $K$ sich schon von ihren Kontaktflächen abgehoben hat. Es nehmen also die Hilfskontakte den Öffnungslichtbogen auf, der bei der plötzlichen Ausschaltbewegung nicht stark wird. Die Hilfskontakte sind leicht auswechselbar und dienen hauptsächlich zum Schutze des Schalters, falls einmal ein Lichtbogen auftreten sollte.

In Fig. 247 ist ein Hebelschalter, der für die Rückseite der Schalttafel bestimmt ist, gezeichnet, wie ihn die Firma Voigt und Häffner, Frankfurt a. M., ausführt. Auf einer gußeisernen Platte, die in der Mitte ein Loch hat, sitzen durch Porzellanisolatoren isoliert die Kontakte $C$ mit den Anschlußschrauben für die Leitungen. $M$ ist das Kontaktmesser, welches beide Kontakte verbindet. Der Schalthebel sitzt auf der Vorderseite der Schalttafel. Wird mit ihm ausgeschaltet, so bewegt sich zunächst das U-förmige Stück $U$, welches mit einem

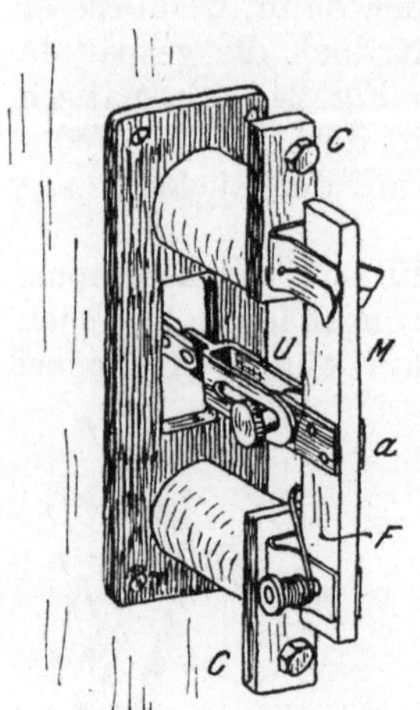

Schlitz versehen ist, und bei $a$ mit dem Schaltmesser verbunden ist, leer vorwärts, bis das andere Ende des Schlitzes das Messer aus dem oberen Kontakt herausdrückt und die gespannte Feder $F$ das Messer dann plötzlich so weit herausreißt, bis sich der Angriffspunkt $a$ wieder gegen das obere Ende des Schlitzes legt.

Ein ganz einfacher Schalter, ein sogenannter Trennschalter, ist in Fig. 248 dargestellt. Er dient nur zum Abtrennen von Anschlußleitungen oder Sammelschienenteilen bei vorkommenden Reparaturen und wird nicht unter Strom ausgeschaltet. Da er gewöhnlich hoch hinter der Schalttafel an den Sammelschienen liegt, ist er zum Ausschalten vermittels einer Stange eingerichtet, die einen Haken besitzt, den man in die Öse $O$ hakt. Das Schaltmesser läßt sich dann aus dem Kontakt $C_1$ herausziehen, während es

Fig. 247. Momenthebelschalter für Schalttafelrückseite mit Griff vorne.

in $C_2$ drehbar gelagert ist. Beide Kontakte $C_1$ und $C_2$ sitzen auch hier auf Porzellanisolatoren.

Für höhere Spannungen und bei Freileitungen wendet man gerne die Hörnerschalter, Fig. 249, an. Eine andere Anwendung der Hörner ist schon in Fig. 31 gezeigt, während Fig. 250 die in Verbindung mit Hörnerschaltern gerne verwendete Induktionsspule darstellt, die ebenfalls schon früher bei Fig. 31 erwähnt ist. Nach Fig. 249 besitzt der Hörnerschalter zwei sich immer weiter voneinander entfernende Drähte $d$ und einen an einer Achse drehbaren Isolator mit einem aufgesetzten Schalter, der mit dem Federkontakt $h$ eingeschaltet ist, indem durch ein bewegliches Kupferband $b$ die Verbindung des Schalters mit der Leitung $2$ bewirkt, wird. Um auszuschalten, dreht man durch Ziehen an den am Mast, auf dem der Schalter sitzt, nach unten führenden Zugdrähten den mittleren Isolator nach links herüber.

Fig. 248. Einfacher Trennschalter.

Dadurch wird zunächst das Kontaktstück dieses Isolators aus dem Federkontakt $h$ herausgezogen, aber der Stromkreis noch nicht unterbrochen, weil das U-förmige obere Stück $U$ den rechten Hörnerdraht noch berührt, bis es nach $e$ an die engste Stelle der Hörner gelangt ist. Dort tritt dann zwischen $U$ und dem rechten Hörnerdraht eine Unterbrechung des Stromes ein, und zwischen $U$ und dem rechten Hörner-

draht entsteht ein Lichtbogen, der bei weiterer Drehung des mittleren Isolators, sobald das Stück $U$ zu dem zweiten Hörnerdraht gelangt, nach diesem übergeleitet wird, so daß jetzt der Lichtbogen zwischen beiden Hörnern $d$ übergeht. Die Hörner bringen aber selbsttätig den Lichtbogen zum Verlöschen, weil dieser erstens durch die
aufsteigende, von ihm erwärmte Luft, und zweitens durch die Wirkung des Stromes in den festen Drahthörnern auf den beweglichen
Lichtbogen, immer weiter nach oben getrieben wird. Dadurch muß
der Lichtbogen einen immer größer werdenden Luftzwischenraum
überwinden und kommt fortwährend an neue, noch kalte Stellen der
Hörnerdrähte, so daß er wegen zu starker Wärmeentziehung und schließlich zu großer Länge nach obenhin ausflackert und mit einem Knall

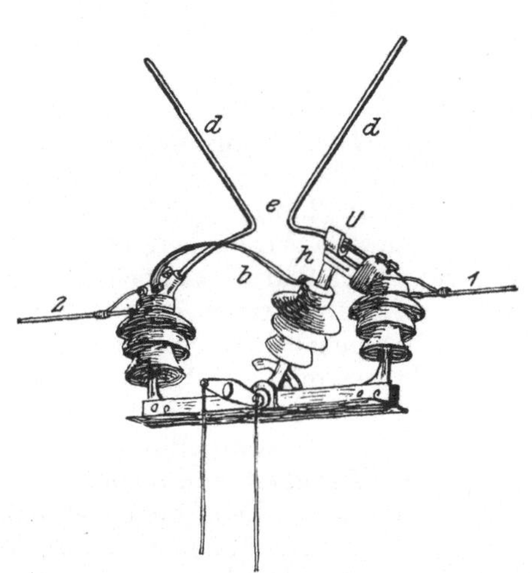

Fig. 249.
Hörnerschalter für Freileitung.

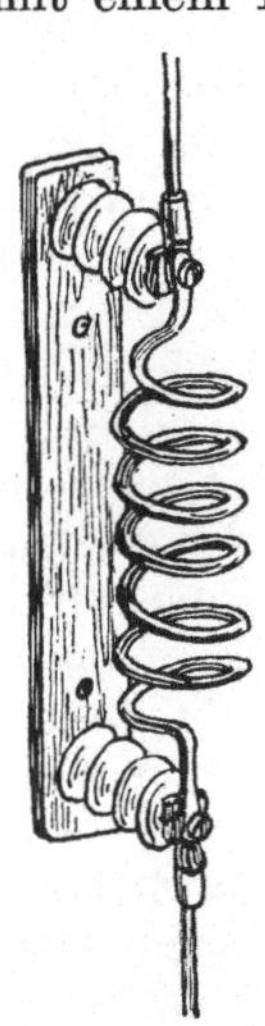

Fig. 250. Induktions-
spule mit Blitzschutz.

abreißt. Der ganze Vorgang spielt sich natürlich in ganz kurzer Zeit
ab, und bei höheren Spannungen entstehen zwischen den Hörnern
Flammenbögen, die zuweilen 1 m Höhe erreichen und mit starkem
knatterndem Getöse abreißen. Trotz des gefährlichen Aussehens dieses
Flammenbogens hinterläßt er an den Hörnerdrähten kaum irgend-
welche Spuren.

Eine wichtige Anwendung der Hörner geschieht dann auch, wie
schon bei Fig. 31 gesagt wurde, beim Blitzschutz und überhaupt beim
Schutz von Anlagen gegen Überspannungen. Überspannungen
treten in Freileitungen durch atmosphärische Entladungen in die
Leitungen und durch die sog. Spannungswogen beim Einschalten und
Ausschalten auf. Durch Verbinden einer Leitung mit einer Hochspan-
nungsstromquelle pflanzt sich die elektrische Ladung durch den Draht
fort, ähnlich wie eine Wasserwoge und prallt am Ende der Leitung

zurück, wodurch gefährliche Überspannungen entstehen können, die namentlich bei Kabeln zu Durchschlägen der Isolation führen können und deshalb abgeleitet werden müssen. Hierzu benutzt man die Schaltung nach Fig. 31, wo dann die Überspannung zwischen den Hörnern und durch den Wasserwiderstand (Dämpfungswiderstand) in die Erde abgeleitet wird. Der Wasserwiderstand besteht aus einer Tonröhre mit eisernem Deckel und eisernem Fuß. Diese beiden Metallteile sind durch das Wasser in der Röhre, welches sehr hohen Widerstand besitzt, verbunden. Die Formen der Dämpfungswiderstände sind verschieden. Die Maschinenfabrik Örlikon wendet solche mit fließendem Wasser an, die Allgemeine Elektrizitätsgesellschaft und Voigt & Häffner benutzen solche mit stehendem Wasser.

Außer den Hörnerableitern von Schrottke und Oehlschläger, die heute allgemein als Überspannungsschutz bei höheren Spannungen benutzt werden, verwendet man für den gleichen Zweck auch die Vielfachfunkenstrecke oder den Rollenableiter. Bei diesen Ableitern wird die Überspannung zwischen einer größeren Anzahl dicht nebeneinanderliegender Metallrollen abgeleitet, wodurch der Lichtbogen zwischen diesen Rollen in sehr viele kleine hintereinandergeschaltete Teilstrecken zerlegt wird, die ihn rasch zum Verlöschen bringen, da die vielen Rollen dem Lichtbogen sehr viel Wärme entziehen. Auch diese Rollenableiter müssen, ebenso wie die elektrischen Ventile noch sog. Dämpfungswiderstände erhalten. Namentlich in Amerika sind als solche die Elektrolytableiter stark verbreitet, welche eine eigentümliche Ventilwirkung des Aluminiums ausnutzen. Die Ableiter bestehen aus einer Zelle, welche zwei Aluminiumelektroden gruppen enthält, die in eine geeignete Flüssigkeit eintauchen. Beim Anschließen einer Wechselspannung nimmt die Zelle zunächst einen starken Strom auf, durch den sie formiert wird, indem sich auf dem Aluminium ein sehr dünnes, netzartig durchbrochenes, isolierendes Häutchen aus Aluminiumhydroxyd gebildet hat, dessen Lücken mit Wasserstoff gefüllt sind. Nach dieser Formierung wirkt die Zelle wie ein Kondensator (vgl. Seite 42 und Fig. 40) und nimmt nur noch einen ganz schwachen Ladestrom auf. Die beiden Belegungen des Kondensators sind das Aluminium und die leitende Flüssigkeit, beide sind durch das isolierende Häutchen getrennt. Die Dicke des Häutchens bildet sich abhängig von der Spannung. Steigt die Spannung, so wird es durchschlagen, es fließt aber dann Formierungsstrom in die Zelle, der sofort ein neues, dickeres Häutchen für die höhere Spannung erzeugt. Da die Elektrolytzellen durch den Ladestrom erwärmt werden, darf man sie nicht dauernd eingeschaltet lassen. Sie werden deshalb auch in Verbindung mit Hörnern benutzt, müssen aber dann, da sich das Häutchen nur bildet, wenn sie eingeschaltet sind, und sich im Laufe mehrerer Stunden allmählich verliert, täglich neu formiert werden. Dies geschieht durch Formierungsschalter. Diese Formierungsschalter sind Hörnerschalter, die man einen Augenblick kurz schließt, so daß ein Strom übergeht, der zum Formieren genügt. In Fig. 251 ist der

Zusammenbau eines Elektrolytableiters gezeigt. Eine Anzahl kegelförmiger Aluminiumnäpfe $A$ sind übereinander zusammengesetzt und durch Bolzen $B$ an einem Deckel befestigt, der einen Durchführungsisolator $J$ zum Abschluß der Leitung besitzt. Die Näpfe behalten durch zwischengelegte Isolierplättchen einen kleinen Abstand voneinander und werden bis zu $^2/_3$ mit der leitenden Flüssigkeit gefüllt. Darauf kommt der ganze Apparat nach Fig. 251 in einen Blechkessel, der mit Öl gefüllt wird, das sowohl zur Isolation als auch zur Verhinderung des Verdunstens der Leitflüssigkeit dient. Die Verbindung der Hörner $H$ und der Erdleitung $E$ mit den Elektrolytableitern $A$ sowie deren Aufstellung zeigt Fig. 252.

Bei allen Schutzeinrichtungen gegen Überspannung führt man die drei Abstufungen: Feinschutz, Mittelschutz und Grobschutz aus, welche sich durch verschieden weite Einstellung der Hörner und verschieden große Widerstände unterscheiden.

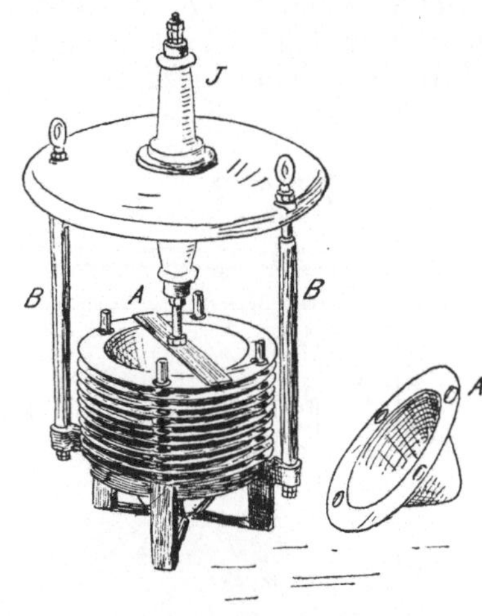

Fig. 251.
Elektrolytableiter der A. E. G.

Die Schalter in Hochspannungsanlagen lassen sich nicht mehr in der Weise wie schon besprochen ausführen, weil man in Hochspannungsanlagen mit ganz anderen Lichtbogenerscheinungen rechnen muß wie bei Niederspannung. Für Freileitungen benutzt man die schon erwähnten Hörnerschalter. Für Schalttafeln und im Innern von Gebäuden verwendet man aber heute für Hochspannung ganz allgemein die Ölschalter. Bei diesen Ölschaltern liegen die Kontakte (vgl. Fig. 259) in einem

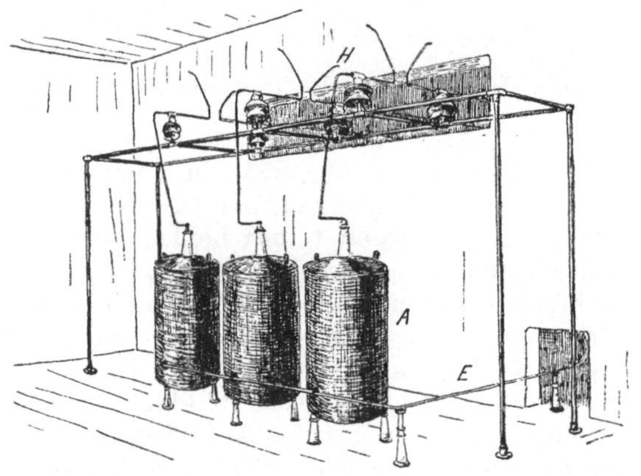

Fig. 252. Aufstellung der Elektrolytableiter.

Gußkasten, der mit Öl gefüllt ist. Dadurch, daß die Kontakte unter Öl liegen, lassen sich sehr hohe Spannungen ohne Schwierigkeit ausschalten, denn die isolierende und wärmeableitende Wirkung des Öles unterdrückt einen Lichtbogen vollständig. Gewöhnlich ordnet

man die Schalter bei Hochspannung nach Fig. 253 vollkommen getrennt
von dem Bedienungsgriff $G$ an, der sich auf der Vorderseite der Schalttafel $S$ befindet und eine kleine Anzeigevorrichtung $A$ besitzt, an der
man nach Fig. 254 erkennen kann, ob ein- oder ausgeschaltet ist. Der
Griff wird dann durch ein Gestänge $g$ mit dem Ölschalter verbunden.
Häufig besitzen die Ölschalter selbsttätige Überstromauslösung, wozu
der Magnet $M$ dient; auf
diese selbsttätigen Schaltein-
richtungen soll noch näher
eingegangen werden.

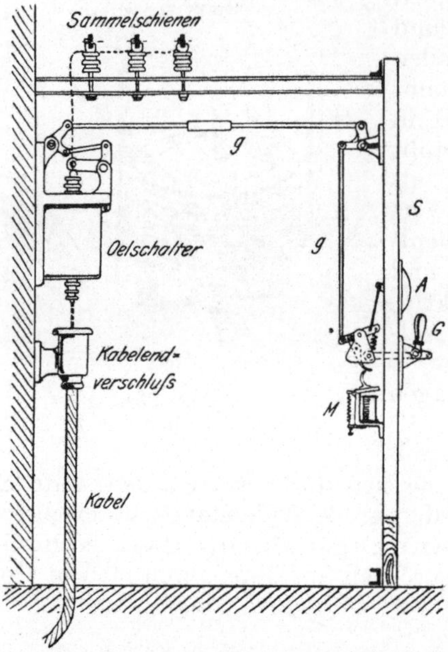

Fig. 253. Ölschalter mit Gestänge.

Fig. 254. Griff mit Anzeiger auf
der Vorderseite der Schalttafel.

Zunächst ist in Fig. 255 ein einfacher Nullstromschalter für
Niederspannung gezeichnet. Diese Schalter werden in Akkumula-
torenanlagen verwendet und heißen auch Rückstromausschalter, weil
sie den Rückstrom vermeiden sollen, wie im Abschnitt XII erklärt wird.
Sie können nur eingeschaltet bleiben bis zu einer bestimmten Stromstärke. Sinkt die Stromstärke unter einen gewissen Wert, so läßt der
Magnet $M$ den Anker $a$ los, und der Griffhebel des Schalters, der bei $G$
ein besonderes Gewicht besitzt, klappt nach unten. Dabei werden die
Federn $F$ gespannt, bis der Anschlag $c$ des Griffhebels gegen den Fortsatz $d$ des Schaltmessers schlägt und dadurch das Schaltmesser aus dem
Kontakt herausgeschlagen wird, während die gespannten Federn für
plötzliches Ausschalten sorgen, wie schon beim Schalter nach Fig. 244
und 245 gezeigt wurde.

Ebenfalls mit Momentausschaltung ist der Überstromschalter
nach Fig. 256 versehen, der auch für Niederspannung bestimmt ist.
Wird der Strom zu stark, so zieht der Magnet $M_1$ den Anker $a$ an,

Dieser besitzt einen Stift $S_1$, mit dem die Klinke $K$ niedergedrückt wird, so daß sie den Stift $S_2$, mit dem der Griffhebel des Schalters festgehalten wird, frei gibt und der Hebel nach unten klappt und ausschaltet. Da dieser Schalter unter Strom ausschaltet, im Gegensatz zum vorigen, besitzt er noch einen Hilfskontakt und einen Funkenbläser. Der Hilfskontakt ist ein Fortsatz $h$ am Schalthebel und eine Kontaktfeder $f$. Beide kommen, kurz bevor das Schaltmesser den Hauptkontakt verläßt, zur Berührung und nehmen deshalb den Öffnungslichtbogen auf, dessen Wirkung aber durch den Funkenbläser $M_2$ stark abgeschwächt wird, denn sobald das Schaltmesser aus dem Hauptkontakt heraus ist, fließt der Strom durch die Wicklung von $M_2$, und zwischen den einzelnen Polfortsätzen $L$ entsteht ein Kraftlinienfeld, welches auf den Lichtbogen zwischen $f$ und $h$ ablenkend einwirkt und ihn unterdrückt, wobei die Momentausschaltung noch mitwirkt. Um die Stromstärke, bei welcher der Schalter wirken soll, einstellen zu können, kann man mit der Schraube $E$ die Spannung der Feder ändern, welche den Anker $a$ von dem Magnet $M_1$ abzieht.

Bei Ölschaltern läßt sich der Überstromschutz ebenfalls anordnen, wie die Figuren 257

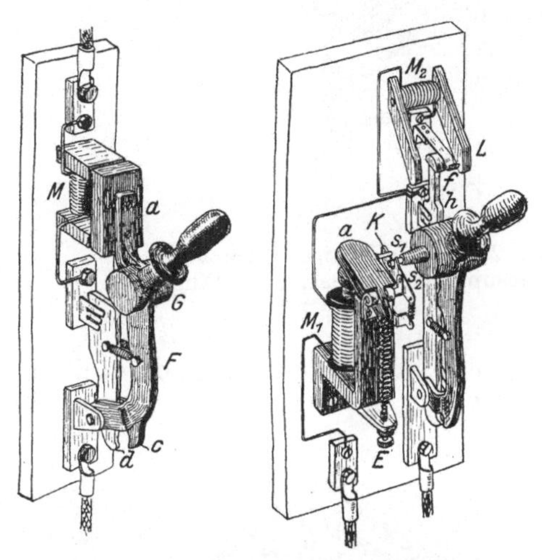

Fig. 255.<br>Nullstrom-Ausschalter.
Fig. 256.<br>Überstromausschalter.

und 258 zeigen. Der Magnet $M$ (vgl. auch Fig. 253) schlägt bei zu starkem Strom infolge Anziehens seines Ankers $a$ mit dem Arm $b$ gegen die Klinke $c$, so daß diese aus dem Stift $d$ herausgedreht wird. Dadurch zieht sich die Feder $F$ zusammen und schaltet mit der Stange $g$ den Ölschalter aus. Durch Drehen des Griffes auf der Vorderseite der Schalttafel, der durch die Stange $S$ mit der Klinkeneinrichtung verbunden ist, kann nach dem Auslösen durch den Magnet der Ölschalter nicht mehr betätigt werden. Die in den Figuren 257 und 258 dargestellte Klinkenkuppelung ist eine vereinfachte Darstellung der Einrichtung von Voigt & Häffner, bei deren selbsttätiger Überstromauslösung aber noch mehrere Klinken $c$ hintereinander angeordnet sind.

Sehr häufig kann man die Ölschalter nicht mehr gut mechanisch mit dem Schaltergriff kuppeln, besonders nicht bei ausgedehnten Schaltanlagen, wo die Bedienungstafeln mit den Apparatengriffen und den Meßinstrumenten räumlich von den Schaltern und anderen Apparaten

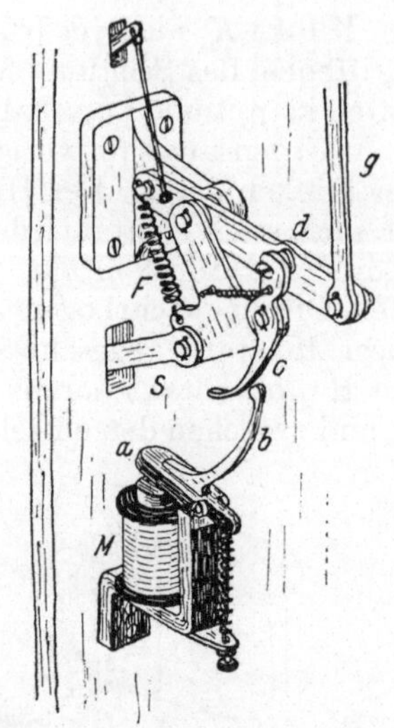

Fig. 257. Selbsttätige Überstromauslösung bei Ölschaltern. (Eingeschaltet.)

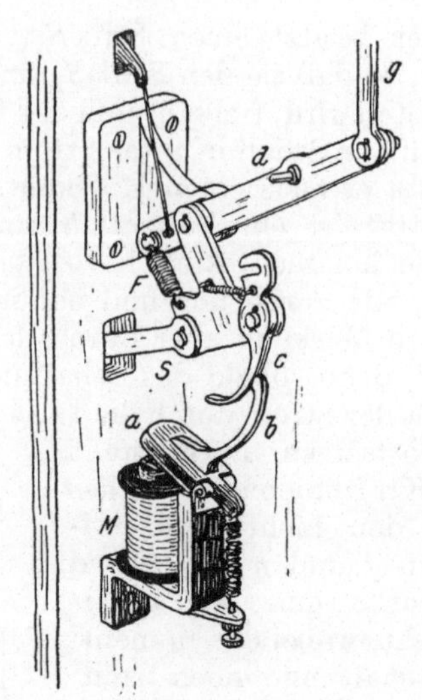

Fig. 258. Selbsttätige Überstromauslösung bei Ölschaltern. (Ausgeschaltet.)

getrennt sind. Man versieht dann die Schalter mit Fernsteuerung.
In Fig. 259 ist ein Ölschalter ohne Ölgefäß mit Fernsteuerung dargestellt und in Fig. 260 die zu-
gehörige Schaltung, bei der durch
Glühlampen, die rot und weiß sind,
angezeigt wird, wie der Schalter
eingestellt ist. In Fig. 259 ist $M_1$
der Einschaltmagnet, der dann,
wenn er erregt wird, den Eisenkern
einzieht und dadurch bei $K$ die
Nase so verdreht, daß die Klinke
dahinter fassen kann und ein Zurückdrehen durch die ebenfalls infolge
des Einziehens des Kernes gespannte
Feder $F$ verhindert. Die Federkon-
takte $B$ schieben sich dabei über
die Klotzkontakte $A$, so daß der
Schalter eingeschaltet ist, indem
der Strom von Klemme $1$ durch $A$
nach $B$ und $C$ zu $2$ fließt. Die drei-
fach gezeichnete Anordnung ist für
Dreiphasenstrom bestimmt. Das
Ausschalten geschieht durch den

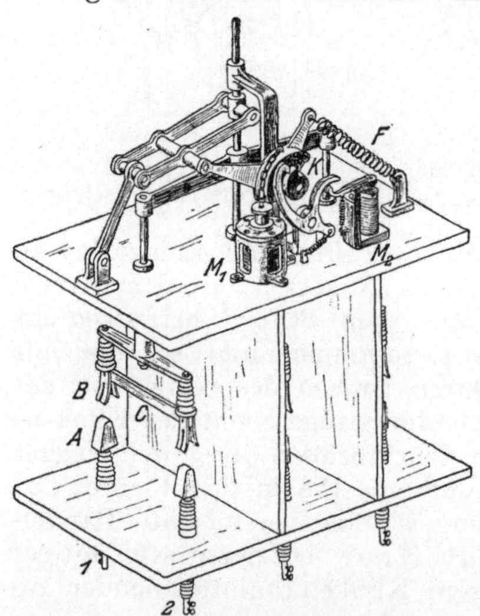

Fig. 259. Selbsttätiger Ölschalter mit
Fernsteuerung.

kleinen Magnet $M_2$, der durch Anziehen seines Ankers bei $K$ die
Klinke herausschlägt, so daß die Feder $F$ ausschalten kann. Die beiden

Magnete $M_1$ und $M_2$ werden durch Gleichstrom erregt, wie das Schaltungsschema in Fig. 260 zeigt. Auf der Schalttafel befindet sich der Schalter $A$, welcher auf $2$ gedreht wird, wenn ausgeschaltet werden soll. Dadurch fließt aus den Gleichstromschienen, an welche die Erregermaschine angeschlossen ist, ein Strom durch den Schalter $A$ über $2$ nach $a$, $b$ durch $M_2$ zur anderen Gleichstromschiene zurück, gleichzeitig leuchtet die Glühlampe „Aus" auf, deren Stromkreis ebenfalls durch den Schalthebel $A$, nach $2$ über $a$, $b$ durch die Lampe zur anderen Gleichstromschiene geschlossen ist. Der Magnet $M_2$ zieht seinen Anker an, der die Klinke $K$ herausschlägt, so daß die Feder $F$ sich zusammenzieht und den dreipoligen Ölschalter $O$ in der Pfeilrichtung ausschaltet. Dadurch werden die Dreiphasenleitungen $I$, $II$, $III$ unterbrochen und die Klinke $K$ nach oben geschoben, so daß der Umschalter $U$ ebenfalls nach oben bewegt wird und die Verbindung von

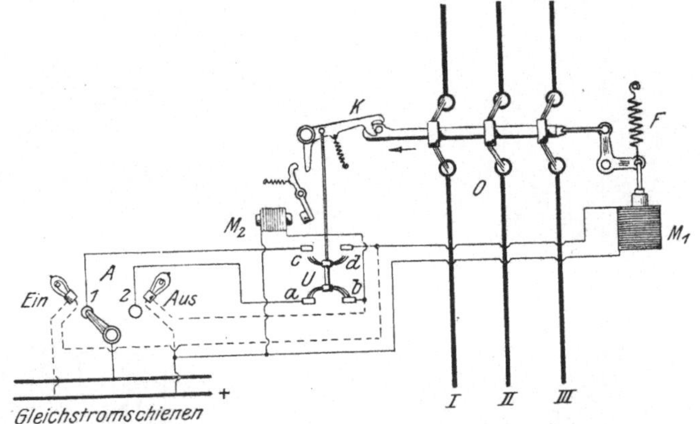


Fig. 260. Schaltung der Fernsteuerung mit Lampenanzeiger.

$a$ nach $b$ unterbrochen, also die Lampe „Aus" und der Magnet $M_2$ ausgeschaltet werden, während gleichzeitig eine Verbindung von $c$ nach $d$ herbeigeführt wird. Soll nun wieder eingeschaltet werden, so dreht man den Schalthebel $A$ von $2$ auf $1$, dann leuchtet zunächst infolge der vorhin hergestellten Verbindung von $c$ nach $d$ die „Ein"-Lampe auf, außerdem wird $M_1$ erregt, zieht seinen Kern ein, spannt die Feder und zieht den Ölschalter in die eingeschaltete Stellung, wobei die Klinke $K$ durch ihre Feder einschnappt und den Ölschalter festhält, gleichzeitig wird bei $c\,d$ unterbrochen, wodurch $M_1$ und die Lampe „Ein" ausgeschaltet werden und die Verbindung von $a$ nach $b$ hergestellt.

Bei den Ölschaltern mit Fernsteuerung kann natürlich auch Überstromauslösung angebracht werden. Jedoch wird diese dann meist mit Zeitschaltern verbunden, denn alle bisher besprochenen Überstromschalter wirken sofort, wenn der Strom die am Apparat eingestellte Grenze überschreitet. Dieses plötzliche Ausschalten ist in manchen

Fällen ganz unzweckmäßig; z. B. in Straßenbahnzentralen, oder beim Anlassen eines großen Motors können vorübergehend starke Ströme auftreten, die aber nach kurzer Zeit wieder zurückgehen. Will man das momentane Wirken der Auslösung vermeiden, so verbindet man einen Zeitschalter mit der Auslösung. Fig. 261. zeigt einen Zeitschalter für Gleichstrom. Bei Überschreitung der eingestellten Stromstärke zieht die Spule $S$ den Eisenkern $E$ ein, der oben eine Zahnstange $Z$ besitzt, die durch eine Zahnräderübersetzung ein Flügelrad antreibt, so daß der Kern nur langsam gehoben werden kann. Durch die Aufwärtsbewegung des Kernes drückt schließlich der Arm $A$ die Kontakte $a$

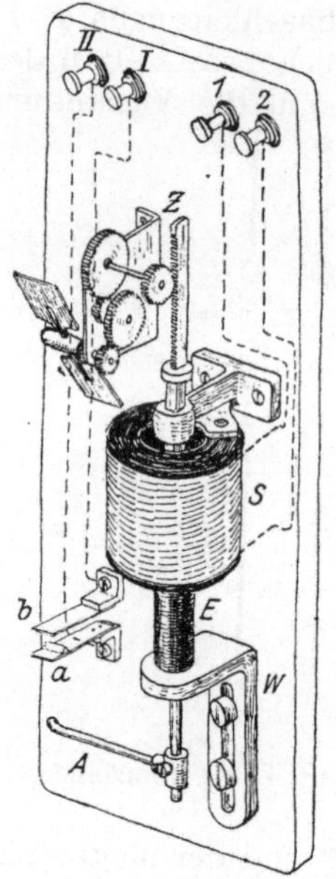

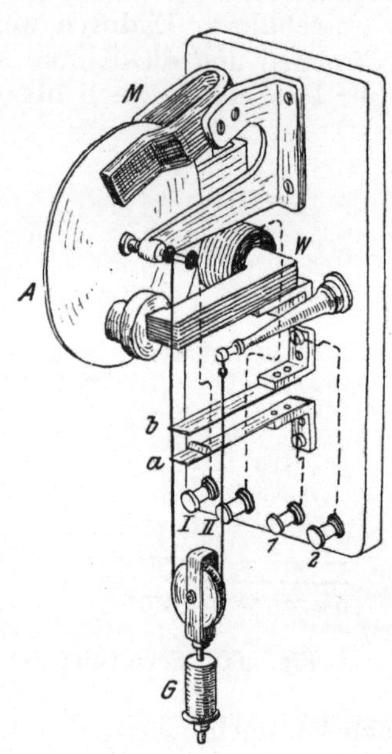

Fig. 261.  Zeitschalter für Gleichstrom mit Flügelhemmung.

Fig. 262.  Zeitschalter mit Ferraris-
Scheibe für Wechselstrom von Brown
& Boveri.

und $b$ zusammen, wodurch, wie die Schaltung Fig. 265 genau zeigt, der Auslösemagnet eingeschaltet wird, dessen Stromkreis an die Klemmen $I$, $II$ angeschlossen ist. Damit man die Zeit, die zum Heben des Kernes bis zur Berührung von $a$ und $b$ verstreicht, innerhalb gewisser Grenzen einstellen kann, ist der Winkel $W$, auf dem der Kern aufsitzt, mit Schlitz und Schrauben verstellbar. Soll nur wenig Zeit bis zum Auslösen verstreichen, so stellt man den Winkel höher, während durch Tieferstellen eine längere Zeitdauer eingestellt wird.

Ein anderer Zeitschalter mit Ferrarisscheibe (vgl. Fig. 86), den Brown, Boveri & Co. ausführen, ist in Fig. 262 gezeichnet. Er kann nur mit Wechselstrom betrieben werden. Bei Überschreitung der zulässigen Stromstärke beginnt seine Aluminiumscheibe sich zu drehen unter dem Einfluß des Wechselstrommagnets $W$, dessen einer Pol einen Kurzschlußring besitzt. Zur Dämpfung der Drehung ist der Stahlmagnet $M$ vorhanden. Durch die Drehung wird das Gewicht $G$, welches an einer losen Rolle und Seidenfaden hängt, hochgewunden und dadurch bei $a$, $b$ der Auslösemagnet eingeschaltet. Durch Änderung des Gewichtes $G$ kann der Apparat für verschiedene Stromstärken eingestellt werden, und durch Änderung der Länge des Seidenfadens läßt sich die Zeit einstellen, nach der die Auslösung eintreten soll.

Der Zeitschalter nach Fig. 262 läßt sich auf verschiedene Weise benutzen, wie die Schaltungen in Fig. 263 und 264 zeigen. In Fig. 263 wird gar kein Gleichstrom benutzt, sondern alle Apparate mit Wechselstrom betrieben. In zwei Leitungen der drei Phasen sind kleine Meßtransformatoren $T$ eingeschaltet, so daß bei einem Kurzschluß oder Überstrom zwischen zweien der drei Leitungen, wenigstens immer einer der beiden Zeitschalter $Z_1$ oder $Z_2$ in Tätigkeit tritt und durch Heben seines Gewichtes $G_1$ oder $G_2$ bis zu den Kontakten $A$ den Auslösemagnet $M$, der ebenfalls an einen der beiden Meßtransformatoren $T$ angeschlossen ist, zum Anziehen seines Ankers und damit zum Ausklinken des Ölschalters $O$ veranlaßt, dessen Zugfedern $F$ dann ausschalten. Da der Betrieb der Apparate durch denselben Wechselstrom, der geschützt werden soll,

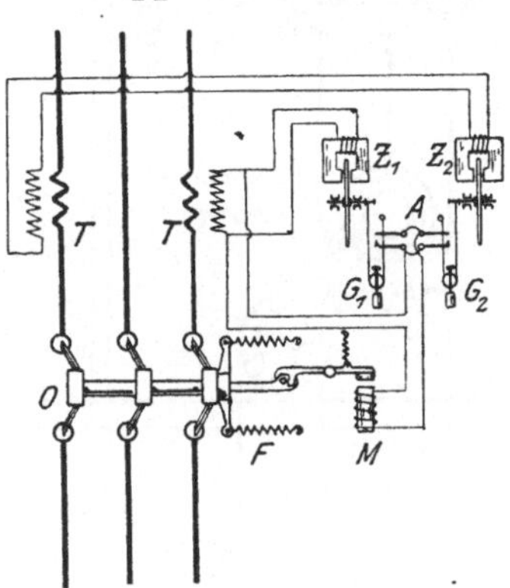


Fig. 263. Auslösung für Überstrom mit Zeitschalter nach Fig. 262. Betrieb mit Wechselstrom.

weniger sicher ist, als wenn eine unabhängige Stromquelle benutzt werden kann, wird die Schaltung in Fig. 263 nur angewendet, wenn kein Gleichstrom vorhanden ist, z. B. bei großen Asynchronmotoren oder zum Schutz von großen Transformatoren. Sobald aber, wie ja immer, auf der Zentrale Gleichstrom von den Erregermaschinen vorhanden ist, wird die Schaltung nach Fig. 264 ausgeführt. Dort sind wieder, wie auch in Fig. 263, $T$ die Meßtransformatoren, an welche die Zeitschalter $Z_1$ und $Z_2$ angeschlossen sind, die durch Heben ihrer Gewichte $G_1$ oder $G_2$ bei $A$ den an die Gleichstromschienen der Erregermaschinen angeschlossenen Magnet $M$ einschalten, der auf dieselbe Weise auslöst wie vorhin.

In Fig. 265 ist noch die Schaltung für den Zeitschalter nach Fig. 261 dargestellt. Hier liegt an den beiden Meßtransformatoren ein sog. Relais, das ist ein Hilfsmagnet $R$, der bei Überstrom den Anker $a$ anzieht und durch Verbindung der Punkte $1$ und $2$ den Zeitschalter $Z$ einschaltet, der dann bei $A$ den Auslösemagnet $M$, der ebenfalls wie $Z$ mit dem Gleichstrom der Erregermaschine betrieben wird, einschaltet.

Einen ähnlichen Zweck wie die Überstromauslösungen erfüllen auch die Sicherungen, nur sind sie in Maschinenanlagen unbequemer, auch nicht so auf Zeit einstellbar wie die beschriebenen Vorrichtungen.

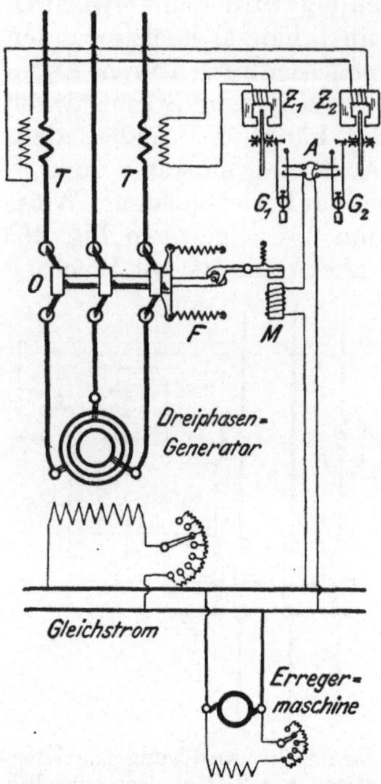


Fig. 264. Auslösung für Überstrom  mit  Zeitschalter  nach
Fig. 262.

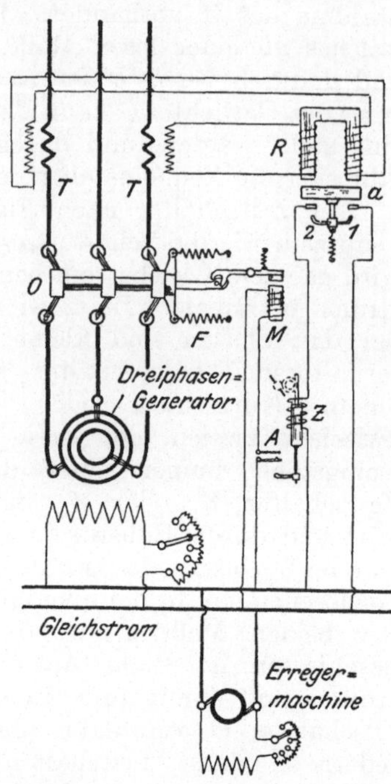


Fig. 265. Auslösung für Überstrom  mit  Zeitschalter  nach
Fig. 261.

In Hausanschlüssen müssen sie aber verwendet werden, wie aus folgendem hervorgeht: Denken wir uns einmal den Fall in Fig. 266, wo eine dünnere Leitung von einer dickeren abzweigt. Wie schon im Anfang gezeigt wurde, haben die Leitungen nur wenig Widerstand, der Haupt-

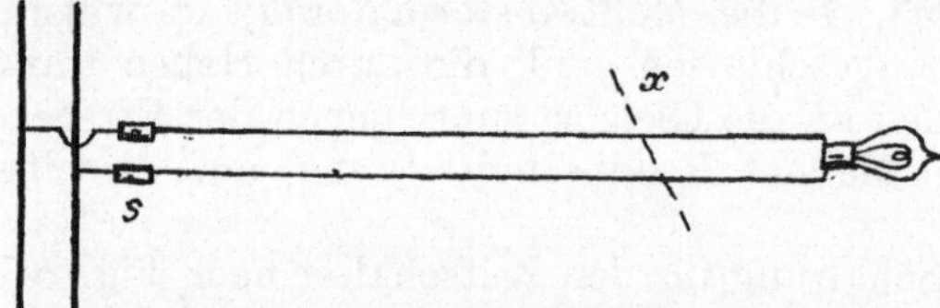


Fig. 266.   Zweck einer Sicherung.

widerstand liegt immer im Verbrauchskörper, also in Fig. 266 in der Lampe. Wenn nun ein Gasrohr oder ein eiserner Träger bei $x$ an der Leitung vorbeiführt und beide Leitungen infolge schlechter Verlegung nach und nach ihre Umspinnung an dem Rohr oder Träger durchscheuern, so daß beide gleichzeitig in blanke Berührung mit $x$ treten, so sind die beiden Leitungen bei $x$ auch durch einen ganz geringen Widerstand miteinander verbunden oder kurz

geschlossen, und da jetzt der Widerstand des Stromkreises nur noch aus dem Kurzschluß und den Leitungsstücken besteht, so wird der Strom viel stärker werden, als der Draht aushalten kann. Der Draht wird dann heiß und seine Umspinnung fängt an zu brennen. Ein solcher Kurzschluß wäre feuergefährlich, aber er ist bei den tadellosen Sicherheitseinrichtungen heute nicht mehr möglich. Trotzdem kommt es noch heute ab und zu in den Tageszeitungen zu der gewissenlosen Bemerkung, wenn irgendwo ein Brand stattgefunden hat und zufällig dort auch elektrisches Licht vorhanden war, es sei vermutlich Kurzschluß die Ursache. Statistisch ist aber gerade nachgewiesen, daß eine elektrische Anlage die Feuersicherheit erhöht, so daß in den meisten Brandkassen der Beitrag nach Einrichtung einer elektrischen Lichtanlage verringert wird und im Vergleich zu der Gefahr, die in der Möglichkeit einer Gasexplosion liegt, ist eine elektrische Anlage einer Gasanlage unbedingt vorzuziehen, zumal elektrisches Licht noch eine ganze Reihe von Vorzügen besitzt, auf die später noch eingegangen werden soll. Wie schon bemerkt war, sind die gefährlichen Folgen eines Kurzschlusses heute unmöglich, wenn die Anlage nach den allgemein anerkannten Sicherheitsvorschriften des Verbandes Deutscher Elektrotechniker ausgeführt ist und infolge der Überwachung der stromliefernden Elektrizitätswerke und der Zulassung von nur solchen Installateuren, die über die nötigen Kenntnisse verfügen, werden alle Anlagen heute auch unbedingt nach den Sicherheits- vorschriften ausgeführt. Außer in der

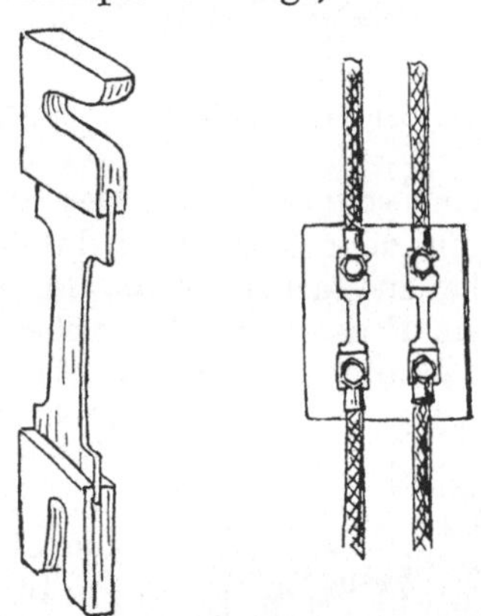

Fig. 267. Einfache Sicherung für Niederspannung.

richtigen Bemessung der Drahtstärken für die Ströme bestehen die Einrichtungen zur Feuersicherheit hauptsächlich ·in der zweckmäßigen Verteilung und der richtigen Anordnung der Sicherungen. Diese Sicherungen, die immer am Anfange der Leitung oder dort liegen müssen, wo eine schwächere Leitung von einer stärkeren abzweigt, sind dünne Drähte aus Silber oder einer 50 proz. Kupfer-Silber- Legierung, welche beim Überschreiten des zulässigen Stromes durch- brennen und dadurch den Strom unterbrechen.

Die einfachen Sicherungen, wie sie gewöhnlich bei Niederspannungs- anlagen hinter der Schalttafel angebracht werden, zeigt Fig. 267. Es wurden früher Streifen aus Bleiblech, Britanniametall oder ähn- lichem leicht schmelzbaren Metall zwischen die Leitungen geschaltet, heute wählt man hierzu dünne Silberdrähte, die zur Vergrößerung des Querschnittes parallel geschaltet werden. Derartige Streifen- sicherungen können für stärkere Ströme ausgeführt werden, sind aber in Hausanschlüssen nicht zulässig. Diese Sicherungen müssen zunächst unverwechselbar sein, damit man nicht irrtümlicherweise eine starke Sicherung einsetzt, dann müssen die Sicherungen geschlossen sein, damit das geschmolzene Metall nicht herauskann und schließlich müssen sie leicht einsetzbar sein. Man benutzt daher für die **Hausanschlüsse** Sicherungen nach den Figuren 268 und 269. Der Sockel besitzt immer eine ähnliche Einrichtung, wie die Fassung einer Glühlampe (Fig. 282), indem die eine Anschlußschraube $S_1$ mit einem am Boden des Sockels sitzenden Kontaktstück verbunden ist, auf welches sich beim Einsenken des Stöpsels, dessen Metallfuß $A$ aufsetzt. Die zweite Anschlußschraube $S_2$ ist mit einem Muttergewinde verbunden, in welches das Gewinde $B$ des Stöpsels

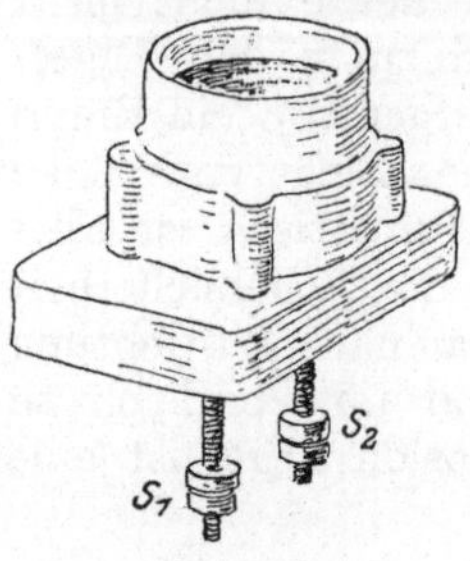

Fig. 268.
Sicherungssockel.

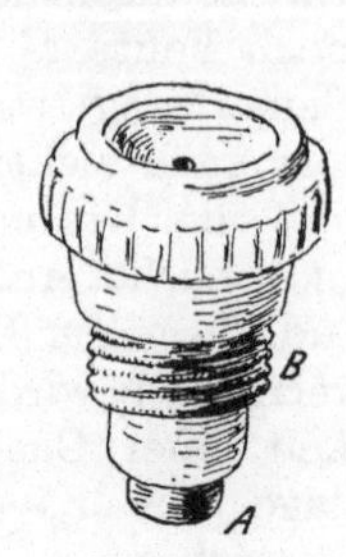

Fig. 269.
Sicherungsstöpsel.

eingeschraubt ist. Der Stöpsel ist innen hohl, und sein Fuß $A$ ist mit dem Gewinde $B$ durch ein Stück Silberdraht verbunden, welches bei zu starkem Strom durchbrennt. Häufig besitzen diese Stöpsel oben ein Fenster, durch welches erkannt werden kann, ob der Draht durchgebrannt ist. Die Sockel besitzen alle dieselbe Größe, so daß die Sicherungen in bequemer Weise auf kleinen Tafeln mit dem Zähler und den Schaltern zusammengesetzt werden können. Ausführbar sind die Stöpsel für Ströme bis zu 200 Ampere.

In Hochspannungsanlagen geschieht das Durchbrennen einer Sicherung unangenehmer als bei Niederspannung. Man kann deshalb dort die offenen Streifensicherungen nach Fig. 267 nicht verwenden und benutzt vielfach **Röhrensicherungen**, die nach Fig. 270 ausgeführt sind. Die Silberdrähte, deren Enden bis $F$ herausragen, sind in eine Isolationsröhre $R$ eingeschlossen, die fast immer gleichzeitig als Trennschalter ausgebildet ist. Damit man, falls eine Sicherung durchgebrannt war, nach Beseitigung der Ursache beim Einsetzen der neuen Sicherung erkennen kann, ob die Leitung wieder in Ordnung ist, setzt man die Röhre zuerst in den unteren Kontakt ein und berührt ganz rasch den oberen, der ebenso wie der obere Kontakt der Röhre

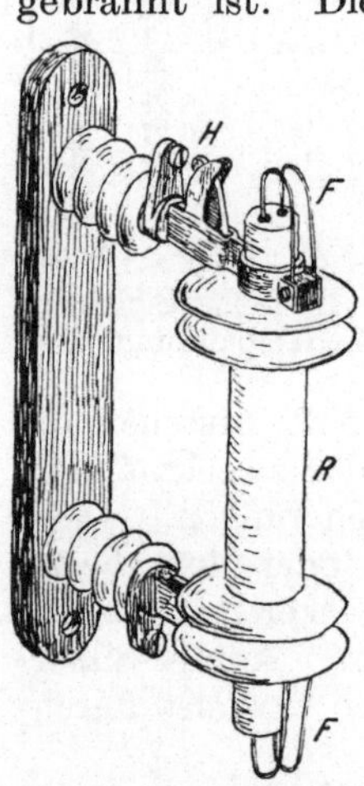

Fig. 270.  Röhrensicherung für Hochspannung.

mit einem kleinen Blechhorn $H$ ausgerüstet ist. Ist der Fehler in der Leitung noch nicht beseitigt, so schließt man durch die Berührung einen Strom, der aber die Sicherung nicht zum Schmelzen bringen kann, weil man nur einen kurzen Augenblick beide Kontakte berührt und

der geschlossene Strom sogleich zwischen den kleinen Hörnern unterbrochen wird. Gibt es keinen Lichtbogen bei diesem vorsichtigen kurzen
Berühren der Hörner, so setzt man die Sicherung richtig ein. Trotzdem
die Röhren aus Isolationsmaterial bestehen, geschieht das Einsetzen
und Herausnehmen derselben meist mit besonderen isolierten Zangen.

Um den bei höheren Spannungen infolge des Durchbrennens der
Sicherung auftretenden Lichtbogen abzuleiten, verwendet man auch
bei Hochspannungssicherungen Hörner, wie
Fig. 271 zeigt. Die Sicherung ist zum gefahr-
losen Einsetzen eines neuen Schmelzdrahtes
auch schalterartig ausgeführt und wird mit dem
Griff $G$, der geerdet ist, d. h. leitend mit der
Erde verbunden ist und demnach ohne Gefahr
berührt werden kann, aus den Kontakten $C_1$
und $C_2$ herausgedreht. Die Leitung wird bei
$1$ und $2$ angeschlossen. Es sind in der Fig. 271
zwei parallelgeschaltete Schmelzdrähte unter
den Hörnern $H$ gezeichnet. Brennen diese
Drähte durch, so übernehmen die Hörner das
Verlöschen des Lichtbogens.

In gut ausgeführten Hausanschlüssen kommt
es manchmal jahrelang nicht vor, daß eine
Sicherung durchbrennt. Es können auch die
im Anfang geschilderten Kurzschlüsse bei guter
Verlegung gar nicht auftreten.

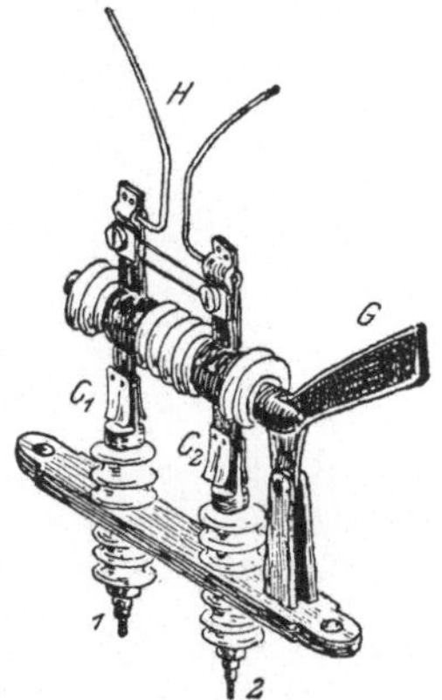

Fig. 271.  Hochspan-
nungssicherung mit
Hilfshörnern.

Die Verlegung der Leitungen und die Isolierung derselben ist
sehr wichtig. Sie muß, je nach dem Verwendungszweck und der
Art der Räume, verschieden ausgeführt werden. In feuchten
Räumen, Kellern, Fabriken mit feuchten Dämpfen usw. müssen
andere Drähte benutzt werden wie in trockenen Wohnräumen oder
im Freien. Genaue Vorschriften, welche Art von Isolierung zu
verwenden ist, geben wieder die schon mehrfach erwähnten Sicherheitsvorschriften des Verbandes Deutscher Elektrotechniker, die als

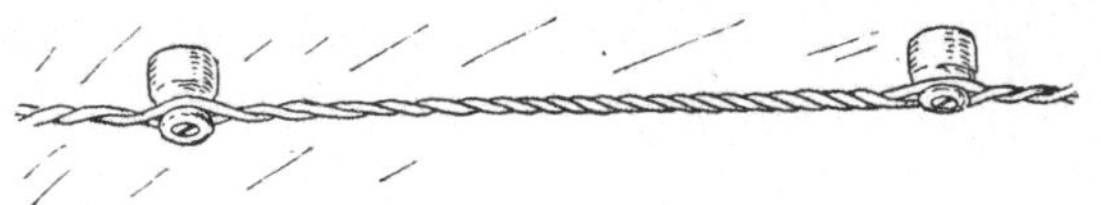

Fig. 272.  Verlegung von Schnur auf Porzellanrollen.

kleine Hefte im Buchhandel zu haben sind. Hier kann darauf nicht
weiter eingegangen werden.

Die Verlegung der Leitungen in Wohnräumen geschieht
auf verschiedene Art. Sehr gebräuchlich ist die Verlegung von
Schnur auf Porzellanrollen nach Fig. 272. Häufig zieht man diese
Schnüre auch in Papierrohre ein, die dann unter den Putz gelegt
werden können.

Sehr schön ist auch die Verwendung von Rohrdrähten, System Kuhlo, das von den Siemens-Schuckert-Werken ausgeführt wird, Fig. 273. Die Drähte sind in Bleirohr eingeschlossen, natürlich von diesem isoliert, und letztere werden an die Wände mit kleinen Bügeln befestigt. In trockenen Räumen besitzen die Bleirohre nur einen isolierten Draht im Inneren, sie dienen dann selbst als zweite Leitung und in solchen Fällen werden die Rohre sehr dünn. Sie können sehr leicht und gut aussehend verlegt werden und fallen nicht unangenehm auf, weil sie auch ohne weiteres mit Farbe bestrichen werden können.

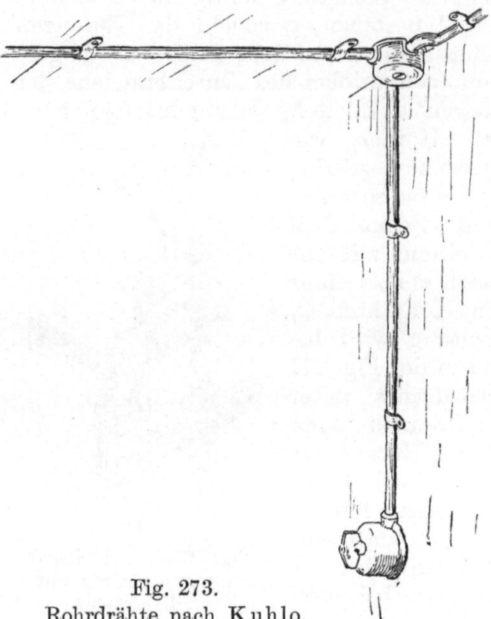

Fig. 273.
Rohrdrähte nach Kuhlo.

Im Freien und in feuchten Räumen verwendet man meist blanke Leitungen, die auf die bekannten Porzellanglocken, Isolatoren genannt, verlegt werden. Die gewöhnlich für Lichtleitungen mit Niederspannung verwendete Isolatorenform ist die Doppelglocke nach Fig. 274. Je höher die Spannung ist, um so größer werden die Isolatoren und um so mehr Mäntel gibt man ihnen. Dabei ist aber auch die Form der Glocke von der größten Wichtigkeit, denn die Form der Mäntel bedingt das Verhalten der Regentropfen, die zu Entladungen um den Isolator herumführen können. Der bekannteste Hochspannungsisolator ist der Delta-Isolator, Patent der Porzellanfabrik Hermsdorf, dessen Form Fig. 275 durch viele Versuche ausgebildet wurde. Er wird

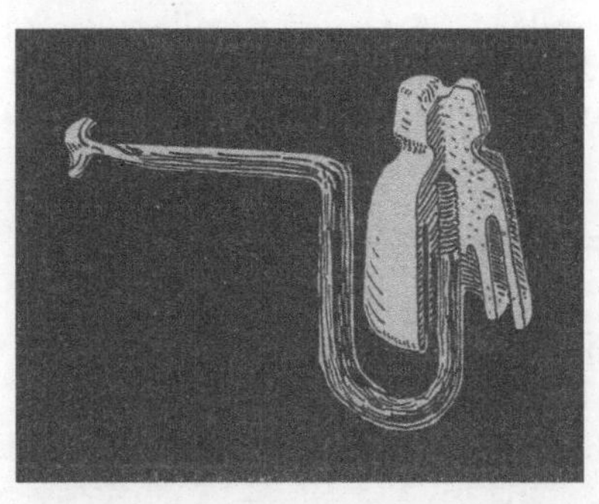

Fig. 274.   Doppelglocken-Isolator.

etwa 25—30 cm hoch ausgeführt und kann bis zu etwa 60 000 Volt benutzt werden. An Stelle des oberen Porzellanschirmes wird heute auch vielfach ein Metalldach benutzt nach Fig. 276. Solche Isolatoren können bis etwa 70 000 Volt verwendet werden. Das Metalldach hat die eigenartige Wirkung, daß Regentropfen, die von ihm abfallen, von dem Por-

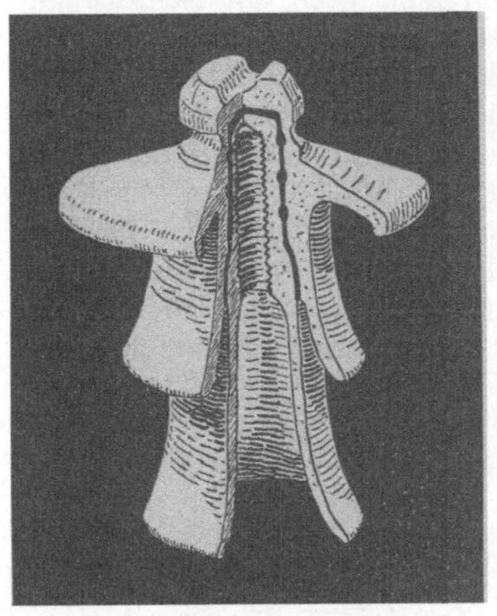

Fig. 275.
Deltahochspannungs-Isolator.

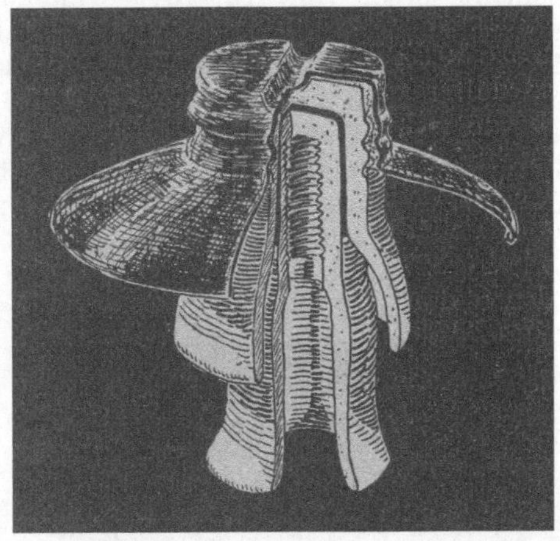

Fig. 276.
Metalldach-Isolator.

zellan abgestoßen werden, weil Metall und Porzellan sich entgegengesetzt den elektrischen Ladungen gegenüber verhalten. Außerdem

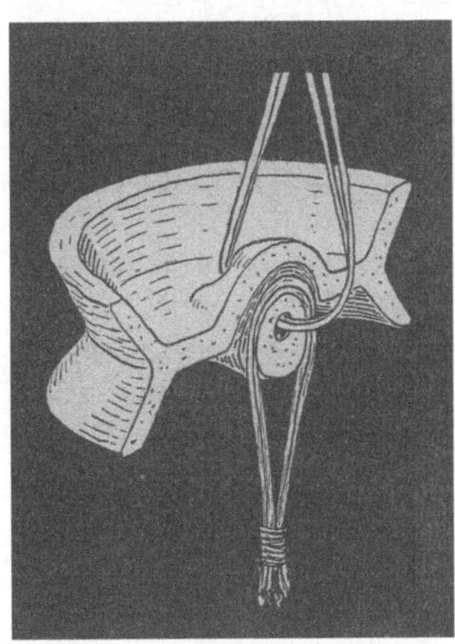

Fig. 277. Hängeisolator nach
Hewlett.

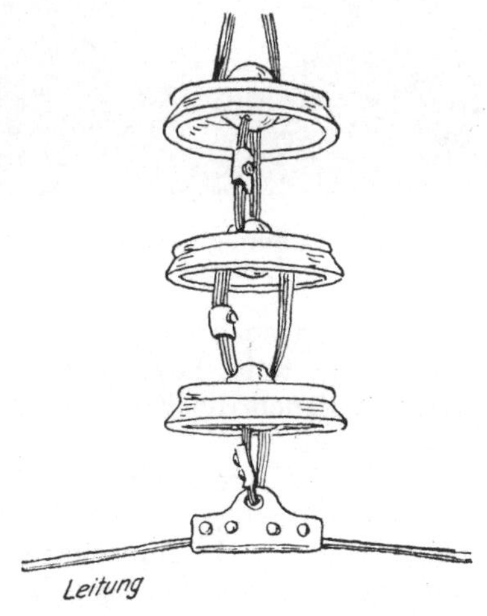


Fig. 278. Kette von Hewlett-
Isolatoren der General Electric Co.

haben die Metalldächer noch den Vorteil, daß sie weniger leicht durch Steinwürfe beschädigt werden können.

13*

Für höhere Spannungen, also etwa bei 70 000 Volt und mehr, verwendet man Hängeisolatoren. In Fig. 277 ist ein einzelnes Element dieser von Hewlett erfundenen Isolatoren im Schnitt gezeichnet. Der Durchmesser des Porzellankörpers beträgt 26 cm, die Höhe 10 cm. Ein Element wird gewöhnlich mit 25 000 Volt beansprucht, so daß man für 110 000 Voltleitungen 5 Elemente benutzt. Die Elemente werden nach Fig. 278 zu einer Kette verbunden, so daß beim Bruch eines Isolators die Leitung nicht herabfallen kann, weil die Kettenglieder, wie auch Fig. 277 zeigt, immer ineinanderhängen bleiben.

Auch die Deltaglocken lassen sich als Hängeisolatoren ausführen, wie Fig. 279 zeigt, wo die Deltaform mit Metalldach dargestellt ist, von denen dann auch mehrere zu einer Kette verbunden werden können.

Fig. 279.   Deltaglocke als Hängeisolator.

Fig. 280.   Gitterturm für Hochspannungsleitung mit Hängeisolatoren.

Die Hochspannungsleitungen verlegt man auf besondere aus Profileisen hergestellte hohe Gittertürme (Fig. 280), die mit Armen versehen sind, an denen die Ketten aus Hängeisolatoren mit den Leitungen befestigt sind.

Die Porzellanfabriken, welche Isolatorglocken ausführen, besitzen sehr zweckmäßig eingerichtete Prüffelder, in denen die Isolatoren mit sehr hoher Spannung bei künstlichem Regen und Nebel geprüft werden, so daß nur solche Isolatoren abgegeben werden, die die Probe bestanden haben.

# XI.  Das elektrische Licht und die elektrischen Lampen.

Schon im Abschnitt I wurde gezeigt, daß der elektrische Strom einen dünnen Draht so stark erwärmen kann, daß derselbe ins Glühen kommt. Diese Erscheinung läßt sich zur Erzeugung von elektrischem

Licht ausnutzen, und diejenigen elektrischen Lampen, bei denen sie verwendet wird, heißen Glühlampen. Früher benutzte man in diesen Glühlampen einen unter Luftabschluß durch Glühen aus Pflanzenfasern hergestellten künstlichen Kohlenfaden. Damit der Faden nicht

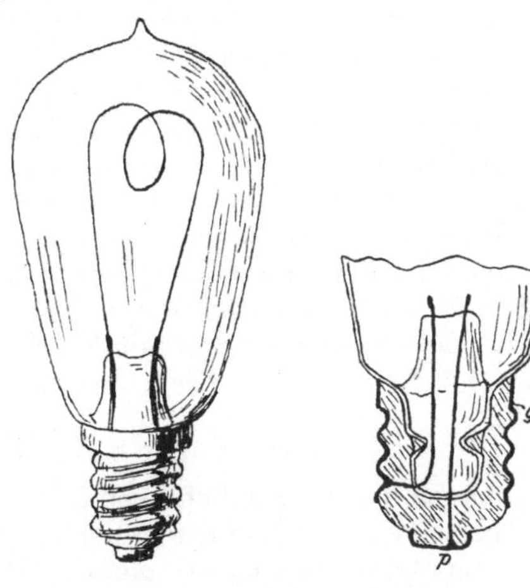

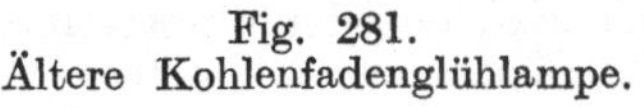

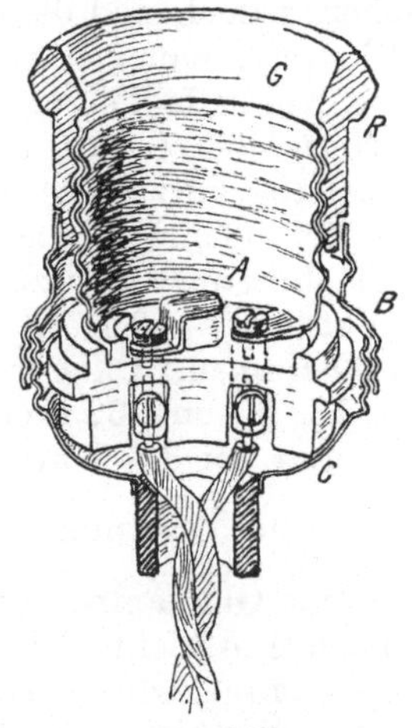

Fig. 281.<br>Ältere Kohlenfadenglühlampe.
Fig. 282.<br>Fassung im Durchschnitt.

verbrennt, ist er in der Lampe in einer luftleer gemachten Glasbirne untergebracht, wie Fig. 281 zeigt. Der Fuß der Lampe besitzt sog. Edisongewinde $g$, der mit Gips oder anderer Masse an dem Glaskörper befestigt ist und mit dem einen Ende des Kohlenfadens durch einen in das Glas eingeschmolzenen Platindraht verbunden ist. Mit dem Fuß läßt sich die Lampe in eine Fassung einschrauben, wie sie die Figuren 282 und 283 zeigen. Die Leitungen, die den Strom zuführen, werden von unten eingeführt und festgeschraubt, nachdem von der Fassung vorher der Porzellanring $R$ losgeschraubt und der Blechkörper $B$ von dem Fußstück $C$ ebenfalls losgeschraubt wurde. Schiebt man dann das Stück $C$ herunter, so kann man von der Seite mit dem Schraubenzieher die Klemmschrauben für die Leitungen erreichen, die in Spalten des Porzellanfußstückes liegen. Auf der anderen Seite des Porzellan-

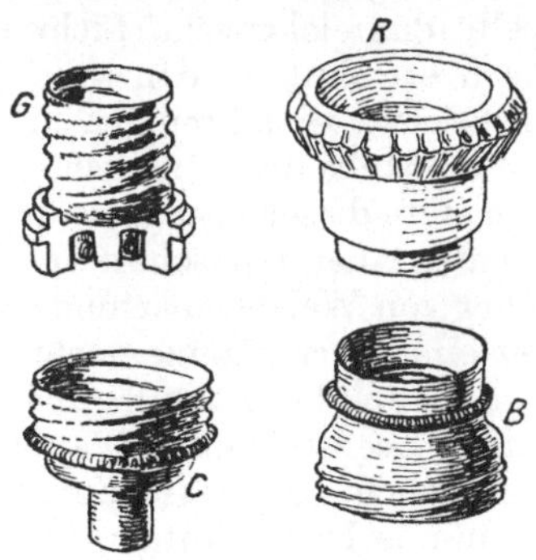

Fig. 283.
Hauptteile der Fassung.

fußstückes liegt die Messingplatte $A$, die mit dem einen Pol verbunden ist, und das Edisongewinde $G$, welches mit dem anderen Pol verbunden ist, so daß die Lampe beim Hereinschrauben durch Berührung ihres Gewindes $g$ mit dem Gewinde $G$ und ihres Fußes $p$ mit der Messingplatte $A$ mit beiden Leitungen verbunden ist. Die in Fig. 282 dargestellte Fassung ist eine solche ohne Hahn, die Lampe wird dann von einer anderen Stelle aus mit einem besonderen Schalter eingeschaltet. Man kann aber auch die Fassung selbst mit einem kleinen Schalter versehen, jedoch sind diese Einrichtungen heute so bekannt, daß darauf wohl kaum genauer eingegangen zu werden braucht.

Die Kohlenfadenlampen gebrauchen im Mittel etwa 3,3 Watt für eine Normalkerze Lichtstärke. Eine Normalkerze (genauer Hefner-Einheit, abgekürzt HE) besitzt ungefähr eine Paraffinkerze von 20 mm Dicke bei 50 mm Flammenhöhe. Eine gewöhnliche Petroleumlampe mit Flachbrenner besitzt 5—10 Kerzen, eine Rundbrenner-Petroleumlampe etwa 20—30 Kerzen, und eine Gasglühlampe mit neuem Strumpf etwa 60 Kerzen. Die gewöhnlichen Kohlenfadenlampen stellt man mit 5, 10, 16, 25 und 32 Kerzen her. Eine solche Lampe mit 25 Kerzen würde nun bei 3,3 Watt pro Kerze $3,3 \cdot 25 = 82,5$ Watt verbrauchen und bei einer Spannung von 110 Volt wird der Strom $\dfrac{82,5}{110} = 0,75$ Ampere. Jede Glühlampe verliert, wie auch die Gasglühlichtstrümpfe, nach und nach ihre Lichtstärke; man bezeichnet im allgemeinen die Lampen noch als brauchbar, so lange ihre Lichtstärke nicht um mehr als 25% abgenommen hat, und das tritt bei Kohlenfadenlampen nach etwa 600 Brennstunden ein. Diese Zeit bezeichnet man als Brenndauer. Man kann natürlich die Lampe noch länger benutzen, denn der Kohlenfaden brennt meist erst nach vielen tausend Brennstunden durch, aber die Lampe liefert dann zu wenig Licht für die heineingeleitete Energie und wird infolgedessen zu unwirtschaftlich.

Früher war die Kohlenfadenlampe eine ganze Reihe von Jahren die einzige elektrische Glühlampe, und ihr hoher Wattverbrauch stempelte das elektrische Licht trotz seiner sonstigen großen Vorzüge, die noch erwähnt werden sollen, zu einer Luxusbeleuchtung, bis vor nunmehr etwa 16 Jahren gleichzeitig mehrere neue Glühlampen auftauchten, die an Stelle des künstlichen Kohlenfadens feine Metallfäden besaßen. Die erste dieser Lampen war die durch die Deutsche Gasglühlicht-Gesellschaft, Auergesellschaft in Berlin, in den Handel gebrachte und von Auer von Welsbach erfundene Osmiumglühlampe, die nur noch 1,5 Watt für eine Normalkerze verbrauchte und etwa 2000 Brennstunden besaß, und dann die Tantallampe von Siemens & Halske A.-G. Berlin, mit einem ebenso großen Wattverbrauch. Beide Lampen sind heute noch, wesentlich verbessert durch Verwendung des Wolframs an Stelle des Osmiums bzw. Tantals, in Gebrauch und heißt die erste Lampe jetzt Osram-, die andere Wotan-Lampe. Ihr Wattverbrauch beträgt nur noch 1 Watt pro Kerze. Durch diesen geringen Wattverbrauch ist das elektrische Licht billiger geworden als Petroleumlicht, so daß es jetzt durchaus nicht mehr Luxusbeleuchtung ist, sondern auch in Arbeiterwohnungen und auf dem Lande benutzt wird.

Die Schwierigkeiten der ersten Metallfadenlampen bestanden in der Unterbringung der langen Leuchtfäden. Bei der Osmiumlampe kam ein dünner Draht aus dem Metall Osmium zur Anwendung, bei der Tantallampe aus Tantal. Da ein Metall immer viel besser leitet als Kohle, außerdem aber die ersten Lampen schon nur noch 1,5 Watt für eine Kerze gebrauchten, so muß der Widerstand der Metallfäden viel größer sein als derjenige des Kohlenfadens. Wie schon berechnet war, muß eine Kohlenfadenlampe von 25 Kerzen bei 110 Volt einen Strom von 0,75 Ampere erhalten, demnach muß der Kohlenfaden einen Widerstand von $\dfrac{110}{0,75} = 147\ \Omega$ besitzen. Eine ältere Osmium- oder Tantallampe erhält aber bei 25 Kerzen und einem Verbrauch von 1,5 Watt pro Kerze nur $\dfrac{1,5 \cdot 25}{110} = 0{,}341$ Ampere, der Widerstand des

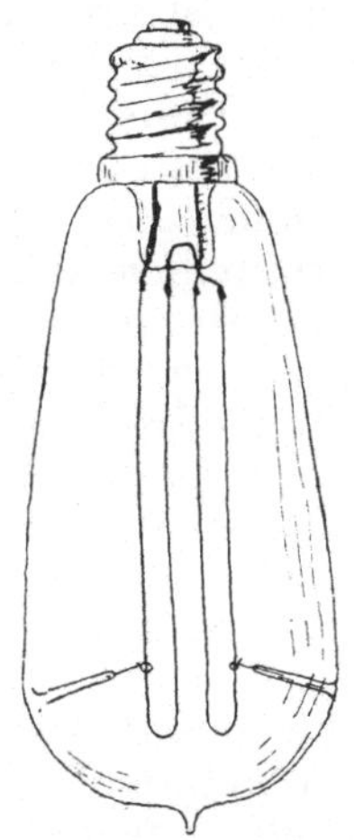

Fig. 284.
Ältere Osmiumlampe.

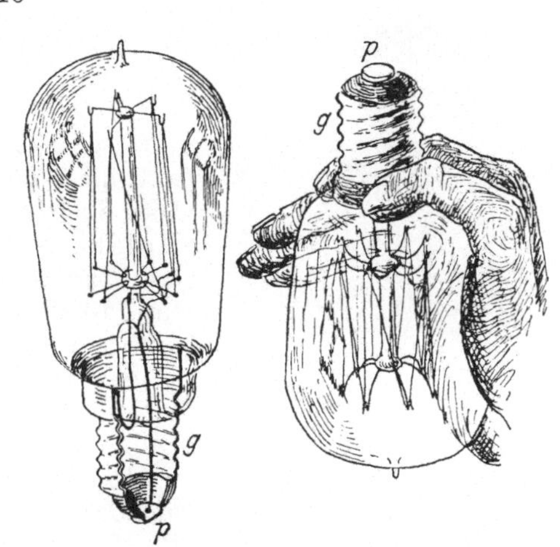

Fig. 285.  Osramlampe.

Metallfadens muß also $\dfrac{110}{0,341} = 323\ \Omega$ betragen, gegen $147\ \Omega$ beim Kohlenfaden. Würde das Metall nur ebenso leiten wie Kohle, so müßte der Metallfaden schon $\dfrac{323}{147} = 2{,}2$ mal länger sein als der Kohlenfaden; da aber Metall weit besser leitet als Kohle, d. h. der Widerstand des Metalles kleiner als derjenige der Kohle ist, so müssen die Drähte in den Metallfadenlampen noch viel länger als 2,2 mal so lang werden wie die Fäden in den Kohlenfadenlampen. Man stellte deshalb die Osmiumlampe zuerst auch nur für 37 Volt her, so daß in einer 110-Volt-anlage entweder immer drei Lampen hintereinander geschaltet werden mußten, oder bei Wechselstrom ein kleiner Transformator die Spannung auf 37 Volt umformen mußte. Es gelang aber bald, die Osmiumlampe auch direkt für 110 Volt herzustellen. In Fig. 284 ist eine solche ältere Osmiumlampe dargestellt, die, wie man erkennt, einen aus zwei hintereinander geschalteten Stücken bestehenden Leuchtdraht besitzt. Die beiden langen Fäden werden unten durch zwei besondere kleine Arme gehalten. Diese ersten Osmiumlampen durften nur senkrecht hängen, weil die langen Fäden im glühenden Zustand sehr biegsam waren, auch war die Lampe sehr empfindlich, namentlich im ausgeschalteten Zustand, gegen Stöße, so daß die Fäden sehr leicht brachen. Die späteren Osramlampen, die nur noch 1 Watt pro Kerze verbrauchten, sind aus gezogenen Wolframdrähten hergestellt, die nach Fig. 285 aufgehängt sind. Diese Lampen sind genügend unempfindlich gegen Stöße, so daß man auch für tragbare Lampen nicht mehr die Kohlenfadenlampen zu verwenden braucht. In Fig. 285 ist der Fuß der Lampe, der genau so ausgeführt ist wie bei der Kohlenfadenlampe (Gewinde $g$ und Messingplatte $p$), im Schnitt gezeichnet. Gleichzeitig zeigt die Figur, wie man die Glühlampen beim Einschrauben in die Fassung am Gewinde $g$ anfassen soll und nicht an der Glasbirne, weil diese leicht gelockert werden kann. Die Tantallampe von Siemens & Halske war im Gegensatz zu der Osmiumlampe gleich bei ihrem Erscheinen für 110 Volt brauchbar, weil der Tantaldraht zickzackmäßig an einem ähnlichen in der Lampe angebrachten Armgestell aus Glas und Nickelstahlhaken aufgehängt war, wie das Gestell in Fig. 285.

Ein weiterer großer Fortschritt wurde im Jahre 1913 durch Einführung der Halbwattlampen erzielt. Während bei den bisher beschriebenen Lampen der Faden im luftleeren Raume bei einer Temperatur von rund 2000° glühte, wurde bei den neuen Lampen die Temperatur auf etwa 2500° gesteigert, was aber nur möglich war, wenn man das

Fig. 286.  Halbwattlampe.

Glühen in einem sauerstofffreien Gase vor sich gehen ließ. Dabei ergab sich die Notwendigkeit, den Glühfaden auf einen möglichst kleinen Raum zusammenzudrängen, was durch Aufwinden zu einer engen Spirale erreicht wird. Diese Spirale aus gezogenem Wolframdraht wird, nun zickzack- oder auch ringförmig von geeigneten Trägern gehalten, wie dies die beiden Figuren 286 und 287 erkennen lassen, die zwei Lampen der Siemens A.-G. darstellen. Da die Bezeichnung „Halbwattlampe" nur richtig ist für Lampen von 200 Kerzen aufwärts, also für einen Wattverbrauch von mehr wie 100 Watt, für kleinere aber der Verbrauch größer als $^1/_2$ Watt pro Kerze ist, so haben die Firmen, um eine Irreführung zu vermeiden, für ihre Lampen besondere Bezeichnungen eingeführt. So nennt Siemens seine Lampe „Wotan G", die

Allgemeine Elektrizitäts-Gesellschaft „Nitra-Lampe" und die Auer-Gesellschaft „Osram-Azo". Gegenwärtig gehen die Firmen bei der Herstellung bis 25 Watt herunter, wobei sie als Füllung Argon verwenden, während nach oben etwa 2000 wattige, d. h. 4000 kerzige Lampen geliefert werden, deren Füllung Stickstoff ist. Der Gasdruck beträgt im kalten Zustande etwa $^1/_2$—$^2/_3$ Atmosphären, er ist jedenfalls so bemessen, daß beim Brennen kein Überdruck entsteht, der die Lampe zersprengen könnte.

Als Nachtlampe in Krankenstuben, Signallampe, Kontrollampe u. a. wird häufig eine Lampe verlangt, die bei geringer Kerzenstärke auch nur wenig Watt verbraucht. Für niedere Spannungen, wie man solche durch Elemente, Akkumulatoren oder bei Wechselstrom durch Reduktoren, d. s. Transformatoren, die die Netzspannung heruntertransformieren, genügen die vorhandenen Drahtlampen. Bei direktem Anschluß an das Netz kann man auch 5 kerzige Lampen mit einem Verbrauch von etwa 6 Watt benutzen, sofern die Spannung unter 140 Volt

Fig. 287.
Gasgefüllte Lampe.

beträgt. Liegt sie höher, z. B. 200 Volt, wie dies bei Gleichstrom wohl meistens der Fall ist, so dürften haltbare Lampen unter 20 Watt nicht zu haben sein. Zwar verbrauchen Glühlampen für 220 Volt und 10 Kerzen nur 13 Watt, sind aber weder genügend stoßsicher noch unabhängig von der Aufhängung. Hier soll nun die „Glimmlampe" von Julius Pintsch aushelfen. Wie in Abschnitt XIII noch näher gezeigt werden soll, kann ein elektrischer Strom auch in verdünnten Gasen fließen, wenn man genügend hohe Spannungen anwendet. Dabei kommt das Gas in einen leuchtenden Zustand, wie dies die meisten Leser wohl von den Geißlerschen Röhren her kennen. Pintsch verwendet nun als Gas Neon, da dieses das Glimmlicht bereits bei

Fig. 288. Glimmlampe.

220 Volt einsetzen läßt, wenn die Elektroden nahe beieinander stehen und der Gasdruck etwa 8—10 mm Quecksilbersäule beträgt. Die Lampe ist in Fig. 288 abgebildet. Ihr Äußeres weicht nicht

von den gewöhnlichen Glühlampen ab. Der Strom wird durch die Fassung in bekannter Weise den beiden Elektroden zugeführt. Die Kathode besteht aus einem hohlkugelförmig geformten, polierten Eisenblech, während die Anode ein hakenförmig gebogener Eisendraht ist, der sich dem Rande des Kathodenbleches bis auf etwa 3 mm nähert. Beim Stromdurchgang überzieht sich die Kathode mit einer gleichmäßig leuchtenden Glimmschicht. Zum Brennen ist ein Vorschaltwiderstand erforderlich, der im Sockel unsichtbar untergebracht ist. Bei Wechselstrom bilden die Elektroden zwei sich dicht gegenüberstehende Spiralen aus Eisendraht.

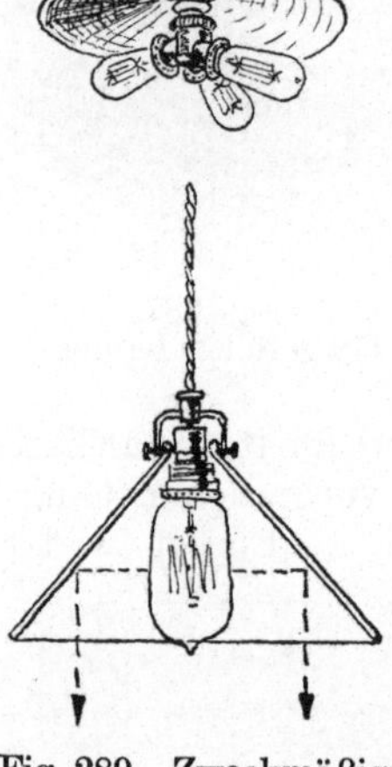

Fig. 289. Zweckmäßige Anordnung der Lampen und guter Schirm.

Besonders wichtig für eine günstige Lichtausnutzung ist eine zweckmäßige Aufhängung der Lampen und ein guter Schirm, der das Licht möglichst nach unten wirft, denn im allgemeinen wird man elektrische Glühlampen meist zur Beleuchtung von Arbeitsplätzen verwenden, die zum Schreiben, Zeichnen u. dgl. dienen, obgleich sie sich auch für Allgemeinbeleuchtung eignen. Da die 1-Watt-Lampen senkrecht zu ihren Leuchtfäden das meiste Licht ausstrahlen, sollte man sie in den Fassungen und Beleuchtungskörpern so aufhängen, wie die obere Abbildung in Fig. 289 zeigt, wo drei Lampen unter einem Schirm vereinigt sind. Bei nur einer Lampe läßt sich eine solche Lage nicht einhalten, dann verwendet man am besten einfache glatte Schirme, wie die untere Abbildung in Fig. 289 zeigt. Bei den Halbwattlampen ist dies auf alle Fälle die richtige Aufhängung, da diese die größte Lichtausbeute in der Richtung der Achse geben.

Bei den Halbwattlampen ist, bedingt durch die hohe Temperatur des Fadens, das Licht sehr weiß und wirkt daher auf das Auge blendend. Um das Blenden zu verhindern, werden kleinere Lampen gewöhnlich mattiert geliefert, entweder die ganze Birne, oder wenigstens die untere Hälfte, wie dies letztere die Fig. 287 erkennen läßt. Bei größeren Lichtstärken erreicht man den gewünschten Zweck besser durch Armaturen, die aus Gläsern bestehen, die wenig Licht verschlucken, aber doch nicht den weißglühenden Faden der Lampe erkennen lassen. Solche Armaturen haben häufig auch noch den Zweck, das Licht nach einer bestimmten Richtung zu reflektieren und so die Lichtausbeute in dieser Richtung zu verbessern. Die Figuren 290, 291, die dem Katalog der Osramlampenwerke entnommen sind, zeigen zwei sehr beliebte Ausführungsformen.

Lampen, die im Freien aufgehängt werden, müssen mit einer Armatur versehen sein, die aber nicht das Blenden verhindern, sondern zum Schutze der Lampe und ihrer Fassung gegen die Unbilden der Witterung dienen soll. Die Fig. 292 zeigt eine solche Armatur mit einem Reflektor, der das Licht senkrecht nach unten wirft.

Fig. 291.  Innenarmatur.

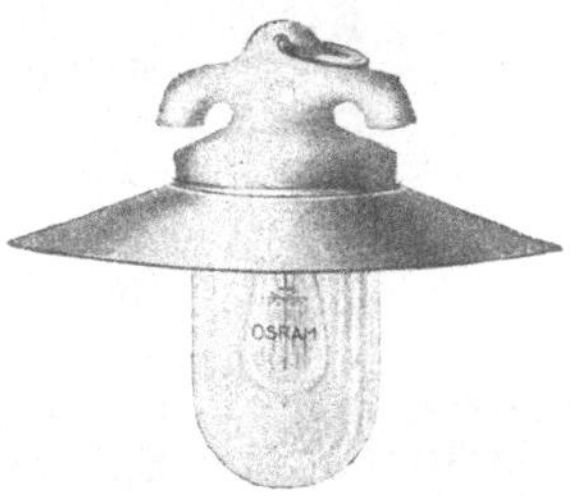

Fig. 290.  Innenarmatur.

Fig. 292.  Außenarmatur.

## Bogenlampen.

Während vor Einführung der Halbwattlampen die Glühlampen meist nicht für hohe Kerzenstärken ausgeführt wurden, ist eine weitere große Gruppe von elektrischen Lampen, die Bogenlampen, nur für höhere Kerzenstärken, meist mehr als 1000, geeignet. Ehe wir aber genauer auf die Bogenlampen eingehen, müssen wir uns zunächst kurz mit dem Lichtbogen oder Flammenbogen befassen.

Unterbricht man einen geschlossenen Stromkreis langsam und vorsichtig an irgendeiner Stelle nur um einige Millimeter, so hört der Strom, falls die Stromquelle genügende Spannung hat, nicht auf, sondern er geht an der Unterbrechungsstelle als Flamme durch die Luft über. Am einfachsten läßt sich diese Flamme zwischen Kohlenstiften erzeugen, die man wagerecht hält; es brennt dann die Flamme bogenförmig nach oben und versetzt die Spitzen der Kohlen in Weißglut. Die Temperatur des Lichtbogens ist so hoch, daß sämtliche Metalle darin schmelzen.

Der Lichtbogen kann mit Gleichstrom oder Wechselstrom erzeugt werden, ist aber in beiden Fällen verschieden, wie man an der Form der Kohlenspitzen erkennt, die diese nach kurzer Zeit unter dem Einflusse des Lichtbogens annehmen. In Fig. 293 sind die Kohlenspitzen für beide Stromarten gezeichnet. Leitet man bei Gleichstrom den Strom von der oberen zur unteren Kohle, so wird die obere allmählich kraterförmig ausgehöhlt, die untere dagegen spitz. Bei Wechselstrom werden beide Kohlen ausgehöhlt, aber weniger als die positive bei Gleichstrom. Die verschiedenartige Form beider Kohlenspitzen bei Gleichstrom rührt daher, daß der Strom beim Austritt aus der positiven Kohle von dieser kleine glühende Teilchen mitreißt, die dann zum Teil auf der anderen Kohle wieder abgesetzt werden. Da aus diesem Grunde bei Gleichstrom diejenige Kohle, aus welcher der Strom in den Lichtbogen übertritt, immer stärker abgenutzt wird als die andere, die negative Kohle, so wird die positive Kohle in den Gleichstrombogenlampen stets dicker und länger genommen als die negative

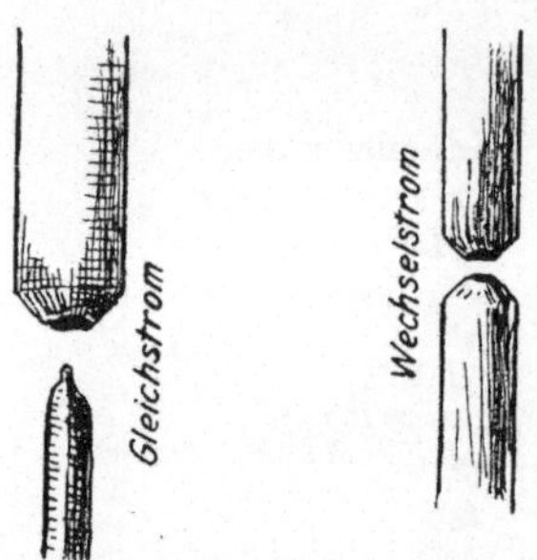


Fig. 293. Kohlenspitzen infolge des Lichtbogens.

Kohle. Außerdem erhält die positive Kohle einen Docht aus weicherem Material, so daß deshalb der Lichtbogen immer in der Mitte zwischen den Kohlen übergeht und ruhiger brennt. Beide Kohlen verbrennen allmählich, aber die positive stärker als die negative, weil sie heißer wird, die negative verbrennt ebenfalls, und zwar mehr als ihr Material aus der positiven Kohle zugeführt wird. Die Kohlen werden also immer kürzer und der Zwischenraum zwischen ihren Spitzen wird immer länger. Da der Lichtbogen aber nicht beliebig lang brennen kann und außerdem möglichst immer dieselbe Länge besitzen muß, wenn die Lampe ruhig brennen soll, muß jede Bogenlampe eine Vorrichtung besitzen, welche die Kohlen selbsttätig wieder einander nähert, wenn sie allmählich verzehrt werden. Die Auslösung dieser Regelungsvorrichtung geschah früher gewöhnlich durch Elektromagnete, und je nach der Schaltung derselben konnte man Hauptstrom-, Nebenschluß- und Differenzbogenlampen unterscheiden. Die neueren Bogenlampen lassen aber häufig eine derartige Einteilung nicht zu, und es soll deshalb auch die Besprechung der Bogenlampen nicht nach dieser Einteilung erfolgen.

Hauptstrombogenlampen sind nur für besondere Zwecke, wie Scheinwerfer oder Projektionslampen, in Anwendung, sonst kommen sie kaum vor, und auch in den angeführten Fällen lassen sie sich ersetzen durch andere Lampen.

Die Wirkungsweise der Nebenschlußlampe kann in Fig. 294 erkannt werden. Die dort gezeichnete Lampe entspricht ungefähr früheren Ausführungen der Bogenlampenfabrik von Körting & Matthiessen in Leipzig. Der Strom wird der isoliert an der Lampe befestigten Klemme $K_1$ zugeführt und verzweigt sich dort in zwei Teile. Ein schwacher Strom fließt durch die dünndrähtige Wickelung von hohem Widerstand des Magnets $m$ nach der gleich in das Metallgestell der Lampe angebrachten Klemme $K_2$, während dann, wenn die Lampe brennt, der stärkste Teil des Stromes von $K_1$ nach der vom Gestell durch den Kohlenhalter isolierten positiven Kohle $A$, durch den Lichtbogen, nach der negativen Kohle $B$, von dort nach $C$ an das Gestell und die Klemme $K_2$ fließt. Wird die Lampe eingeschaltet, stehen die Kohlenspitzen ein wenig auseinander, und es kann deshalb durch die Kohlen kein Strom fließen. Es fließt dann nur der Zweigstrom durch den Magnet. Infolge der Anwendung eines Vorschaltwiderstandes $R$, mit dem nach Fig. 295 bei 110 Volt 2 Lampen hintereinander geschaltet sind, ist dieser Zweigstrom dann am stärksten, wenn kein Strom durch die Kohlen fließt, und um so schwächer, je stärker der Strom im Lichtbogen ist, oder aber mit anderen Worten, je weiter die Kohlen auseinander brennen, um so stärker wird der Zweigstrom. In Fig. 295 ist die Spannung am Anfang der Leitung, welche konstant gehalten wird, mit $e_1$ bezeichnet. Ohne den Vorschaltwiderstand würde deshalb auch der Zweigstrom im Regelungsmagneten $m$ immer denselben Wert behalten, und der Magnet könnte nicht auslösen, aber infolge des Spannungsverlustes, welcher im Vorschaltwiderstand auftritt, ist die Spannung $e_2$ vor den Lampen kleiner als $e_1$ und außerdem veränderlich, wie folgende Überlegung zeigt: Bezeichnen wir den Strom, der

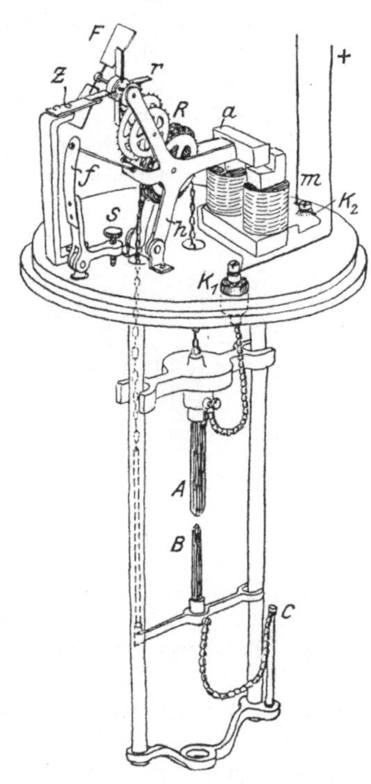

Fig. 294.
Nebenschlußbogenlampe.

zu der Lampe hinfließt, mit $J$, den Strom im Lichtbogen mit $J_1$ und den Strom im Magnet mit $i$, so ist $J = J_1 + i$ und wenn $w_m$ der

Widerstand der Wickelung des Magnets $m$ ist, so gilt noch $i = \dfrac{\dfrac{e_2}{2}}{w_m}$,

weil bei Hintereinanderschaltung von 2 Lampen nach Fig. 295 jede

Lampe eine Spannung von $\dfrac{e_2}{2}$ Volt erhält. Hat noch der Vorschalt-

widerstand $w_R$ Ohm, so tritt in ihm ein Spannungsverlust von $J \cdot w_R$ Volt auf, und es ist $e_2 = e_1 - J \cdot w_R$. Wird durch den Abbrand der

Kohlen die Länge des Lichtbogens größer, so wird der Gesamtstrom $J$ kleiner und damit der Spannungsverlust $J \cdot w_R$ im Vorschaltwiderstand ebenfalls, also wird $e_2 = e_1 - J \cdot w_R$ größer, und $i = \dfrac{\frac{e_2}{2}}{w_m}$ wird ebenfalls größer. Je größer nun $i$ wird, um so mehr nimmt die Zugkraft des Magnets $m$ zu, schließlich zieht er den eisernen Anker $a$ an, indem er den Widerstand der Feder $f$ überwindet und zieht dadurch das Sperrad $r$ von der Zunge $Z$ herunter, so daß die obere Kohle, deren Kohlenhalter absichtlich etwas schwer gehalten ist, nach unten sinken kann. Da beide Kohlen durch eine Kette, die über das Kettenrad $R$ läuft, verbunden sind, bewegt sich die untere Kohle gleichzeitig nach oben. Damit die Bewegung der Kohlen langsam erfolgt, ist das Kettenrad mit dem Sperrad durch eine Zahnräderübersetzung verbunden,

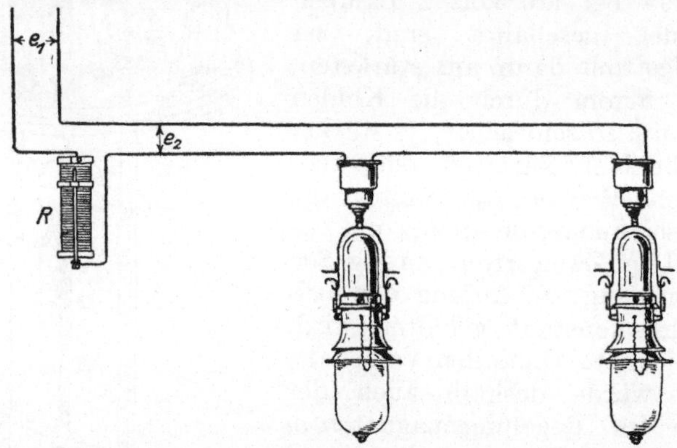


Fig. 295.   Zwei Bogenlampen hintereinander mit Vorschaltwiderstand.

außerdem sitzt noch ein Windflügelrad $F$ auf der Achse des Sperrades. Dadurch, daß die Kohlen sich einander nähern, wird der Lichtbogenstrom $J_1$, der den größten Teil von $J$ ausmacht, wieder stärker, der Spannungsverlust $J \cdot w_R$ im Vorschaltwiderstand nimmt zu und der Magnetstrom $i = \dfrac{\frac{e_2}{2}}{w_R}$ wird kleiner, weil $e_2 = e_1 - J \cdot w_R$ kleiner wird.

Wie schon vorhin gesagt war, wird also bei Abnahme des Stromes im Lichtbogen der Magnetstrom stärker, dann reguliert die Lampe, und beim Zusammenrücken der Kohlen nimmt der Magnetstrom wieder ab. Sind die Kohlen genügend weit zusammengerückt, so ist der Magnet nur noch so schwach erregt, daß die Feder $f$ den Anker $a$ abreißt und das Sperrad $r$ wieder auf die Zunge $Z$ gelegt wird, so daß die Kohlen festgestellt sind. Die eben beschriebene Regelung erfolgt dann, wenn die Lampe schon brennt, also der Lichtbogen schon vorhanden ist. Wird die Lampe eingeschaltet, so kann zunächst, da die Kohlen einige

Millimeter auseinanderstehen, kein Strom durch dieselben hindurch-
fließen, es muß zuerst der Lichtbogen gebildet werden, und dies geschieht auf folgende Weise: Da $J_1 = 0$ ist, so ist $J = i$, also der Gesamtstrom, der zur Lampe fließt, ist sehr klein, und der Spannungsverlust im Vorschaltwiderstand ist ebenfalls sehr klein, so daß

$$e_2 = e_1 - J \cdot w_R$$

und der Magnetstrom $i = \dfrac{\dfrac{e_2}{2}}{w_m}$ jetzt den größten Wert haben. Die
Zugkraft des Magneten ist deshalb auch sehr stark, er löst sofort durch
Anziehen des Ankers $a$ die Regelungsvorrichtung aus, und die Kohlen
bewegen sich zusammen. Da aber der Strom im Magneten nicht eher
schwächer werden kann, als bis Strom durch die Kohlen fließt, bewegen
sich diese so weit zusammen, bis sie sich berühren. Dann fließt ein
starker Strom durch die Kohlen, der Spannungsverlust im Vorschaltwiderstand nimmt stark zu, und der Magnetstrom wird so schwach,
daß die Feder $f$ den Anker $a$
abreißt und mit dem Sperrad
die Kohlen feststellt. Bei diesem
Vorgang werden aber die Kohlen,
die sich vorher berühren mußten,
damit der Strom durch sie
hindurchgeleitet wurde, wieder
etwas voneinander entfernt und
dadurch der Lichtbogen gebildet,
weil das Kettenrad $R$ an einem
drehbaren Gestell $h$ sitzt und

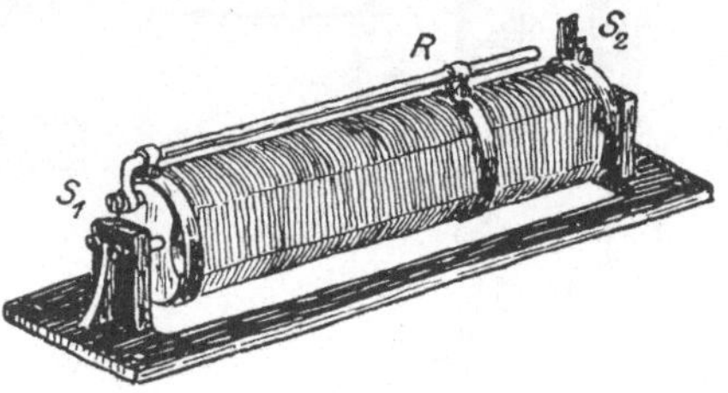

Fig. 296.
Vorschaltwiderstand für Bogenlampen.

eine Kreisbewegung nach oben machen muß, sobald die Feder $f$ es nach
links zieht. Wie aus der ganzen Beschreibung entnommen werden kann,
brennt die Lampe um so gleichmäßiger, je häufiger sie reguliert. Eine
schlecht brennende Lampe kann mit Hilfe der Schraube $S$, durch die
man die Spannung der Feder $f$ ändert, auf gutes Brennen eingestellt
werden. Ist z. B. die Feder $f$ zu stark gespannt, so muß auch der Magnetstrom immer sehr stark werden, ehe die Regelung ausgelöst wird, also
der Lichtbogen schon sehr lang geworden sein, so daß dann die Lampe
kaum noch brennt oder gar jedesmal erst verlöscht, ehe die Kohlen
zusammengehen. Im entgegengesetzten Fall, wenn die Feder $f$ zu schwach
gespannt ist, zieht der Magnet schon bei ganz geringer Längenzunahme
des Lichtbogens, die Kohlen stehen dann fast fortwährend aufeinander,
und die Lampe zischt beim Brennen.

Selbstverständlich müssen auch die Vorschaltwiderstände eingestellt
werden, damit die Lampe ihren richtigen Strom erhält. In Fig. 296
ist ein Vorschaltwiderstand in der Art, wie sie gewöhnlich benutzt
werden, gezeichnet. Auf einem Porzellanzylinder ist ein Draht aus
Widerstandsmaterial aufgewunden. Die Stromzu- und -ableitung
geschieht durch die Klemmen $S_1$, $S_2$. Je weiter man den Ring $R$

nach $S_2$ zu verschiebt, um so kürzer wird das Stück des Widerstandsdrahtes, durch welches der Strom hindurchgeht, um so stärker also der Strom, und umgekehrt würde man den Strom schwächen, wenn man den Ring $R$ nach $S_1$ zu verschiebt.

Wie schon gesagt, kann man bei 110 Volt zwei Bogenlampen hintereinander schalten, weil die Lampen sich gegenseitig kaum stören, und bei 220 Volt lassen sich 4 Lampen hintereinander schalten, wobei immer ein Vorschaltwiderstand genügt. Die Schaltung für 110 Volt zeigt Fig. 295. Die Spannung, mit welcher eine Lampe brennt, beträgt 40—45 Volt.

Auch Lampen für 37 Volt werden gebaut, so daß man bei 110 Volt drei Lampen hintereinander schalten kann. Da dann aber die volle Spannung $3 \times 37$ Volt für die Lampen verbraucht wird, kann kein Vorschaltwiderstand mehr benutzt werden, und es dürfen die Lampen

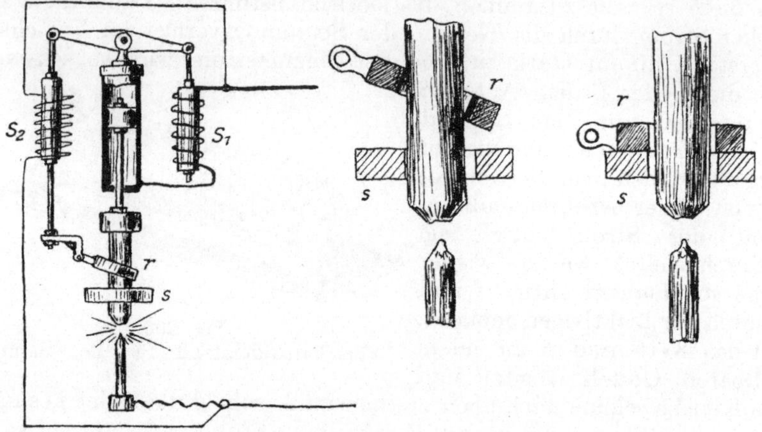


Fig. 297. Differenzbogenlampe.

nicht Nebenschlußlampen sein, da diese nur mit Vorschaltwiderstand brennen können. Man nennt diese Art Schaltung „Dreischaltung" und benutzt dazu Differenzbogenlampen. Solche Dreischaltungslampen wurden unter dem Namen Triplexschaltung zuerst von Körting & Matthiessen ausgeführt.

Alle Differenzlampen können ohne Schwierigkeit zu beliebig vielen hintereinander geschaltet werden, denn sie beeinflussen sich noch weniger als die Nebenschlußlampen. Das Prinzip der Differenzlampe soll an Fig. 297 erklärt werden. Die Lampe wird von Schuckert & Co., Nürnberg, für Dauerbrandlampen, die noch erklärt werden sollen, ausgeführt und besitzt, wie alle Differenzlampen, zwei Spulen oder Magnete $S_1$ und $S_2$, von denen $S_2$ mit dünnem Draht bewickelt ist, hohen Widerstand hat und im Nebenschluß zum Lichtbogen liegt, während die andere Spule $S_1$ mit wenigen dickdrähtigen Windungen vom Lichtbogenstrom durchflossen wird. Beide Spulen wirken auf einen Hebel. Wenn kein Vorschaltwiderstand vorhanden ist, zieht die Nebenschlußspule $S_2$ immer mit derselben Kraft, während die Hauptstromspule $S_1$ bei kurzem Lichtbogen stark zieht und dann den Klemmring $r$ schräg hält, so daß die obere Kohle vermittels dieses Ringes und der Scheibe $s$ festgeklemmt ist. Wird der Lichtbogen durch den Kohlenabbrand länger, so wird der Strom in der Hauptstromspule schwächer, und die Nebenschlußspule $S_2$ zieht den Hebel auf ihrer Seite herunter, wodurch der Klemmring $r$ sich auf die Scheibe $s$ in die Freistellung legt und die obere Kohle nach unten sinken kann. Damit sie nur langsam sinkt, ist sie mit einer Stange verbunden, die einen in einem Rohr sich bewegenden Kolben trägt. Gleichzeitig dienen Kolben und Rohr zur Stromzuführung für die obere Kohle. Wird nun durch das Herabsinken der oberen Kohle der Lichtbogen wieder kürzer, so wird der Strom in der Hauptstromspule stärker, und sie zieht den Ring wieder in die schräge Klemmstellung. Ohne Vorschaltwiderstand bleibt also die Zugkraft der Nebenschlußspule konstant, und die Lampe reguliert nur infolge der veränderten Zugkraft der Hauptstromspule. Wendet man noch einen Vorschaltwiderstand an oder führt eine längere Leitung zu der Lampe, die wegen ihres Widerstandes ebenso wirkt wie ein Vorschaltwiderstand, so wird auch noch die Zugkraft der Nebenschlußspule genau wie bei der Nebenschlußlampe veränderlich, und zwar wenn bei kurzem Lichtbogen die Hauptstromspule stark zieht, zieht die Nebenschlußspule schwach, umgekehrt bei langem Lichtbogen. Überhaupt entsteht aus der Nebenschlußlampe die Differenzlampe, wenn man die unveränderlich wirkende Zugfeder durch die veränderlich wirkende Hauptstromspule ersetzt.

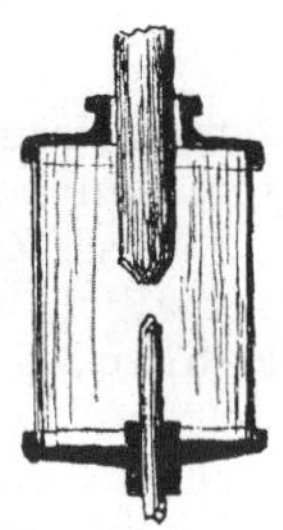

Fig. 298. Eingeschlossener Lichtbogen.

Wir wollen nun zunächst die schon erwähnten **Dauerbrandlampen** kurz besprechen, welche vor den gewöhnlichen Lampen den Vorzug haben, daß die Kohlen wesentlich länger aushalten, nämlich 80—120 Brennstunden, während bei den gewöhnlichen Lampen im Winter fast jeden Tag neue Kohlen eingesetzt werden müssen.

Die Dauerbrandlampen besitzen einen in einem Glaszylinder eingeschlossenen Lichtbogen nach Fig. 298. Der Glaszylinder ist oben offen, so daß die obere Kohle sich frei bewegen kann. An der unteren Kohle ist der Zylinder abgedichtet. Schaltet man die Lampe ein, so nehmen die glühenden Kohlen zunächst aus der Luft im Zylinder den Sauerstoff und verbrennen mit ihm zu Kohlensäure. Da aber nur sehr wenig Luft in dem Zylinder enthalten ist, so ist der Sauerstoff schnell verbrannt, und eine Lufterneuerung ist nur außerordentlich langsam möglich, weil die Kohlensäure, die schwerer als Luft ist, aus dem unten geschlossenen Zylinder nicht entweicht. Die Kohlen verbrennen also fast gar nicht mehr und werden nur durch den Strom verzehrt. Dauerbrandlampen müssen an 110 Volt brennen, können aber sonst genau so eingerichtet sein wie gewöhnliche Bogenlampen. Wegen der höheren Spannung muß der Lichtbogen längergezogen werden als bei gewöhnlichen Bogenlampen. Lichtbogen von größerer Länge sind sehr reich an ultravioletten Strahlen, die bekanntlich stark auf die photographische Platte wirken. Man verwendet deshalb derartige Lampen hauptsächlich zum Kopieren von Zeichnungen usw. Allerdings haben sie den Nachteil, daß die Glaszylinder durch die sich auf ihnen niederschlagenden Verbrennungsgase beschlagen und schließlich so angeäzt werden, daß sie nicht mehr zu reinigen sind.

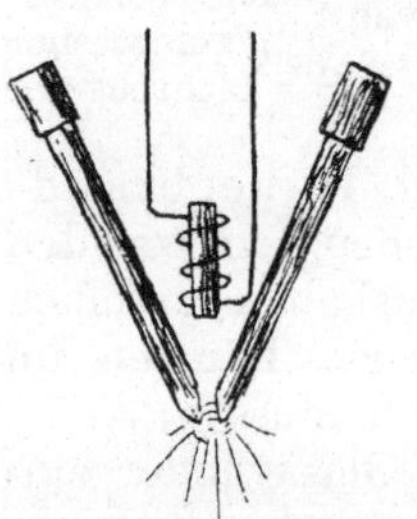

Fig. 299. Sparer von Siemens & Halske.

In ähnlicher Weise wirken die Sparer, die von Siemens & Halske angewendet werden, und von denen einer in Fig. 299 dargestellt ist. Es ist einfach ein emaillierter Blechschirm, durch den die obere Kohle frei, aber mit wenig Zwischenraum hindurchgeht. Die verbrannte Luft wird durch den Sparer in der Nähe des Lichtbogens dadurch zusammengehalten, daß sie wegen ihrer Wärme aufsteigen will und nur langsam oben an dem Schirm entweichen kann. Der Sparer wirkt nicht so stark verbrennungshindernd wie der Zylinder der Dauerbrandlampen.

Durch Zusatz von Salzen, welche Kalzium, Strontium oder Barium enthalten, verfertigte zuerst Bremer im Jahre 1900 die Effektkohlen, die günstiger brennen, aber längeren Lichtbogen besitzen müssen, weil die verdampfenden Metalle den Bogen besser leitend machen. Sie brennen daher unruhig und sind hauptsächlich für Außenbeleuchtung geeignet, besonders auch, weil das Licht je nach der Art

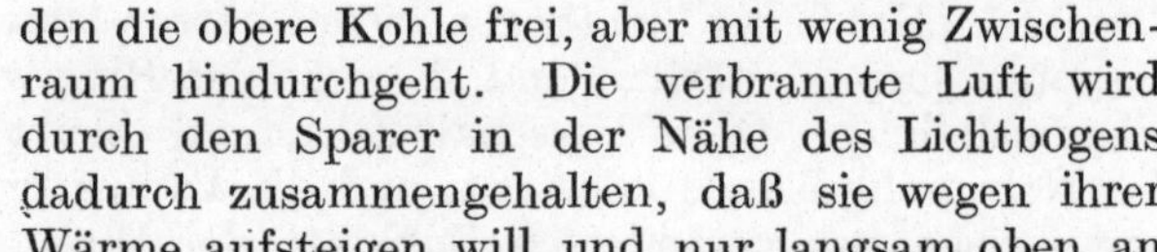

des Salzes rötlich, gelblich oder bläulich gefärbt ist. Gewöhnlich werden die Kohlen dann auch nicht mehr senkrecht übereinander, sondern schräg abwärts nach Fig. 300 in der Lampe befestigt. Derartige Lampen heißen dann Intensivflammenbogenlampen. Bei ihnen ist die Lichtausbeute größer, weil der Krater der positiven Kohle, von dem das meiste Licht ausstrahlt, nicht durch eine darunterstehende Kohle zum Teil verdeckt ist. Sie müssen aber, damit der Bogen nach unten brennt, einen Blasmagneten erhalten, der vom Hauptstrom mit durchflossen wird und den Bogen nach unten drängt. Außerdem haben diese Kohlen in besonders starkem Maße die Eigenschaft, die Glasglocken der Lampen durch ihre Dämpfe derartig anzuätzen, daß sie nicht mehr zu reinigen sind. Durch Abwischen der Glocken mit Petroleum oder Paraffinöl (Bloch, E.T.Z. 1909, Seite 730) kann man das Anätzen verhindern, am besten aber benutzt man die beschlagfreien Armaturen. In Fig. 301 ist das Äußere einer solchen Armatur gezeichnet, welche gleichzeitig durch die Innenglocke als Sparer (vgl. Fig. 299) dient. Die Wirkungsweise besteht darin, daß nach Fig. 302 ein Luftstrom, der in der Weise, wie die eingezeichneten Pfeile zeigen, die

Fig. 300. Schrägstehende Kohlen mit Blasmagnet.

Lampe durchzieht, die Dämpfe absaugt und oben ins Freie führt. Die Ausführungsformen der beschlagfreien Armaturen sind verschieden, Fig. 301 entspricht einer Form von Körting & Matthiessen, Leipzig, während die Form nach Fig. 302 von den Siemens - Schuckert - Werken ausgeführt wird. Es wird aber die in Fig. 302 dargestellte, dioptrische Innenglocke auch von anderen Firmen benutzt, und ihr Zweck besteht darin, die Lichtstrahlen, wie bei $J$ angedeutet ist, so abzulenken, daß die seitliche Lichtverteilung verbessert wird und mit den Lampen eine größere Fläche gleichmäßiger beleuchtet werden kann, ohne daß die Lampen sehr hoch zu hängen brauchen, denn hohe Aufhängung verteuert die Anlage und die Bedienung der Lampen.

Einige Ausführungsformen der Lampen mit schrägstehenden Kohlen zeigen die Figuren 303, 304 und 305, gleichzeitig ist dort auch das Bestreben zu erkennen, namentlich

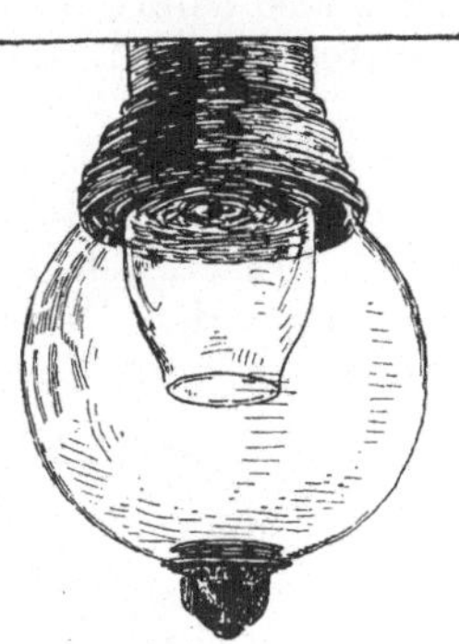

Fig. 301.
Beschlagfreie Armatur.

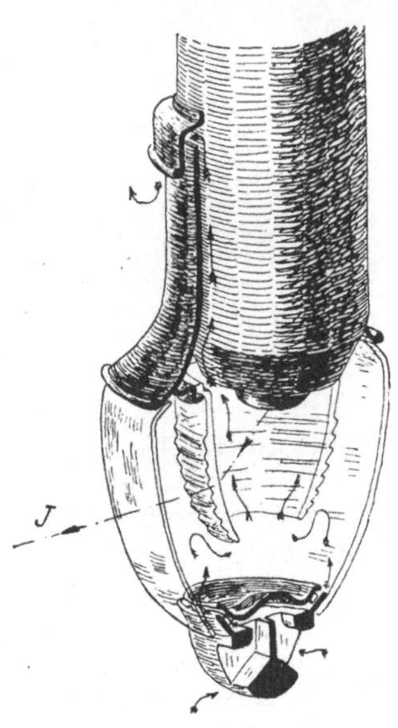

Fig. 302. Beschlagfreie Armatur
mit dioptrischer Innenglocke.

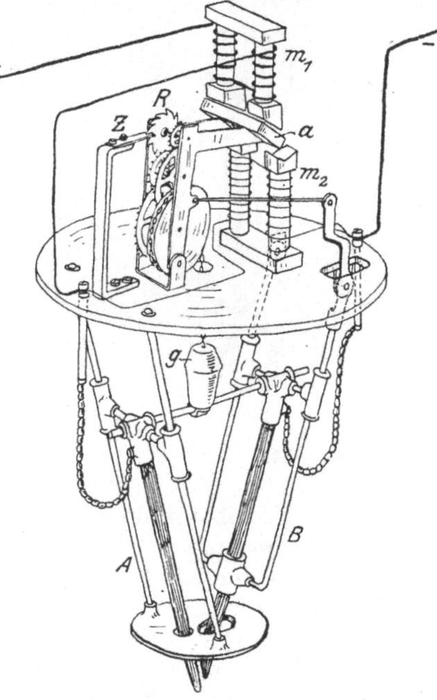

Fig. 303. Differenzlampe mit schrägen
Kohlen.

bei Fig. 304 und 305, den Regelungsmechanismus durch Vermeidung von Zahnrädern und Uhrwerken, einfacher zu gestalten. Die Lampe nach Fig. 303 ist eine Differenzlampe, $m_1$ ist der Hauptstrommagnet,

14*

$m_2$ der Nebenschlußmagnet. Im stromlosen Zustand liegt die Spitze der positiven Kohle $B$ an der Spitze der negativen Kohle $A$ an, weil das Werk mit dem Anker $a$ nach rechts überhängt. Beim Einschalten fließt also sofort Strom durch die Kohlen. Der Lichtbogen wird dann dadurch gebildet, daß der Hauptstrommagnet $m_1$ den Anker $a$ nach oben zieht und der Kohlenhalter, der vermittels einer Zugstange mit dem Gestell der Zahnräder verbunden ist, oben nach links, unten also bei der Kohlenspitze nach rechts gedreht wird. Gleichzeitig wird bei $Z$ das Sperrad $R$ festgestellt. Wird dann der Lichtbogen länger, so zieht schließlich der Nebenschlußmagnet $m_2$ den Anker $a$ nach unten, das Sperrad $R$ wird frei, und beide Kohlen sinken durch ihr Gewicht,

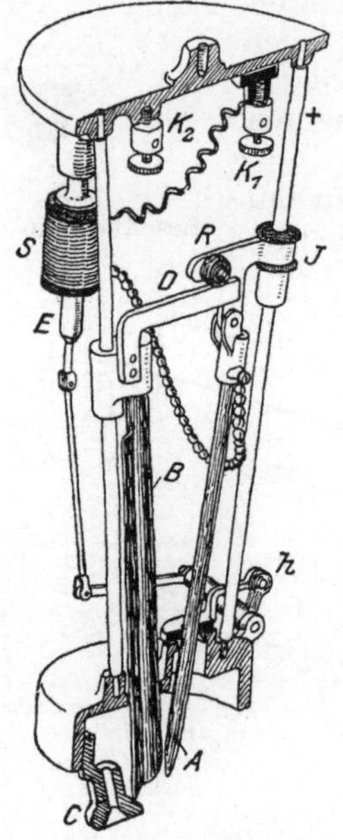

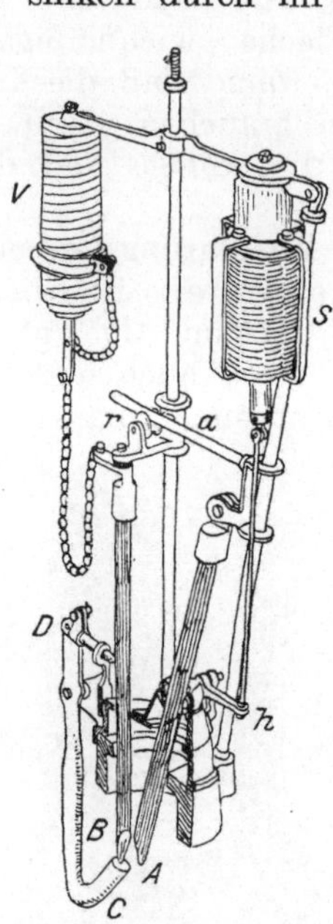

Fig. 304.  Beck - Lampe.          Fig. 305.  Conta - Lampe.

welches durch Kohlenhalter und Gewichtsstück $g$ noch vermehrt wird, nach unten, wodurch der Lichtbogen kürzer, der Strom und damit der Magnet $m_1$ wieder stärker werden und das Sperrad festgestellt wird.

Eine der ersten Lampen, bei denen die Regelungseinrichtung wesentlich vereinfacht war, indem namentlich Zahnräder vermieden wurden, ist die Beck-Lampe. Sie ist in einer neueren Ausführungsform in Fig. 304 dargestellt. Der Strom wird bei der Klemme $K_1$, die vom Gestell isoliert ist, zugeführt, geht dann durch die Spule $S$ nach der positiven, ebenfalls bei $J$ und $R$ isoliert befestigten Kohle $A$ und durch den Lichtbogen zur Kohle $B$, welche sich mit der Spitze einer Längsrippe auf den Silberkörper $C$ aufstützt und so den Strom zum Gestell der Lampe und der negativen Klemme $K_2$ führt. Im stromlosen Zustand liegt die Spitze der Kohle $A$ an derjenigen von $B$ an, weil der Eisenkern $E$ in der Spule $S$ nach unten hängt und durch die Stangenverbindung den Hebel $h$ nach links drückt. Beim Einschalten fließt also sofort Strom durch die Kohlen, aber dann zieht auch die Spule $S$ sogleich ihren Eisenkern $E$ hoch, wodurch der Hebel $h$ unten nach rechts gedreht wird und die Spitze der Kohle $A$ etwas von der Kohle $B$ fortbewegt wird, so daß der Lichtbogen entsteht. Ein weiteres stoßweises Nachschieben der Kohlen, wie bei allen bisher besprochenen Lampen, tritt hier nun nicht auf. Die negative Kohle besitzt eine Längsrippe, deren Spitze unten, weil sie weiter vom Lichtbogen entfernt ist, immer etwas länger ist als der übrige Teil der Kohle, und mit diesen Rippenspitze steht sie auf dem Silberkörper $C$. Wird sie durch den Abbrand kürzer, so kommt ihr oberes Ende allmählich immer tiefer nach unten. An diesem Ende, wo der Kohlenhalter sich befindet, der an einer Führungsstange gleitet, ist eine wagerechte Schiene $D$ befestigt auf welche sich der von seiner Führungsstange bei $J$ isolierte Kohlenhalter der positiven Kohle mit der ebenfalls isolierten Rolle $R$ stützt, so daß, wenn der negative Kohlenhalter tiefer sinkt, der sich auf seine Schiene $D$ stützende positive Kohlenhalter ebenfalls nach unten sinkt. Das Erlöschen der Lampe erfolgt dann, wenn die Kohlen zu kurz geworden sind, selbsttätig, indem die Rippe nicht bis zum oberen Ende der Kohle geht und die Kohle nur lose in ihrem Halter steckt, aus dem sie herausfällt, wenn die Rippe abgebrannt ist. Die Beck-Lampe arbeitet mit immer gleichem Abstand der Kohlen, so daß bei Änderung des Stromes infolge Spannungsschwankung oder Ungleichmäßigkeiten in den Kohlen ein Ausgleich nicht durch Verändern der Lichtbogenlänge bewirkt werden kann. Es sind deshalb selbsttätige Beck-Regler vorgesehen, d. s. Eisenwiderstände in luftleeren oder mit indifferenten Gasen gefüllten Glasröhren, deren Widerstand von ihrer Temperatur in der Weise abhängt, daß bei stärkerem Strom infolge der größeren Erwärmung eine derartige Widerstandszunahme erfolgt, daß der Strom fast konstant bleibt.

Eine zweite ebenfalls zu den Stützkohlenlampen ohne Laufwerk gehörige Bogenlampe ist die Conta-Lampe der Regina-Elektrizitätsgesellschaft Cöln (Fig. 305). Die Schwierigkeit einen guten Stützpunkt zu erhalten bei genügend langer Spitze der negativen Kohle, wird bei dieser Lampe dadurch vermieden, daß die negative Kohle sich nicht mit ihrem ganzen Gewicht auf den Punkt $C$ (Fig. 305) aufstützt, wodurch bei der ohne Rippe ausgeführten runden Kohle $B$ die Spitze leicht zerdrückt würde, sondern daß sie noch einmal oberhalb des Stützpunktes bei $D$ geklemmt wird. Im übrigen ist ihre Wirkungsweise ähnlich, wie die der Beck-Lampe. Die positive Kohle stützt sich mit der Stange $a$ auf die Rolle $r$ des negativen Kohlenhalters und sinkt deshalb mit dieser zusammen nach unten. Im stromlosen Zustand wird der Hebel $h$ durch den nach unten hängenden Eisenkern der Spule $S$ nach unten gepreßt und die in ihrem Halter drehbare negative Kohle $A$ mit ihrer Spitze gegen die Spitze der negativen Kohle $B$ gedrückt, so daß beim Einschalten sogleich Strom durch die Kohlen fließt. Dann bildet sich auch hier der Lichtbogen, indem die Spule durch Hochziehen ihres Kernes den Hebel $h$ nach oben dreht und die Kohle $A$ mit ihrer Spitze von $B$ abdreht. In der Lampe ist noch ein Vorschaltwiderstand $V$ angebracht.

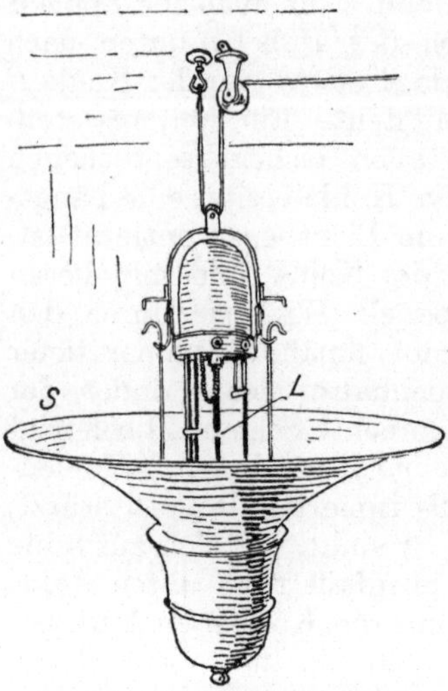

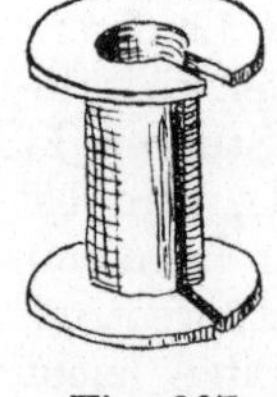

Während die schon besprochenen Intensivbogenlampen nur für Straßen- und Schaufensterbeleuchtung, also vorwiegend für Außenbeleuchtung benutzt werden können, zeigt Fig. 306 eine Lampenanordnung, die nur bei Innenbeleuchtung in Frage kommt, die Lampe für indirekte Beleuchtung. Der Lichtbogen brennt offen bei $L$ und die Lampe ist mit einem nach oben offenen Schirm $S$ umgeben, der das Licht gegen die Decke des Raumes wirft, welche dann glatt weiß gestrichen sein muß und in dem Raum eine ganz gleichmäßige Beleuchtung erzeugt, die besonders bei Zeichensälen oder in ärztlichen Arbeitsräumen erwünscht ist.

Fig. 306.   Lampe für indirekte Beleuchtung von Innenräumen.

Die meisten besprochenen Bogenlampen, mit Ausnahme der Stützkohlenlampen, sind auch für Wechselstrom anwendbar. Die Wechselstromlampen müssen jedoch, wenn die Spulen auf Hülsen aus Metall aufgewickelt sind, mit geschlitzten Hülsen versehen sein (Fig. 307), weil sonst in ihnen durch das Wechselfeld des Stromes Induktionsströme entstehen würden, die die Hülsen heiß machten. Auch hier sind Vorschaltwiderstände erforderlich, die aber aus einem scheinbaren, d. h. induktiven Widerstand (Drosselspule) bestehen können. In einen derartigen Widerstand wird der Verlust kleiner als in einem induktionsfreien.

Ferner sind die Kohlenspitzen bei Wechselstrom nach Fig. 293 andersartig geformt wie bei Gleichstrom. Da aber der schon dort erwähnte Krater die Hauptquelle des Lichtes ist, so folgt aus Fig. 293, daß Gleichstrombogenlampen hauptsächlich ihr Licht nach unten werfen, Wechselstromlampen dagegen auch nach oben, da beide Kohlen Dochtkohlen von gleicher Dicke sind und einen Krater bilden. Man erkennt diese Lichtverteilung an dem Schatten auf den Lampenglocken, wie Fig. 308 zeigt. Da das nach oben geworfene Licht wenig Zweck hat, sucht man diese Lichtverteilung dadurch zu ändern, daß man dicht über dem Lichtbogen einen Reflektor $R$ aus emailliertem Eisen anbringt, wie Fig. 309 zeigt. Eine Bogenlampe, deren ·Werk nur bei Wechselstrom arbeiten kann, zeigt Fig. 310. Es

Fig. 307.
Spulenhülse
für Wechsel-
strom.

kommt dort die **Ferraris**-Scheibe (vgl. Fig. 86 u. S. 75) zur Anwendung, indem der Nebenschlußmagnet $n$ die Aluminiumscheibe in der Richtung *1* dreht, der Hauptmagnetstrom $h$ dagegen in der Richtung *2*. Beide Magnete haben Blech-

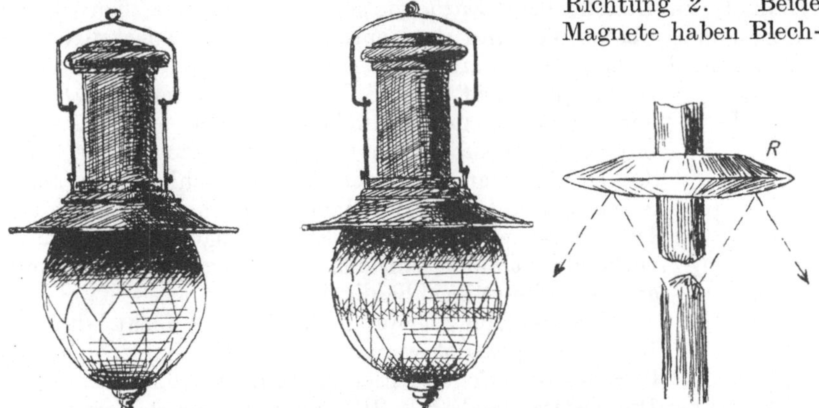

Fig. 308. Schattenverteilung für Gleichstrom (links), Wechselstrom (rechts).

Fig. 309. Reflektor bei Wechselstromkohlen.

kerne wegen des Wechselfeldes. und wird von der Allgemeinen

Die Lampe wirkt als Differenzlampe Elektrizitäts-Gesellschaft ausgeführt.

Während die Bogenlampen sämtlich offene Lichtbögen haben oder vielmehr der Bogen nicht von der Luft abgeschlossen ist, arbeiten die **Quecksilberdampflampen** mit geschlossenen Glasröhren von $^1/_2$ m Länge, in welche oben und unten Drähte eingeschmolzen sind. Das

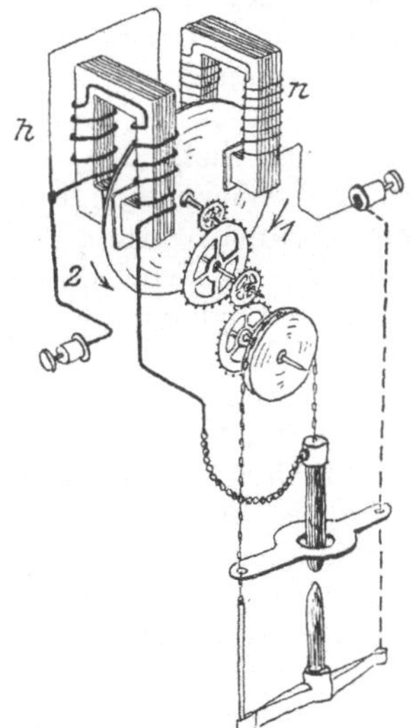

Fig. 310. Differenz-Wechselstromlampe nach **Ferraris** Prinzip.

Fig. 311. Quecksilberdampflampe

Glasrohr ist an einem Ende beschwert und steht in seiner normalen Stellung schräg, wie Fig. 311 zeigt. In seinem unteren Ende steht Quecksilber, welches mit dem negativen Pol der Stromquelle verbunden werden muß. Der positive Pol (Anode) besteht aus einem Graphit- oder Eisenklotz. Schaltet man die Lampe ein und bringt durch Neigen das Rohr in die wagrechte Lage, so daß das Quecksilber die beiden Enden verbindet, so entsteht beim Zurückneigen in die schräge Normallage zwischen dem oberen Pol und dem zurückfließenden Quecksilber ein Lichtbogen, der dann fortwährend im Innern der Röhre Quecksilber verdampft. Die Quecksilberdämpfe leiten den Strom und leuchten mit grünblauem Licht. Die Lampen brennen außerordentlich billig, leider aber ist die Farbe des Lichtes, dem die roten Strahlen fehlen, sehr unangenehm und zum Erkennen von Farben unmöglich. Da das Quecksilberlicht sehr viel blaue und chemisch wirkende Strahlen enthält, eignet es sich für Photographen, die es sehr häufig benutzen[1]).

Unangenehm ist weiter bei diesem Licht, daß die Röhre erst gekippt werden muß. Bei der Steinmetz-lampe der General-Elektric Co. ist dies vermieden. Die Lampe nach Fig. 312 steht immer senkrecht und besitzt in dem langen Glasrohr einen Kohlenfaden $f$, der unmittelbar mit der positiven Stromzuführung verbunden ist. Im unteren Ende der Lampe befindet sich Quecksilber, in dem ein Eisenkern schwimmt, der bei $a$ durch den Auftrieb des Quecksilbers gegen den Kohlenfaden drückt. Beim Einschalten fließt sogleich Strom durch den Kohlenfaden und bei $a$ durch den Eisenkern in das Quecksilber. Da in das untere Ende des Glasrohres ein Draht eingeschmolzen ist, fließt der Strom vom Quecksilber weiter durch die Wickelung $W$ und einen Vorschaltwiderstand zur Stromableitung. Die Wickelung $W$ zieht den Kern nach unten, wodurch bei $a$ der Strom unterbrochen und gleichzeitig das Quecksilber nach oben getrieben wird, so daß der bei $a$ entstehende Lichtbogen das Quecksilber zum Teil verdampft. Sobald die Quecksilberdämpfe erzeugt sind, leiten nur noch diese und der Kohlenfaden wird stromlos.

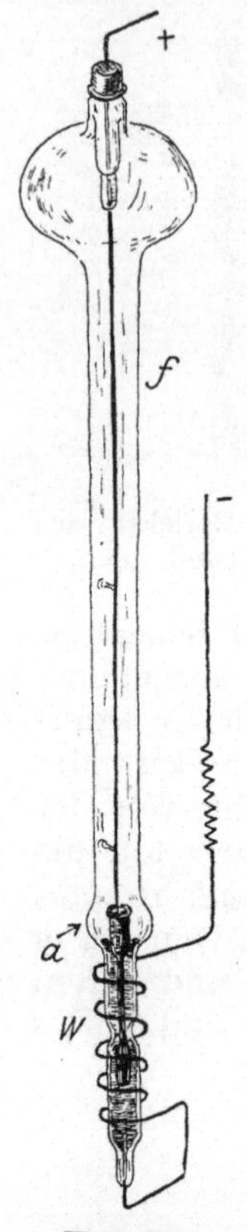

Fig. 312.
Steinmetz-
Lampe.

Um die unangenehme Farbe des Quecksilberlichtes zu verbessern, hat man schon viele Versuche gemacht, die jetzt Erfolg versprechen. Am besten ist die Anwendung sehr hoher Temperaturen, die aber gewöhnliches Glas nicht aushält, sondern nur Quarzglas. Quecksilberlampen dieser Art heißen Quarzlampen. Die Schaltung einer solchen Lampe zeigt Fig. 313. Sie ist mit selbsttätiger Zündung versehen, in dem beim Einschalten die Quarzglasröhre $R$ durch den Magnet $m_1$ gekippt wird. Sobald Strom durch die Röhre fließt, zieht der Magnet $m_2$ den

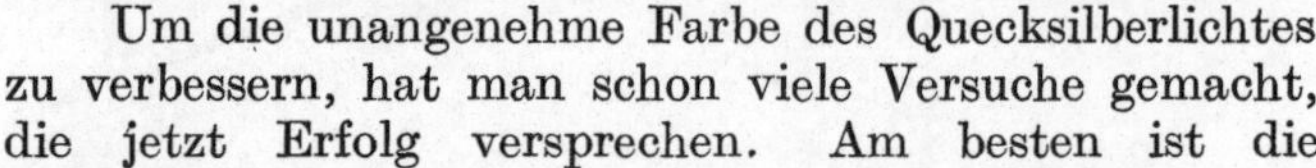

---

[1]) Nach Untersuchungen der AEG ist, die Wirksamkeit des Tageslichtes gleich 1 gesetzt, die Wirksamkeit einer Gleichstromdauerbrandlampe etwa 16, die einer Quecksilberdampflampe etwa 3 und einer Halbwattlampe etwa 0,5.

Kontakthebel $n$ an, wodurch der Magnet $m_1$ ausgeschaltet wird. $V_2$ ist ein einstellbarer Vorschaltwiderstand, $V_1$ sind parallel geschaltete, in luftleeren oder mit indifferenten Gasen gefüllten Glasröhren liegende dünne Eisendrähte (vgl. S. 213, Beck - Regler).

Die Röhre der Quarzlampe (Fig. 314) ist viel kürzer als bei gewöhnlichen Quecksilberdampflampen und an beiden Enden wegen der hohen Temperatur mit Kühlkörpern aus gebogenen Blechen versehen. Das Äußere der Quarzlampen ist nach Fig. 315 auch vollkommen verschieden von dem der gewöhnlichen Quecksilberlampen. Der rechts

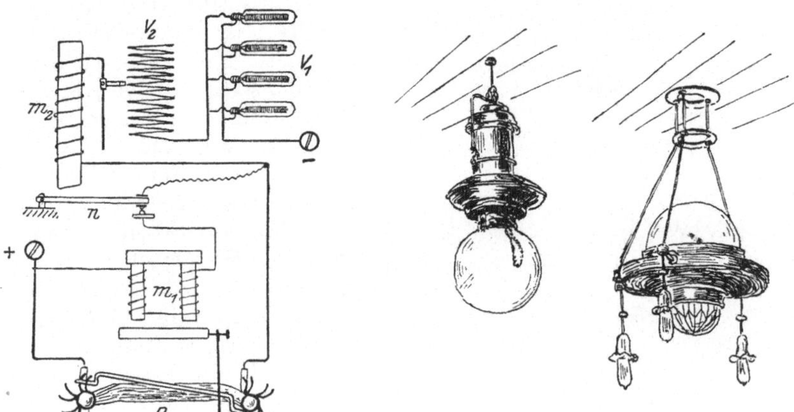

Fig. 313.
Schaltung der Quarzlampe.

Fig. 315. Äußeres der Quarzlampe.

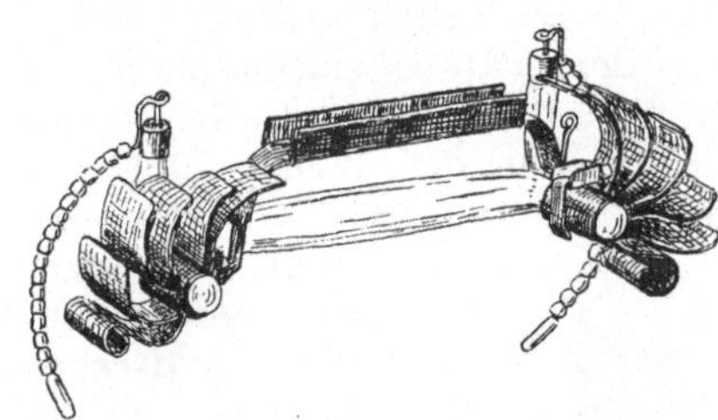

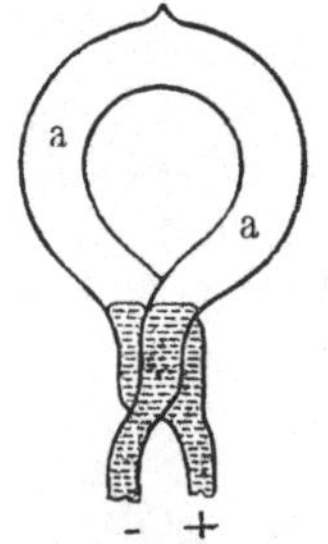

Fig. 314. Röhre der Quarzlampe.

Fig. 316. Neuere Quarzlampe.

dargestellte Beleuchtungskörper ist noch mit drei Glühlampen ausgerüstet. Dies geschieht, um die Farbe des Quecksilberlichtes zu verbessern, denn wenn auch das Quarzlicht schon eine bessere Farbe hat, so fehlen doch noch gegenüber dem Tageslicht im wesentlichen die roten Strahlen und diese werden zum Teil durch die Glühlampen hinzugefügt.

Eine neuere Form dieser Lampe ist ringförmig gestaltet, wie Fig. 316 zeigt. Die beiden Elektrodengefäße sind ineinander eingeschmolzen, wodurch der Wärmeaustausch und die Niveauregulierung selbsttätig erfolgen. Durch entsprechende Wasserkühlung dieser Elektrodengefäße kann die Lampe verschieden stark belastet werden, z. B. von 2—10 Ampere mit Spannungen bis 250 Volt. Bei 220 Volt und 2,7 Ampere

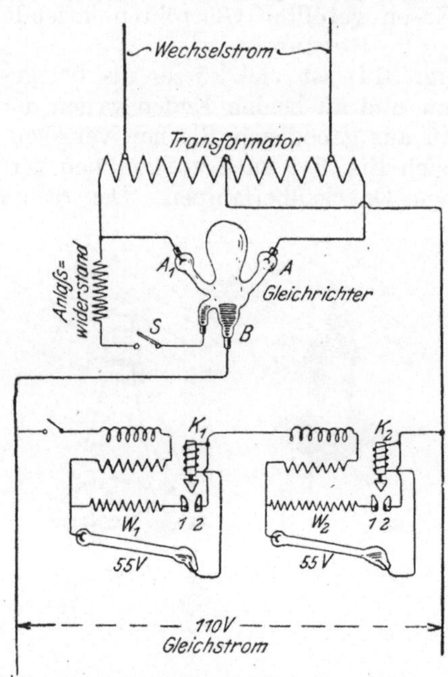


Fig. 317. Anschluß von Quecksilberlampen an Wechselstrom mit Gleichrichter.

verbraucht sie etwa 0,2 Watt pro Kerze, wobei ein Vorschaltwiderstand von 13 Ohm erforderlich ist.

Um den Quecksilberlichtbogen bei Wechselstrom zu erzeugen, bedarf man eines Quecksilbergleichrichters. In Fig. 317 ist die Schaltung gezeichnet. Der Gleichrichter ist mit denselben Buchstaben und Bezeichnungen versehen, wie schon in Fig. 241 und 242, so daß bezüglich seiner Wirkungsweise nur auf diese Figuren und Seite 175 verwiesen zu werden braucht. Die Quecksilberdampflampen sind zu zweien hintereinander an die Gleichstromleitungen angeschlossen und erhalten jede mit Drosselspulen und Vorschaltwiderständen 55 Volt. Damit die Lampen unabhängig voneinander sind und nicht beide verlöschen, falls an einer ein Fehler auftritt, besitzen sie

selbsttätige Kurzschließer, die aus dem Parallelwiderstand $W_1$ und $W_2$ und den Eisenkernen $K_1$ und $K_2$ bestehen. Wenn die Lampen richtig brennen, sind die Kerne durch die mit der Lampe hintereinander geschalteten Spulen hochgezogen. Sobald aber eine Lampe stromlos

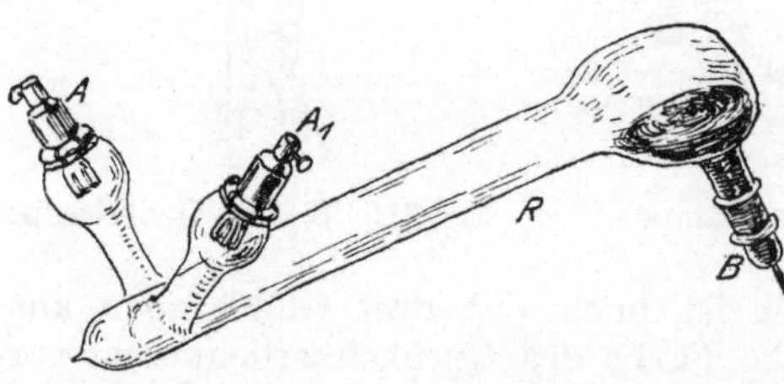


Fig. 318.  Wechselstromlampe von Pole.

wird, fällt der zugehörige Eisenkern mit seiner Kontaktspitze zwischen die Kontaktstücke 1, 2 und schaltet dadurch den Parallelwiderstand an die Stelle der beschädigten Lampe, so daß die andere Lampe weiterbrennen kann.

Eine zweite Methode, den Wechselstrom zur Erzeugung von Licht in der Quecksilberdampflampe zu verwenden, besteht darin, Lampe und Gleichrichter zu vereinigen, indem der Gleichrichter, wie Dr. J. Pole (E.T.Z. 1910, S. 929) angibt, mit einem genügend verlängerten Rohr nach Fig. 318 ausgeführt wird, woselbst $R$

das verlängerte Kathodenrohr ist. Die Schwierigkeit besteht in der selbsttätigen Zündung. Diese erfolgt durch einen Hochspannungsstoß, der durch schnelle Unterbrechung von Induktionsspulen erzeugt wird.

Die schnelle Unterbrechung besorgt der Quecksilberunterbrecher von Cooper-Hewitt nach Fig. 319, in welchem, wie die Stellungen 1 und 2 zeigen, durch Neigen das Quecksilber in beiden Schenkeln zusammenfließt (2) und den Strom schließt und wieder auseinanderfließt (1). Die Schaltung der Lampe zeigt Fig. 320. Bei 1, 2 wird der Wechselstrom zugeführt. $L_1$, $L_2$ sind die Induktionsspulen, $S$ der

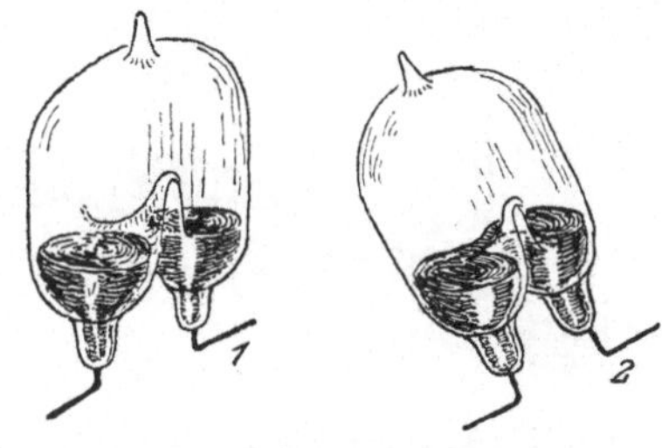

Fig. 319. Unterbrecher zur Lampe von Pole.

Unterbrecher, $L_0$ ist ein induktiver Widerstand, $r$ ein kleiner Schutzwiderstand für den Unterbrecher und $T$ ein Transformator.

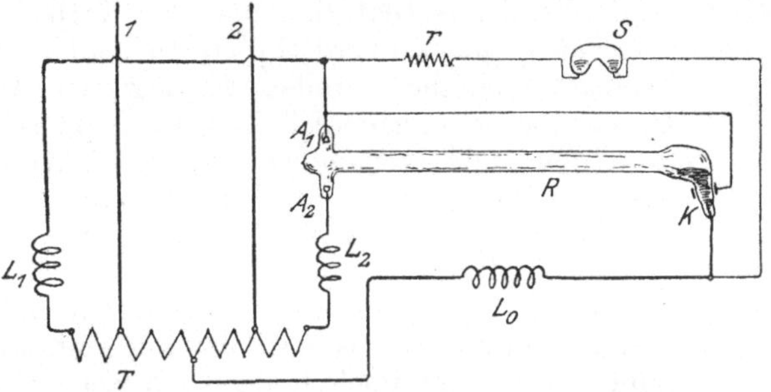

Fig. 320. Schaltung zur Lampe von Pole.

Alle diese Apparate sind nach Fig. 321 auf einem Grundblech vereinigt und mit der Lampe nach Fig. 322 verbunden. Die Lampe

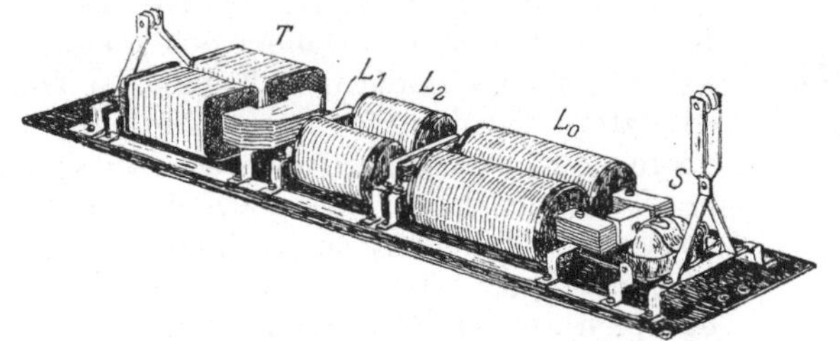

Fig. 321. Apparate zur Lampe von Pole.

besitzt nach dieser letzten Figur eine Schutzhülle aus Blech für die Apparate und einen Blechschirm. Die Wirkungsweise der Lampe ist folgende: Beim Einschalten wird der Unterbrecher, der nach Fig. 321

bei $S$ umkippbar aufgehängt ist, in kurze Erschütterungen durch die Einwirkung der Eisenkerne der Spule $L_0$ versetzt und erzeugt dadurch mit Hilfe der Selbstinduktionsspulen $L_1$ und $L_2$ Hochspannungsstöße, die dann zünden, wenn sie gerade in einem Augenblick erfolgen, wo das Ende $B$ (Fig. 318) der Röhre Kathode ist. Es kann die Zündung daher mitunter 1 bis 4 Sekunden dauern. Das Ende $B$ des Rohres ist außen mit Blattzinn umgeben, an diesen Ring von Blattzinn ist nach Fig. 320 die

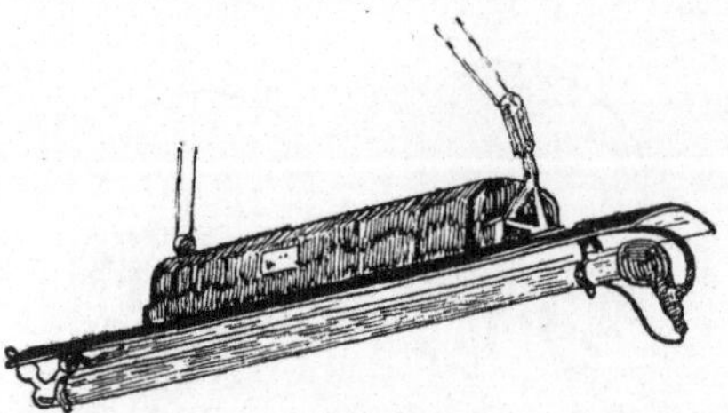

Fig. 322. Äußeres der Lampe von Pole.

Zündungsleitung angeschlossen. Es erfolgt die Zündung durch gleichzeitiges Auftreten von Entladungen zwischen $A_1$ und $K$ (Fig. 320) im Innern der Röhre und einer Außenentladung zwischen dem sogenannten Anlaßband aus Blattzinn und der Kathode $K$.

Eine Quecksilberdampflampe mit vollkommen weißem Licht herzustellen, ist jetzt Dr. M. Wolfka, Karlsruhe, gelungen (E.T.Z. 1912, Seite 917). Es wird auch Quarzglas verwendet und als Elektrodenmaterial eine Kadmium-Quecksilberlegierung. Die Lampe brennt mit 0,2 Watt für die Kerze und besitzt selbsttätige Zündung.

Auch W. Nernst hat sich eine Quecksilberdampflampe patentieren lassen, die ein rein weißes Licht gibt und dabei noch billiger arbeitet als die Quarzlampe[1]).

In der Ausführung besteht die Lampe aus einem luftdicht verschmolzenen Glasgefäße, in dem sich die Elektroden befinden (Fig. 323). Als Anode dient Quecksilber, die Kathode besteht aus einem kleinen Kohlenstift $K$, der an einem Solenoidkern $E$ befestigt ist. Um zu verhindern, daß die dem Quecksilber zugesetzten Salzdämpfe nach ihrer Verflüssigung im oberen Teil des Glasgefäßes als Flüssigkeitströpfchen in den Lichtbogen gelangen, sind in die Glaswand konische Hütchen $H_1$ eingeschmolzen, die den Kohlenstab umgeben. Die herunterrieselnden Tropfen verdampfen auf der Quecksilberoberfläche; um sie direkt dem Lichtbogen zuzuführen, ist über der Quecksilberoberfläche ein weiteres konisches Hütchen $H_2$ vorgesehen. Da der Quecksilberdampf aus der Anode mit starkem Strom senkrecht nach oben steigt, so entsteht an den unteren

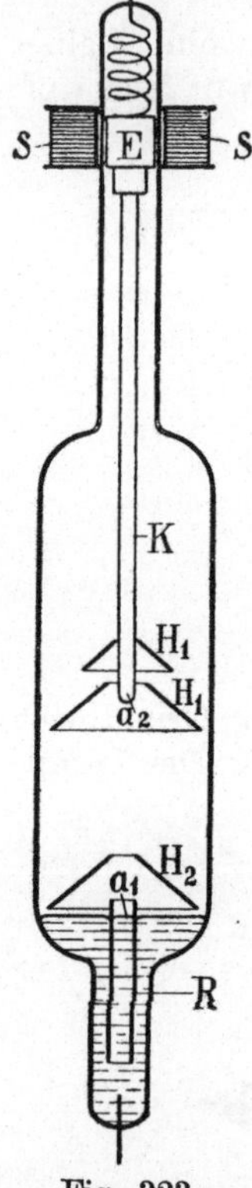

Fig. 323.
Nernst-Lampe.

---

[1]) E.T.Z. 1916, Seite 544.

Enden dieses Hütchens eine saugende Wirkung, die fortlaufend genügende Mengen Salzdampf mit sich führt. Als besonders geeignet hat sich für diese Lampe eine Mischung von 70% Zinkchlorid, 15% Kalziumchlorid, 5% Thalliumchlorid, 5% Lithiumchlorid und 5% Zäsiumchlorid erwiesen. Eine solche Lampe liefert bei 120 Volt und 4 Ampere (ohne Vorschaltwiderstand) über 3000 Kerzen, braucht also noch nicht 0,16 Watt pro Kerze.

Die ultravioletten Strahlen, wie solche von glühendem Quecksilberdampf in großen Mengen ausgesandt werden, werden in der Medizin vielfach verwendet. So in der Chirurgie zur schnellen Heilung von Wunden, Blutergüssen und Geschwüren. Auch bei Gicht, Rheumatismus, Neuralgien, zur Erniedrigung des Blutdruckes leisten sie gute Dienste. Die meisten ultravioletten Strahlen sendet die Quarzlampe aus. Sie kommt unter verschiedenen Benennungen, u. a. als künstliche Höhensonne, in den Handel.

Durch Einführung der Halbwattlampen ist das Verwendungsgebiet der Bogenlampen für die Beleuchtung außerordentlich eingeschränkt worden. In Frage kommen überhaupt nur Bogenlampen, die pro Kerze weniger als 0,4 Watt verbrauchen, da sonst der Betrieb durch die Wartung, den Kohlenersatz und die Stromkosten zu teuer wird. Es kommen also nur die Bogenlampen mit Effektkohlen (vgl. Seite 210) in Frage.

Auskunft über den Wattverbrauch pro Kerze gibt die folgende Zusammenstellung:

Offene Effektkohlenlampen:

a) Kohlen übereinander:
Gleichstrom . . . . . . . . . . . 0,21—0,24 Watt pro Kerz
Wechselstrom mit Vorschalt-
    drosselspule . . . . . . . . 0,25—0,28  „    „    „
mit Vorschaltwiderstand . . 0,35—0,46  „    „    „
b) Kohlen nebeneinander:
Gleichstrom . . . . . . . . . . 0,17—0,24  „    „    „
Wechselstrom mit Vorschalt-
    drosselspule . . . . . . . 0,16—0,19  „    „    „
mit Vorschaltwiderstand . . 0,25—0,30  „    „    „
c) Geschlossene Effektkohlenlampen:
Gleichstrom . . . . . . . . . 0,25—0,27  „    „    „
Wechselstrom mit Vorschalt-
    drosselspule . . . . . . . 0,25—0,32  „    „    „
Quarzlampe nach Fig. 316 .     0,2      „    „    „

Die bisher erwähnten elektrischen Lampen und alle sonstigen Beleuchtungseinrichtungen, wie Gas, Petroleum usw., haben das gemeinsam, daß das Leuchten durch Körper hervorgerufen wird, die in der Lampe infolge hoher Temperatur zum Glühen gebracht werden. Es entsteht also außer dem Licht stets noch Wärme. Je schlechter nun eine Lampe die ihr gelieferte Energie umsetzt, um so mehr Wärme entwickelt sie und um so weniger Licht. Am schlechtesten ist in dieser Beziehung die Stearinkerze und am besten sind die elektrischen Lampen. Wie schon im Anfang dieses Abschnittes gesagt war, verbrauchten die älteren Kohlenfadenlampen etwa dreimal mehr Energie, wie die heutigen Metallfadenlampen. Die in die Lampe gelieferte Energie wurde aber bei den Kohlenfadenlampen einfach zu einem größeren Teil in Wärme umgesetzt, denn eine Kohlenfadenlampe wird meist so heiß, daß man sie kaum anfassen kann, dagegen bleibt eine Metallfadenlampe von der gleichen Kerzenstärke viel kälter. Ein weiterer Vorzug des elektrischen Lichtes besteht noch darin: Da die Glühlampen in einer verschlossenen Glasbirne glühen, so kann der Luft kein Sauerstoff entzogen werden, weil die Fäden nicht verbrennen; auch die Kohlen der Bogenlampen entziehen der Luft nur sehr wenig Sauerstoff, da sie, wie die Dauerbrandlampen zeigen, hauptsächlich durch den Strom ins Glühen versetzt werden und das Verbrennen nur eine Nebenerscheinung ist. Nun bedeutet aber ein Verbrennen stets eine unangenehme Luftverschlechterung, denn beim Verbrennen wird der Sauerstoff der Luft in Kohlensäure verwandelt. Der Mensch braucht aber den Sauerstoff zum Atmen und da vor allem die Gaslampen sehr viel Kohlensäure entwickeln, ebenso Petroleum, so steht auch in gesundheitlicher Beziehung das elektrische Licht an der Spitze aller Beleuchtungsarten, vor allem das Glühlicht, welches ja am meisten in Räumen, in denen sich dauernd Menschen aufhalten, angewendet wird. Beim Gas kommt zu der Luftverschlechterung noch die große Gefährlichkeit hinzu, die in Vergiftung und Explosionsmöglichkeit besteht, selbst dann, wenn das Gas nicht benutzt wird, denn die Gasleitungen lassen sich nicht genügend abdichten, so daß stets, wie neuere Untersuchungen gezeigt haben, ganz geringe Gasmengen entweichen, die allmählich, dem Betroffenen selbst unmerkbar, chronische Vergiftungserscheinungen erzeugen können. Gegen Petroleum braucht das elektrische Licht nicht besonders verteidigt zu werden, die viel größere Reinlichkeit und Bequemlichkeit sind schon in die Augen springende Vorteile.

Nach dem vorhin Gesagten ist das Ideallicht ein solches, welches gar keine Wärme erzeugt, sondern die ganze Energie in Licht umsetzt. In der Natur besitzen wir dieses Licht beim Glühwürmchen, künstlich können wir es herstellen durch elektrische Entladungen in luft- oder gasverdünnten Glasröhren, in den sogenannten Geißlerschen Röhren. Diese Röhren sind schon lange bekannt, es war aber praktisch bis vor einigen Jahren noch nicht möglich, diese vorteilhafte Art der Lichterzeugung anzuwenden, bis der Amerikaner Moore die Anwendung durch eine Erfindung möglich machte, deren wichtigster Teil ein selbsttätiges Ventil ist. Die Geißler - Röhren haben nämlich alle die schlechte Eigenschaft, durch die Entladungen hart zu werden, d. h. die elektrischen Entladungen bewirken, daß die Luft- und Gasverdünnung in der Röhre vergrößert wird. Lichterscheinungen treten aber nur bei einer ganz bestimmten Gasverdünnung auf, wird diese überschritten, so leuchten die Rohre nicht mehr. Moore erfand nun ein Ventil, welches selbsttätig immer wieder Gas in das Rohr einführt, sobald der Verdünnungsgrad zunimmt. Die erforderlichen Apparate sowie das Ventil sind in Fig. 324 dargestellt. $T$ ist ein kleiner Transformator, welcher Hochspannung erzeugt, die sich in den miteinander verbundenen, bis zu 40 m langen Glasröhren $R_1$, $R_2$ entladet. Bei 1, 2 wird der gewöhnliche Niederspannungswechselstrom angeschlossen, $L$ ist ein induktiver Widerstand, $S$ die Wickelung einer Spule, welche auf den Eisenkern $E$ des Ventils wirkt. Das Ventil besitzt bei $R$ eine Öffnung oder ein Rohr, durch welches die Gasart, mit der das Leuchtrohr $R_1 R_2$ gefüllt ist, eintreten kann. Der innere Glaskörper, an dem der Eisenkern befestigt ist, hat bei 1 ein kleines Loch, zum Eintritt für das Gas. Bei $K$ ist eine möglichst dichte Kohle vor dem engeren Glasrohr eingekittet, die von Quecksilber so umgeben ist, daß die ganze Kohle bedeckt ist. Wird der innere Glaskörper durch die Wickelung $S$ gehoben, was dann eintritt, wenn der Widerstand der Leuchtröhre sich ändert und dadurch Stromänderungen in der Zuführung zum Transformator auftreten, so tritt das Quecksilber zurück und die Spitze der Kohle wird frei. Es tritt dann durch die Kohle das Gas in das Rohr $r$ und von dort in das $U$-Rohr, wo es durch Sand hindurch muß in die Leuchtröhre. Der Sand ist bei $U$ eingeschaltet, damit durch das $U$-Rohr hindurch kein Kurzschluß entsteht und die Hochspannungsentladungen nicht durch das

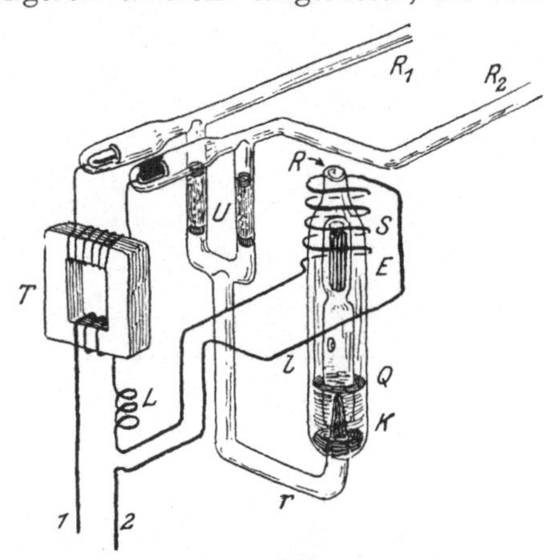

Fig. 324.
Ventil und Apparate des Moore-Lichtes.

$U$-Rohr vorsichgehen. Die Leuchtröhre erzeugt je nach dem Gas, welches sich in ihr befindet, ein verschieden gefärbtes Licht. Es läßt sich auch ein rein weißes Licht erzeugen, so daß Farbenproben und Farbenuntersuchungen bei diesem Licht vorgenommen werden können. Das Leuchtrohr wird in Längen bis zu 40 m unter der Decke der zu beleuchtenden Räume verlegt und bei der Montage setzt man es aus einzelnen 2 m langen Stücken zusammen, die durch ein für diese Zwecke konstruiertes Gebläse zusammengeschmolzen werden. Wegen dieser leichten Zusammensetzbarkeit ist auch eine Reparatur sehr einfach.

Die vorhin gemachte Bemerkung, wonach in luftverdünnten Röhren fast alle Energie ohne Wärmeerzeugung nur in Licht verwandelt wird, könnte nun zu dem falschen Schluß führen, daß das Moore - Licht ohne Verluste arbeite. Allerdings bleiben die Leuchtröhren fast ganz kalt, was aber daher rührt, daß die abkühlende Oberfläche eine sehr große ist und in ihnen treten auch nicht die alleinigen Verluste auf, wohl aber in den noch zur Anlage unbedingt erforderlichen Apparaten, Transformator, Ventil usw. Nach den allerdings schwierigen Vergleichsmessungen ist aber das Moorelicht heute ohne weiteres ein billiges Licht, welches mit den vorhandenen elektrischen Lampen in Wettbewerb treten kann und wie verschiedene ausgeführte Anlagen beweisen, schon erfolgreich in Wettbewerb getreten ist.

# XII. Elektrische Stromerzeugungs- und Verteilungs-<br>anlagen.

Gewöhnlich erzeugt man in einer elektrischen Anlage die Elektrizität in einer Zentrale, woselbst die Maschinen arbeiten und von wo aus man durch Drähte und Kabel die elektrische Energie für Kraft-, Licht- und andere Zwecke verteilt. Da man fast stets in einer Zentrale mehrere Maschinen anwendet, die zu Zeiten starker Stromentnahme zusammenarbeiten, sollen zunächst die dabei zu beachtenden Vorschriften behandelt werden. In Fig. 325 ist die Schaltung einer kleinen

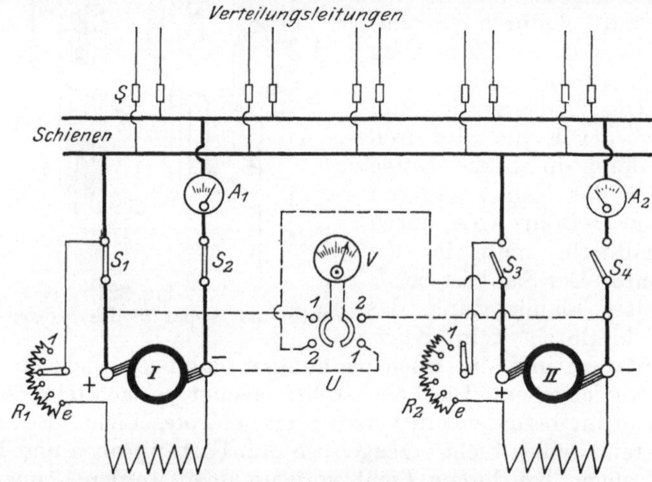


Fig. 325. Zwei Maschinen parallel.

Gleichstromanlage mit zwei Maschinen gezeichnet. Nehmen wir an, es sei eine Anlage in einer Fabrik, die nachts nicht zu arbeiten braucht. Dann werden morgens zunächst beide Maschinen eingeschaltet, wenn im Winter Kraft und Licht gleichzeitig gebraucht werden. Man stellt dann z. B. zuerst die Maschine I an, indem man nach Inbetriebsetzung der Antriebsmaschine den Schalthebel $S_1$ schließt und die Kurbel des Reglers $R_1$ von Kontakt $O$ auf einen beliebigen Kontakt zwischen 1 und $e$ stellt. Es kann sich bei geschlossenem Schalter $S_1$ die Maschine selbst erregen, welcher Vorgang ja schon früher beschrieben wurde. Man stellt den Voltmeterumschalter $U$ auf die Stellung 1—1 und erkennt am Voltmeter $V$, wann die normale Spannung der Maschine eingetreten ist. Sobald dies der Fall ist, schließt man auch den zweiten Hebel $S_2$. Soll die Maschine II nun auch eingeschaltet werden, so braucht sie sich nicht mehr selbst zu erregen, weil schon Spannung an den Schienen vorhanden ist. Man schließt deshalb bei dieser Maschine zuerst den Hebel $S_4$, dann fließt von den Schienen aus ein Strom durch die Magnetwirkung der Maschine II, dessen Stärke mit dem Regler $R_2$ so geregelt wird, bis auch Maschine II die normale Spannung gibt, was man am Voltmeter $V$ erkennt, wenn man $U$ auf 2—2 stellt. Sobald die Spannung von Maschine II genau so hoch geworden ist wie diejenige von Maschine I, darf man den Hebel $S_3$ schließen. Schließt man $S_3$ zu früh, dann würde aus Maschine I ein Strom in Maschine II hineinfließen; man muß deshalb vor dem völligen Einschalten der zweiten Maschine die Spannungen genau vergleichen. Die zugeschaltete Maschine II gibt nun zunächst noch keinen Strom. Um sie auch zu belasten, geht man mit der Kurbel von $R_1$ zurück, mehr nach Kontakt 1 zu und mit der von $R_2$ weiter vor, nach $e$ zu. Dadurch reguliert man die elektromotorische Kraft von Maschine I etwas herunter und diejenige der Maschine II etwas herauf, dementsprechend liefern dann beide Maschinen Strom.

Herrscht nun zwischen den Schienen eine bestimmte Spannung, so muß, wenn im Netz Strom entnommen wird, in der Maschine eine höhere elektromotorische Kraft erzeugt werden, als die Schienenspannung beträgt, weil ja der Strom in der Maschine schon durch den Ankerwiderstand getrieben werden muß und hierzu 2—3% der erzeugten elektromotorischen Kraft erforderlich sind. Ist nun die zweite, zugeschaltete Maschine so einreguliert, daß ihre elektromotorische Kraft gerade gleich der Spannung (nicht gleich der elektromotorischen Kraft) der schon laufenden ist, welche gleichbedeutend mit der Schienenspannung ist, da man in Fig. 325 und überhaupt immer mit dem Voltmeter nur dann die gesamte elektromotorische Kraft messen kann, wenn der Anker stromlos ist, so kann die zweite Maschine zunächst noch keinen Strom abgeben, sondern es heben sich, da beide Maschinen mit gleichen Polen zusammengeschaltet sind, die elektromotorische Kraft der Maschine II und die Schienenspannung, herrührend von der belasteten Maschine I, gegenseitig auf, so daß in den Verbindungsleitungen von Maschine I zu den Schienen kein Strom fließt. Reguliert man die elektromotorische Kraft von Maschine II etwas höher und gleichzeitig die von Maschine I etwas zurück, vermittelst der entsprechenden Regler $R_1$ und $R_2$, so beteiligt sich auch Maschine II an der Stromlieferung ins Netz. Der Anteil des gesamten Stromes, der im Netz nötig ist, wird für jede Maschine durch die entsprechenden Amperemeter $A_1$ und $A_2$ angezeigt, und nach der Angabe dieser Amperemeter kann man die gesamte Belastung beliebig auf beide Maschinen verteilen. Will man dann später, wenn weniger Licht erforderlich ist, eine Maschine still setzen, weil jetzt eine einzige den ganzen Bedarf decken kann, so geschieht dies in folgender Weise: Gesetzt, es soll Maschine I abgeschaltet werden, Maschine II soll allein weiter arbeiten. Zuerst drehen wir die Kurbel von $R_1$ immer weiter nach 1 hin, während gleichzeitig die Kurbel $R_2$ von 1 nach $e$ hin gedreht wird. Dabei beobachtet man die Maschinenamperemeter und wenn $A_1$ auf Null steht, zieht man den Schalthebel $S_2$ heraus, setzt die Antriebsmaschine still und dreht $R_1$ auf ausgeschaltet, zuletzt zieht man dann den Schalter $S_1$.

Die zur Bedienung der Maschinen erforderlichen Apparate werden übersichtlich auf einer Schalttafel angeordnet, welche für die in Fig. 325 gezeichnete Schaltung etwa das Aussehen der Fig. 326 erhält. Alle Verbindungen der Apparate und Instrumente liegen auf der Rück-

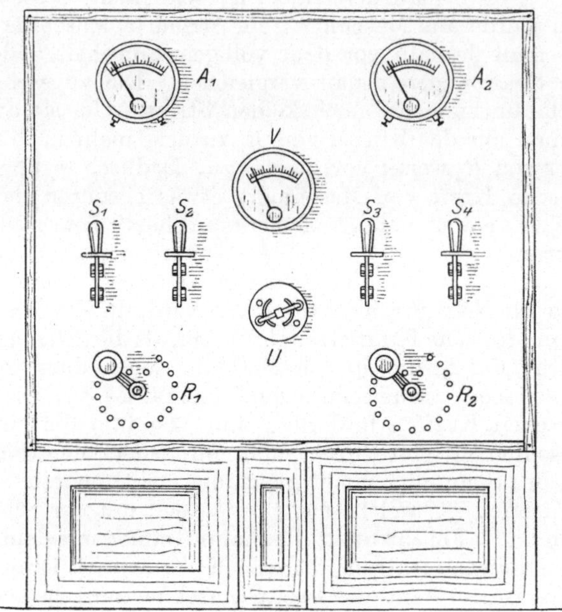


Fig. 326.   Ansicht der Schalttafel zu Fig. 325.

seite der Marmortafel, welche aus diesem Grunde, wie Fig. 327 zeigt, stets einen genügenden Abstand, etwa 1 m, von der Wand erhalten muß. Auch sitzen auf der Rückseite die schon in Fig. 325 mit $S$ bezeichneten Sicherungen (vgl. Abschnitt X) an der Wand. Dieselben können für die Verteilungsleitungen, für die sie nur in Frage kommen, nach den Fig. 268 und 269 ausgeführt sein. Ferner sind in Fig. 327 noch bei $C$ die Anschlüsse aus dem Widerstand $W$ des Reglers an die Kontakte, die nach Fig. 326 bei $R_1$ und $R_2$ auf der Vorderseite sitzen, zu sehen, ferner die gewöhnlich oben an der Schalttafel auf Porzellanisolatoren befestigten Schienen und bei $J$ die Meßwiderstände für die Amperemeter $A_1$, $A_2$, die nach Fig. 69 ausgeführt sind.

Die Marmortafel wird bei größeren Schalttafeln aus mehreren Stücken zusammengesetzt und ist, wie Fig. 327 zeigt, vermittelst Winkel- und anderen Profileisen senkrecht stehend befestigt. Die Schalter $S_1$ bis $S_4$ für die Maschinen brauchen nicht Momentausschaltung zu haben, da sie ja normalerweise nicht unter Strom ausgeschaltet werden, es genügen also Schalter nach Fig. 328. Man kann aber auch Momentschaltung nach Fig. 245 oder 246 wählen.

Das einfache Schaltungsschema, zwei Maschinen allein nach Fig. 325 kommt in Wirklichkeit nicht sehr häufig vor, weil man gewöhnlich in elektrischen Gleichstromanlagen neben den Maschinen noch Akkumulatoren verwendet. In einer solchen Anlage wird das Schaltungsschema nicht mehr so einfach wie in Fig. 325. Das übliche Schema für eine **Maschine mit Akkumulatoren** zeigt Fig. 329. Auch hier ist ein Voltmeter $V$ mit Umschalter $u$ nötig.

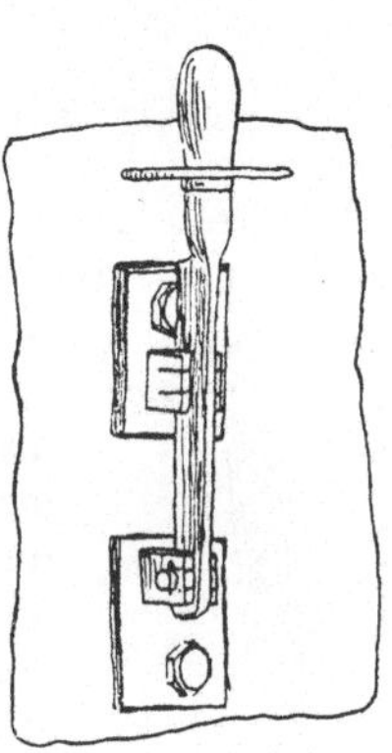

Fig. 327. Rückseite der Schalttafel zu Fig. 326.     Fig. 328. Hebelschalter.

Wie schon im Abschnitt III auseinandergesetzt wurde, sind wegen der veränderlichen Spannung der Akkumulatorzellen zum Konstanthalten der Netzspannung sogenannte Zellenschalter erforderlich, auf die deshalb hier zunächst etwas eingegangen werden soll. Die **Zellenschalter** dienen zum Ändern der Zellenzahl und sind in ihren kleineren Formen rund mit Drehkurbel, in größeren Formen gerade mit Schraubspindel ausgeführt. Die Kurbel der runden Zellenschalter hat das Aussehen von Fig. 330. Sie ist mit zwei Schleiffedern $F$ und $f$ ausgerüstet, und zwar ist die Hauptfeder $F$ direkt an die ·gußeiserne Kurbel angeschraubt, während die Feder $f$ von der Kurbel isoliert ist. Beide Federn sind durch einen kleinen spiraligen Draht $w$ aus Widerstandsmaterial verbunden. Die Schaltung des Zellenschalters geht aus Fig. 331 hervor. Die Federn $F$ und $f$ schleifen auf den kreisförmig angeordneten Kontakten $a$, $b$, $c$ usw. Die Stellung I zeigt die

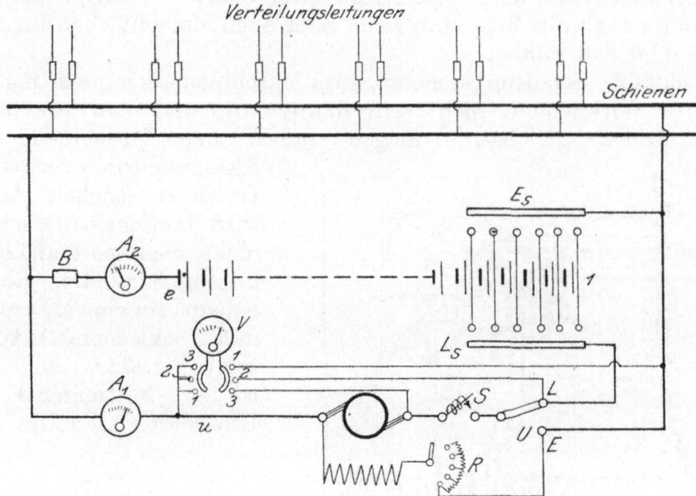

Fig. 329.  Maschine parallel mit Akkumulatoren.

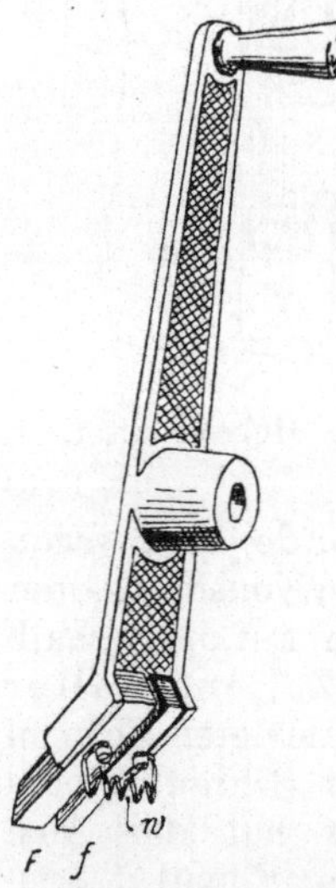

Fig. 330.  Kurbel eines Zellenschalters.

normale Stellung der Kurbel. Soll nun Zelle I noch zugeschaltet werden, so muß die Feder $F$ von $b$ auf $a$ gedreht werden. Die einzelnen Kontakte $a$, $b$, $c$ dürfen nun nicht so eng liegen, daß $F$ den Zwischenraum überbrücken kann, denn dann würde die zuzuschaltende Zelle, also hier 1, kurzgeschlossen, wenn $F$ beide Kontakte $a$ und $b$ miteinander verbindet. Da die Akkumulatorzellen, wie schon früher gesagt war, sehr wenig Widerstand haben, würde durch Kurzschluß ein sehr starker Strom entstehen, der die Platten schädigen und gleichzeitig auch den Zellenschalter selbst bald unbrauchbar machen würde. Man muß daher diesen Kurzschluß vermeiden, indem man den Zwischenraum zwischen je zwei Kontakten breiter macht als die Feder $F$ ist. Jetzt würde aber beim Weiterdrehen der Kurbel jedesmal in der äußeren Leitung das Licht erlöschen, weil immer dann, wenn die Feder $F$ zwischen zwei Kontakten steht, ausgeschaltet ist. Damit auch dieses vermieden wird, setzt man die zweite Feder $f$ isoliert neben $F$ und verbindet beide durch den kleinen Widerstand $w$. Dreht man jetzt von Stellung I nach IV, so durchläuft man die Zwischenstufen II und III. Bei II geht der ganze Strom durch $f$ und $w$ nach den Schienen, bei III ist Zelle 1 für den kurzen Augenblick des Überganges auf den Widerstand $w$ geschaltet, also der Kurzschluß vermieden und bei IV ist Zelle 1 mitzugeschaltet[1]). Die Zellenschalter sind häufig so eingerichtet, daß man mit der Kurbel nur auf Dauerstellungen I oder IV stehenbleiben kann, Stellungen II und III sind nur Übergänge. Große Zellenschalter besitzen die Form nach Fig. 332. Auch hier ist eine Doppelfeder vorhanden, die auf den jetzt geradlinig angeordneten Kontakten schleift und durch Drehen einer Schraubenspindel bewegt wird.

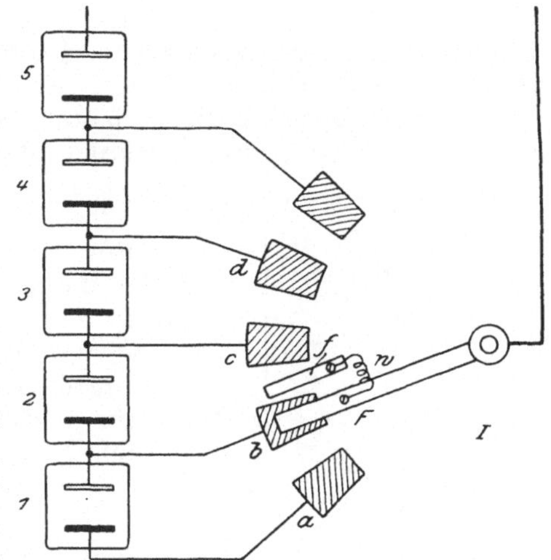

In elektrischen Anlagen mit Akkumulatoren benutzt man meist Doppelzellenschalter, um während der Ladung auch Licht brennen zu können. Diese Doppelzellenschalter sind bei kleineren Zellenschaltern einfach mit zwei Kurbeln versehen, von denen eine für Ladung, die andere für Entladung benutzt wird. Bei größeren Zellenschaltern nach Art der Fig. 332 benutzt man zwei Schalter.

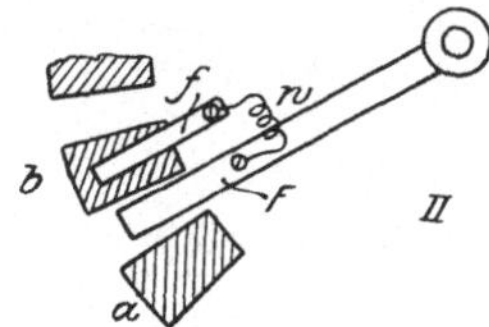

In Fig. 329 ist ein Doppelzellenschalter vorhanden, und zwar ist $E_s$ der Entladeschalter, $L_s$ der Ladeschalter. Es können mit der Schaltung nach Fig. 329 folgende Betriebszustände erreicht werden:

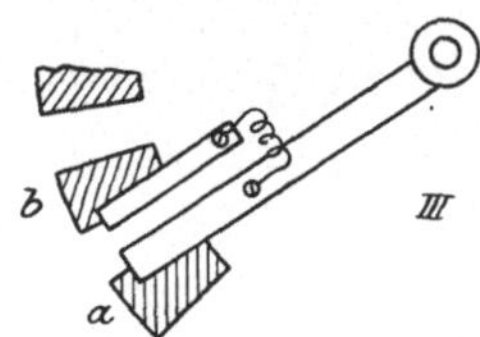

1. Maschine und Akkumulatoren arbeiten zusammen auf das Netz.
2. Maschine ladet die Batterie, letztere liefert gleichzeitig Strom ins Netz.
3. Maschine ist still gesetzt; Batterie arbeitet allein auf das Netz.

Der Betriebszustand unter 1 wird erforderlich, wenn zuzeiten große Stromverbrauches die Maschine allein nicht die Leistung geben kann. Es steht dann der Maschinenumschalter $U$ auf $E$, so daß die Maschine unmittelbar mit den

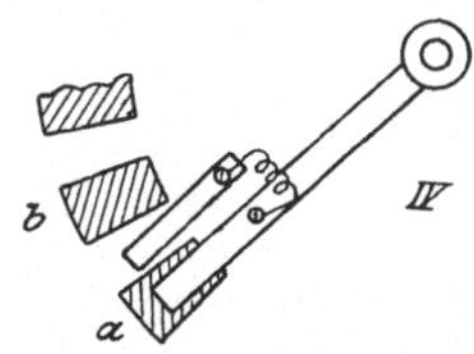

Fig. 331. Schaltung und Wirkung des Zellenschalters.

---

[1]) In Fig. 331 muß $f$ auf die andere Seite von $F$ kommen, da sonst die Spannung in III zunächst um 2 Volt sinken würde, um dann in Stellung IV um 4 Volt zu steigen. D. H.

Schienen verbunden ist, mit denen die Akkumulatorenbatterie durch den Entladeschalter $E$ immer verbunden ist. Der selbsttätige Nullstromschalter $S$ (vgl. Fig. 255, dessen Zweck noch erläutert werden soll, ist dabei natürlich eingeschaltet. Am Abend, wo die stärkste Belastung im Netze herrscht, würden Maschine und Batterie zusammen

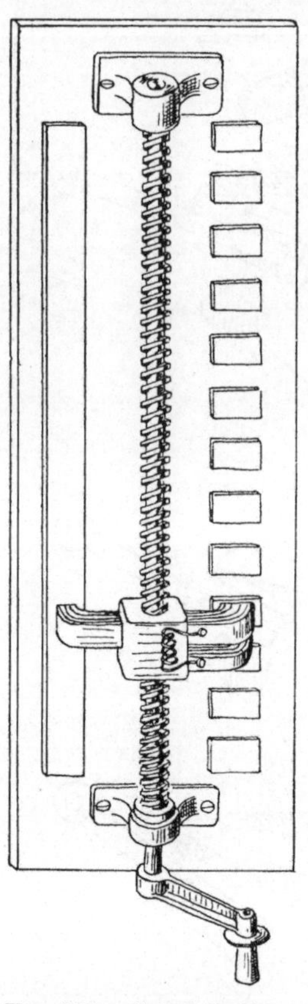

Fig. 332.  Spindelzellen-
schalter.

Strom abgeben. Nachts und gegen Morgen, zu welchen Tageszeiten der Strombedarf schwach ist, würde die Batterie allein Strom liefern und die Maschine stillstehen. Alsdann ist der Schalter $S$ ausgeschaltet, die Spannung der Batterie wird mit dem Entladeschlitten $E_s$ auf der normalen Höhe gehalten und kontrolliert mit dem Voltmeter $V$, dessen Umschalter $u$ dann auf $1 \div 1$ stehen muß. In den Morgenstunden kann dann die Batterie wieder geladen werden. Dabei muß $U$ auf $L$ gedreht werden, dann ist die Maschine durch den Ladeschalter $L_s$ mit der Batterie verbunden. Nun haben aber die Akkumulatoren, wie wir schon wissen, die Eigenschaft, bei der Entladung ihre Spannung zu ändern; dasselbe tun sie auch bei der Ladung, nur mißt man bei der Ladung zu Anfang schon 2 Volt. Später muß die Ladespannung gesteigert werden, was gewöhnlich bis zu 2,5 Volt geschieht, nur etwa alle Monate einmal ladet man auch bis zu 2,75 Volt Ladespannung. Da nun die Zellen bei 1 (Fig. 329) bei der Entladung immer nur ganz zuletzt eingeschaltet werden und deshalb nie so stark entladen werden wie die nicht am Zellenschalter liegenden Zellen, so dürfen sie auch nicht so lange geladen werden wie die anderen Zellen; man wird also während der Ladung den Ladeschalter $L_s$ zuerst ganz nach links stellen und ihn dann allmählich nach 1 hin bewegen. Da die Anzahl der Zellen, wie schon früher gezeigt wurde, von der niedrigsten Entladespannung, die 1,7 Volt beträgt, abhängig ist, so muß in einer Anlage mit 110 Volt eine Zahl von $\dfrac{110}{1,7} = 65$ Zellen vorhanden sein, und die gewöhnliche höchste Ladespannung für die ganze Batterie würde hiernach $65 \cdot 2,5 = 163$ Voit betragen und bei den von Zeit zu Zeit vorgenommenen stärkeren Aufladungen sogar $65 \cdot 2,75 = 178,5$ Volt. Hieraus folgt, daß die Maschine in Fig. 329 so eingerichtet sein muß, daß sie zum Laden der Batterie diese höhere Spannung erzeugen kann. Ist die Maschine nicht in dieser Weise zum Laden von Akkumulatoren eingerichtet, so muß man bei der Ladung noch eine kleinere Zusatzmaschine benutzen, die mit der Hauptmaschine hintereinander geschaltet das Mehr an Spannung bei der Ladestromstärke der Batterie geben muß. Gewöhnlich werden aber Zusatzmaschinen vermieden und es soll deshalb auch nicht weiter darauf eingegangen werden[1]).

In Fig. 329 würde die Sicherung $B$ oder besser ein Überstromschalter nach Fig. 256 erforderlich sein, um die Batterie vor zu starker Stromentnahme zu schützen. Da die Richtung des Stromes in der Batterie bei der Ladung und der Entladung verschieden ist, kann man das Batterieamperementer, falls es ein Drehspulinstrument ist, gleich so ausbilden, daß es anzeigt, ob geladen oder entladen wird. Ein derartiges Amperemeter erhält dann nach Fig. 333 den Nullpunkt in der Mitte der Teilung und je nachdem ob der Zeiger nach links oder nach rechts ausschlägt, wird geladen oder entladen.

Die Notwendigkeit des selbsttätigen Schalters $S$, der als Nullstromschalter (vgl. Fig. 255) ausgebildet sein muß, war schon erwähnt. Sein Zweck besteht darin, die Batterie vor einer Entladung in die Maschine zu schützen. Geht nämlich aus irgendeinem Grunde, z. B. Reißen oder Abfliegen des Riemens oder bei Überlastung die Spannung der Maschine zurück, so könnte schließlich Strom aus der Batterie in die Maschine fließen,

Fig. 333.  Amperemeter für Akkumulatoren.

wodurch diese natürlich als Motor laufen würde. Eine derartige Entladung der Batterie ist aber eine Verschwendung und außerdem könnte sie auch, da beim kleinen Maschinenwiderstand ein starker Strom entstehen würde, die Batterie durch Überlastung beschädigen. Hiergegen würde schließlich die schon erwähnte Sicherung $B$ oder der an ihrer Stelle besser anzubringende Überstromschalter (vgl. Fig. 256) schützen, aber ehe überhaupt die Batterie zu einer derartigen zwecklosen Entladung kommt, schaltet schon der Nullstromschalter aus, weil ja der Maschinenstrom beim Sinken der Spannung schwächer und schwächer wird.

Als Maschinen benutzt man bei Akkumulatoren stets Nebenschlußmaschinen. Im Betriebe arbeiten sie aber als Maschinen mit Fremderregung, weil ihr Magnetstrom von der durch die Akkumulatoren konstant gehaltenen Schienenspannung erzeugt wird. Eine Maschine mit Fremderregung verhält sich ähnlich wie eine Nebenschlußmaschine, nur sinkt ihre Spannung bei Belastungszunahme nicht so stark wie bei der Nebenschlußmaschine, da bei dieser die eigene veränderliche Klemmenspannung den Magnetstrom erzeugt.

---

[1]) Genaueres über Schaltungen und die dabei zu beachtenden Regeln gibt das kleine Buch von Kistner, Schaltungsarten und Betriebsvorschriften. Verlag von Julius Springer, Berlin.

In den Schaltungen Fig. 325 und 329 sind die Leitungen zu den Lampen unmittelbar an die Schienen angeschlossen. Dies geschieht nur in Einzelanlagen. Bei Zentralen, welche Ortschaften mit Strom versorgen, geschieht die Verteilung der elektrischen Energie nach dem Schema Fig. 334. Von der Zentrale aus, wo die Maschinen stehen, führen die Speiseleitungen $S$ zu den Speisepunkten $P$. Die Speisepunkte sind in zweckmäßiger Weise nach dem Stromverbrauch und mit Rücksicht auf die Straßenzüge in dem Ort verteilt und werden dann miteinander durch die Verteilungsleitungen $V$ verbunden. Erst an die Verteilungsleitungen, von denen es geschlossene ($V$) und offene ($V_1$) oder Ausläufer gibt, sind die einzelnen Abnehmer mit ihren Lampen $L$ angeschlossen. Die Speiseleitungen $S$ besitzen keine Anschlüsse und müssen so bemessen sein, daß in ihnen allen genau derselbe Spannungsverlust auftritt, damit in den einzelnen Speisepunkten $P$ genau dieselbe Spannung herrscht. Wenn zwischen den einzelnen Speisepunkten nur ein geringer Spannungsunterschied vorhanden ist, so fließen in den Verteilungsleitungen Ausgleichströme, die bei

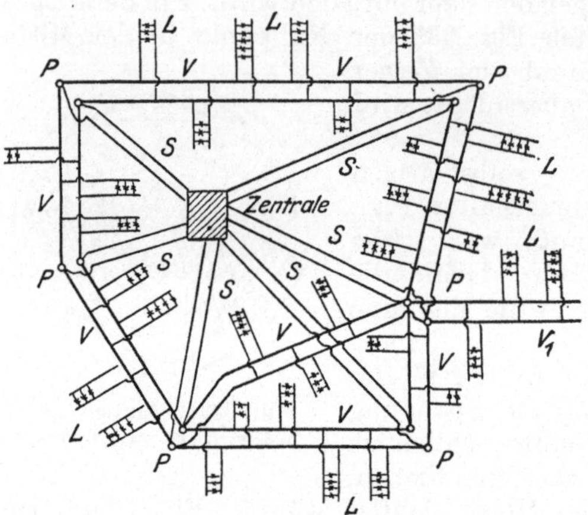

Fig. 334.  Verteilungsnetz einer Gleichstromzentrale.

dem kleinen Widerstand der Leitungen so stark werden, daß sie eine unnötige Erwärmung der Leitungen herbeiführen. Da nun das Netz nicht immer in derselben Weise Strom verbraucht und deshalb die Stromstärke in den Speiseleitungen sich ändert, so richtet man gewöhnlich Speiseleitungen und Speisepunkte so ein, daß man die Spannung in den letzteren konstant halten kann. Dies geschieht durch Spannungsmeßleitungen, die von den Speisepunkten zu einem mit Umschalter versehenen Voltmeter in der Zentrale führen und durch regelbare Widerstände, die in die Speiseleitungen eingeschaltet sind.

Die bisher beschriebenen Schaltungen sind alle nach dem Zweileitersystem ausgeführt und gelten deshalb nur für kleinere Anlagen. Viel häufiger führt man für Ortschaften das Dreileitersystem aus, dessen Prinzip Fig. 335 zeigt. Es sind zwei Maschinen hintereinander geschaltet, so daß zwischen den beiden dick gezeichneten Außenleitern die Summe der beiden Maschinenspannungen herrscht. Außerdem ist zwischen beiden Maschinen noch eine dünnere Ausgleichsleitung, die Nulleitung, angeschlossen. Letztere würde, wenn zwischen $+$ und $0$ und $0$ und $-$, also in den beiden Netzhälften, gleich viel Lampen brennen, vollständig stromlos und demnach überflüssig sein. In Wirklichkeit wird natürlich niemals die Zahl der Lampen oder die Belastung in beiden Netzhälften genau dieselbe sein; dann muß der Nulleiter den Unterschied des Stromes in beiden Außenleitern führen. Die Verteilung von Anschlüssen erfolgt nach Fig. 336 immer so, daß die beiden Netzhälften möglichst gleichmäßig belastet sind. Motoren

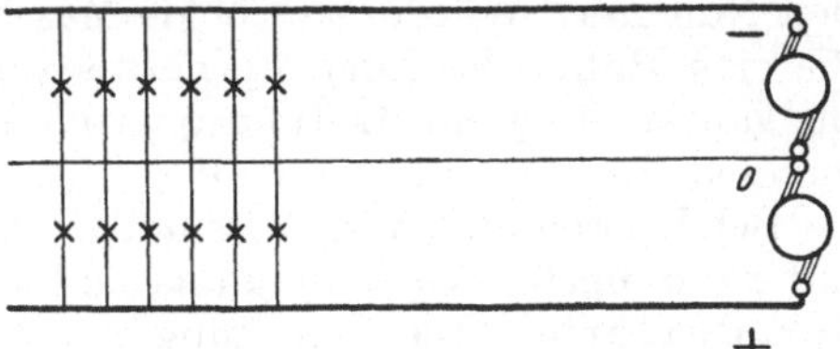

Fig. 335. Dreileiterschaltung.

werden gewöhnlich unmittelbar an die Außenleiter angeschlossen, während die Lampen nur mit der halben Spannung brennen. Damit man bei ungleicher Belastung beider Hälften einen Ausgleich herbeiführen kann, führt man die Anschlüsse nach Fig. 337 zum Umschalten aus. Will man den ersten Anschluß, der zwischen + und 0 liegt, auf die andere Netzhälfte zwischen 0 und — schalten, so verbindet man 1 mit 4 und 2 mit 5.

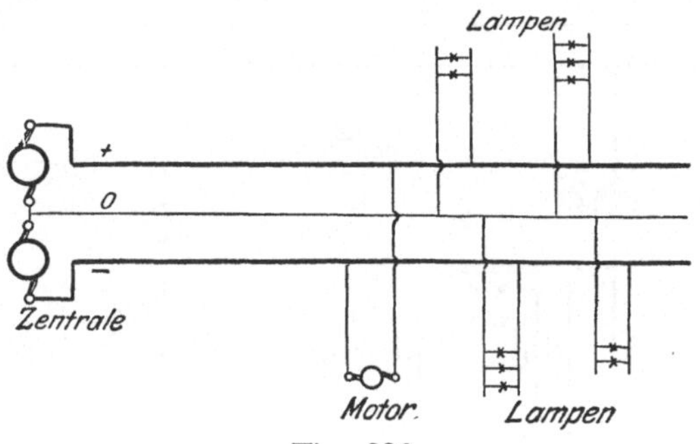


Fig. 336.
Verteilung der Anschlüsse im Dreileitersystem.

Da allerdings doch nicht ganz gleichmäßige Belastung erreicht werden kann, muß der Nulleiter immer mit $^1/_2$ des Querschnittes der Außenleiter verlegt werden.

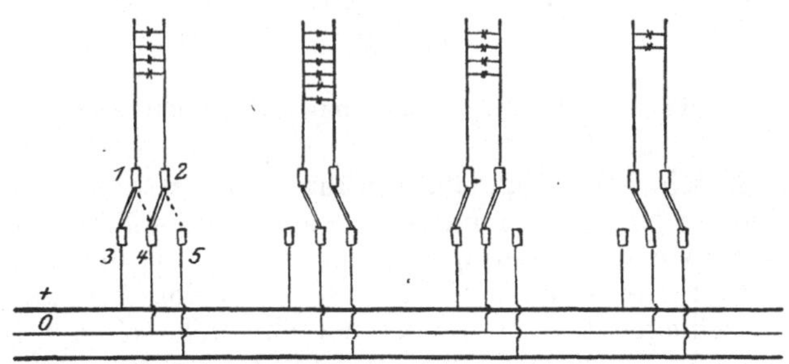

Fig. 337. Umschaltanschlüsse für Dreileiter.

Die Vorteile des Dreileitersystems sind nun leicht zu erkennen. Zwischen den Außenleitern herrscht die doppelte Spannung einer Maschine, folglich kann man bei denselben Leitungsverlusten die Energie auf eine weitere Entfernung verteilen als wenn man nur mit einer

Maschine arbeiten würde. Man verdoppelt also die Energie und braucht doch nicht den doppelten Leitungsquerschnitt, sondern nur $^1/_2$ mehr für den Nulleiter. Würde man beide Maschinen getrennt schalten und jede die eine Hälfte des Dreileiternetzes versorgen lassen, so brauchte man im ganzen $4 \cdot q$ an Leitungsquerschnitt, während man bei Dreileiter dieselbe Energie mit nur $2 \cdot q + ^1/_2\,q$ fortleiten kann.

Bei Verwendung von Akkumulatoren führt man die Maschine meist mit der doppelten Spannung aus und legt den Nulleiter an die Mitte der Batterie. Die Schaltung einer solchen Anlage geschieht nach Fig. 338. Die mit $A$ bezeichneten Instrumente sind Amperemeter, die mit $V$ bezeichneten sind Voltmeter. $U$ sind die Umschalter für die

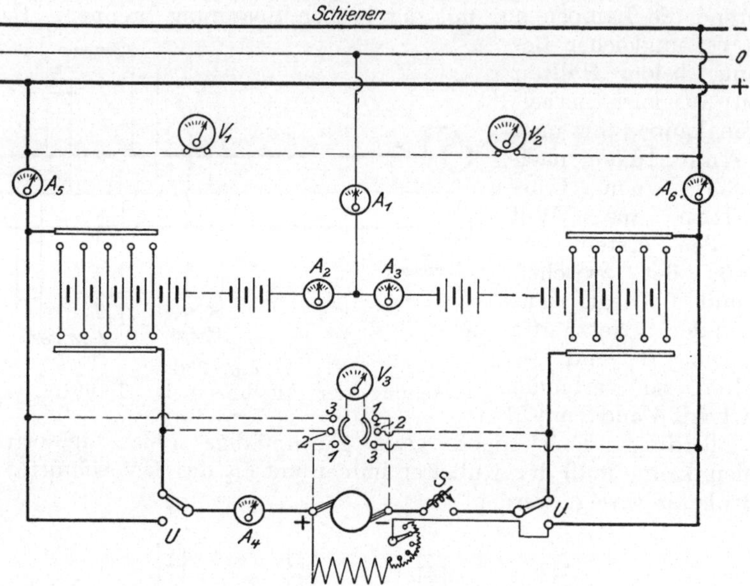


Fig. 338. Dreileiteranlage mit Akkumulatoren.

Maschine, die schon bei Fig. 329 erwähnt wurden und zum Schalten der Maschine auf Ladung der Batterie, wie sie in der Figur stehen, oder auf das Netz, dienen. Die Amperemeter $A_1$, $A_2$, $A_3$ müssen, wenn sie Drehspulinstrumente sind, nach 2 Seiten wie das Instrument, nach Fig. 333 ausschlagen können. $S$ ist der ebenfalls schon bei Fig. 329 erklärte und etwa nach Fig. 255 ausgeführte Nullstromschalter. Bei der Schaltung nach Fig. 338 hat dann jede Batteriehälfte ihren Doppelzellenschalter. Ein Nachteil der Schaltung in Fig. 338 ist der, daß bei ungleicher Belastung der beiden Hälften des Dreileiternetzes die beiden Batteriehälften ungleich entladen werden. Da aber bei der Ladung beide Hälften immer nur gleichzeitig geladen werden können, wird die weniger belastete Batteriehälfte immer überladen. Man kann dies teilweise durch Vertauschen der Batteriehälften erreichen, indem einmal die linke Batteriehälfte auf die linke Netzseite, das andere Mal diese Batteriehälfte auf die rechte Netzseite geschaltet wird, wobei die rechte Batteriehälfte entsprechend behandelt wird.

Besser aber vermeidet man diesen Nachteil durch Ausgleichsmaschinen, wie sie Schukkert, Siemens & Halske und noch andere Firmen ausführen. Hierbei wird der Nulleiter nur noch zu den Ausgleichsmaschinen geführt, wie aus dem Schema Fig. 339 hervorgeht.

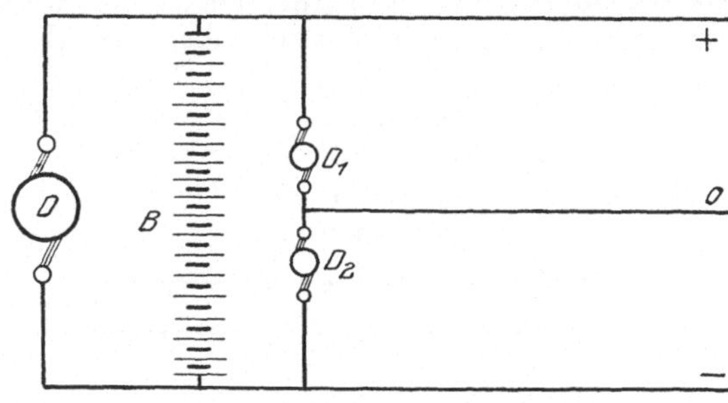

Fig. 339. Dreileiteranlage mit Ausgleichsmaschinen.

$D_1$ und $D_2$ sind die beiden Ausgleichsmaschinen, zwei kleinere Maschinen, welche wie der Nulleiter höchstens $1/2$ des Stromes und die halbe Spannung, also $1/4$ der Energie, zu liefern brauchen. Sie werden schnellaufend ausgeführt und miteinander gekuppelt, meist sogar mit einer durchgehenden Welle und nur einem Mittellager versehen. Von diesen beiden Maschinen läuft immer diejenige, welche in der augenblicklich schwächer belasteten Netzhälfte liegende Maschine als Generator an, so daß ganz selbsttätig ein Ausgleich zustande kommt. In der Fig. 339 sind Zellenschalter und sonstige Apparate fortgelassen, um die Schaltung übersichtlicher zu machen. Die Batterie gebraucht natürlich einen Doppelzellenschalter und da die Ausgleichsmaschinen fortwährend laufen müssen, sind von ihnen zwei Sätze nötig, die abwechselnd arbeiten.

Der Vollständigkeit halber möge noch das Laden einer Akkumulatorenbatterie durch einen Quecksilbergleichrichter, der an ein Drehstromnetz angeschlossen ist, schematisch dargestellt werden. Die Fig. 340 zeigt

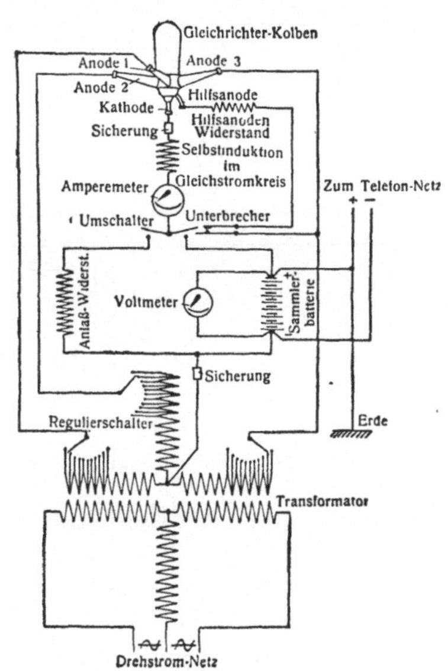



Fig. 340. Schaltungsschema zum Laden einer Akkumulatorenbatterie mit Quecksilbergleichrichter.

das Schaltungsschema der A.E.G. für eine Telephonzentrale mit allen erforderlichen Meßinstrumenten, Schaltern und Sicherungen, das wohl keiner weiteren Erläuterung bedarf.

Etwas abweichend von den Gleichstromanlagen müssen die **Wechselstromschaltungen** ausgeführt werden. Wie schon früher erwähnt wurde, muß man, wenn mehrere Wechselstrommaschinen zusammenarbeiten sollen, nicht nur auf gleiche Spannung achten wie bei Gleichstrommaschinen, sondern auch noch auf gleiche Phase. Man erkennt dies leicht am Schema Fig. 341. Da die Wechselstromvoltmeter nur die Spannung anzeigen, so könnten, obgleich die Spannungen beider Maschinen gleich sind, die augenblicklichen Pole gerade falsch sein, also die Phasen nicht zusammenstimmen, und beim Zusammenschalten beider Maschinen würde man dann einen Kurzschluß erhalten. Man muß

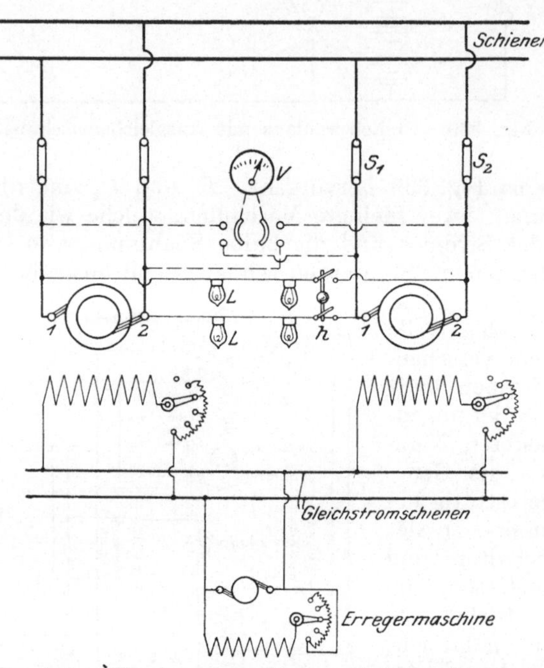


Fig. 341. Einphasenmaschinen mit Phasenlampen.

deshalb noch einen **Phasenindikator** anwenden. Dieser besteht im einfachsten Fall aus Glühlampen $L$ (Fig. 341). Um die zweite Maschine einzuschalten, schließt man zunächst nur den kleinen Hilfshebel $h$ und verbindet dadurch beide Maschinen vermittelst der Lampenleitung. Da die Lampen unter dem gleichzeitigen Einfluß der Spannungen von beiden Maschinen stehen, so werden sie dann am hellsten leuchten, wenn beide Spannungen genau zu gleicher Zeit steigen und abnehmen und dabei gleiche Richtungen haben. Deutlicher wird das Verhalten der Phasenlampen nach Fig. 342 erklärt. Die erste Maschine, welche schon mit voller Belastung läuft, hat die Kurve *1*. Die zweite Maschine, welche noch leer läuft, hat die Kurve *2*. Die Lampen stehen unter dem Einfluß der aus beiden Kurven resultierenden Kurve *3*, welche als ganz dicke Linie gezeichnet ist. Die Lampen können nur dann richtig hell brennen, wenn die resultierende Spannung, also die Kurve *3* über die Linien *a* und *b* hinaussteigt. Sie brennen deshalb von *0* bis *A* dunkel oder ganz schwach. Von *A* bis *B* brennen sie hell, dann wieder von *B* bis *C* dunkel und von *C* ab. wieder hell. Der Wechsel zwischen Hell und Dunkel kommt nur dadurch zustande, daß die leer laufende Maschine etwas schneller läuft als die belastete. In den Kurven *1* und *2* kommt

dies ja dadurch zum Ausdruck, daß die Punkte, in denen die Kurve *1*
die Nullinie *d* schneidet, weiter auseinanderliegen als dieselben Punkte
der Kurve *2*. Es tritt deshalb von Zeit zu Zeit der Fall ein, daß die
beiden Kurven ungefähr übereinstimmen wie von *A* bis *B* und von *C*
ab, ebenso tritt auch das Umgekehrte ein, wie von *0* bis *A* und von *B*
bis *C*, wo sie teilweise direkt entgegengesetzt sind und deshalb die
resultierende Spannung, also die Kurve *3*, ganz niedrig bleibt. Da der
Unterschied in der Tourenzahl, von der ja die Wechselzahl abhängt,
zunächst von *0* bis $B_1$ ein verhältnismäßig größerer ist, so folgen sich
die Hell-Dunkelzustände rasch, d. h. die Phasenlampen flackern und
der Maschinist kann schwer den Zeitpunkt treffen, wo die Lampen
gerade hell sind und er einschalten darf. Man beeinflußt deshalb immer
die Umlaufszahl der Antriebsmaschine von der zuzuschaltenden Wechselstrommaschine, damit die Zeitdauer der Wechsel in beiden Maschinen
ungefähr die gleiche ist. Ganz gleich darf sie natürlich nicht sein, denn
dann bliebe die resultierende Spannung immer dieselbe. Die Umlaufszahl der Antriebsmaschine wird gewöhnlich dadurch beeinflußt, daß man

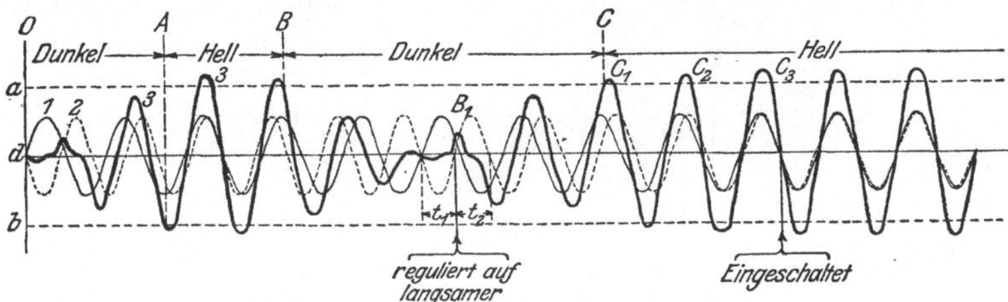


Fig. 342.  Resultierende Spannung beim Parallelschalten von Wechselstrommaschinen.

von der Schalttafel aus den Regulator mit Hilfe eines kleinen Elektro-
motors beeinflußt. In Fig. 342 ist angenommen, daß die leer laufende
Maschine bei $B_1$ auf langsamer beeinflußt wird, es geht deshalb dort die
kürzere Zeit $t_1$ in die etwas längere $t_2$ über und die Wechsel zwischen Hell
und Dunkel dauern länger, wie man von *C* ab erkennt, wo angenommen
ist, daß bei $C_3$ eingeschaltet wird. Nach dem Einschalten der zweiten
Maschine (in Fig. 341 durch Schließen der Schalter $S_1$, $S_2$) bleiben dann
beide Maschinen, da sie jetzt elektrisch verbunden sind, in gleicher
Phase.

Da die Parallelschaltung von Wechselstrommaschinen nach obigem
nicht so ganz einfach ist, hat man verschiedene Hilfsapparate ausgeführt, die diese Vornahme erleichtern. Ein solcher Apparat ist das
Weston Synchroskop nach Fig. 343. Es ist das ein Instrument,
welches ähnlich ausgebildet ist wie das Wattmeter dieser Firma (vgl.
Fig. 79). Der Zeiger befindet sich hinter einer durchscheinenden Skala,
welche durch eine Phasenlampe beleuchtet wird. Die Schaltung geht
aus Fig. 328 hervor. Die feststehenden Spulen des Instrumentes sind
über einen induktionsfreien Widerstand *W* mit den Sammelschienen,

die bewegliche Spule über einen Kondensator $C$ mit der einzuschaltenden Maschine verbunden. Normal steht der Zeiger in der Mitte der Skala. Da der Stromkreis der beweglichen Spule einen Kondensator enthält, der der festen Spule dagegen einen Widerstand mit verschwindend geringer Induktion, so können die Ströme in beiden Kreisen so einreguliert werden, daß sie um ein Viertel Periode gegeneinander verschoben sind, sobald die entsprechenden Spannungen (an den Schienen und an der zuzuschaltenden Maschine) entweder in Phasengleichheit oder gerade in entgegengesetzter Phase sind. Unter diesen Umständen wird dann auf die bewegliche Spule kein Drehmoment ausgeübt und der Zeiger wird gerade vor dem schwarzen Fleck auf der Mitte der Skala stehen. Da aber die Phasenlampe nur leuchtet, wenn Phasengleichheit vorhanden ist und dunkel bleibt, bei entgegengesetzter Phase, so ist nur im ersten Fall der Zeiger scharf und deutlich zu erkennen. Laufen die Maschinen nicht mit gleicher Phase, so tritt eine Drehung der beweglichen Spule ein, und zwar erfolgt die Ablenkung nach der einen Seite, wenn der eine Strom gegen den anderen voreilt und nach der anderen Seite, wenn er nacheilt, und dementsprechend erkennt man, ob die zuzuschaltende Maschine zu schnell oder

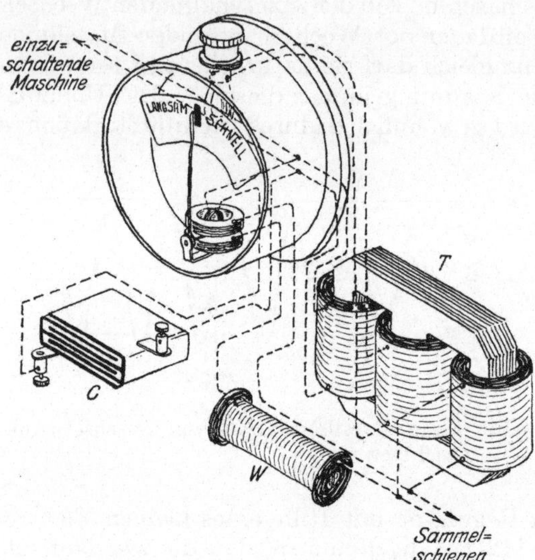


Fig. 343.  Weston - Synchroskop.

zu langsam läuft und kann demnach die Umlaufszahl der Antriebsmaschine richtig einstellen. Die Phasenlampe, welche von der resultierenden Spannung beider Maschinen betrieben wird, ist nicht direkt angeschlossen, wie in Fig. 341, sondern mit einem Transformator $T$, wie dies gewöhnlich geschieht, da Wechselstrommaschinen meist Hochspannung erzeugen und die Lampe mit Niederspannung brennen muß. Wie schon aus Fig. 342 hervorgeht, wird der Zeiger des Instrumentes hin und her schwingen und die Lampe in demselben Takt aufleuchten, so daß der Zeiger, da er immer nur auf einer Stellung beleuchtet wird, eine Drehung entweder im einen oder im anderen Sinne auszuführen scheint. Ist die Wechselzahl beider Maschinen gleich, aber die Phasen ungleich, so bleibt der Zeiger an irgendeiner Stelle der Skala stehen.

Wie man die Phasenlampen bei Hochspannung und Dreiphasenstrom schaltet, zeigt Fig. 344. Es erhalten sowohl die Lampen als auch die Meßinstrumente kleine Transformatoren (vgl. Fig. 91). Außerdem ist, wie auch schon in Fig. 91 für Einphasenstrom angegeben, ein Wattmeter $WM$ ein Amperemeter $A$ und Voltmeter $V$ notwendig. Auch hier kämen natürlich selbsttätige Ölschalter mit Überstromausschaltung in Frage, wie sie früher schon beschrieben wurden.

In Dreiphasenzentralen geschieht der Anschluß der Lampen bei der gewöhnlich angewendeten Sternschaltung nach Fig. 239, und bei den Verteilungsnetzen stehen in den Speisepunkten (vgl. Fig. 334) die Niederspannungstransformatoren, während die Speiseleitungen Hochspannung

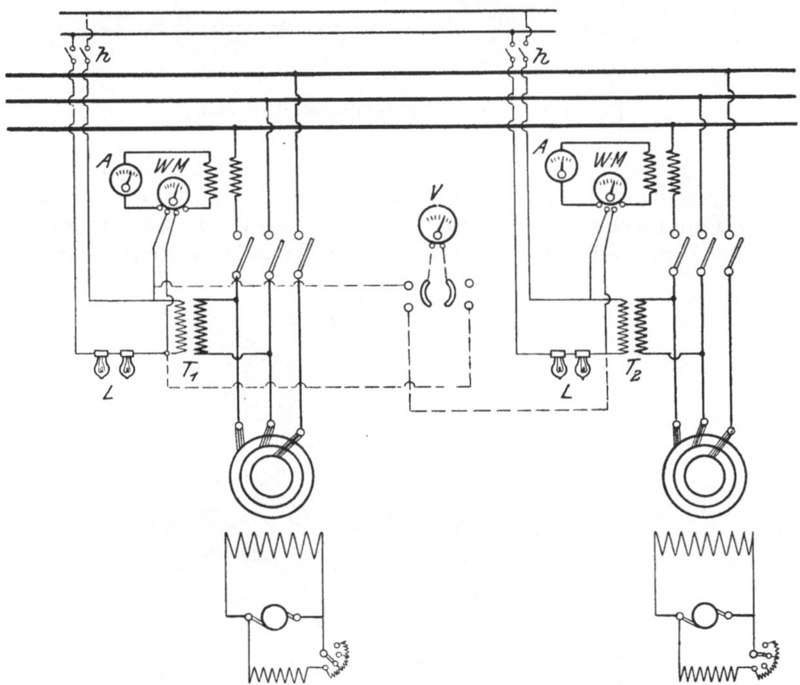


Fig. 344. Dreiphasenmaschinen mit Phasenlampen und Transformatoren.

führen. Die Verteilung der Belastung auf die einzelnen Maschinen kann dann auch nicht mehr wie bei Gleichstrom durch die Regler erfolgen, sondern nur durch Veränderung der Dampfzufuhr zu den Dampfmaschinen.

Eine besondere Art von elektrischen Anlagen sind die elektrischen Bahnen. Das Schema einer Bahnanlage zeigt Fig. 345. $G$ sind die Maschinen in der Zentrale, von denen natürlich noch mehr wie zwei vorhanden sein können. Die negative Sammelschiene ist geerdet und gleichzeitig mit den Fahrschienen verbunden. Der Fahrdraht besteht aus einzelnen Abteilungen, deren jede ihr besonderes Speisekabel besitzt. Von dem Fahrdraht wird der Strom durch einen Bügel oder eine Rolle abgenommen und zum Motor geleitet, der dann, wie Fig. 196 zeigt,

am eisernen Untergestell des Wagens befestigt ist. Die weitere Fortleitung des Stromes geschieht durch die Räder, Schienen und Erde zur
Zentrale zurück.

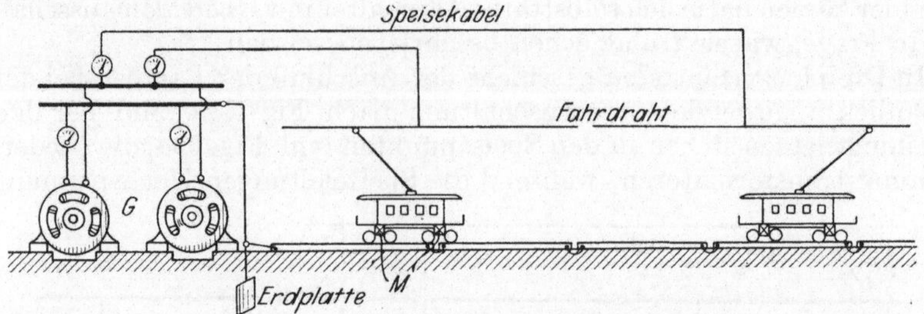


Fig. 345. Schema einer elektrischen Bahn.

Die Regelung der Stromabnahme und der Geschwindigkeit des
Wagens geschieht vermittelst Schaltwalzen, welche vorn und hinten
auf den Plattformen angebracht sind. Eine geöffnete Schaltwalze ist
in Fig. 346 dargestellt. An einer senkrechten Welle, die durch eine Kurbel

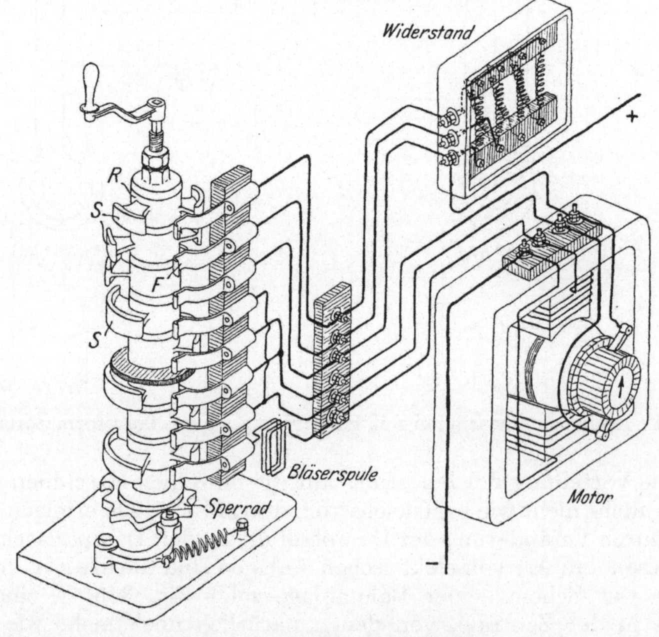


Fig. 346. Schaltwalze.

gedreht wird, befinden sich eine Anzahl Kontaktringe $R$ mit besonderen
Schleifflächen $S$. Dreht man die Walze, so kommen je nach ihrer Stellung
mehr oder weniger verschiedene der federnden Kontaktfinger $F$ mit

den Schleifflächen in Berührung und dadurch können die verschiedenartigsten Schaltungen hervorgebracht werden. Eine ganz einfache Schaltwalze nur zum Anlassen eines Motors zeigt im Schaltungsschema Fig. 347. Es ist so erhalten worden, daß man sich die Walze aufgeschnitten denkt und dann ausgebreitet aufzeichnet. Die mit römischen Zahlen bezeichneten Kontakte sind die Finger. Steht die Walze so, daß die Finger auf der Linie 0 stehen, dann ist ausgeschaltet, weil keiner der

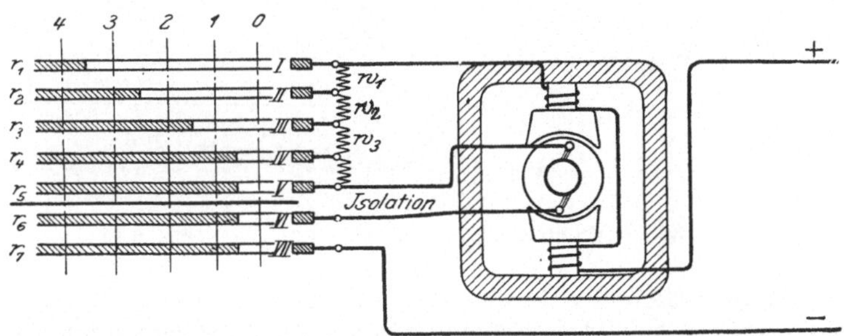

Fig. 347. Schema einer einfachen Schaltwalze.

Finger auf einer der schraffiert gezeichneten Schleifflächen aufliegt. Steht die Walze mit der Linie 1 vor den Fingern, so liegen von diesen IV, V, VI und VII auf und der Strom geht von + durch die Magnetwickelung des Motors, darauf durch die Widerstandsstufen $w_1$, $w_2$, $w_3$ des Anlassers zu Finger V, durch den Anker des Motors nach Finger VI auf Ring $r_6$ und da dieser wieder mit $r_7$ verbunden ist, geht der Strom weiter durch Finger VII nach —. Damit der Strom nicht vom Ring $r_5$ zum Ring $r_6$ herübergeht, ist zwischen diese beiden Isolation geschoben. Dreht man die Walze auf Stellung 2, dann liegt außer den in Stellung 1 aufliegenden Fingern auch noch III auf, so daß dann der Strom von + nur

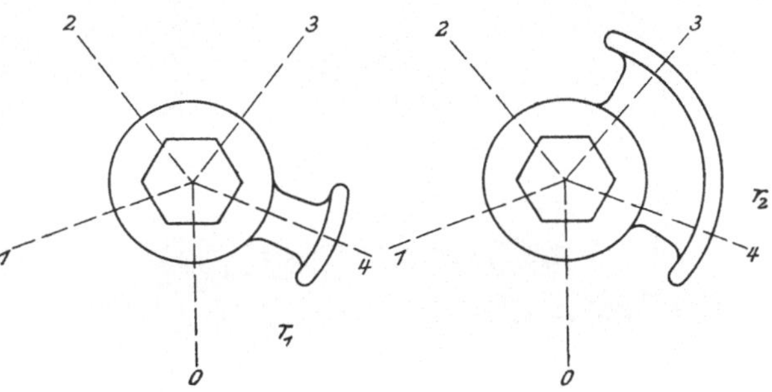

Fig. 348. Kontaktringe zur Schaltwalze.

noch durch die beiden Widerstandsstufen $w_1$ und $w_2$ hindurchgeht. Auf Stellung 3 geht er nur noch durch $w_1$ und auf Stellung 4 ist aller Widerstand ausgeschaltet, so daß der Motor die volle Spannung erhält. Aus dem Schema Fig. 347 ergibt sich, daß der Kontaktring $r_1$ nur auf Stellung 4 eine Auflagefläche haben darf, $r_2$ auch noch auf Stellung 3 usw. Daraus folgt die Form der Ringe $r_1$ und $r_2$ nach Fig. 348. Bei einer Schaltwalze für elektrische Bahnen sind dann noch viel mehr

Schaltungen ausführbar; z. B. kann man rückwärts fahren, indem man die Umlaufsrichtung des Motors umschaltet, dann kann man mit der Walze gleich elektrisch bremsen.

Das Schema in Fig. 345 ist gewöhnlich nur bei kleineren Bahnen, wie Straßenbahnen sind, in Anwendung. Diese Bahnen werden mit Gleichstrom und etwa 500 Volt Fahrtspannung betrieben. Größere

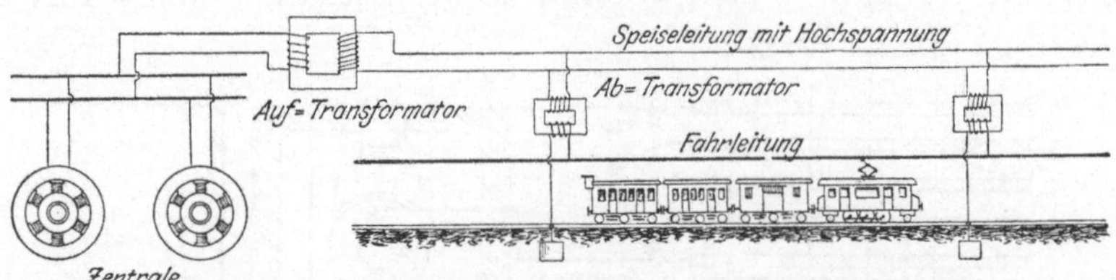


Fig. 349.   Schema einer Vollbahn mit Wechselstrom.

Bahnen, namentlich Vollbahnen, führt man heute nur noch mit Wechselstrom aus. Das Schema einer solchen Anlage zeigt Fig. 349. Die Spannung der Maschinen in der Zentrale wird zunächst durch einen Auftransformator in Hochspannung von 80 000—100 000 Volt verwandelt und durch Speiseleitungen auf sehr weite Entfernungen verteilt. Die Fahrtleitung ist in einzelne Abschnitte geteilt und die Fahrspannung beträgt, damit nicht zu häufig ein Anschluß an die Speiseleitung nötig wird, etwa 10000 Volt. Da man mit dieser Spannung nicht gut die Apparate in der elektrischen Lokomotive betreiben kann, wird in dieser noch ein Transformator angebracht für 300—1000 Volt. Die Motoren sind Kollektormotoren und werden gewöhnlich für große Leistungen gebaut. Ihre Wechselzahl beträgt, wie schon früher erwähnt wurde, etwa 30.

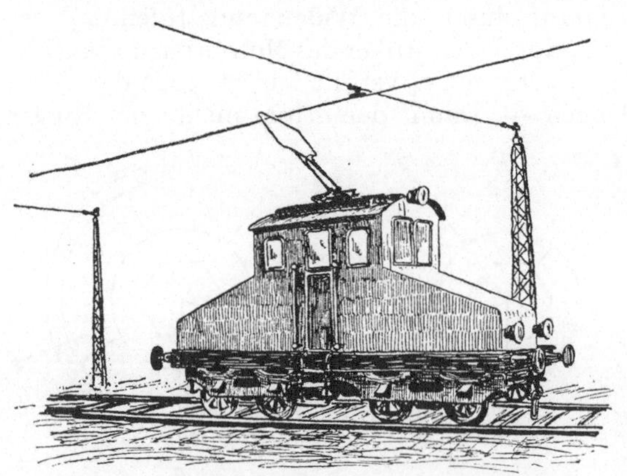

Fig. 350.   Elektrische Lokomotive.

Das Äußere einer elektrischen Lokomotive zeigt Fig. 350. Diese Form ist heute ja schon ziemlich bekannt, wird aber nur für kleinere Leistungen angewendet. Zum Betrieb von Schnellzügen und Güterzügen werden schwerere Lokomotiven nach Art der Fig. 351 benutzt. Sie besitzen gewöhnlich nur einen großen Motor von mehreren Hundert PS-Leistung, welcher oben im Wagen steht und durch eine Triebstange auf eine Blindwelle arbeitet, die dann mit den übrigen Rädern gekuppelt ist.

Bei den in solchen Lokomotiven auftretenden starken Strömen kann man auch nicht mehr die einfachen Schaltwalzen nach Fig. 347 verwenden. Man arbeitet dann mit Schützensteuerung, wie sie in

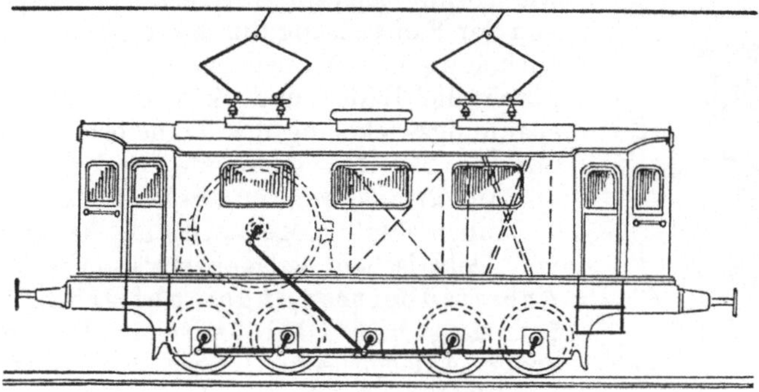

Fig. 351.  Große Vollbahnlokomotive.

Fig. 352 dargestellt ist. Dort wird dann die Steuerwalze, die nach Art der Schaltwalzen Fig. 346 ausgeführt ist, nur zum Ein- oder Ausschalten von besonderen Schützen benutzt, die nach Fig. 353 aus Magneten bestehen, die durch Anziehen eines Ankers $a$ besondere Starkstromschalter

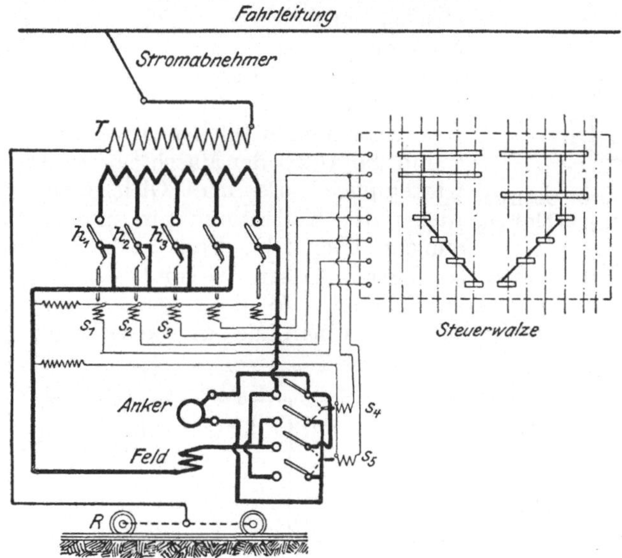


Fig. 352.  Schützensteuerung für elektrische Lokomotiven.

$S$ schließen. Aus Fig. 352 erkennt man, daß die Steuerwalze nur mit schwächerem Strom arbeitet und die Magnetspulen $S_1$, $S_2$, $S_3$ usw. für die Schützen $h_1$, $h_2$, $h_3$ des Anlaßtransformators einschaltet, während $S_4$ und $S_5$ die Spulen für Umschaltung der Drehrichtung des Motors sind. $R$ sind die Räder der Lokomotive, durch welche die Rückleitung des Stromes erfolgt. Die Hochspannung von 10 000 Volt,

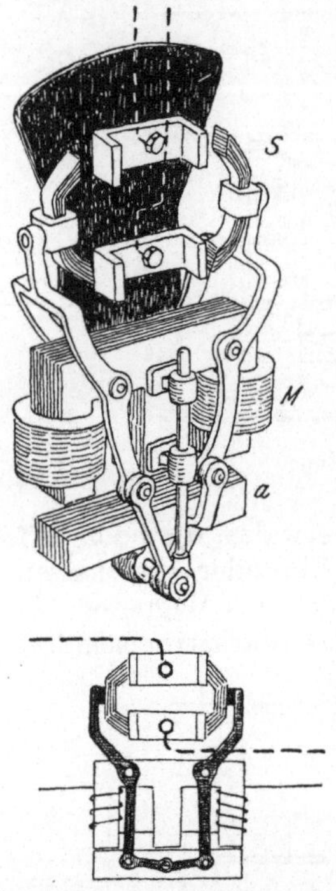

wie vorhin bemerkt war, erzeugt einen Strom von der Fahrtleitung durch die Hochspannungswickelung des Transformators $T$ und zurück durch die Räder und Schienen. Die Niederspannungswickelung des Transformators ist in der Fig. 352 dick gezeichnet und dieser gleich als Anlaßtransformator ausgebildet.

Zum Schluß möge noch eine besondere Art von elektrischen Anlagen erwähnt werden, die **Arbeitsübertragungen auf größere Entfernung mit Gleichstrom.** Es sind derartige Anlagen selten, aber doch sind einige bemerkenswerte ausgeführt, wie schon auf Seite 115 bemerkt ist. Man verwendet hierbei zweckmäßig Hauptstrommaschinen, während sonst in Gleichstromanlagen, besonders mit Akkumulatoren, immer nur Nebenschlußmaschinen zur Anwendung kommen. Eine besondere Eigenschaft dieser Hochspannungsgleichstrom-Anlagen, welche nach dem Oberingenieur Thury hauptsächlich durch die Compagnie de l'Industrie Electrique in Genf ausgeführt werden, ist ihre große Einfachheit. Das Schema einer solchen Anlage zeigt Fig. 354. $a$ sind die Anker der Maschinen, $m$ ihre Magnet-

Fig. 353. Schütze, oben ge- wickelungen. Da man Gleichstromamschinen
öffnet, unten geschlossen. wegen der Kollektoren nur ungern für Spannungen über 2000 Volt ausführt, muß man zur Erzielung einer genügend hohen Gesamtspannung mehrere Maschinen hintereinander schalten. Weil in der Leitung Spannung verloren geht, braucht man, wenn man auch die Motoren für 2000 Volt

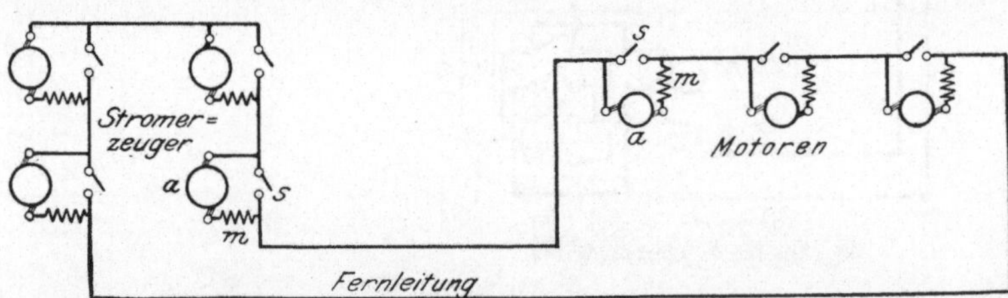


Fig. 354. Arbeitsübertragung mit hochgespanntem Gleichstrom.

einrichtet, immer weniger Motoren als Generatoren. Wenn an der Verbrauchsstelle nicht alle Motoren laufen sollen, so kann man diejenigen, welche ausgeschaltet werden sollen, durch die Schalter $S$

kurz schließen; es brauchen dann natürlich auch weniger Stromerzeuger zu laufen, die man ebenfalls auf dieselbe Weise ausschalten kann.

Die Motoren haben in diesem Fall keine Anlasser notwendig, denn sie laufen mit den Stromerzeugern gleichzeitig an. Da diese Hauptstrommaschinen sind, so müssen sie, wenn sie sich selbst erregen sollen, ja doch einen geschlossenen äußeren Stromkreis vorfinden, wie schon früher erläutert wurde. Es hat ein solches System auch nur wenig Apparate nötig und außerdem haben hier die Hauptstrommotoren die Eigentümlichkeit, mit konstanter Umdrehungszahl zu laufen, gleichgültig, wie stark sie belastet sind. Wir haben früher gesehen, daß der Hauptstrommotor um so langsamer läuft, je stärker er belastet ist. Ein Hauptstromgenerator liefert aber bei starker Stromstärke hohe Spannung, folglich erhält in diesem System der stark belastete Hauptstrommotor eine höhere Spannung als wenn er schwach belastet ist,

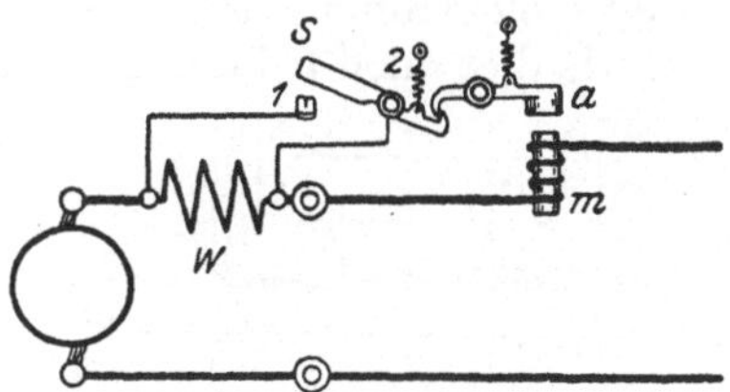

Fig. 355.  Schutz gegen Kurzschluß und Überstrom bei Hauptstrommaschinen.

und da seine Umdrehungszahl von der Spannung auch mit abhängt, läßt es sich einrichten, daß der Hauptstrommotor bei allen Belastungen mit konstanter Umlaufszahl arbeitet.

Hauptstromgeneratoren haben nun die Eigenschaft, bei zu starker Belastung oder gar Kurzschluß eine gefährlich werdende Spannung zu entwickeln. Man schützt sie dagegen durch eine selbsttätige Vorrichtung nach Fig. 355. Überschreitet der Strom der Maschine die zulässige Höhe, so zieht der Magnet $m$ den Anker $a$ an, wodurch dann der Hebelschalter $S$ freigegeben wird, der darauf durch Verbindung der Punkte 1 und 2 die Magnetwickelung der Maschine kurz schließt. Infolge dieses Kurzschlusses wird die Magnetwickelung stromlos und die Maschine verliert ihre Spannung.

# XIII. Stromdurchgang durch verdünnte Gase. Kathodenstrahlen. Röntgenstrahlen.

Ein wichtiges Gebiet der Elektrotechnik ist die Erzeugung von Röntgenstrahlen geworden. Doch ehe wir uns mit diesen interessanten Strahlen und ihren Eigenschaften beschäftigen, wollen wir zunächst den Apparat kennen lernen, mit dessen Hilfe wir sie erzeugen. Es ist dies der schon seit dem Jahre 1848 bekannte und seitdem außerordentlich vervollkommnete Funkeninduktor von Rühmkorff (Fig. 356). Er besteht im wesentlichen aus einem Eisenkern $K$, der, um die Wirbelströme in ihm zu vermindern, aus dünnen Drähten oder auch Blechen zusammengesetzt ist und den beiden Spulen $S_1$ und $S_2$. Die Spule $S_1$

ist mit der Gleichstromquelle $E$ verbunden und besteht aus 2 Lagen eines etwa 2—3 mm dicken, mit Seide oder Baumwolle umsponnenen Kupferdrahtes. Von dem Eisenkern ist die Wicklung durch Preßspan oder auch Hartgummi gut isoliert. Bei den größeren Apparaten wird über die Wicklung noch ein Hartgummirohr geschoben. Die Spule $S_2$ besteht aus einem etwa 0,2—0,3 mm dicken Kupferdraht, der, zweimal mit Seide besponnen, in vielen Tausenden von Windungen auf das etwa 10 mm dicke Hartgummirohr $R$ aufgewickelt ist. Da die in $S_2$ erzeugte elektromotorische Kraft außerordentlich hoch ist, so muß man, wie dies auch bei den Transformatoren (Seite 171) erwähnt wurde, die Spule $S_2$ aus sehr vielen einzelnen Spulen, die die Form dünner Scheiben haben, herstellen (vgl. Fig. 231). Die Windungen der Spulen sind so miteinander verbunden, daß eine einzige fortlaufende Wicklung entsteht. Rühmkorff stellte seine Apparate mit 3—4 Scheiben her, während heute mehrere Hundert genommen werden. Die ganze Spule ist in einen dicken

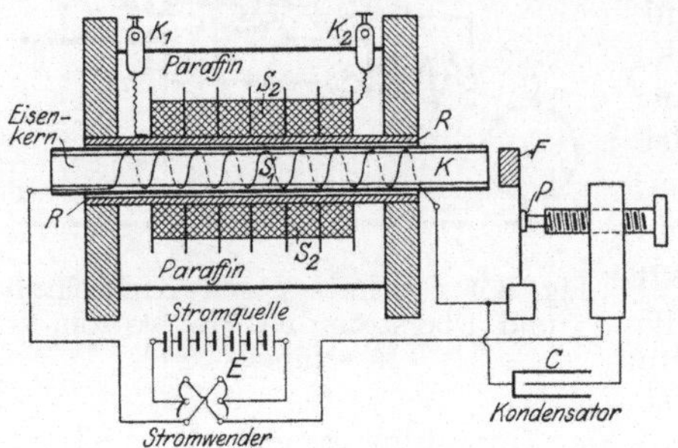


Fig. 356. Schem. Darstellung des Funkeninduktors.

Aufguß aus Paraffin eingehüllt, in den die Klemmen $K_1$ und $K_2$ eingesetzt sind, die in Verbindung mit den Enden der Wicklung stehen. Scheiben aus Hartgummi nebst einer dünnen Spule aus demselben Material schließen die Spule nach außen ab.

Die Wirkungsweise ist nun folgende: Wird der Stromkreis der Spule $S_1$ geschlossen, so entstehen in dem Eisenkern $K$ Kraftlinien, deren Zahl also von Null bis zu einem Maximum zugenommen hat. Infolgedessen entsteht in den Windungen der Spule eine elektromotorische Kraft von gewisser Richtung (vgl. die Regel auf Seite 28). Wird der Strom in der Spule $S_1$ unterbrochen, so verschwinden diese Kraftlinien, und in den Windungen der Spule $S_2$ entsteht abermals eine elektromotorische Kraft, die aber die entgegengesetzte Richtung wie die vorige hat. Würde man also die Klemmen $K_1$ und $K_2$ durch einen Leiter verbinden, so flösse in demselben ein Wechselstrom. Es besteht aber zwischen der elektromotorischen Kraft beim Schließen bzw. Öffnen des primären Stromes ein bedeutender Unterschied in bezug auf die Größe derselben. Diese hängt nämlich ab einmal von der maximalen Kraftlinienzahl, also von der Stärke des primären Stromes, und das andere Mal von der Geschwindigkeit, mit der die Kraftlinien entstehen bzw. verschwinden. Wie auf Seite 29 auseinandergesetzt wurde, entsteht beim Schließen des primären Stromes in den Windungen der Spule $S_1$ eine elektromotorische Kraft der Selbstinduktion (Extraspannung), die dem Strome entgegengerichtet ist, also verhindert, daß der Strom rasch seinen größten Wert erreicht. Das Anwachsen der Kraftlinien erfolgt demnach nur langsam, und die elektromotorische Kraft in der Spule $S_2$ bleibt infolgedessen klein. Anders beim Öffnen des Stromes. Hier hat man durch den Kondensator $C$ ein Mittel in der Hand, den Strom fast plötzlich zu unterbrechen, d. h. die Kraftlinien fast augenblicklich zum Verschwinden zu bringen. Die in der Spule $S_2$ erzeugte elektromotorische Kraft nimmt infolgedessen sehr hohe Werte an, so daß sie imstande ist, auch in der Luft in Form eines Funkens überzugehen.

Zusammengefaßt merken wir uns: Beim Schließen des primären Stromes entsteht eine kleine elektromotorische Kraft von gewisser Richtung, beim Öffnen eine große von entgegengesetzter Richtung. Der entstehende Strom hat daher bei größeren, äußeren Widerständen zwischen $K_1$ und $K_2$, z. B. Luftstrecken, immer dieselbe Richtung, da der Schließungsstrom nicht zustande kommt. Den Klemmen $K_1$ und $K_2$ kommen also bestimmte Vorzeichen zu.

Das gute Arbeiten eines Funkeninduktors hängt wesentlich von dem Unterbrecher ab. In Fig. 356 ist als Unterbrecher der Wagnersche oder Neefsche Unterbrecher gezeichnet. Ein Stück Eisen ($F$) ist an einer Blattfeder befestigt, die an einen Platinstift $P$ lehnt. Hierdurch ist der Stromkreis der Stromquelle $E$ geschlossen, der Eisenkern $K$ wird magnetisch und zieht das Eisenstück $F$ an. In diesem Augenblick wird der Strom bei $P$ unterbrochen, der Eisenkern wird unmagnetisch usf. Der Stromkreis wird hierdurch in rascher Folge geschlossen und unterbrochen, wobei beim Unterbrechen die große EMK entsteht. Dieser älteste Unterbrecher, auch Platinunterbrecher genannt, eignet sich nur für kleinere In-

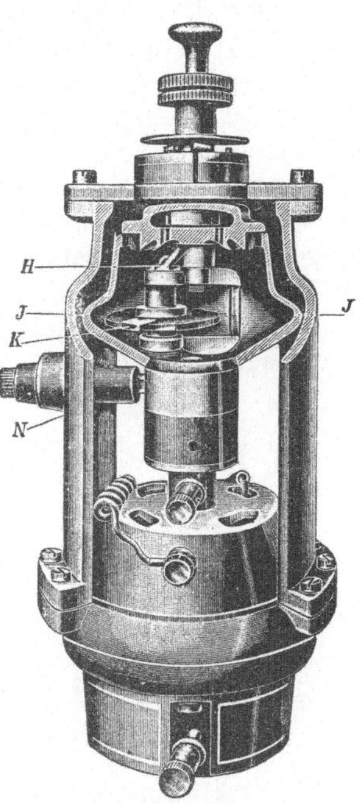

Fig. 357.
Rotax-Unterbrecher.

duktoren, da naturgemäß eine größere Stromstärke durch den stumpfen Kontakt bei $P$ sich nicht unterbrechen läßt. Man verwendet bei größeren Apparaten gegenwärtig fast nur Quecksilberunterbrecher und den elektrolytischen Unterbrecher von Wehnelt.

Von den Quecksilberunterbrechern, deren es eine große Zahl gibt, soll nur der Rotax-Unterbrecher der Aktiengesellschaft Sanitas, Berlin, näher beschrieben werden.

Er besteht aus dem birnenförmigen Unterbrechergefäß $J$ (Fig. 357), welches durch einen Elektromotor mit vertikaler Welle in Rotation versetzt werden kann. Das im Gefäß befindliche Quecksilber wird bei der Rotation zentrifugal geschleudert und bildet bei $J$ einen in sich geschlossenen Quecksilberring. Ein Kontakträdchen aus Isoliermaterial, dessen Achse von einem Winkelstück getragen wird, ist mit zwei Kupferkontakten $K$ versehen und taucht mit seiner Peripherie in den Quecksilberring hinein, so daß es bei der Rotation des Gefäßes wie ein Kammrad vom anderen mitgenommen und ebenfalls in Umdrehungen versetzt wird. Da sein Durchmesser etwa nur halb so groß ist wie der des Quecksilberringes, so macht es annähernd die doppelte Tourenzahl. Dabei taucht nun abwechselnd einmal ein Kupferkontakt, im nächsten Augenblick das Isolationsmaterial des Rädchens in das Quecksilber hinein, wodurch man in schneller Folge Stromschluß und Stromöffnung erhält. Der dem metallischen Gefäß mittels der schleifenden Kontaktkohle $N$ zugeführte Strom gelangt durch das Quecksilber, durch den Kupferkontakt $K$, das Winkelstück und die durch den isolierenden Deckel hindurchgeführte Achse nach einer oben montierten Klemme, die durch die primäre Wicklung des Induktors hindurch mit dem anderen Pole der Stromquelle in Verbindung steht. Bei $H$ befindet sich eine Quecksilberkammer, die einen gleichmäßigen Kontakt zwischen dem sich bewegenden Rädchen und dem feststehenden Winkelstück gewährleistet.

Um jede Funkenbildung zu verhindern und die Unterbrechung plötzlich herbeizuführen, wird das Gefäß mit einer gewissen Menge Petroleum gefüllt. Dasselbe wird ebenfalls zentrifugal geschleudert und bildet einen zweiten, auf dem Quecksilber aufliegenden Ring.

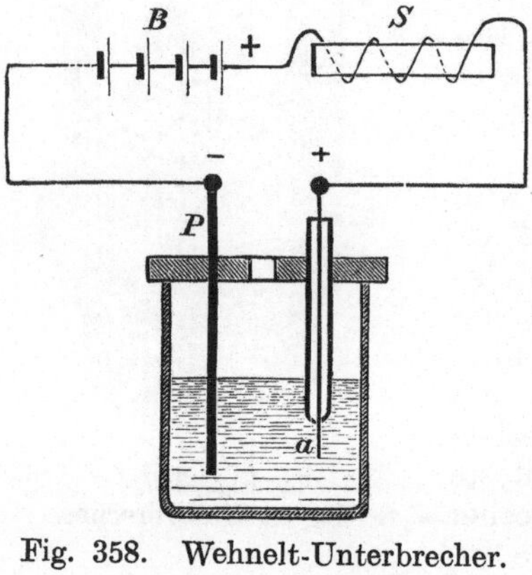

Um die Stromstärke zu ändern, z. B. zu vergrößern, muß man den Stromschluß verlängern. Zu dem Zweck ist die das Winkelstück tragende Achse exzentrisch durch eine Bohrung des Deckels hindurchgeführt, so daß man durch Drehung der Achse das Rädchen mehr oder weniger in den Quecksilberring eintauchen lassen kann.

Fig. 358.  Wehnelt-Unterbrecher.

### Der elektrolytische Unterbrecher von Wehnelt.

Bei diesem Unterbrecher taucht in verdünnte Schwefelsäure (1 : 20) eine Bleiplatte $P$ und ein dünner Platindraht, der nur mit seinem Ende $a$ aus einem Glas- oder Porzellanrohr herausragt. Man schließt nun den negativen Pol der Stromquelle an die Bleiplatte $P$, den positiven an den Induktor $S$ und den Platindraht $a$ (Fig. 358). Sofort geht ein starker Strom durch den Elektrolyten, wodurch derselbe in Wasserstoff und Sauerstoff zersetzt wird. Da, wo der Platindraht in die Schwefelsäure eintaucht, bildet sich um ihn eine Hülle von Sauerstoff, vermengt mit Wasserdampf, die den Strom unterbricht. Das

Wasser tritt wieder an den Stift, wodurch der Stromkreis abermals geschlossen ist, und das Spiel wiederholt sich bis 1000 mal in einer Sekunde. Ein Kondensator $C$ ist bei diesem Unterbrecher nicht erforderlich.

Erwähnt sei noch, daß die beiden beschriebenen Unterbrecher, wegen der großen Anzahl der Unterbrechungen, an jede Gleichstromlichtleitung ohne weiteres angeschlossen werden können.

## Versuche mit dem Funkeninduktor.

Verbindet man die Klemmen $K_1$ und $K_2$ des Funkeninduktors mit zwei isoliert stehenden Metallkugeln und setzt den Induktor in Tätigkeit, so geht bei einer gewissen Spannung zwischen den beiden Kugeln ein Funken über. Vergrößert man die Entfernung der beiden Kugeln, so muß man auch die Spannung des Induktors entsprechend steigern, um neue Funken zu erhalten. Es entspricht also jeder Spannung eine gewisse Entfernung der Kugeln, die sogenannte Schlagweite, bei der noch ein Übergang der Elektrizität von einer Kugel zur anderen stattfindet. Da man die Entfernung der beiden Kugeln leicht, die Spannung aber nur sehr schwer messen kann, so beurteilt man Induktionsapparate nicht nach der Spannung, sondern nach der Schlagweite. Die Schlagweite des Induktors beträgt beispielsweise 40 cm, heißt, daß man die Kugeln 40 cm auseinanderstellen kann und daß dann, bei genügender primärer Stromstärke, noch ein Funke beim Öffnen des primären Stromes entsteht. Die Klemmen $K_1$ und $K_2$ des Induktors in Fig. 356 müssen in diesem Falle natürlich mindestens 40 cm voneinander entfernt sein, weil sonst der Funke zwischen ihnen übergehen würde.

Ersetzt man die eine Kugel durch eine Metallplatte, die andere durch eine Spitze (vergl. Fig. 364), so zeigt der Versuch, daß die Schlagweite abhängt von der primären Stromrichtung, die man durch den Stromwender (Fig. 356) nach Belieben ändern kann, und zwar erhält man die größere Schlagweite, wenn die Platte mit dem negativen Pol der sekundären Spule des Induktors verbunden ist.

Läßt man den elektrischen Funken eines Induktors in Glasrohren übergehen, aus denen die Luft zum Teil entfernt ist, so zeigen sich daselbst Erscheinungen, die wesentlich von dem Verdünnungsgrade der Luft abhängen. Ist die Verdünnung eine mäßige, so erscheint der positive Pol, die Anode, von einem purpurroten Lichtschein umgeben, der fast das ganze gerade oder auch gekrümmte Rohr ausfüllt, während der negative Pol, die Kathode, von einem blauen Licht eingeschlossen ist. Bei gewissen Verdünnungen nimmt man in dem roten Licht tellerförmige Schichtungen wahr (Fig. 359).

Wird die Verdünnung der Luft durch Auspumpen erhöht, so dehnt sich das blaue Licht immer weiter aus, während das rote zurückgeht. Bei sehr großer Verdünnung sind nur noch die Strahlen vorhanden, die von der Kathode ausgehen, und sich geradlinig im Rohre ausbreiten, also den Krümmungen desselben nicht mehr folgen und auch nur wenig sichtbar sind. Treffen sie auf die gegenüberliegende Glaswand, so leuchtet (fluoresziert) diese in grünem Lichte. Nicht alle Gläser leuchten grün, Bleigläser z. B. blau, Didymgläser rot. Ebenso wie das Glas kommen eine Menge anderer Körper, namentlich Mineralien, wenn sie von den Kathodenstrahlen, so nennt man diese Strahlen, getroffen werden, zum fluoreszierenden Leuchten.

Von der Lage der Anode ist der Gang der Kathodenstrahlen ganz unabhängig. Immer gehen sie senkrecht von der Kathodenfläche weg. Ist diese daher ein Stück einer Kugelfläche, so treffen sich die Strahlen im Mittelpunkte der Kugel, den man nun den Brennpunkt nennt, und gehen von ihm aus wieder auseinander. Metallische Körper fluoreszieren nicht, kommen jedoch, in den Brennpunkt gebracht, durch die Wärmeentwicklung zum Glühen.

Die Kathodenstrahlen lassen sich durch einen Magneten ablenken.

Die bisher beschriebenen Erscheinungen in verdünnten Gasen (denn es braucht nicht Luft zu sein) lassen sich nach unseren heutigen Anschauungen wie folgt erklären:

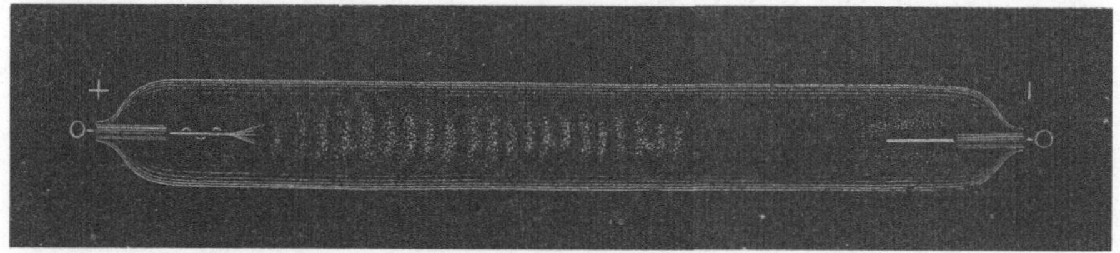

Fig. 359.  Lichterscheinung bei geringer Verdünnung.

Der Durchgang der Elektrizität durch ein Gas wird in ähnlicher Weise bewirkt wie in einem elektrolytischen Leiter. In diesem bewegen sich, infolge der elektrischen Kräfte, die elektrisch geladenen Moleküle oder Ionen je nach ihrer Ladung in entgegengesetzter Richtung, die positiv geladenen Kationen, nach der negativen Kathode hin, die negativ geladenen Anionen, nach der positiven Anode. Die elektrolytische Leitung ist nur möglich, wenn solche Ionen vorhanden sind. Wenn die Moleküle nicht in solche geladenen Teile zerfallen sind, so kann keine Leitung der Elektrizität stattfinden. In den elektrolytischen Flüssigkeiten ist nun der Zerfall in Ionen ohne Mitwirkung des Stromes eingetreten (vgl. Seite 53). Bei diesen Elektrolyten bewirkt also der Strom nur eine Verschiebung der Ionen gegen den Widerstand der Flüssigkeit. Da dieser Widerstand beträchtlich ist, so bewegen sich die Ionen in einem flüssigen Elektrolyten mit ganz geringen Geschwindigkeiten[1]).

---

[1]) Das Wasserstoffion wandert am schnellsten. Trotzdem ist seine Geschwindigkeit nur 0,003 cm pro Sekunde für 1 Volt Spannungsunterschied auf 1 cm Länge.

Beim Durchgang der Elektrizität durch Gase haben wir es mit ähnlichen Verhältnissen zu tun, denn auch hier vermitteln die Ionen den Stromdurchgang. Da der Widerstand gegen die Bewegung der Ionen sehr bedeutend kleiner ist als im Elektrolyten, so erlangen sie wesentlich größere Geschwindigkeiten. Prallt nun ein positiv geladenes Ion auf die Kathode, so sendet diese hierfür **Elektronen** aus, d. s. neue elektrische Teilchen, die nur negative Elektrizität enthalten, gleichsam die **Atome der negativen Elektrizität**[1]). Die Elektronen nehmen, je nach der Höhe der Spannung der Stromquelle, Geschwindigkeiten von 100 000 und mehr Kilometern pro Sekunde an. Wo sie auftreffen, entstehen Licht und Wärmeerscheinungen. Enthält das Rohr noch verhältnismäßig viel Gas, so treffen die Elektronen auf Gasmoleküle und bringen diese hierdurch zum Leuchten (Glimmlicht, vgl. die Lampe Fig. 288, Seite 201). Bei größerer Verdünnung des Gases gelangen sie bis zur Glaswand, und diese kommt zum Fluoreszieren, kurz: **Die mit einem Bruchteile der Lichtgeschwindigkeit (300 000 km pro Sekunde) fliegenden Elektronen sind die oben beschriebenen Kathodenstrahlen.** Außerdem erzeugen die Elektronen im Rohre überall, wo sie auf andere Körper auftreffen, eine neue Art von Strahlen, die nach ihrem Entdecker genannten **Röntgenstrahlen.** Die Eigenschaften dieser sind nach den Untersuchungen Röntgens etwa folgende:

1. Sie treten aus dem Rohre, in welchem sie erzeugt werden, geradlinig aus, sind aber für unser Auge nicht unmittelbar wahrnehmbar.
2. Treffen sie auf fluoreszenzfähige Körper, so bringen sie dieselben .zum Leuchten.
3. Sie wirken auf die photographische Platte ein.
4. **Sie durchdringen mehr oder weniger fast alle Körper.**
5. Sie lassen sich durch den Magneten **nicht** ablenken.
6. Sie lassen sich nach **Röntgen** (1895) weder brechen noch zurückwerfen.

Die unter 6) genannte Eigenschaft stimmt nicht, denn man hat durch besondere Methoden die Ablenkung bestimmt und weiß daher heute, daß die Röntgenstrahlen sehr kurzwelliges Licht sind. Während

---

[1]) Nach der gegenwärtigen Anschauung besteht ein Atom eines Elementes aus einem positiv geladenen Kern, um den eine Anzahl Elektronen rotieren, etwa wie die Planeten um die Sonne. Ist die positive Ladung des Kerns ebenso groß wie die negative der Elektronen, so ist das Atom neutral, d. h. unelektrisch. Geht eine Anzahl von Elektronen verloren, so überwiegt die positive Ladung des Kernes und wir haben es mit einem positiv geladenen Ion zu tun. Würde aber eine Anzahl Elektronen hinzukommen, so überwiegt die negative Ladung, d. h. wir haben ein Anion vor uns.

Ein neutrales Wasserstoffatom besteht beispielsweise aus dem positiven Kern und e i n e m Elektron, das in einem Abstand von $0{,}55 \cdot 10^{-8}$ cm von der Kernmitte diesen $6{,}2 \cdot 10^{15}$ mal pro Sekunde umkreist. Geht das Elektron verloren, so bleibt der Kern als positives Ion zurück. Kommen hingegen Elektronen hinzu, so haben wir ein negatives Wasserstoffion.

Hiernach ist also ein negatives Ion etwas ganz anderes wie ein Elektron.

für die roten Lichtstrahlen die Wellenlänge 760 millionstel Millimeter beträgt, ist sie bei den violetten Strahlen nur noch 380 millionstel Millimeter und bei den Röntgenstrahlen gar nur 1—0,01 millionstel Millimeter.

Die außerordentlich praktische Wichtigkeit verdanken sie der unter 4) genannten Eigenschaft, nämlich mehr oder weniger alle Körper zu durchdringen. So gehen sie z. B. durch Fleischteile fast ungehindert hindurch, während sie von den Knochen zum größten Teil absorbiert werden. Läßt man diese Strahlen daher auf eine Hand fällen, hinter welche eine Tafel gestellt ist, die mit einer fluoreszenzfähigen Masse (z. B. Bariumplatin-Zyanür) bestrichen ist, so leuchtet die Substanz an den Stellen, wo die Strahlen ungehindert hindurchgegangen sind, heller auf, als an den Stellen, wo sie zurückgehalten wurden. Man erhält daher auf der Tafel, die gewöhnlich Schirm genannt wird, eine Art Schattenbild, wie es die Fig. 360 in verkleinertem Maßstabe darstellt. Allerdings ist dieses Bild dadurch erhalten worden, daß man an Stelle des Schirmes eine in schwarzes Papier gepackte photographische Platte brachte. Da auch metallische Gegenstände die Röntgenstrahlen nur wenig durchlassen, so kann man diese leicht vom Fleisch unterscheiden, wie dies der Fingerring erkennen läßt.

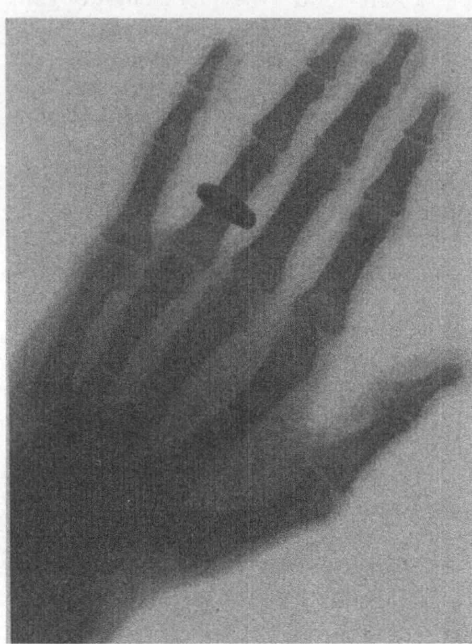

Fig. 360. Röntgenaufnahme einer Hand

Im folgenden sollen die zur Erzeugung und Verwendung der Röntgenstrahlen erforderlichen Apparate kurz besprochen werden. Den Hauptbestandteil einer Röntgeneinrichtung bildet der Funkeninduktor. Wenn auch ein Funkeninduktor von 20—25 cm Schlagweite genügt, so empfehlen Fachleute doch Apparate von 40—50 cm. Da das Licht auf dem Fluoreszenzschirm desto gleichmäßiger wird, je rascher der Unterbrecher arbeitet, so wählt man am liebsten Quecksilber- oder Wehnelt-Unterbrecher. Die rotierenden Quecksilberunterbrecher sind teurer in der Anschaffung, brauchen jedoch weniger Strom und Spannung als die elektrolytischen und schonen infolgedessen das Rohr.

Schon Röntgen hatte gefunden, daß es vorteilhafter ist, die Kathodenstrahlen auf ein Platinblech fallen zu lassen, anstatt auf die gegenüberliegende Glaswand, wie in den allerersten Rohren, und dort die neuen Strahlen zu erzeugen. Die Fig. 361 zeigt ein derartiges Rohr. Ein kugelig geformtes Auminiumblech $A$ bildet die Kathode. Die hier entstehenden Kathodenstrahlen vereinigen sich auf dem schräggestellten Platinblech $P$, der sogenannten Antikathode, wo sie in Röntgenstrahlen umgewandelt werden, die ihrerseits den unsichtbaren Strahlenkegel $R$ liefern. Die Anode bildet ein Aluminiumblech $B$, das mit der Antikathode $P$ durch einen Draht $D$ verbunden ist. Die Klemmen des Induktors sind mit $F$ und $C$ oder $D$ zu verbinden. Bei richtiger Einschaltung erscheint das Rohr in dem Strahlenkegel $R$ hellgrün leuchtend,

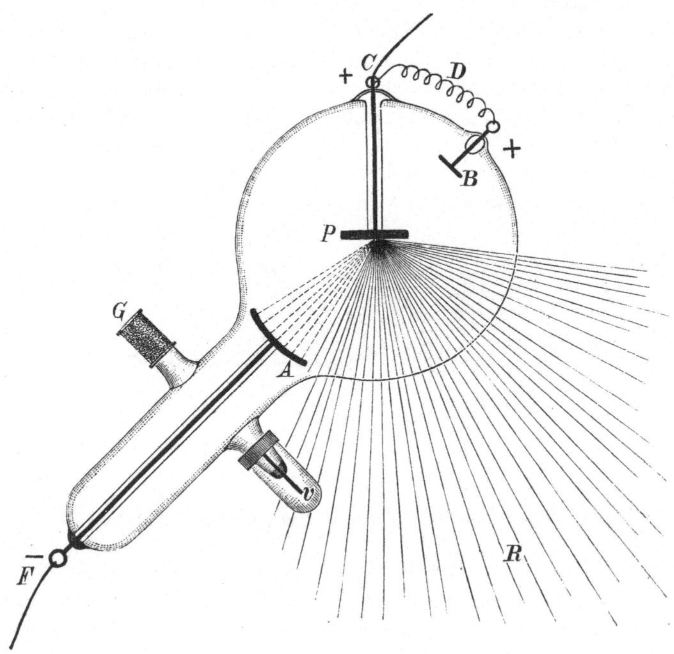

Fig. 361. Röntgenrohr.

während die andere Hälfte dunkel bleibt. Sollte die angegebene Beleuchtung nicht eintreten, so hat man falsche Pole und muß schleunigst die Stromrichtung umkehren, entweder indem man den primären Strom des Induktors umkehrt, oder die Drähte am Rohr vertauscht. Die falsche Schaltung längere Zeit bestehen zu lassen, ist nicht zulässig, da hierdurch die Lebensdauer des Rohres verkürzt wird.

Der Ansatz $G$ diente zum Auspumpen und ist zum Schutze gegen Verletzungen mit einem Gummihut überzogen.

Von größtem Einfluß auf die Eigenschaften eines Rohres ist seine Luftverdünnung. Ist diese gering, d. h. enthält das Rohr noch relativ viel Luft, so nennt man es weich. Die Spannung an den Klemmen braucht nur eine geringe zu sein, so daß 6—10 cm Schlagweite genügen, um z. B. eine gute Handdurchleuchtung zu erhalten. Nach längerem

Betriebe wird die Luftverdünnung größer, indem ein Teil der Luft von den Glaswänden absorbiert wird. Das Bild auf dem Schirm wird heller, und man kann z. B. die Knochen der Handwurzel und des Vorderarmes deutlich von den Weichteilmassen unterscheiden.

Bei weiter fortschreitender Luftverdünnung wird das Rohr immer härter, die Röntgenstrahlen erlangen mehr und mehr Durchdringungsvermögen, die Weichteile erscheinen überhaupt nicht mehr auf dem Schirm, und die Knochen fangen an durchscheinend zu werden. Photographische Aufnahmen geben keine Kontraste. Ein solches Rohr nennt man hart.

Während das ganz weiche Rohr einer Schlagweite von 2—3 cm bedarf, genügen zum Betriebe sehr harter Röhren nur noch Apparate von 40—50 cm, oder es geht überhaupt kein Strom mehr durch dieselben.

Da nun der Röntgentechniker, je nach dem zu untersuchenden Objekt, sowohl weiche wie auch harte Röhren braucht, so haben die Fabrikanten ihre Röhren mit Reguliervorrichtungen versehen, die es gestatten, den jeweilig gewünschten Verdünnungsgrad herzustellen.

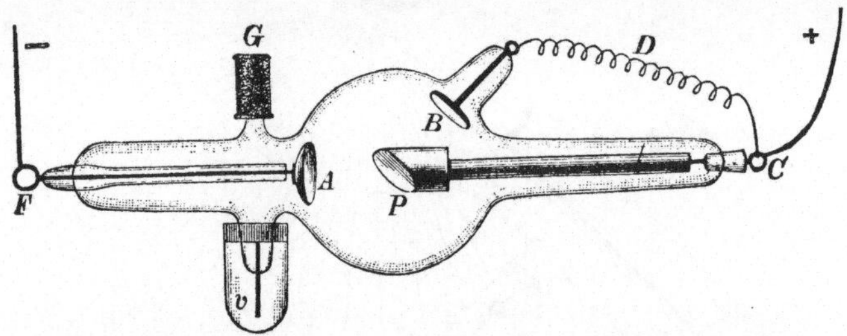

Fig. 362.  Röntgenrohr mit vergrößerter Antikathode.

So macht man Gebrauch von der Eigenschaft des Platin- bzw. Palladiummetalls in glühendem Zustand für Wasserstoff durchlässig zu sein, und schmilzt ein Röhrchen $V$ (Fig. 361) aus diesem Metall in das Glas ein; das eine im Rohr befindliche Ende ist offen, das andere, äußere, geschlossen. Ist nun das Rohr zu hart geworden, so entfernt man die Schutzkappe des Röhrchens und erwärmt dasselbe mit einem Streichholz oder einer Spiritusflamme bis zur Rotglut, wodurch Gas in das Rohr eintritt. Sollte man es dabei zu weich gemacht haben, so braucht man den Strom nur einige Sekunden in falscher Richtung hindurchzuschicken, um sofort wieder eine genügende Härte herzustellen.

Es gibt auch noch andere Reguliervorrichtungen, die sogar automatisch wirken, auf die aber hier nicht näher eingegangen werden soll. Bemerkt soll nur noch werden, daß durch das Auftreffen der Kathodenstrahlen (der Elektronen) auf die Antikathode diese recht heiß wird und deshalb bei länger andauerndem Betriebe gekühlt werden muß, was am einfachsten dadurch erreicht wird, daß man die Masse der Antikathode stark vergrößert (Fig. 362).

Man kann auch das Antikathodenblech $P$ auf dem Boden eines in das Röntgenrohr eingeschmolzenen Glasrohres befestigen und in das nach außen offene Glasrohr, das in eine Kugel $K$ endigt, Kühlwasser einfüllen (Fig. 363). In dieser Figur fällt der Ansatz $F$ auf. Wie man sich leicht durch einen Versuch mit einem beliebigen Röntgenrohr überzeugen kann, werden Röntgenstrahlen, die durch Glas gehen, z. B. durch einen falschen Diamanten, von dem Glase absorbiert, d. h. der falsche Diamant erscheint auf dem Schirm dunkel (während der echte Diamant die Strahlen hindurchläßt). Dies gilt auch für das Glas der Röntgenrohre; es absorbiert etwa 60% der erzeugten Strahlen. Durch Verwendung einer besonderen Glassorte gelingt es indes, die Absorption fast aufzuheben, und dies ist in dem Rohr der Fig. 363 der Fall, in welches in das aus gewöhnlichem Glase hergestellte Rohr ein Fenster $F$ aus dem besonderen Glase (Lindemann-Glas) eingeschmolzen wurde.

Wir haben gesehen, daß zum Betriebe von weichen Rohren einige Zentimeter Schlagweite genügen und, wenn wir uns erinnern, daß unser Induktionsapparat beim Schließen des primären Stromes auch eine elektromotorische Kraft erzeugt, die der beim Öffnen entgegengerichtet ist, so werden wir uns nicht wundern, daß bei solchen weichen Rohren ebenfalls der Schließungsstrom wirksam ist, also durch das Rohr ein Strom von falscher Richtung fließt. Um dies zu vermeiden, schaltet man in den Stromkreis des Röntgenrohres ein sogenanntes Ventilrohr $F$ ein, welches dem Strom nur in einer Richtung den Durchgang gestattet. Die Fig. 364 zeigt den vollständigen Anschluß eines Röntgenrohres mit einem Ventilrohr an. Damit beim Zuhartwerden des Rohres die Funken nicht etwa zwischen $F$ und $C$ übergehen, ist parallel zum Rohr eine Funkenstrecke, bestehend aus Platte und gegenüberstehender Spitze, eingeschaltet.

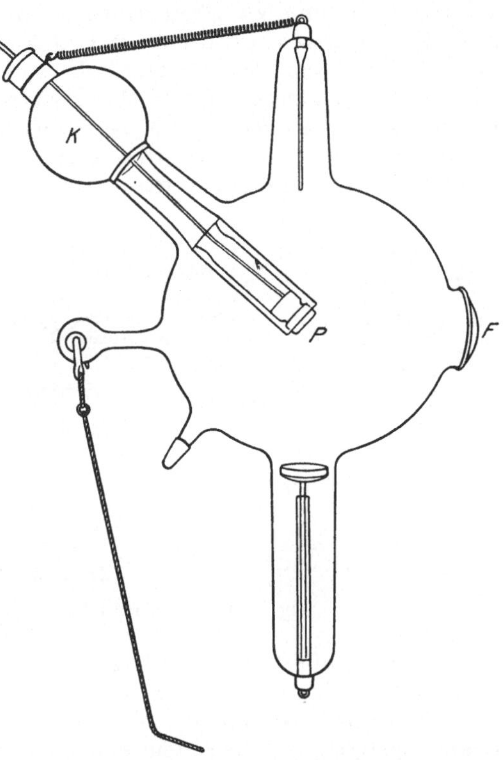

Fig. 363.  Röntgenrohr mit Wasserkühlung und Lindemann Einsatz.

Wir wollen uns nun zu erklären versuchen, von was das Durchdringungsvermögen der Röntgenstrahlen abhängt. Die heutigen Forschungen erteilen die Antwort: „Das Durchdringsvermögen der Röntgenstrahlen hängt lediglich von der Geschwindigkeit ab, mit der die Kathodenstrahlen (Elektronen) die Antikathode treffen." Enthält das Rohr noch relativ viel Gas, so prallen die Ionen mit Molekülen zusammen, wodurch Elektronen frei werden, die hierbei entstehenden Elektronen erreichen aber nur eine geringe Geschwindigkeit, und zwar einmal weil die Spannung zwischen Kathode und Antikathode nur gering ist (siehe oben weiches Rohr) und außerdem, wenn der Zusammenstoß in der Nähe der Antikathode stattfand, die Weglänge, auf welcher die elektrische Kraft das Elektron treibt, nur klein bleibt. Hieraus folgt zwingend, daß bei demselben augenblicklichen Verdünnungszustand des Gases die einzelnen Strahlen verschiedene Geschwindigkeiten erhalten werden, abhängig vom Ort des Zusammen-

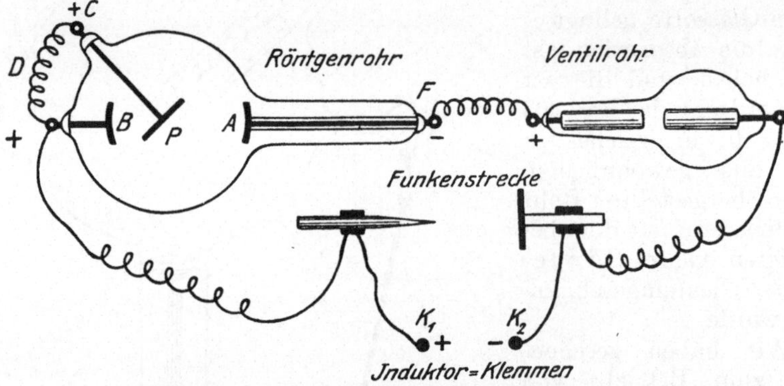


Fig. 364. Anschluß eines Röntgenrohres.

pralls. Die größte Geschwindigkeit erreichen die von der Kathode ausgehenden Elektronen, weil auf sie die elektrische Spannung am längsten wirkt. Nimmt die Verdünnung des Gases zu, so werden Zusammenstöße zwischen den einzelnen Gasteilchen immer seltener, und die meisten Kathodenstrahlen gehen von der Kathode selbst aus.

Auf der Antikathode werden beim Auftreffen der Elektronen nun Röntgenstrahlen erzeugt, und zwar desto kurzwelligere und damit desto durchdringungsfähigere, je größer ihre Geschwindigkeit war. Aus dieser Erklärung folgt, daß jedes mit Gas gefüllte Röntgenrohr Röntgenstrahlen von verschiedenem Durchdringungsvermögen erzeugen muß. Da aber dem Arzt, wenn er Röntgenstrahlen von großer Durchdringungskraft braucht, wie dies bei der sog. Tiefentherapie der Fall ist, mit den Strahlen von geringer Durchdringungskraft nicht gedient ist, so müssen die letzteren durch Blenden, d. s. dünne Aluminiumbleche, zurückgehalten werden, wodurch natürlich auch die gewünschten Strahlen an Wirksamkeit verlieren.

Um den Röntgentechniker über das Durchdringungsvermögen der Röntgenstrahlen zu unterrichten, hat man Härteskalen eingeführt, die gleichfalls auf der Durchlässigkeit der Strahlen durch dünne Metalle beruhen. Man kennt die Härteskalen von Benoist, Walter, Wehnelt, und Bauer. Bei der letzten wird die Spannung des Rohres mit einem elektrostatischen Instrument (vgl. Fig. 82) gemessen und hiernach die Härte beurteilt.

Bisher wurde stillschweigend vorausgesetzt, daß zum Betriebe des Induktors Gleichstrom zur Verfügung stünde. Ist nur Wechselstrom vorhanden, so muß dieser in Gleichstrom umgewandelt werden, was ja nach den auf den Seiten 168—170 und 175—177 beschriebenen Methoden leicht auszuführen ist.

Man kann aber auch den Wechselstrom in einem Wechselstromtransformator auf hohe Spannung bringen und diesen mit Hilfe eines rotierenden Hochspannungsgleichrichters gleichrichten. Da das Rohr jetzt Gleichstrom zugeführt erhält, ist das gefürchtete Schließungslicht unmöglich. Der Hochspannungsgleichrichter der Firma Siemens & Halske ist schematisch in Fig. 365 dargestellt. Er besteht aus drei Paaren in drei parallelen Ebenen angeordneter, feststehender Kontakte $a_1$, $a_2$, $b_1$, $b_2$ und $c_1$, $c_2$, deren jeder ungefähr ein Viertel

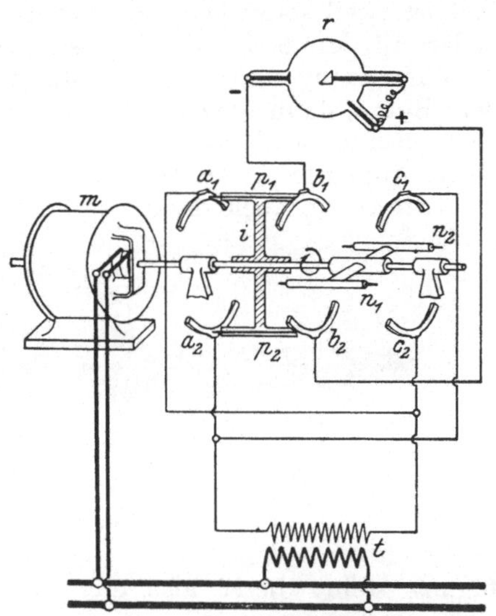

Fig. 365. Hochspannungsgleichrichter von Siemens & Halske.

eines Kreisbogens umfaßt, und aus den zwischen den festen Kontaktsegmenten rotierenden, zur Drehachse parallelen Kontaktstäben $p_1$, $p_2$ und $n_1$, $n_2$. Da letztere paarweise in zwei aufeinander senkrechten Ebenen liegen, so ist das eine Paar von ihnen (z. B. $n_1$, $n_2$) stets außer Betrieb, wenn das andere Paar (also $p_1$, $p_2$) gerade Kontakt macht. Von den festen Kontaktsegmenten sind die äußeren mit den beiden Hochspannungsklemmen des Transformators, und zwar die Segmente $a_1$ und $c_2$ mit der einen, $a_2$ und $c_1$ dagegen mit der anderen Klemme verbunden, so daß während der einen, z. B. der positiven Halbwelle $a_2$ und $c_1$ positive Pole und $a_1$, $c_2$ negative Pole darstellen, während im Laufe der nächsten, d. h. der negativen Halbwelle umgekehrt $a_1$ und $c_2$ positive, $a_2$ und $c_1$ negative Pole sind. An die mittleren Segmente $b_1$ und $b_2$ sind die Kathode bzw. die Antikathode des Röntgenrohres angeschlossen.

Die Welle des Gleichrichters ist mit derjenigen eines vierpoligen Synchronmotors $m$ (siehe Seite 146) gekuppelt, der von dem Wechselstromnetz, dem der Transformatorstrom entnommen ist, gespeist wird und demzufolge mit diesem synchron rotiert. Während einer Periode des Wechselstromes vollführt der Motor und somit der rotierende Teil des Gleichrichters eine halbe Umdrehung; es ist also die Zeitdauer, während welcher das eine Paar von Kontaktstäbchen, z. B. $p_1$, $p_2$ zwischen den Kontaktsegmenten $a_1$, $b_1$, $a_2$, $b_2$ verweilt, gleich der Dauer einer halben Periode, vorausgesetzt, daß die Kontaktsegmente sich genau auf je einen Viertelkreisbogen erstrecken, was nicht ganz der Fall ist, weil sonst beim Übergang von dem einen Stabpaar auf das andere für kurze Zeit der Transformator kurz geschlossen wäre.

Wir erkennen also, daß für die Zeit eines Stromwechsels $p_1$, $p_2$ mit dem Rohre, dann für den nächsten Stromwechsel $n_1$, $n_2$ verbunden ist. Dem Rohre wird also dauernd gleichgerichteter Strom zugeführt. Diese Apparate sollen so vorteilhaft sein, daß die Firma Siemens & Halske sie auch dann empfiehlt, wenn nur Gleichstrom zur Ver-

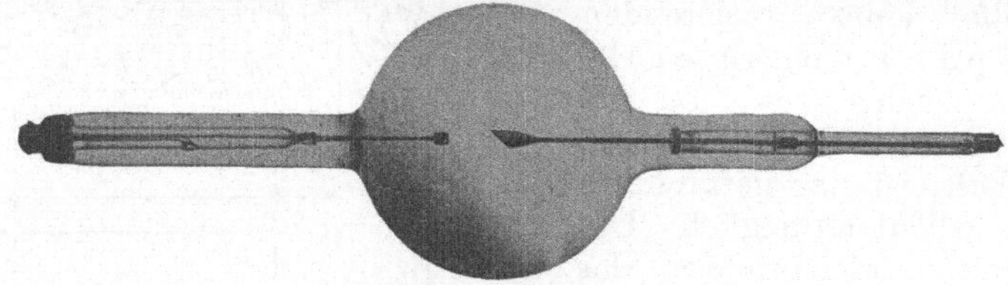

Fig. 366.   Coolidge-Rohr.

fügung steht, dieser also erst in Wechselstrom umgeformt werden muß.

Die bisher besprochenen Röntgenrohre mußten, um einen Strom hindurchzulassen, noch etwas Gas enthalten (s. auch Seite 250).

Verschiedene Physiker, wie Wehnelt, Lilienfeld, Langmuir und Coolidge, kamen nun auf die Idee, Kathodenstrahlen im luftleeren Raum zu erzeugen. Man hatte nämlich gefunden, daß man durch Glühen von Metallen bzw. Oxyden, Elektronen aus ihnen austreiben konnte. Wenn nun die Elektronen elektrischer Strom sind, so war es nur erforderlich, diesen Elektronen die genügende Geschwindigkeit zu erteilen, indem man das glühende Metall zur Kathode einer Hochspannungsquelle machte.

Das von der A.E.G. hergestellte Coolidgerohr hat als Kathode eine Wolframdrahtspirale, während die Antikathode aus einem massiven Wolframklotz besteht (Fig. 366). Führt man der Heizspirale aus einer Akkumulatorenbatterie oder einem kleinen, besonderen Transformator, erforderlich sind etwa 5 Volt und 4 Ampere, Strom zu, so sendet der weißglühende Draht Elektronen aus, deren Zahl mit der Temperatur des Drahtes steigt. Durch die angelegte Hochspannung erhalten die

Elektronen die gewünschte Geschwindigkeit und verwandeln sich so beim Auftreffen auf der Antikathode in Röntgenstrahlen. Die Durchdringungsfähigkeit dieser, also die Härte des Rohres, hängt nur ab von der Größe der angelegten Hochspannung, während die Stromstärke im Rohr von ihr unabhängig ist und sich lediglich durch den Heizstrom regulieren läßt. Will man z. B. 4 Milliampere (0,004 Ampere) durch das Rohr schicken, so stellt man, bei beliebiger Hochspannung, den Heizstrom so ein, daß die verlangten 4 Milliampere hindurchgehen. Ändert man jetzt die Hochspannung, so bleibt die Stromstärke 4 Milliampere unverändert bestehen nur wird die Härte des Rohres bei höherer Spannung eine größere. Bei den A.E.G.-Rohren ist man schon bis 300 000 Volt Spannung und 4,5-Milliampere Strom im Rohre gekommen. Die Lebensdauer des Rohres hängt von der Heizspirale ab und hält durchschnittlich mehre hundert Stunden aus.

Bei längerem Betriebe wird die Antikathode fast weißglühend, ohne daß jedoch eine besondere Kühlung angewendet wird.

Auch andere Firmen bauen jetzt derartige Rohre. Die Firma Siemens & Halske stellt zwei Typen her, die eine für diagnostische Zwecke, die andere ist für Therapie bestimmt. Da man bei dem Therapierohr sehr durchdringende Strahlen erzeugen will, also sehr hohe Spannungen braucht, so sind die Entfernungen der Drahtanschlüsse etwas weiter auseinandergerückt als beim Rohr für diagnostische Zwecke, sonst aber stimmen, dem Aussehen nach, die Rohre mit der Fig. 366 überein. Um eine bessere Kühlung der Antikathode gegenüber dem Coolidgerohr zu erzielen, ist um den Wolframklotz ein starker Eisenmantel herumgelegt. Hierdurch wird noch ein weiterer Vorteil erzielt. Durch das Weißglühen der Antikathode des Coolidgerohrs werden von dieser, außer von dem Brennpunkt aus, noch Röntgenstrahlen nach allen Seiten hin ausgestrahlt, die eine Verschleierung der photographischen Platte herbeiführen. Da bei dem Siemensrohr der Wolframklotz nicht über ein dunkelrotes Glühen hinauskommt, so entfällt hier dieser Übelstand.

Noch auf einen Umstand möge bei den luftleeren Rohren besonders hingewiesen werden. Würde man das Rohr falsch anschließen, so entstünde, selbst bei außerordentlich hoher Spannung, kein Strom, da ja die Elektronen, die von dem Heizdraht ausgehen, es sind, die den Strom darstellen und diese bei falscher Polarität am Austritt aus dem Heizdraht verhindert werden, weil sie dann ja keine Abstoßung, sondern eine Anziehung erleiden. Ein derartiges Rohr wirkt also als Gleichrichter, kann demnach auch ohne weiteres mit Wechselstrom betrieben werden. Ja dies dürfte sogar die vorteilhaftere Betriebsart sein. Denn bei Gleichstrom kann man die Spannung nur durch vorgeschaltete Widerstände regulieren, die viel Leistung nutzlos in Wärme umsetzen, während bei Wechselstrom die Spannungsänderung verlustlos herbeigeführt wird durch Änderung des Übersetzungsverhältnisses, wie dies aus der Formel 12 (Seite 62) hervorgeht.

17*

Ist z. B. $\xi_1 = 1000$, $\xi_2 = 50\,000$, $e_1 = 220$ Volt, so wird

$$e_2 = 220\,\frac{50\,000}{1000} = 11\,000 \text{ Volt.}$$

Macht man jetzt $\xi_1 = 100$, so wird $e_2 = 110\,000$ Volt.

Da der Heizdraht und die Kathode den einen Pol gemeinsam haben, so muß die Heizstromquelle ebenfalls gut isoliert sein, um Erdschlüsse zu vermeiden, was bei Wechselstrombetrieb einfach durch einen kleinen Heiztransformator erreicht wird. Die Fig. 367 gibt das Schaltungsschema an, welches wohl keiner weiteren Erläuterung bedarf. Schalter und Sicherungen sind weggelassen. Bei konstanter Netzspannung gehört zu jedem Kontakt der primären Wicklung des Hochspannungstransformators eine bestimmte sekundäre Spannung, die man an einem Voltmeter ablesen kann.

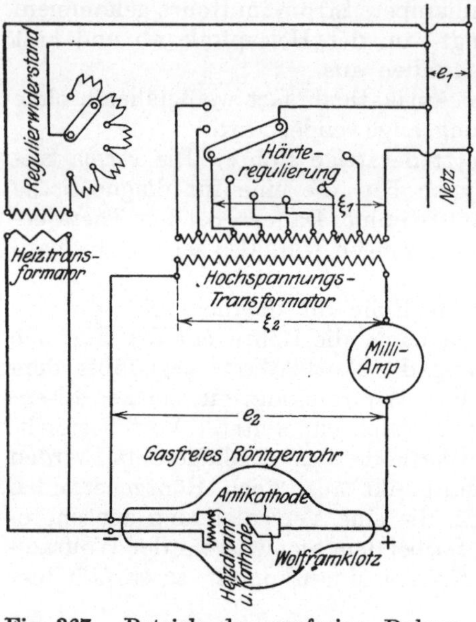

Es war auf Seite 259 gesagt worden, daß man die Härte des Rohres lediglich durch die Spannung einstellt. Es könnte hieraus der falsche Schluß gezogen werden, daß das Rohr jetzt auch nur Strahlen einer Härte liefert. Das ist natürlich nicht der Fall, denn wie wir gesehen haben, hängt das Durchdringungsvermögen von der Geschwindigkeit ab, die den Elektronen erteilt wurde, und diese ist abhängig von der jeweiligen Spannung an den Elektroden. Wenn auch unser Strom im Rohre immer die-



Fig. 367.  Betrieb des gasfreien Rohres mit Wechselstrom.

selbe Stärke besitzt, da er ja nur von der Temperatur der Heizspirale abhängt, so ist doch die Spannung an den Elektroden veränderlich, denn sie ändert sich während einer Viertelperiode von Null bis einem Maximum, so daß demgemäß auch ein Gemisch von weichen und harten Strahlen erzeugt wird. Wollte man Strahlen nur einer Härte erzeugen, was für die Tiefentherapie von großer Bedeutung wäre, da man dann ohne Blenden auskäme, so müßte man das gasfreie Rohr mit hochgespanntem konstanten Gleichstrom treiben, wie man einen solchen etwa durch Influenzmaschinen erhält. Die Firma Siemens hat einen anderen Weg eingeschlagen, indem sie durch Gleichrichter nach besonderer Schaltung eine nahezu konstante Gleichstromspannung an den Elektroden des Rohres erzeugt, worauf hier jedoch nicht mehr weiter eingegangen werden soll.

Der Austritt von Elektronen aus weißglühenden Körpern gestattet nun auch eine einfache Erklärung des Vorganges beim Quecksilbergleichrichter (vgl. Seite 175 das Inbetriebsetzen). Wenn sich zwischen $b$ und $B$ (Fig. 241 und Fig. 242) der Lichtbogen durch das Zerreißen des stromdurchflossenen Quecksilberfadens gebildet hat, so treten aus dem weißglühenden Quecksilber Elektronen aus, die von dem Quecksilber, wenn es Kathode ist, fortgetrieben werden zur augenblicklichen Anode $A$ oder $A_1$. Da die Elektroden $A$ resp. $A_1$ nicht zum Glühen kommen, so können sie auch keine Elektronen aussenden und somit den Strom leiten, der Strom kann also immer nur in der Richtung zum Quecksilber fließen.

Aus demselben Grunde kann eine Quecksilberdampflampe auch nur mit Gleichstrom betrieben werden, wobei darauf zu achten ist, daß der negative Pol der Stromquelle mit dem Quecksilber verbunden ist.

# XIV. Hochfrequenz-Ströme.

Verbindet man einen Kondensator (vgl. S. 42) mit einer Gleichstromquelle, so fließt eine bestimmte Elektrizitätsmenge auf den Kondensator. Man sagt der Kondensator wird geladen. Hierzu gehört ein gewisser Arbeitsaufwand, den die Stromquelle leisten muß. Bezeichnet $E$ die elektromotorische Kraft der Stromquelle, $C$ die Kapazität des Kondensators und $A$ die von der Stromquelle abgegebene, d. h. vom Kondensator aufgenommene Arbeit, so ist

$$A = \tfrac{1}{2} C E^2 \quad \text{Joule} \quad \dots \dots \dots \dots \dots 13)$$

Ist z. B. $C = 0{,}000\,001$ Farad, $E = 10\,000$ Volt, so wird

$$A = \tfrac{1}{2} \cdot 0{,}000\,001 \cdot 10\,000^2 = 50 \text{ Joule.}$$

Diese Arbeit kann man aufbewahren, sie wird erst wieder frei, wenn man den Kondensator entladet, d. h. die beiden Klemmen $K_1$ und $K_2$ in Fig. 40, Seite 42 miteinander durch einen Leiter verbindet. Diesen Vorgang der Entladung wollen wir nun etwas näher betrachten.

In Fig. 368 sei $C$ der geladene Kondensator, dessen Klemme $K_1$ mit dem positiven Pol der Stromquelle verbunden war, $L$ eine Spule ohne Eisen mit dem Selbstinduktionskoeffizienten $L$. In dem Augenblick, in dem die Verbindung der Klemmen geschieht, fließt von $K_1$ ein Strom durch die Spule und erzeugt Kraftlinien in ihr, wodurch eine dem Strom entgegengerichtete elektromotorische Kraft entsteht, die verhindert, daß der Strom momentan den Höchstwert annimmt. Hat er

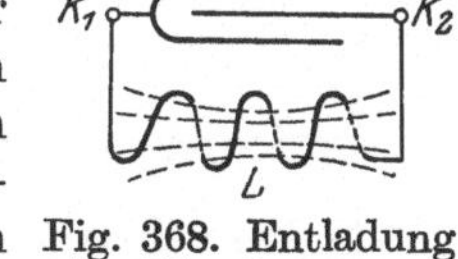

Fig. 368. Entladung des Kondensators.

seinen Höchstwert erreicht, so ist die EMK Null geworden, und wenn nun der Strom wieder abnimmt, so entsteht eine neue EMK, die aber jetzt dem Strome gleich gerichtet ist, wie dies ja aus den Regeln auf Seite 28 hervorgeht. Diese EMK ladet den Kondensator von neuem, nur daß jetzt die Klemme $K_2$ positiv wird. Sind keine Verluste vorhanden, was wir der Einfachheit halber zunächst annehmen wollen, so ist die ganze Arbeit wieder auf dem Kondensator angelangt, wenn der Strom den Wert Null erreicht hat. Nun wiederholt sich der Vorgang der Entladung, nur fließt jetzt der Strom in entgegengesetzter Richtung so lange durch die Spule, bis der Kondensator wieder die ursprüngliche Arbeit aufgenommen hat. Wir erkennen also, daß in der Spule ein Wechselstrom fließt, dessen Periodenzahl bestimmt ist durch die Gleichung

$$\nu = \frac{1}{2\,\pi\,\sqrt{CL}} \qquad \dotfill \qquad 14)$$

wo $C$ in Farad und $L$ in Henry einzusetzen sind. Ist z. B.

$$C = 0{,}00\,000\,045 \text{ Farad}$$
$$L = 0{,}000\,007 \text{ Henry}$$

so wird

$$\nu = \frac{1}{2\,\pi\,\sqrt{0{,}00\,000\,045 \cdot 0{,}000\,007}} = 89700 \text{ Perioden.}$$

Man erkennt hieraus, daß auf diese Weise Wechselströme beliebig hoher Periodenzahl erzeugt werden können, wenn nur $C$ und $L$ entsprechend gewählt werden.

Diese Wechselströme breiten sich bei geeigneten Anordnungen mit Lichtgeschwindigkeit, d. i. 300 000 km pro Sekunde, im Raum aus, und man spricht daher, entsprechend den Erscheinungen des Lichtes, öfter von Schwingungen als von Perioden. Die Entfernung von $A$ bis $C$ einer Periode (Fig. 369) nennt man Wellenlänge, d. i. die Entfernung, um die sich eine Schwingung im Raume fortpflanzt.

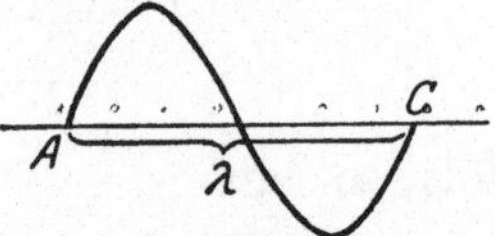

Fig. 369. Ungedämpfte Schwingung.

Sie wird gefunden, wenn man die Lichtgeschwindigkeit durch die Periodenzahl dividiert, also im obigen Beispiel ist die Wellenlänge $\lambda$ (lambda) $\lambda = \dfrac{300\,000}{89\,700} = 3{,}35$ km oder 3350 m, allgemein:

$$\lambda = \frac{300\,000}{\nu} \text{ km} \qquad \dotfill \qquad 15)$$

Wollte man Wellenlängen von 300 m (0,3 km) erzeugen, so müßte die Periodenzahl des Wechselstromes werden $\nu = \dfrac{300\,000}{0{,}3} = 1\,000\,000$.

Doch diese Betrachtungen gehören mehr in das Gebiet der drahtlosen Telegraphie, auf die hier nicht weiter eingegangen werden kann. Jedenfalls haben wir in der Entladung eines geladenen Kondensators durch eine Spule ein Mittel kennengelernt, um Wechselströme sehr hoher Periodenzahl, sog. Hochfrequenzströme, zu erzeugen.

Leider verläuft der Vorgang nicht ganz in der bisher angenommenen Weise. Denn zunächst ist es nicht möglich, die Spule $L$ in Fig. 368

an die beiden Klemmen $K_1$ und $K_2$ anzuschließen, ohne daß schon bei Annäherung an die Klemmen die Entladung in Form eines Funkens eintritt, und weiter geht in dem Funken und der Spule Arbeit durch Stromwärme verloren. Die Folge ist, daß nach einer kleinen Zahl von Ladungen und Entladungen, die ganze Energie des Kondensators aufgebraucht ist, und er von der Stromquelle von neuem geladen werden muß. Die Periodenzahl der entstehenden Wechselströme wird hierdurch nicht beeinflußt, wohl aber der Maximalwert während jeder halben Periode, wie dies die Fig. 370 veranschaulicht, wo $J_0$ den Maximalwert der ersten Entladung, $J_1$, $J_2$, $J_3$ in jeder folgenden darstellt. Die in Fig. 369 gezeichneten Wechselströme heißen ungedämpfte Schwingungen, während man die in Fig. 370 gezeichneten gedämpfte nennt. In der Akustik

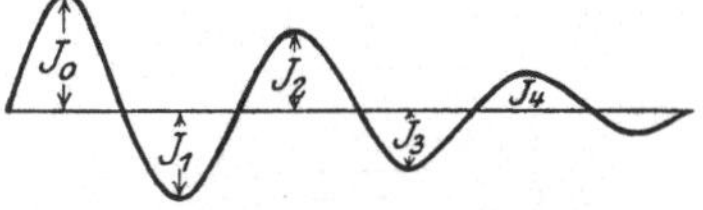

Fig. 370. Gedämpfte Schwingungen.

würde man z. B. ungedämpfte Schwingungen durch den Strich eines Fiedelbogens auf einer Saite erzeugen, während gedämpfte Schwingungen durch das Zupfen der Saite entstehen.

Da die erstmalige Ladung des Kondensators infolge des Energieverbrauches wieder erneuert werden muß, so muß eine dauernde Verbindung zwischen Kondensator und Stromquelle vorhanden sein. Die Fig. 371 zeigt die Schaltung, wenn man als Stromquelle einen Funkeninduktor nach Fig. 356 benutzt. Die sekundären Klemmen desselben sind mit den Klemmen $K_1$ und $K_2$ des Kondensators verbunden, wodurch der Kondensator geladen wird, wenn der primäre Strom des Induktors (hier nicht gezeichnet) unterbrochen wird. Die Entladung erfolgt durch die Spule $L$ und die Funkenstrecke $F$, die aus zwei

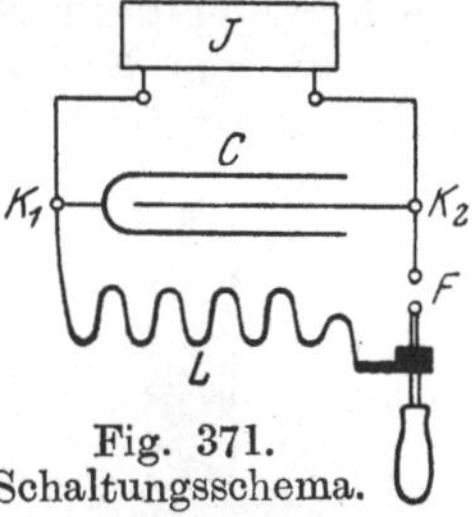

Fig. 371.
Schaltungsschema.

kleinen Metallkugeln, gewöhnlich Zinkkugeln, besteht. Der Abstand derselben beträgt, je nach der Größe des Induktors und der Kapazität $C$ des Kondensators, einige Millimeter und läßt sich durch Verschieben der einen Kugel nach Belieben regulieren. Diese Funkenstrecke war früher viel in Gebrauch, ist aber neuerdings durch die von M. Wien erfundene Löschfunkenstrecke verdrängt worden. Sie besteht aus zwei oder auch mehreren Kupferplatten, die durch 0,1 bis 0,2 mm dicke Glimmerringe voneinander isoliert sind.

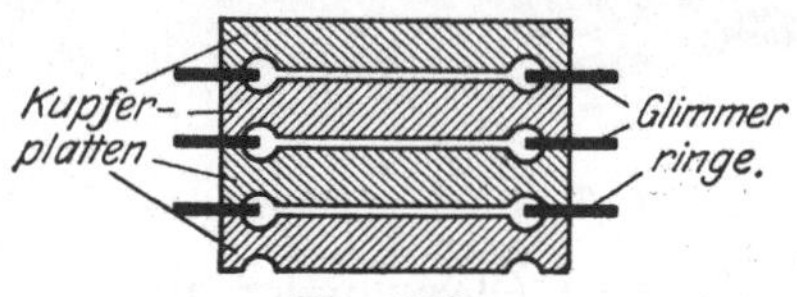


Fig. 372.
Wiensche Funkenstrecke.

Durch Hintereinanderschalten mehrerer Platten kann man die Länge und somit die Ladungsenergie vergrößern, da diese ja nach der Formel 13 mit dem Quadrat der Spannung wächst. Die Fig. 372 zeigt schematisch eine aus drei hintereinandergeschalteten Strecken bestehende Anordnung.

Obwohl die Gesetze der Hochfrequenzströme dieselben sind, wie der Wechselströme niedriger Periodenzahl, so bringen sie doch Erscheinungen hervor, die zunächst auffällig erscheinen. Wir wollen daher einige der wichtigsten Versuche hier beschreiben.

Schließt man an Stelle der Spule $L$ in Fig. 371 einen dicken Kupferbügel $K$ (Fig. 373) an, so entstehen in dem Stromkreis $ACKBA$ Hochfrequenzströme, für die der Bügel $CKD$ einen großen scheinbaren Widerstand bietet, so daß eine zwischen $C$ und $D$ angeschlossene Glühlampe zum Leuchten kommt. Ja sie leuchtet sogar auch dann, wenn

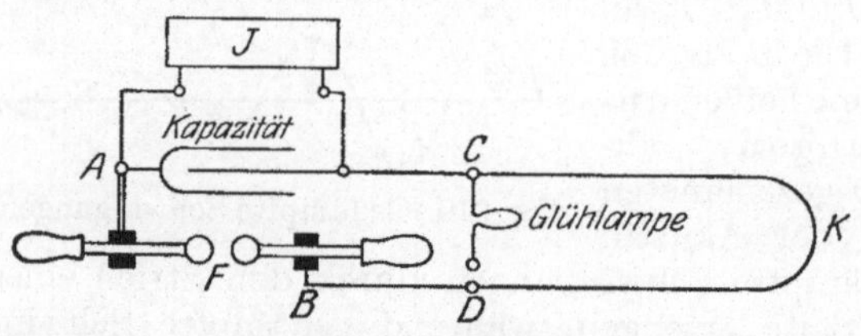


Fig. 373. Nachweis des scheinbaren Widerstandes.

man bei $D$ noch einen kleinen Luftzwischenraum läßt, so daß dort der Strom in Form eines Funkens übergehen muß. Der scheinbare Widerstand des Bügels $CKD$ ist eben viel größer als der Widertand der Lampe und der Luftstrecke bei $D$. Dieser Versuch erklärt die Wirksamkeit der Drosselspule in Fig. 31: Jedes Leitungsnetz besitzt nämlich Widerstand, Selbstinduktion und Kapazität, also dieselben Größen, die in dem Kreise $ACKBA$ der Fig. 373 vorkommen und dort die Hochfrequenzströme erzeugen, wenn die Kapazität durch den Induktor geladen wurde und sich dann entlud. Die Ladung besorgt in diesem Falle der Blitz, der dann durch die Luftstrecke des Hörnerableiters einen geringeren Widerstand findet als durch die Drosselspule.

Auch umformen (transformieren) kann man die Hochfrequenzströme, nur darf man keinen Transformator mit Eisen benutzen, da in einem solchen die Eisenverluste zu groß ausfallen würden. Die Fig. 374 zeigt einen geeigneten Transformator, den schon Tesla angegeben hat. Er besteht primär aus etwa 6 Windungen eines 4 mm dicken Kupferdrahtes und sekundär aus 200 bis 1000 Windungen eines dünnen Drahtes, die in einer Lage auf einem Glaszylinder aufgewickelt sind und in den Metallstücken $a$ und $b$ enden.

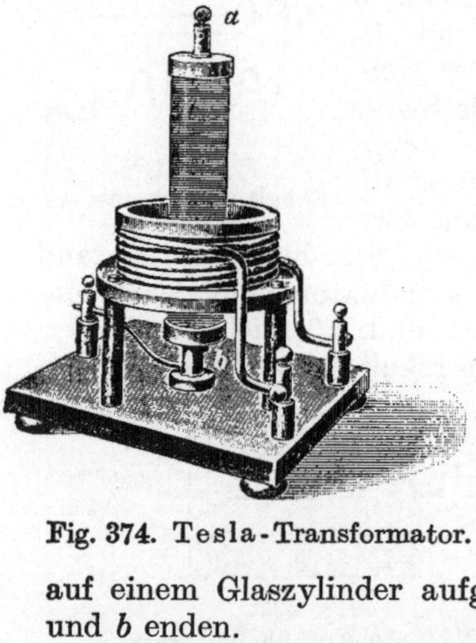

Fig. 374. Tesla-Transformator.

Schließt man an Stelle des Kupferbügels $K$ (Fig. 373) den Tesla-Transformator an, so kann man zwischen $a$ und $b$ lange Funken erhalten, zum Zeichen, daß man es mit sehr hoher Spannung zu tun hat. Gewöhnlich verbindet man die Klemme $b$ (Fig. 374) mit Erde und kann nun die Funken zwischen $a$ und einem zur Erde abgeleiteten Metallteil übergehen lassen. Diesen Metallteil kann man in der Hand halten und den Strom durch den Körper zur Erde ableiten, ohne hierbei das Geringste zu spüren. Die Hochfrequenzströme sind dem Körper unschädlich, da sie wegen der hohen Periodenzahl eine chemische Wirkung nicht hervorbringen können. Kommt man jedoch mit dem Finger in die Nähe der Klemme $a$, so daß ein Funke überspringt, so spürt man einen stechenden Schmerz, der aber von der Verbrennung der Haut durch den Funken herrührt.

Steigert man die Spannung durch Vergrößerung der Funkenstrecke $F$, so erhält man Lichtbüschel, die bei $a$ austreten.

Ein etwa 1 Meter langes Vakuumrohr ohne besondere Elektroden kommt zum Leuchten, wenn man das eine Ende desselben in der Hand hält, das andere Ende in die Nähe der Klemme $a$ des Transformators bringt. Der Strom geht in diesem Falle durch das Rohr und den menschlichen Körper zur Erde.

Bei den bisher beschriebenen Versuchen war die ältere Funkenstrecke bestehend aus zwei kleinen Zinkkugeln, in Verwendung gedacht, bei den folgenden soll jedoch die Löschfunkenstrecke nach Fig. 372 verwendet werden.  Da die Luftstrecke bei dieser nur sehr klein ist, so bedarf man auch nur geringer Spannungen zum Laden der Kapazität (1500—2000 Volt genügen), die man dann besser durch einen Transformator an Stelle des Induktors erzeugt. Auch der Tesla-Transformator braucht sekundär nur geringe Spannungen zu erzeugen, so daß man mit wenigen sekundären Windungen auskommt.

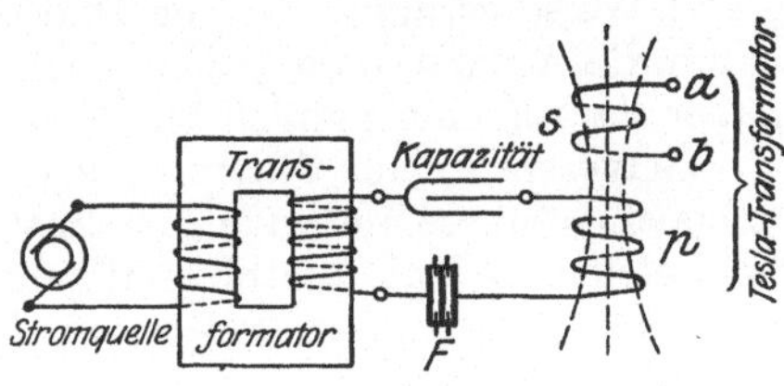


Fig. 375.
Schaltungs-Schema für Diathermie.

Die Schaltung ist dann nach Fig. 375 ausgeführt gedacht, wo die Funkenstrecke $F$ die Löschfunkenstrecke vorstellt.

Verbindet man die beiden Klemmen $a$ und $b$ der sekundären Spule durch geeignete Elektroden mit Teilen des menschlichen Körpers, z. B. indem man die Elektroden mit den beiden Händen anfaßt, so empfindet man den Stromdurchgang, entsprechend dem Jouleschen Gesetz (Seite 17) als ein angenehmes Wärmegefühl, das da, wo der elektrische Widerstand des Körpers am größten ist, sich am meisten bemerkbar macht, d. i. vor allem in den Gelenken.  Der Arzt hat hierdurch ein einfaches Mittel in die Hand bekommen, inneren Körperteilen durch Hindurchleiten eines Hochfrequenzstroms Wärme zuzuführen.  Man nennt dies Verfahren die Diathermie oder auch Wärmepenetration.

Wie in Fig. 375 angegeben, ist bei diesen Versuchen die Wiensche Funkenstrecke (Fig. 372) benutzt worden. Ihr Vorzug besteht gegenüber der älteren Kugelfunkenstrecke darin, wesentlich weniger gedämpfte Schwingungen zu erzeugen. Während bei der Kugelfunkenstrecke etwa 10 Schwingungen bis zum völligen Abklingen entstehen, bringt man es bei Benützung der Wienschen Funkenstrecke auf ein Vielfaches hiervon. Aber noch ein weiterer Vorteil läßt sich erzielen, indem bei der kleinen Entfernung der Kupferplatten (Fig. 372) die

Zahl der Ladungen und Entladungen sich außerordentlich steigern läßt bis auf etwa 1000 pro Sekunde, während man bei gewöhnlichen Funkenstrecken im günstigsten Falle eine Funkenfrequenz von 30—50 erzielen kann. Man erhält also bei Anwendung der gleichen Ladespannung im Primärkreis, wie bei den alten Funkenstrecken, eine Energiesteigerung von 1 000 : 50, also etwa den 20fachen Betrag.

Noch vorteilhafter würde es sein, ungedämpfte Schwingungen zu verwenden. Maschinen kommen aber wegen der außerordentlich hohen Tourenzahlen nicht in Frage.

Man könnte auch parallel zum Lichtbogen einer Bogenlampe den Schwingungskreis, bestehend aus Selbstinduktion und Kapazität, anschließen, wie dies Duddell mit seiner singenden Bogenlampe zuerst gezeigt hat. Um allerdings hiermit Wechselströme höherer Periodenzahl zu erzeugen, muß man den Lichtbogen in einer Wasserstoffatmosphäre brennen lassen, auch müssen die Elektroden von besonderer Art sein, wie dies zuerst von Poulson angegeben ist, der in der drahtlosen Telegraphie und Telephonie ungedämpfte Schwingungen in dieser Weise erzeugt. In der Diathermie hat diese Erzeugungsart eine namhafte Verwendung jedoch nicht gefunden, so daß auch hier nicht näher darauf eingegangen zu werden braucht.

Vielversprechend dürfte eine in der drahtlosen Telegraphie neuerdings eingeführte Methode zur Erzeugung ungedämpfter Wellen werden, bei welcher ein Vakuumrohr mit geheizter Kathode (siehe auch Seite 258) und einer gitterförmigen Platte zwischen Anode und Kathode benützt wird.

# Schlußbemerkungen.

Die in den vorstehenden vierzehn Abschnitten zusammengedrängt gegebene Übersicht über die Elektrotechnik umfaßt nun noch längst nicht das gesamte Gebiet dieser Naturkraft. Der Umfang des Buches aber und der damit beabsichtigte Zweck lassen eine erschöpfende Behandlung sämtlicher Anwendungen der Elektrizität nicht erwarten. Es wurde vielmehr nur auf die eigentliche Starkstromtechnik eingegangen und der sogenannte Schwachstrom fast ganz vernachlässigt. Damit soll aber nicht gesagt sein, daß dieser Gegenstand unwesentlich ist, denn zur Schwachstromtechnik zählt man die sehr wichtigen Anwendungen der Elektrizität im Fernsprechen und Fernschreiben oder Telegraphieren und auf diesen für Handel und Verkehr heute unentbehrlichen Gebieten sind auch in den letzten Jahren eine ganze Reihe von Erfindungen gemacht worden, die zu einer immer weiteren Vervollkommnung geführt haben.

Ohne Zweifel ist die Elektrizität eine derartig leicht und einfach für alle möglichen Zwecke anzuwendende Naturkraft, daß ihr sicher die Zukunft gehört. Sie läßt sich auf außerordentlich weite Entfernungen fortleiten und ermöglicht so die Ausnutzung von ungünstig gelegenen Wasserkräften, die sonst nicht verwertet werden könnten. In der Schweiz und in Oberitalien werden schon viele elektrische Bahnen auf diese Weise betrieben und in Deutschland sind verschiedene Talsperren, am bekanntesten die Urftalsperre in der Eifel, gleichzeitig durch ihre

Wasserkräfte Elektrizitätserzeuger. Die Werke von der letzten Art liefern eigentlich die Elektrizität noch als Zugabe, denn sie sind hauptsächlich wegen Verhinderung von Hochwassergefahr erbaut. Bei solchen Werken ist der Strompreis stellenweise so niedrig, daß auch das elektrische Kochen und sogar das Heizen vermittelst Elektrizität zur Möglichkeit wird. Sonst ist das Heizen mit elektrischem Strom doch noch so teuer, daß es nicht allgemein angewendet werden kann. Elektrisches Kochen, namentlich aber das Bügeln mit Elektrizität, wird stellenweise schon sehr viel ausgeführt. Die Anwendungen des elektrischen Stromes für Kraft und Licht sind ja ausführlich besprochen worden, es möge deshalb hier nur noch daran erinnert werden, daß eigentlich das elektrische Licht heute schon das billigste Licht ist bei Anwendung der Halbwattlampen, und daß es auch das in gesundheitlicher Beziehung einwandfreieste Licht ist.

Die heutige Erzeugung der Elektrizität ist immer noch umständlich. Wenn es einmal gelingen wird, Wärme unmittelbar in Elektrizität zu verwandeln, ohne solch große Verluste wie bei den Thermoelementen, dann ist damit ein Problem gelöst, an dem schon viele Köpfe gearbeitet haben. Wenn es in zufriedenstellender Weise gelöst wird, dann wird man kaum noch eine andere Energieform wie die Elektrizität anwenden.

Zur näheren Begründung des soeben Gesagten möge einiges über unsere Mittel zur Umwandlung von Energie im allgemeinen angeführt werden. Die Energiequelle, von der wir abhängen und auf die wir alles zurückführen können, ist die Sonne. Sie leuchtet und erwärmt uns; infolge ihrer chemischen Wirkung wächst unsere Nahrung und infolge der Verdunstung des Wassers durch die Sonnenwärme kommt das Fließen der Flüsse und Ströme zustande, so daß unsere Wasserkräfte auf die Wirkung der Sonne zurückgeführt werden müssen, und sie ist auch in letzter Hinsicht die Kraftquelle für unsere Dampfmaschinen, denn die Kessel, in welchen der Dampf erzeugt wird, müssen mit Kohle oder anderem Material geheizt werden und unsere Heizstoffe sind auch nur Produkte der Sonnenwärme.

Wir nutzen also auch in der Dampfmaschine die Sonnenwärme aus, aber in welch mangelhafter Weise und auf welche umständliche Art! Wir verfeuern zu diesem Zweck das Heizmaterial unter einem Kessel, in den wir kaltes Wasser pumpen. Das Wasser kann in der Dampfmaschine keine Arbeit leisten, es muß deshalb in Dampf verwandelt werden, wozu eine sehr große Wärmemenge erforderlich ist, die nur zum kleinen Teil in der Dampfmaschine in Arbeit umgesetzt wird. Wir verfeuern also die Kohlen, ohne etwas dafür zu erhalten. Berücksichtigt man die Wärme, welche in der Kohle enthalten ist und die davon erhaltene nutzbare Arbeit, die die Dampfmaschine liefert, so beträgt die nutzbare Arbeit im besten Fall 20% der gesamten Wärme. Die Dampfmaschine verschwendet also in unerhörter Weise die Kohlen und es leuchtet danach ein, daß eine Erzeugung der Elektrizität unmittelbar aus der Kohle, oder noch besser, unmittelbar aus der Sonnenwärme ein erstrebenswertes Ziel ist.

**Aufgaben und Lösungen aus der Gleich- und Wechsel-stromtechnik.** Ein Übungsbuch für den Unterricht an techn. Hoch- und Fachschulen, sowie zum Selbststudium. Von Professor **H. Vieweger.** Fünfte, verbesserte Auflage. Mit 210 Textabbildungen und 2 Tafeln. Manuldruck 1920.
Unter der Presse

**Elektrische Starkstromanlagen,** Maschinen, Apparate, Schaltungen, Betrieb. Kurzgefaßtes Hilfsbuch für Ingenieure und Techniker sowie zum Gebrauch an technischen Lehranstalten. Von Dipl.-Ing. **Emil Kosack,** Oberlehrer an den Vereinigten Maschinenbauschulen zu Magdeburg. Vierte, verbesserte Auflage. Mit 294 Textabbildungen.     Gebunden Preis M. 13.60

**Kurzes Lehrbuch der Elektrotechnik.** Von Dr. **Adolf Thomälen,** a. o. Professor an der Technischen Hochschule Karlsruhe. Achte, verbesserte Auflage. Mit 499 Textbildern.     Gebunden Preis M. 24.—

**Angewandte Elektrizitätslehre.** Ein Leitfaden für das elektrische und elektrotechnische Praktikum. Von Professor Dr. **Paul Eversheim,** Privatdozent für angewandte Physik an der Universität Bonn. Mit 215 Textabbildungen.     Preis M. 8.—; gebunden M. 9.—

**Die wissenschaftlichen Grundlagen der Elektrotechnik.** Von Professor Dr. **Gustav Benischke** (Berlin). Vierte, vermehrte Auflage. Mit 592 in den Text gedruckten Abbildungen.     Gebunden Preis M. 32.—

**Theorie der Wechselströme.** Von Dr.-Ing. **Alfred Fraenckel.** Mit 198 Textabbildungen.     Gebunden Preis M. 10.—

**Wechselstromtechnik.** Von Dr. **G. Roeßler,** Professor an der Technischen Hochschule zu Danzig. (Zweite Auflage von „Elektromotoren für Wechselstrom und Drehstrom".) I. Teil. Mit 185 Textabbildungen.
Gebunden Preis M. 9.—

**Der wirtschaftliche Aufbau der elektrischen Maschine.** Von Dr. techn. **Milan Vidmar.** Mit 7 Textabbildungen.     Preis M. 5.60

**Elektrotechnische Meßkunde.** Von Dr.-Ing. **P. B. A. Linker.** Dritte, erweiterte und verbesserte Auflage. Mit 408 Textabbildungen.
Unter der Presse. Preis etwa M. 50.—

**Elektrotechnische Meßinstrumente.** Ein Leitfaden von Oberingenieur **Konrad Gruhn** in Frankfurt a. M. Mit 321 Textabbildungen.
Preis M. 17.—; gebunden M. 20.—

**Messungen an elektrischen Maschinen.** Apparate, Instrumente, Methoden, Schaltungen. Von Ingenieur **Rud. Krause.** Vierte, erweiterte und vollständig umgearbeitete Auflage. Herausgegeben von Oberingenieur **Georg Jahn.** Mit 260 Textabbildungen.
Unter der Presse

**Die Materialprüfung der Isolierstoffe der Elektrotechnik.** Herausgegeben von Oberingenieur **Walter Demuth** in Berlin, unter Mitarbeit von Kurt Bergk und Hermann Franz, Ingenieure. Mit 76 Textabbildungen.
Preis M. 12.—; gebunden M. 14.40

**Lehrbuch der elektrischen Festigkeit der Isoliermaterialien.** Von Prof. Dr.-Ing. **A. Schwaiger** in Karlsruhe. Mit 94 Textabbildungen.
Preis M. 9.—, gebunden M. 10.60

**Isolationsmessungen und Fehlerbestimmungen an elektrischen Starkstromleitungen.** Von **F. Ch. Raphael.** Autorisierte deutsche Bearbeitung von Dr. Richard Apt. Zweite, verbesserte Auflage. Mit 122 Textabbildungen.
Gebunden Preis M. 6.—

**Die Isolierung elektrischer Maschinen.** Von **H. W. Turner** und **H. M. Hobart.** Deutsche Bearbeitung von R. Krause und A. von Königslöw, Ingenieure. Mit 166 Textabbildungen.
Gebunden Preis M. 8.—

**Magnetische Ausgleichsvorgänge in elektrischen Maschinen.** Von **J. Biermanns,** Vorsteher des Hochspannungslaboratoriums der A.E.G. (Berlin). Mit 123 Textabbildungen. Preis M. 17.—, gebunden M. 19.—

Hierzu Teuerungszuschläge

**Taschenbuch für den Maschinenbau.** Bearbeitet von Professor **H. Dubbel,** Berlin, Dr. **G. Glage,** Berlin, Dipl.-Ing. **W. Gruhl,** Berlin, Dipl.-Ing. **R. Hänchen,** Berlin, Ing. **O. Heinrich,** Berlin, Dr.-Ing. **M. Krause,** Berlin, Prof. **E. Toussaint,** Berlin, Dipl.-Ing. **H. Winkel,** Berlin, Dr.-Ing. **K. Wolters,** Berlin. Herausgegeben von Professor **H. Dubbel,** Ingenieur, Berlin. Zweite, erweiterte und verbesserte Auflage. 1546 Seiten mit 2510 Textabbildungen und 4 Tafeln. Zwei Teile. In Ganzleinen gebunden.

Preis in einem Bande gebunden M. 30.—
Preis in zwei Bänden gebunden M. 33.—

**Hilfsbuch für den Maschinenbau.** Für Maschinentechniker sowie für den Unterricht an technischen Lehranstalten. Von Oberbaurat **Fr. Freytag,** Professor i. R. Fünfte, erweiterte und verbesserte Auflage. Mit 1218 Textabbildungen, 10 Tafeln und einer Beilage für Österreich. Zweiter, berichtigter Neudruck. Gebunden Preis M. 24.—

**Kolbendampfmaschinen und Dampfturbinen.** Ein Lehr- und Handbuch für Studierende und Konstrukteure. Von Professor **H. Dubbel,** Ingenieur, Berlin. Vierte, umgearbeitete Auflage. Mit 540 Textabbildungen. Gebunden Preis M. 20.—

**Maschinenelemente.** Leitfaden zur Berechnung und Konstruktion für technische Mittelschulen, Gewerbe- und Werkmeisterschulen, sowie zum Gebrauche in der Praxis. Von **Hugo Krause,** Ingenieur. Dritte, vermehrte Auflage. Mit 380 Textabbildungen. Gebunden Preis M. 15.—

**Die Technologie des Maschinentechnikers.** Von Professor Ingenieur **Karl Meyer,** Oberlehrer an den staatl. vereinigten Maschinenbauschulen zu Köln. Vierte, verbesserte Auflage. Mit 408 Textabbildungen. Gebunden Preis M. 14.—

**Die Grundzüge der Werkzeugmaschinen und der Metallbearbeitung.** Ein Leitfaden von Professor **Fr. W. Hülle** in Dortmund. Zweite, vermehrte Auflage. Mit 282 Textabbildungen. Gebunden Preis M. 10.—

**Aufgaben aus der technischen Mechanik.** Von Professor **Ferd. Wittenbauer,** Graz.

I. Band: **Allgemeiner Teil.** 843 Aufgaben nebst Lösungen. Vierte, vermehrte und verbesserte Auflage. Mit 627 Textabbildungen. Gebunden Preis M. 14.—

II. Band: **Festigkeitslehre.** 611 Aufgaben nebst Lösungen und einer Formelsammlung. Dritte, verbesserte Auflage. Mit 505 Textabbildungen. Gebunden Preis M. 12.—

III. Band: **Flüssigkeiten und Gase.** Etwa 500 Aufgaben nebst Lösungen und einer Formelsammlung. Dritte, verbesserte Auflage. Mit etwa 396 Textabbildungen. Preis M. 9.—; gebunden M. 10.20

**Lehrbuch der Mathematik.** Für mittlere technische Fachschulen der Maschinenindustrie. Von Professor Dr. **R. Neuendorff,** Oberlehrer an der staatl. höh. Schiff- und Maschinenbauschule, Privatdozent an der Universität Kiel. Zweite, verbesserte Auflage. Mit 262 Textabbildungen. Gebunden Preis M. 12.—

Hierzu Teuerungszuschläge